高等职业教育教材

食品生物化学

潘　宁　杜克生　主编
胡国庆　副主编

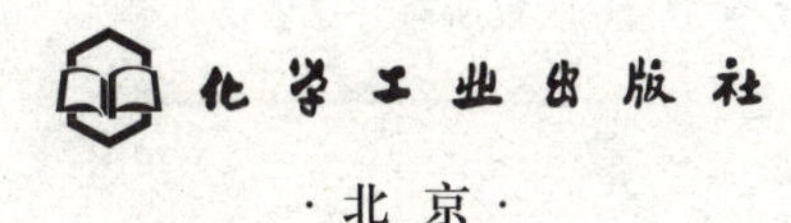

·北京·

内容简介

《食品生物化学》第四版全面贯彻党的教育方针，落实立德树人根本任务，从食品工业技术角度，以人和食物的关系为中心，概述了食品生物化学的基本内容，包括绪论、水分和矿物质、糖类、脂类、蛋白质、核酸、酶、维生素、物质代谢、食品的色香味、实验实训。此次修订补充了阅读材料，体现党的二十大精神，并补充了习题答案，方便教学、自学使用。

本教材是高职高专食品类专业的教学用书，也可供相关专业师生、食品行业各层次各工种的从业人员阅读、参考。

图书在版编目（CIP）数据

食品生物化学 / 潘宁，杜克生主编 ; 胡国庆副主编. 4 版. -- 北京 : 化学工业出版社，2025. 2. -- ISBN 978-7-122-46854-3

Ⅰ. TS201.2

中国国家版本馆 CIP 数据核字第 2024UR1096 号

责任编辑：刘心怡　张双进
责任校对：边　涛　　　　装帧设计：关　飞

出版发行：化学工业出版社
（北京市东城区青年湖南街 13 号　邮政编码 100011）
印　　装：三河市航远印刷有限公司
787mm×1092mm　1/16　印张 16¾　字数 386 千字
2025 年 2 月北京第 4 版第 1 次印刷

购书咨询：010-64518888　　售后服务：010-64518899
网　　址：http://www.cip.com.cn
凡购买本书，如有缺损质量问题，本社销售中心负责调换。

定　　价：46.00 元　

前言

本教材自2006年（第一版）出版以来，历经十多年的教学使用，得到广大师生、读者的认可和好评。经过2010年（第二版）、2017年（第三版）的修订再版，内容不断完善。根据高职教育发展和改革的需要和食品类专业领域和职业岗位的任职要求，教材坚持以培养应用技术型人才为目的，突出应用为主、必须够用为度的职业教育特色，以满足高职高专食品类专业的教学需求。

本次修订在保留原书基本框架和风格特色的基础上，对一些内容进行了补充、更新和完善。增加了素质拓展阅读，结合教材内容展现中华民族优秀的传统文化、学科新技术、新科技的知识，体现党的二十大精神；增加习题参考答案，利于学生练习使用，验证学习效果。

教材分为十章，其中第一、六、七章由广西工业职业技术学院潘宁修订；第八、十章由山东临沂技术学院杜克生修订；第四、五章由广西工业职业技术学院胡国庆修订；第二、三、九章由黑龙江旅游职业技术学院朱丹丹修订。本教材由潘宁、杜克生主编，胡国庆任副主编。全书由潘宁统稿。

本教材在编写过程中参考了不少教材、专著等资料，在此对作者表示衷心的感谢。也感谢多年来一直使用本教材的广大师生。

限于编者的水平，书中不足之处，敬请同行和读者批评指正，以使教材不断改进和完善。

编者

2024年6月

第一版前言

本教材编写宗旨是以适应经济社会发展，培养应用技术型人才为目的，突出了以应用为主、理论必须够用为度的高职高专教育特色。

本教材是高职高专食品类专业的教学用书，也可供相关专业师生、食品行业各层次及各工种不同岗位的人员阅读和参考。内容选材以实际需要为原则，从食品工业技术角度，扼要阐述生物化学的基本知识与理论，以及营养物质在食品加工中的化学变化及其对食品质量的影响等。

教材内容完整、浅显易懂、实用性强，注重理论与实践相结合。同时增设了实验内容(12个实验)，具有较强的适用性。各章前有“学习目标”，明确了学习重点，章后并配有适当数量的习题，便于学生自学和练习。本教材教学参考学时数为72学时，其中理论教学48学时，实践教学24学时。各校可根据实际情况对教材内容取舍，部分内容可作学生的阅读材料。

全书共十章，包括绪论、水分和矿物质、糖类化学、脂类化学、蛋白质化学、核酸化学、酶化学、维生素化学、物质代谢、食品的色香味化学、实验内容。本书由潘宁、杜克生主编。潘宁编写绪论，第一、第六、第七章；朱丹丹编写第二、第三、第九章；敖艳青编写第四、第五章；杜克生编写第八章；杜克生、王立丽编写第十章。全书由潘宁统稿。

李晓华审阅全书，并提出许多宝贵意见。在编写过程中得到各编者所在院校的大力支持，在此表示衷心的感谢。同时，谨向有关参考文献的专家和作者表示衷心的感谢。

由于编者水平有限、时间仓促，书中不妥之处在所难免，恳请读者批评指正。

编者

2006年4月

第二版前言

《食品生物化学》作为一本面向高等职业教育食品类专业的教学用书，自2006年7月出版发行以来，有多所院校使用，受到广大师生的好评与欢迎。2009年该教材获得第九届中国石油与化工工业优秀教材二等奖。随着食品工业的快速发展，现代生物技术的应用面在逐步扩大、普及，食品岗位对食品生物化学知识有了新的需求，教材内容需要更新。

根据高职高专教育以培养应用技术型人才为目的，突出技能过硬、理论够用的教育特色，参考教材使用过程中同行反馈的意见和建议，此次修订在保持原教材基本框架和基本内容的基础上，增加了部分图文、应用实例等方面的内容，使本书更具应用性、趣味性。与第一版相比，本版教材在内容的更新和论述的深广度方面均做了较多的修改和完善。

根据高等职业教育特点，要加强学生实践操作能力，在第二版中我们重点增加了实验实训内容，编排的十八个实验中，有七个实验是这次修编中调整和补充的。由于本课程实验内容与食品分析有较多重叠，因此本教材所选实验侧重于食品组分的性质及应用、分离和提纯，而对组分含量测定的实验本教材没有选用，对这类实验可安排在食品分析课程中学习。在编写的实验中，有的实验所需时间较长，可安排在相关实训中进行。编写的十八个实验，并不要求全部做完，教师可根据教学实际情况有选择地指导学生完成。

本教材是高职高专食品类专业教学用书，也可供相关专业师生、食品行业各层次各工种从业人员阅读、参考。内容选材以实际需要为原则，从食品工业技术的角度，以人和食品的关系为中心，阐述生物化学的基本内容，以及与食物质量有关的化学和生物化学知识。

本教材第二版仍分为十章，即绪论、水分和矿物质、糖类、脂类、蛋白质、核酸、酶、维生素、物质代谢、食品的色香味、实验实训。各章节的修编由原编写人员负责完成，其中绪论、第一、第六、第七章由潘宁修编；第八、第十章由杜克生修编；第二、第三、第九章由朱丹丹修编；第四、第五章由敖艳青修编。本教材由潘宁、杜克生主编，李晓华主审。全书由潘宁统稿。

本教材在编写过程中参考了有关的教材、专著等资料，在此对作者表示衷心的感谢。

虽然编者在教材修订中力求严谨和正确，但限于学识水平与能力，书中不妥和疏漏之处在所难免，恳请读者批评指正。

编者

2010年3月

第三版前言

《食品生物化学》作为高职高专食品类专业教学用书，2006 年 7 月出版，2010 年第二版出版，教材使用 10 多年来，得到广大师生的好评。2009 年获得中国石油和化学工业优秀出版物奖、教材奖二等奖，2012 年获得中国石油和化学工业优秀出版物奖、教材奖一等奖。

近年来随着高职教育改革的不断深化，职业教育的理念也在发生变化。与此同时食品工业快速发展，人们的生活水平也不断提高，食品安全意识不断增强，对食品质量、营养安全的要求越来越高，对食品生物化学知识有了新的需求，因此教材内容需要更新。

本次修订在保持原教材体系完整的基础上，注重知识的前沿性和实用性，内容力求深入浅出，注重应用能力的培养。修编后的教材通读性、实用性更强。主要修订了以下几个方面：

1. 对一些章节的内容进行了调整、更新和完善。如核酸一章增加了核酸在食品中的应用；脂类一章删掉了“油脂加工的化学”，删除部分有些融入本章的相关内容中；根据高等职业教育要加强学生实践操作能力的特点，参照现行实施的食品检测最新国家标准对实验实训内容进行了修改。

2. 对各章后的习题在数量、形式上做了大幅度的调整，以满足学生练习使用，助于所学内容的总结和消化。

本教材分为十一章，即绪论、水分和矿物质、糖类、脂类、蛋白质、核酸、酶、维生素、物质代谢、食品的色香味，实验实训部分安排了十八个实验。绪论、第一、六、七章由广西工业职业技术学院潘宁修编；第二、三、九章由黑龙江旅游职业技术学院朱丹丹修编；第四、五章由广西工业职业技术学院胡国庆修编；第八章由山东临沂技术学院杜克生修编；第十章实验实训由杜克生、胡国庆修编。本教材由潘宁、杜克生主编，李晓华担任主审。全书由潘宁统稿。

本教材在编写过程中参考了不少教材、专著等资料，并得到有关方面的大力支持，在此表示衷心的感谢。

由于水平和时间所限，书中不妥之处在所难免，恳请读者批评指正。

编者

2017 年 12 月

目录

第七章　维生素　133

绪　论

一、食品的概念及基本要素

中国的古话“民以食为天”，道出了饮食的重要性。人类为了维持生命和健康，保证身体的生长发育和从事各种劳动，必须每天摄取各种营养物质。人类为维持正常生理功能而食用的含有各种营养素的物质统称为食物，如果蔬、肉类、蛋类、谷类、豆类等，其中有的是天然动植物，有的是经过加工后的食物制品。目前人类的绝大多数食物都是经过加工才食用的，经过加工的食物称为食品，但通常也泛指一切食物为食品。

作为食品应具备以下三个基本要素。

(1) 营养功能　食品的基本成分包括人体营养所需要的糖、蛋白质、脂类、维生素、水和矿物质等，它们提供人体正常代谢所必需的物质和能量。

食品的营养价值不仅取决于食品的种类和来源，很大程度上受食品加工和贮藏的影响。

(2) 感官品质　食品的感官特性包括食品的色、香、味、形等，它具有刺激食欲、促进消化、增加摄食乐趣的作用；食品的感官特征也是判断食品质量的重要指标。

(3) 安全卫生　食品中不应含有可能损害或威胁人体健康的有毒有害物质。食品中可能存在的有害成分有天然有害成分和非天然成分，如残留农药、兽药、重金属等有害物质的污染、过量的食品添加剂等。食品天然成分引起的过敏反应及转基因和辐射等食品新技术给食品安全带来新的挑战。

二、食品生物化学的研究对象和内容

食品生物化学是食品科学中一个重要的分支，从食品工业技术的角度，以人和食品的关系为中心，阐述生物化学的基本内容和与食物质量有关的化学和生物化学知识。它不仅把作为食品的生物物质当作自然物来研究，还把这些生物物质放在食品加工和贮存中来考虑，以最大限度地满足人体的营养需求和适应人的生理特点。实际上食品生物化学包括了生物化学、食品化学、营养学的内容，是一门综合性的年轻学科。它研究的主要内容如下。

1. 食品的化学组成、主要结构、性质及生理功能

人类的食物来源于生物，是自然的，主要包括无机成分（水分、矿物质）和有机成分（糖、蛋白质、脂类、维生素、色素、激素和芳香物等），但食品在生产、加工、贮运等过程中不可避免地引入或人为加入一些非天然成分，如食品添加剂、污染物质等，这些成分也随食物进入人体参与代谢和生理机能活动。因此，这些非天然成分也是食品化学组成的成分。

从以上观点出发，食品的化学组成可用下图表示：

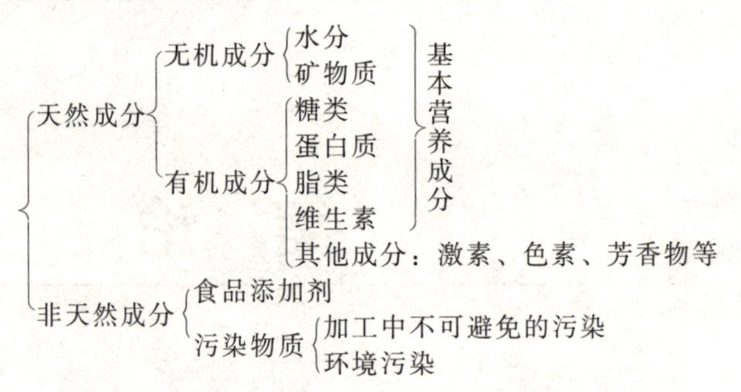

食品生物化学研究食品的化学组成、主要结构、性质及生理功能。

人体的生长发育、细胞的增殖更新、组织的修补、各种机能活动及调节、体温的维持、生命活动所消耗的能量等，都有赖于食物中各种营养成分。因此，食物的营养成分问题就成为了食品研究的基本课题。糖类、脂类、蛋白质、维生素、无机盐、水等是人体所必需的基本营养成分，都来源于食物。所以，学习食品的化学组成、理化性质和生理功能对调整人类食品的合理结构有重要的指导意义。

2. 生物体系中的动态生物化学过程

动态生物化学以代谢途径为中心，研究物质在生物体内的分解、合成、相互转化又相互制约，以及物质转化过程中的能量转换问题。学习物质的代谢过程，可了解食物在人体内营养过程的变化，新鲜天然食物组织的代谢活动特点，以及发酵食品的发酵原理，这对正确指导食物的贮运保鲜、发酵产物的积累、食品加工与保藏是必备的知识。

3. 食品在加工、贮运过程中的变化及其对食品质量的影响

食品从原料运输贮藏、生产加工到产品销售，每一过程无不涉及一系列化学变化。例如水果、蔬菜采摘后和动物宰杀后的生理变化，食品中各种物质成分的稳定性随环境条件的变化，贮藏加工过程中食品成分相互作用而引起的化学变化。这些变化有有利的，也有不利的，有时甚至不可避免地会引入一些污染。如何加强有利的变化，减少不利反应和防止污染已成为食品贮藏加工中人们共同关心的问题。阐明食品成分之间化学反应的历程、中间产物和最终产物的化学结构，及其对食品的营养价值、感官质量和卫生安全性的影响，控制食物中各种生物物质的组成、性质、结构和功能，研究食品贮藏加工的新技术、开发新产品和新的食品资源等，构成了食品生物化学的重要研究内容。

以上三方面内容密切联系、相互衔接、相互促进。

三、学习食品生物化学的作用

食品生物化学是食品工业重要的理论基础，无论是食品生产加工方法的改进，还是食品保鲜、贮藏方法的发展，都是建立在食品生物化学理论基础上的。

在食品生产中，为了制备出营养丰富、色香味形俱全、安全可靠的产品，生产者必须具备食品的化学组成及理化性质、色香味特征，以及食品成分在加工和保藏过程中的变化等方面的知识。

随着社会的发展和人民生活水平的不断提高，人们不但要求有足够数量的食品，而且需要有更多更好的营养食品和保健食品。并且随着人们生活节奏的加快，也希望食品工厂能生产更多、更好的方便食品和快餐食品。这些都需要我们以食品生物化学为理论基础，进行更广泛更深入的研究。可以预计，食品工业生产的发展和食物新资源的开发，必将提出更多的生物化学方面的问题，推动食品生物化学的发展，并反过来又促进食品生产技术水平的进一步提高。

因此，食品生物化学在食品科学中占有很重要的地位，是食品类专业重要的专业基础课程。

四、食品生物化学的学习方法

食品生物化学与化学，特别是有机化学和生物化学密切相关，但性质毕竟不同，它既不同于无机化学以元素周期表体系为主线，也不同于有机化学以化合物官能团性质为体系的学习，还不同于生物化学以生物体系为对象，研究其化学组成和生命过程中的化学变化规律。

要学好食品生物化学必须明确有关食品生物化学的基本概念，对物质化学性质的学习要从化学本质、结构特点出发，联系其性质、功能学习。尤其要注意的是，由于生物化学反应是在生物体内进行的，反应环境比体外复杂，一般有酶的参与，反应步骤多，反应间互相联系、互相制约。有些在体外的反应，在生物体内不一定照样进行，所以学习时不能简单根据体外的化学反应去理解体内反应。

食品生物化学涉及的内容广泛，学习中应注意归纳总结、温故知新，在理解的基础上加上适当记忆是必要的。食品生物化学与生产和人们生活息息相关，学习过程中注意联系实际，对培养学习兴趣，提高学习效率有很大帮助。

食品生物化学与其他自然科学一样，是一门实验科学，它运用化学等学科的实验手段与方法来描述与分析食物的组成及生物机体内发生的各种化学变化。实验对同学们不但是一种技能训练，也能帮助大家加深对所学理论知识的理解和应用，不断提高分析问题与解决问题的能力。因此我们应重视实验课的学习和实验技能的培养。

第一章　水分和矿物质

学习目标

1. 了解水在生物体内的含量和水的生理作用。
2. 掌握食品和生物组织中水的状态。
3. 理解水分活度的概念，了解水分活度与食品稳定性的关系。
4. 掌握成碱食物与成酸食物的概念。
5. 掌握影响矿物质生物有效性的因素。

第一节　水分与水分活度

水是食品中的重要成分，也是大多数食品的主要成分。水的含量、状态和活度不仅对食品的结构、外观、质地、风味、新鲜程度和腐败变质的敏感性产生极大的影响，而且对生物组织的生命过程也起着至关重要的作用。因此，研究水的物理化学特性、水分分布及其状态，对食品的科学加工和食品保藏有重要意义。

一、水在生物体内的含量与作用

1. 水在生物体内的含量

大多数生物体内的水分含量通常为70%～80%，超过任何其他成分的含量。水在动物体内分布是不均匀的。脊椎动物体内各器官组织的水分含量为：肌肉、肝、肾、脑、血液等为70%～80%；皮肤中为60%～70%；骨骼中为12%～15%。水在植物体内的含量与分布也因种类、部位、发育状况而异，变动较大。一般说来，植物营养器官组织（叶、茎、根的薄壁组织）的水含量特别高，占器官总重量的70%～90%，而繁殖器官（高等植物的种子、微生物的孢子等）中的水分含量则较低，占总重量的12%～15%。

水是所有新鲜食品的主要成分，一些食品的水分含量列于表1-1。

2. 水的生理作用

水具有一些突出的物理和化学性质，如溶解力强、介电常数高、黏度小和比热容大等，是维持正常生理活动必不可少的重要营养成分，具体表现如下。

表 1-1 常见食品的水分含量

食品	水分含量/%	食品	水分含量/%
蔬菜	85～97	鱼类	67～81
果实	80～90	贝类	72～86
油性种子	3～4	蛋类	67～77
蘑菇类	88～95	牛肉	46～76
薯类	60～80	乳类	87～89
豆类	12～16	鸡肉	73
谷类	12～16	猪肉	43～59

水的溶解力很强，多种无机及有机物质都很容易溶于水中，即使不溶于水的物质如脂肪和某些蛋白质，也能在适当条件下分散于水中，成为乳浊液或胶体溶液。水的介电常数大，能促进电解质的电离。水不但是生物体内化学反应的介质，同时也是生物化学反应的反应物、组织和细胞所需的养分和代谢物在体内运转的载体。水的比热容高、热容量大，使人体内产生热量增多或减少时不致引起体温太大的波动，水的蒸发潜热大，因而蒸发少量汗水可散发大量热能，通过血液流动，可平衡全身体温，因此水又能调节体温。水的黏度小，可使摩擦面滑润，减少损伤，因此水是体内摩擦的润滑剂。

二、食品中水分状态与分类

1. 食品中水分状态

食品中水分所处的状态会影响食品的风味、腐败和霉变。食品中的水分以游离态、水合态、凝胶态、表面吸附态等状态存在。

(1) 游离态 容易结冰、也能溶解溶质的水称为游离态的水。游离态的水存在于细胞质、细胞膜、细胞间隙、任何组织的循环液以及制成食品的组织结构中。

(2) 水合态 水分子和含氧或含氮的活性基（如—NH_2、—COOH、—$CONH_2$、═NH、—OH）以氢键形式相结合而不能自由移动，处于此状态的水称为水合态的水。食品中与淀粉、蛋白质和其他有机物结合的水均处于此状态。

(3) 凝胶态 吸收于细微的纤维与薄膜中，不能自由流动的水称为凝胶态水。凝胶态中的水是分散质，蛋白质等有机物为分散剂（溶胶中水是分散剂）。此状态的水称为不可移动水或滞化水。动物皮肤、植物仙人掌中的水大多处于凝胶态。

(4) 表面吸附态 固体表面暴露于含水蒸气的空气中，此时吸附于固体表面的水处于表面吸附态。固体微粒越细，其微粒的表面积越大，吸附水量也越多。

2. 食品中水分的分类

水在常温呈液体能流动，但水分含量多的果蔬、肉类等食品被刀切开，水也不会很快地流出来，这是因为水被氢键结合力和毛细管力系着。根据结合力的种类不同，把食品中的水分为自由水和结合水。

(1) 自由水（游离水） 自由水是以毛细管凝聚状态存在于细胞间的水分。食品中通常含有动植物体内天然形成的毛细管，因为毛细管是由亲水物质组成，而且毛细管的内径很小，使毛细管具有较强束缚水的能力，把保留在毛细管中的水称为毛细管水，它属于自由水。这部分水与一般水没什么区别，在食品中会因蒸发而散失、因吸潮而增加，容易发生增减变化。游离态的水、凝胶态的水及表面吸附态的水均可归入此类。

(2) 结合水（束缚水） 是指通过氢键与食品中有机成分结合的水。实验证明：蛋白质、淀粉、纤维素、果胶物质中的氨基、羟基、羧基、亚氨基、巯基等都可以通过氢键与水结合。但各种有机成分与水形成氢键的结合能力不同，牢固程度有一定差别，反映在性质上也呈现差异。这类水有些与氨基、羧基等强极性基团形成氢键，氢键键能大，结合牢固，呈单分子层，称为单分子层结合水。有些水与酰氨基、烃基等较弱的极性基团形成氢键，结合较不牢固，且呈多分子层结合，称多层结合水或半结合水。

实际上，自由水与结合水之间的界限很难定量地区分。例如水合态下的结合水，有的束缚度高些，水分子被结合得牢固些，有的束缚度低些，则松弛些；而自由水里除了能自由流动的水以外，其余部分都不同程度被束缚着。所以只能根据物理、化学性质作定性的区分。一般认为自由水是以物理吸附力（毛细管力）与食品结合，而结合水是以化学力（氢键）与食品结合。

自由水和结合水在性质上有很大的差别。首先结合水的量与有机大分子的极性基团的数量有比较固定的比例关系，如在新鲜动植物食品中，每克蛋白质可结合 0.3～0.5g 水；每克淀粉能结合 0.3～0.4g 水。其次，结合水的蒸气压比自由水低得多，所以在一般温度（≤100℃）下结合水不能从食品中分离出来。结合水的沸点高于一般水，而冰点却低于一般水，一般在−40℃以上不能结冰，这个性质具有重要实际意义，它可以使植物种子和微生物孢子在冷冻条件下，仍能保持生命力。而多汁的组织（含有大量自由水的新鲜水果、蔬菜、肉等）在冰冻时细胞结构容易被冰晶破坏，解冻时组织容易崩溃。

由于自由水能为微生物所利用而结合水不能，所以自由水也称为可利用水。在一定条件下，食品是否为微生物所感染，并不取决于食品中水分的总含量，而取决于食品中自由水的含量，自由水的含量直接关系着食品的贮存和腐败。因此，从食品中除去自由水或者束缚度低的多层结合水，而仅剩束缚度强的结合水，微生物在食品中就难以生长繁殖。

食品中的水分与食品的风味关系密切。尤其是结合水对食品的风味起着重要作用。当强行将结合水与食品分离时，食品的风味、质量会发生改变。例如面包、糕点久置后变硬不仅仅是失水干燥，也是水分变化造成淀粉结构发生改变的结果。干燥的食品吸潮后发生许多物理性质的变化，从而改变风味。如香肠的口味就与吸水、持水的情况关系密切。所以，食品中的水分与食品的鲜度、硬软性、流动性、呈味性、保藏性、加工性等许多方面有着密切的关系。

三、水分活度

1. 水分活度的概念

人类很早就认识到食品的易腐败性与含水量之间有着密切的联系，尽管这种认识不够全面，但仍然成为人们日常生活中保藏食品的重要依据之一。食品加工中无论是浓缩或脱水过程，目的都是为了降低食品的含水量，提高溶质的浓度，以降低食品易腐败的敏感性。人们也知道，不同种类的食品即使水分含量相同，其腐败变质的难易程度也存在明显的差异。这说明以含水量作为判断食品稳定性的指标是不够的，用水分活度（A_w）来表示更为确切。水分活度是指食品的水蒸气分压（p）和在同一温度下纯水的蒸气压（p_0）之比。

$$A_w = \frac{p}{p_0}$$

对纯水来说，因 p 和 p_0 相等，故 A_w 为 1，而食品中的水溶解有食品成分，如糖、氨基酸、无机盐以及一些可溶性的高分子化合物等，因而总会有一部分水分以结合水的形式存在，而结合水的蒸气压远比纯水的蒸气压低，因此食品的 A_w 总是小于 1。

水分活度也可用平衡相对湿度（ERH）这一概念来表示。平衡相对湿度是指物料吸湿与散湿达到平衡时的大气相对湿度。食品的水分活度在数值上等于平衡相对湿度除以 100。

$$A_w = \frac{p}{p_0} = \frac{ERH}{100}$$

食品中结合水的含量越高，水分活度就越低，可被微生物利用的水分就越少，因而水分活度反映了食品中水分存在形式和被微生物利用的程度。

要测定某一条件下食品的 A_w，可通过测定该条件下食品的蒸气压或平衡相对湿度来完成。

2. 水分活度与食品含水量的关系

以水分活度为横坐标，以每克干物质的含水量（gH_2O/g 干物质）为纵坐标，描绘在某温度下的水分活度与含水量的关系，得到图 1-1 所示的曲线。从图中看出，在高含水量区（水分含量大于 1g H_2O/g 干物质），A_w 接近 1.0，食品近似理想稀溶液；在低含水量区，含水量极少量变动即可导致水分活度极大的变动，把低水分含量区域内的曲线放大，得到的曲线称为吸湿等温曲线（吸湿等温线），图 1-2 为吸湿等温曲线的模式。但若进行相反的过程——放湿过程时，其水分变化并非沿原吸湿过程途径返回，而是经历了另一条不同的途径，即图示之放湿曲线过程。吸湿和放湿之间有滞后现象。

等温线上的每一点表示在一定温度下，当食品的水蒸气压与环境水蒸气压达到平衡时，食品水分活度与含水量的对应关系，若食品的水分活度低于环境的相对湿度，食品沿着吸湿等温线吸湿，反之沿着放湿等温线散失水分。对含水量多的食品，如新鲜动植物食品，得到的是放湿曲线；对含水量少的食品如干燥食品，得到的是吸湿曲线。

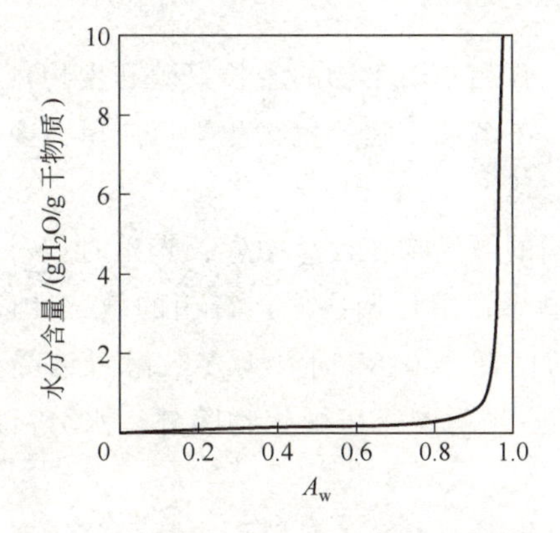

图 1-1 含水量与水分活度（A_w）的关系

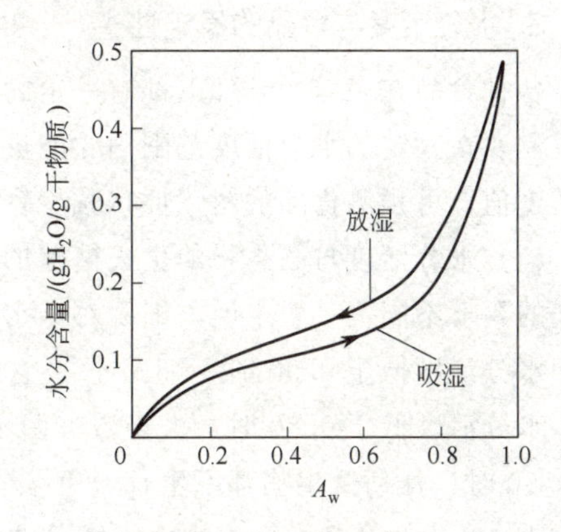

图 1-2 吸湿等温曲线

不同的食品由于其化学组成和结构不同，对水分子的束缚力也不一样，因此，不同食品具有不同的吸湿等温线，吸湿等温线的弯曲程度因不同食品而具有差异。但大多数食品的吸湿等温线呈反S形。吸湿等温线与温度有关，由于温度升高后，水分活度变大，对同一种食品，在不同温度下得到的吸湿等温线，将在曲线形状近似不变的情况下，随温度的升高，在坐标图中的位置逐渐向右移动，图 1-3 为在不同温度下马铃薯的吸湿等温线。

为深入理解吸湿等温线的意义和价值，将吸湿等温线分成三个区域（图 1-4）。

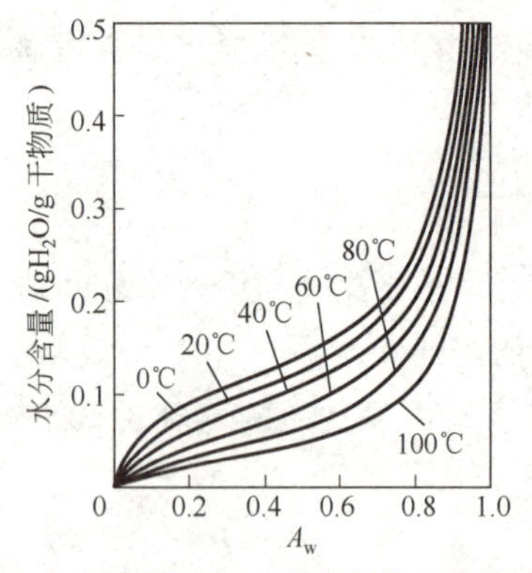

图 1-3　在不同温度下马铃薯的吸湿等温线

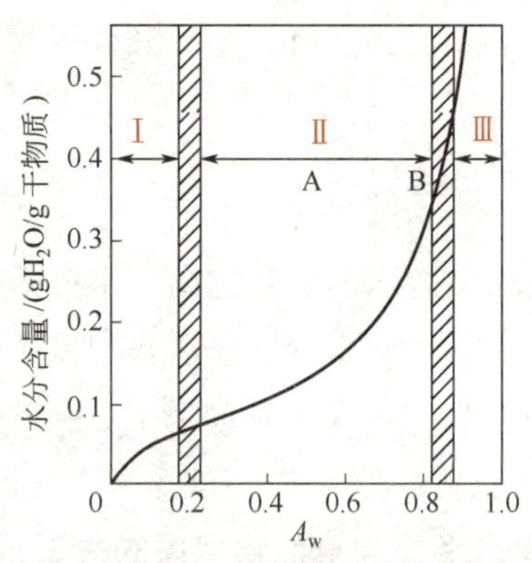

图 1-4　吸湿等温线的分区

Ⅰ区是单分子层结合水区，水分多与食品成分中的羧基和氨基等离子基团结合，且结合力最强，形成单分子层结合水。该区 A_w 最低，在 0～0.25，相当于物料含水量 0～0.07g H_2O/g 干物质。

Ⅱ区是多分子层结合水区，水分多与食品成分中的酰氨基和羟基等极性较弱的基团结合，形成多分子层结合水或称半结合水，A_w 在 0.25～0.8，相当于物料含水量 0.07g H_2O/g 干物质至 0.14～0.33g H_2O/g 干物质。

Ⅲ区是毛细管凝集的自由水区，A_w 在 0.8～0.99，物料含水量最低为 0.14～0.33g H_2O/g 的干物质，最高为 20g H_2O/g 干物质。

应该指出的是：各区域的水不是截然分开的，也不是固定在某一个区域内，而是在区域内和区域间快速地交换着。所以，吸湿等温线中各个区域之间有过渡带。

3. 水分活度与食品的稳定性

各种食品在一定的条件下都有一定的水分活度，食品中微生物的生长繁殖和生物化学反应也需要在一定的水分活度范围内才能进行。因此，了解微生物、生物化学反应所需要的水分活度值，可预测食品的耐藏性，减少食品的腐败变质。

(1) 水分活度与微生物的生长繁殖的关系　不同的微生物在食品中生长繁殖时，对水分活度的要求不同。一般来说，细菌对低水分活度最敏感，酵母菌次之，霉菌的敏感性最差。通常水分活度低于 0.90 时，细菌不能生长；水分活度低于 0.87 时，大多数酵母菌受到抑制；水分活度低于 0.80 时，大多数霉菌不能生长；一些耐渗透压微生物除外，水分活度低于 0.60 时，任何微生物都不生长。

表 1-2 为适合各类微生物生长所要求的水分活度范围，表中还列举了按照水分活度分类的一些食品。当水分活度高于微生物生长所需的最低水分活度时，微生物的生长会导致食品

腐败变质。根据表中提供的数据，对不同食品选择适宜的贮存条件，以防止或降低微生物对食品品质的不良影响。

表 1-2　食品中水分活度和微生物生长的关系

A_w 范围	在此范围内的最低 A_w 值一般能抑制的微生物	食　　品
1.00～0.95	假单胞菌属、埃希杆菌属、变形杆菌属、志贺杆菌属、芽孢杆菌属、克雷伯菌属、梭菌属、产生荚膜杆菌、一些酵母菌	新鲜食品、水果、蔬菜、肉、鱼和乳制品、罐头、熟香肠和面包、含约 40%的蔗糖或 7%NaCl 的食品
0.95～0.91	沙门菌属、副溶血弧菌、肉毒杆菌、沙雷菌属、乳酸杆菌属、足球菌属、一些霉菌、酵母(红酵母属、毕赤酵母属)	奶酪、咸肉和火腿、某些浓缩果汁、蔗糖含量为 55%或含 12%NaCl 的食品
0.91～0.87	许多酵母菌(假丝酵母、汉逊酵母、球拟酵母属)、小球菌	发酵香肠、蛋糕、干奶酪、人造黄油及含 65%蔗糖或 15%NaCl 的食品
0.87～0.80	大多数霉菌(产霉菌毒素的青霉菌)、金黄色葡萄球菌、德巴利氏酵母	大多数果汁浓缩物、甜炼乳、巧克力糖浆、枫糖浆、果汁糖浆、面粉、大米、含 15%～17%水分的豆类、水果糕点、火腿、软糖
0.80～0.75	大多数嗜盐杆菌、产霉菌毒素的曲霉菌	果酱、杏仁软糖、果汁软糖
0.75～0.65	嗜干霉菌、二孢酵母	含 10%水分的燕麦片、牛轧糖块、软质奶糖、果冻、棉花糖、糖蜜、某些干果、坚果
0.65～0.60	耐渗透压酵母、少数霉菌(二孢红曲霉、刺孢曲霉)	含水 15%～20%的果干，某些太妃糖和焦糖、蜂蜜
0.50	微生物不繁殖	含水分约 12%的酱、水分含量约 10%的调味品
0.40	微生物不繁殖	水分含量约 5%的全蛋粉
0.30	微生物不繁殖	含水量为 3%～5%的曲奇饼、面包硬片
0.20	微生物不繁殖	含 2%～3%水分的全脂奶粉、含 5%水分的脱水蔬菜、含水约 5%的玉米片、脆饼干

需要指出的是，表 1-2 所列最低水分活度值不是绝对化的，因为食品的 pH、温度、微生物的营养状况以及水中特定溶质的性质，对水分活度也有影响，如金黄色葡萄球菌生长的最低 A_w，在乳粉中是 0.861，在酒精中则是 0.973。因此，在具体的食品配方确定时，必须做细菌学试验，以决定实际水分活度。

(2) 水分活度与生化反应的关系　图 1-5 表示在 25～45℃温度范围几类重要反应的相对速率与 A_w 之间的关系。图 1-5(f) 是吸湿等温线，以便于比较。

从图 1-5 可见，食品中水分在放湿过程中，水分活度值相当于等温线区间Ⅰ和区间Ⅱ的边界位置（A_w 为 0.2～0.3）时，许多化学反应和酶催化反应速率最小。进一步降低水分活度，除图 1-5(c) 的氧化反应外，其余所有的反应仍然保持最小的反应速率。脂类氧化反应速率在此区间随水分活度的增加而降低，是因为十分干燥的样品中，最初添加的那部分水（在区间Ⅰ）能与氢过氧化物结合并阻止其分解，从而阻碍氧化的继续进行。此外，这类水还能与催化氧化反应的金属离子发生水合，使催化效率明显降低。

随水分活度增加，当水的增加量超过区间Ⅰ和区间Ⅱ的边界时，氧化速率增大，因为等温线的这个区间增加的水可促使氧的溶解度增加和大分子溶胀，并暴露出更多催化位点。当 A_w 大于 0.86 时，氧化速率缓慢，这是由于水的增加对体系中的催化剂产生稀释效应。

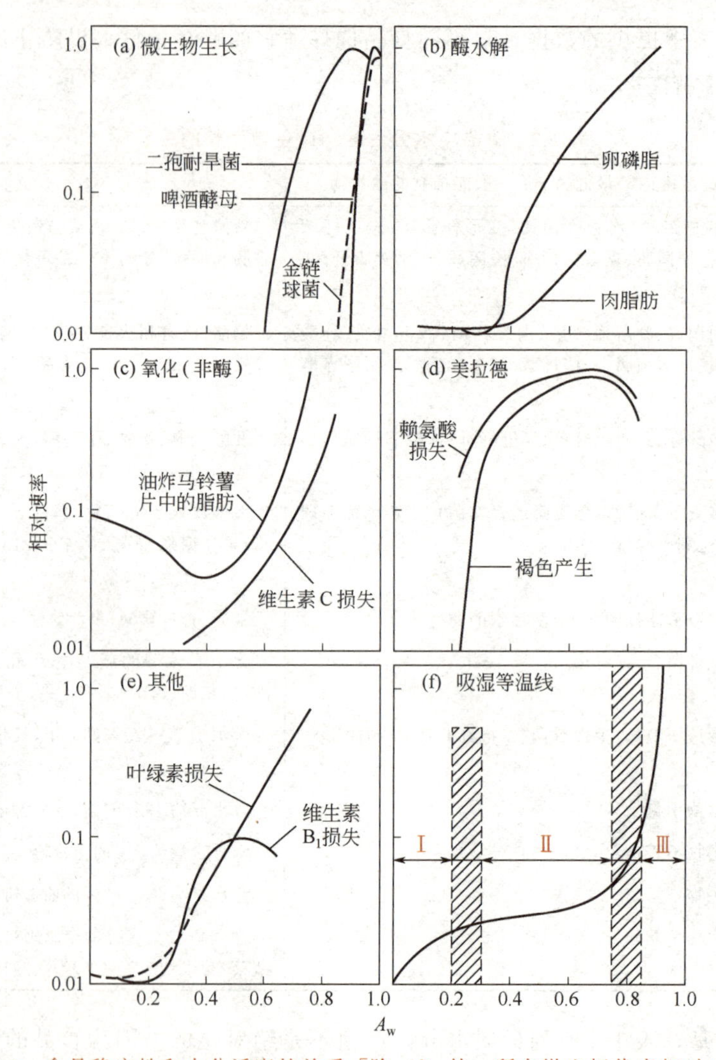

图 1-5 食品稳定性和水分活度的关系［除（f）外，所有纵坐标代表相对速率］

从图 1-5(a)、(d)、(e) 可见，A_w 在中等至高的范围（A_w 为 0.7～0.9）时，美拉德褐变反应（详见第九章第一节）、维生素 B_1 降解反应以及微生物生长显示最大反应速率。但在有的情况下，中等至高含水量食品，随着水分活度增大，反应速率反而降低。其原因可能有二：一是在这些反应中水是一个产物，水含量的增加导致产物抑制作用；二是当样品中水的含量对溶质的溶解度、可接近性（大分子表面）和流动性不再是限速因素时，进一步加水将会对提高反应速率的组分产生稀释效应，其结果是反应速率降低。

图 1-5 表示中等至高水分活度（A_w 为 0.7～0.9）的食品中的化学反应速率，对食品的稳定性显然是不利的。要使食品具有最高稳定性所必需的水分含量，最好将水分活度保持在结合水范围内，即最低的水分活度。因为结合水是水分子与食品中的蛋白质、糖类等的活性基团以氢键结合起来的。将水分活度保持在结合水范围内，既能防止氧对活性基团的作用，又能阻止蛋白质、糖类等物质间的相互作用，从而使褐变难以发生，同时又不会使食品丧失吸水性和复原性。

(3) 水分活度与食品质构的关系 水分活度对干燥和半干燥食品的质构有较大的影响。如欲保持饼干、爆玉米花及油炸土豆片的脆性，防止砂糖、奶粉和速溶咖啡结块，以及硬糖果、蜜饯等黏结，均应保持适当低的水分活度。要保持干燥食品的理想性质，水分活度不能超过0.3～0.5。而软质构食品保持较高的水分活度可避免不期望的变硬。

第二节　矿物质

矿物质即无机物，是食品中除去碳、氢、氧、氮四种元素以外的其他元素的统称。由于食品经过高温灼烧后，发生一系列变化，有机成分挥发逸去，而无机物大部分为不挥发性的残渣被留在灰中，故矿物质又称灰分。

在人和动物体内，矿物质总量虽只有体重的4%～5%，但却是不可缺少的成分，在新陈代谢中起着重要作用。对这一点的认识是有一个过程的。很早以前人们就把“水土不服”看成是一种疾病，那时就已经意识到环境中有一种客观的因素能够对人体产生影响，但限于条件还不了解它的本质。直到科学进步、分析仪器有了很大发展的今天，人们对许多微量的无机盐在营养上的重要性逐渐有所了解，发现缺少了某种元素就会造成人体代谢功能的障碍。矿物质与其他营养物质不同，它们不能在人体内合成，由于新陈代谢，每天都有一定数量的矿物质随汗、尿、粪排出体外，所以必须不断给予补充。人体所需要的矿物质一部分从食物中获得，一部分从水、食盐中摄取。

一、食品中矿物质的分类、存在形式及其功能

1. 食品中矿物质元素的分类

(1) 按矿物质元素在人体内的含量和人体对膳食中矿物质的需要量分　可将矿物质分为两大类：常量元素和微量元素。人体含量在0.01%以上，人体的日需要量在100mg以上的元素，称为常量元素或大量元素。钙（Ca）、磷（P）、硫（S）、钾（K）、钠（Na）、氯（Cl）和镁（Mg）七种元素属于常量元素。含量和需要量皆低于上述值的其他元素则称为微量元素或痕量元素，如铁（Fe）、锌（Zn）、铜（Cu）、碘（I）、锰（Mn）等。

(2) 按矿物质元素对人体健康的影响分　食物中含有的矿物质，按其对人体健康的影响可分为三类：必需元素、非必需元素和作用尚未确定元素以及有毒元素。所谓必需元素，是指这类元素正常存在于机体的健康组织中，对机体自身的稳定起着重要作用，缺乏它可使机体的组织或功能出现异常，补充后可恢复正常。世界卫生组织专家委员会认为必需微量元素有14种，即铁（Fe）、锌（Zn）、铜（Cu）、碘（I）、锰（Mn）、钼（Mo）、钴（Co）、硒（Se）、铬（Cr）、镍（Ni）、锡（Sn）、硅（Si）、氟（F）、钒（V）。

非必需元素和作用尚未确定元素是指对人体代谢无影响，或目前尚未发现影响的元素，如铝（Al）、溴（Br）、硼（B）、铷（Rb）、钡（Ba）等。

有毒元素指在正常情况下，人体只需要极少的数量或人体可以耐受极小的数量，剂量高时，即可呈现毒性作用，妨碍及破坏人体正常代谢功能的元素。在食品中有毒元素以汞（Hg）、镉（Cd）、铅（Pb）最常见。正常情况下，它们的分布比较恒定，通常不会对人体构成威胁。若食品受到“三废”污染，或在食品加工过程中受到污染，易使人体中毒。

1990年FAO/IAEA/WHO（联合国粮食与农业组织/国际原子能机构/世界卫生组织）

三个国际组织的专家委员会，重新界定了必需微量元素的定义，按其生物学作用分为三类：

① 人体必需微量元素，共 8 种，包括碘（I）、锌（Zn）、硒（Se）、铜（Cu）、钼（Mo）、铬（Cr）、钴（Co）和铁（Fe）；

② 人体可能必需的元素，共 5 种，包括锰（Mn）、硅（Si）、硼（B）、钒（V）和镍（Ni）；

③ 具有潜在的毒性，但在低剂量时，可能具有人体必需功能的微量元素，共 7 种，包括氟（F）、铅（Pb）、镉（Cd）、汞（Hg）、砷（As）、铝（Al）和锡（Sn）。

应当说明的是机体对各种矿物元素都有一个耐受剂量。某些元素，尤其是微量元素，即便是必需的，当摄入过量时，也会对机体产生危害。而某些有毒元素，在其远小于中毒剂量范围之内对人体是安全的。因此要明确生理浓度和中毒剂量之间的关系。

表 1-3 列出了中国居民膳食常量、微量元素参考摄入量（DRIs）。

DRIs（Dietary Reference Intakes）是在每日膳食营养素供给量（RDA）基础上发展起来的一组每日平均膳食营养素摄入量的参考值，它包括 4 项内容：平均需要量（EAR）、推荐摄入量（RNI）、适宜摄入量（AI）和可耐受最高摄入量（UL）。

① 平均需要量（EAR）。是根据个体需要量的研究资料制定的，是根据某些指标判断可以满足某一特定性别、年龄及生理状况群体中 50%个体需要量的摄入水平。这一摄入水平不能满足群体中另外 50%个体对该营养素的需要。

② 推荐摄入量（RNI）。相当于传统使用的 RDA，是可以满足某一特定性别、年龄及生理状况群体中绝大多数（97%～98%）个体需要量的摄入水平。长期摄入 RNI 水平，可以满足身体对该营养素的需要、保持健康和维持组织中有适当的储备。RNI 的主要用途是作为个体每日摄入该营养素的目标值。

③ 适宜摄入量（AI）。在个体需要量的研究资料不足不能计算 EAR，因而不能求得 RNI 时，可设定适宜摄入量（AI）来代替 RNI。AI 是通过观察或实验获得的健康人群某种营养素的摄入量。AI 的主要用途是作为个体营养素摄入量的目标。

④ 可耐受最高摄入量（UL）。是平均每日可以摄入某营养素的最高量。这个量对一般人群中的几乎所有个体都不至于损害健康。

（3）按矿物质元素代谢后的酸碱性分 食品中的矿物质元素，在体内经过氧化后生成氧化物，按其酸碱性可分为酸性矿物质元素（如氯、硫、磷、碘等）和碱性矿物质元素（如钾、钙、钠、镁等）。

2. 食品中矿物质的存在形式

矿物质在食品中主要以无机盐形式存在，各种无机盐中，正离子比负离子种类多，且存在状态多样。正离子中一价离子都成为可溶性盐，如 K^+、Na^+、Cl^- 等。多价离子则以离子、不溶性盐和胶体溶液形成动态平衡体系存在。在肉、乳中的矿物质常以这种形式存在。

金属离子通过配位键与配位体形成配合物，是食品中矿物质存在的另一种重要形态，其中配合成环者，又称为螯合物——由配位体提供至少两个配位原子与中心金属离子形成配位键，配位体与中心金属离子形成环状结构。常见的配位原子是 O、S、P、N 等原子，与金属离子形成的螯合物很多具有重要的生理功能，如以 Fe^{2+} 为中心离子的血红素、以 Cu^{2+} 为中心离子的细胞色素、叶绿素中的 Mg^{2+} 以及维生素 B_{12} 中的 Co^{2+} 及葡萄糖耐量因子中的三价 Cr^{3+}。

表 1-3　中国居民膳食常量、微量元素参考摄入量（DRIs）

年龄/阶段	钙/(mg/d)	磷/(mg/d)	钾/(mg/d)	钠/(mg/d)	镁/(mg/d)	氯/(mg/d)	铁/(mg/d)		碘/(μg/d)	锌/(mg/d)		硒/(μg/d)	铜/(mg/d)	氟/(mg/d)	铬/(μg/d)		锰/(mg/d)		钼/(μg/d)
							男	女		男	女				男	女	男	女	
	RNI	RNI	AI	AI	RNI	AI	RNI		RNI	RNI		RNI	RNI	AI	AI		AI		RNI
0 岁～	200(AI)	105(AI)	400	80	20(AI)	120	0.3(AI)		85(AI)	1.5(AI)		15(AI)	0.3(AI)	0.01	0.2		0.01		3(AI)
0.5 岁～	350(AI)	180(AI)	600	180	65(AI)	450	10		115(AI)	3.2(AI)		20(AI)	0.3(AI)	0.23	5		0.7		6(AI)
1 岁～	500	300	900	500～700①	140	800～1100②	10		90	4.0		25	0.3	0.6	15		2.0	1.5	10
4 岁～	600	350	1100	800	160	1200	10		90	5.5		30	0.4	0.7	15		2.0	2.0	12
7 岁～	800	440	1300	900	200	1400	12		90	7.0		40	0.5	0.9	20		2.5	2.5	15
9 岁～	1000	550	1600	1100	250	1700	16		90	7.0		45	0.6	1.1	25		3.5	3.0	20
12 岁～	1000	700	1800	1400	320	2200	16	18	110	8.5	7.5	60	0.7	1.4	33	30	4.5	4.0	25
15 岁～	1000	720	2000	1600	330	2500	16	18	120	11.5	8.0	60	0.8	1.5	35	30	5.0	4.0	25
18 岁～	800	720	2000	1500	330	2300	12	18	120	12.0	8.5	60	0.8	1.5	35	30	4.5	4.0	25
30 岁～	800	710	2000	1500	320	2300	12	18	120	12.0	8.5	60	0.8	1.5	35	30	4.5	4.0	25
50 岁～	800	710	2000	1500	320	2300	12	10③ 18④	120	12.0	8.5	60	0.8	1.5	30	25	4.5	4.0	25
65 岁～	800	680	2000	1400	310	2200	12	10	120	12.0	8.5	60	0.8	1.5	30	25	4.5	4.0	25
75 岁～	800	680	2000	1400	300	2200	12	10	120	12.0	8.5	60	0.7	1.5	30	25	4.5	4.0	25
孕早期	+0	+0	+0	+0	+40	+0	—	+0	+110	—	+2.0	+5	+0.1	+0	—	+0	—	+0	+0
孕中期	+0	+0	+0	+0	+40	+0	—	+7	+110	—	+2.0	+5	+0.1	+0	—	+3	—	+0	+0
孕晚期	+0	+0	+0	+0	+40	+0	—	+11	+110	—	+2.0	+5	+0.1	+0	—	+5	—	+0	+0
乳母	+0	+0	+400	+0	+0	+0	—	+6	+120	—	+4.5	+18	+0.7	—	—	+5	—	+0.2	+5

① 1 岁～为 500mg/d，2 岁～为 600mg/d，3 岁～为 700mg/d。
② 1 岁～为 800mg/d，2 岁～为 900mg/d，3 岁～为 1100mg/d。
③ 无月经。
④ 有月经。

3. 生理功能

(1) 构成机体 如钙、磷、镁等是骨和牙的重要成分，同时也是构成神经、血液、内分泌腺、肌肉和其他软组织的重要成分。

(2) 调节机体生理机能 酸性、碱性矿物质元素适当配合，起着体内缓冲溶液的作用，保持机体的酸碱平衡；矿物质与蛋白质协同维持组织细胞的渗透压，在体液移动和储留过程中起重要的作用；各种矿物质离子，特别是钾、钠、钙、镁离子保持一定的比例是维持神经肌肉兴奋性和细胞膜透性的必要条件；许多矿物质元素如镁等是各种酶的激活剂或组成成分，直接或间接影响新陈代谢的进行。

二、矿物质对食品性质的影响

1. 矿物质对食品酸碱性的影响

根据酸碱性不同可将食品分为成酸食品和成碱食品，这种划分与食品本身在化学上呈现的酸碱性不同，它指的是食品被消化吸收、进入血液，送往各组织器官，在生理上呈酸性或碱性。

食品所含酸性元素磷、硫、氯等，在体内氧化后，生成酸根离子，如 PO_4^{3-}、SO_4^{2-}、Cl^- 等，易使体液偏酸性，因此含酸性元素多的食品称为成酸食品（或酸性食品）。通常富含蛋白质、脂类、糖类的食品多属于成酸食品，如肉、鱼、禽、蛋等动物食品及米、面及其制品。

食品所含碱性元素钾、钠、钙、镁等，在体内氧化后，生成碱性氧化物，如 Na_2O、K_2O、CaO、MgO 等，易使体液偏碱性，这些含碱性元素多的食品称为成碱食品（或碱性食品）。成碱食物主要有蔬菜、水果、豆类、海草、乳制品等。值得注意的是水果虽然在味觉上呈酸性，但其酸味物质有机酸在体内经氧化生成二氧化碳和水排出体外，而钾、钠、钙等碱性元素却留下来，故水果是成碱食品。

食品在生理上呈酸性还是碱性，可以通过食品灰化（通过高温灼烧的手段分解食品中有机物的过程）后，用酸或碱溶液进行中和滴定来确定。食品的酸度或碱度，是指100g食品的灰分溶于水中，用0.1mol/L的碱液或酸液中和时，所消耗碱液或酸液的毫升数。以“＋”表示碱度，“－”表示酸度。常见成碱食品和成酸食品碱度或酸度见表1-4。

表1-4 常见成碱食品和成酸食品碱度或酸度

成碱食品	碱度/(mL/100g)	成酸食品	酸度/(mL/100g)
大豆	＋9～＋10	精米	－3～－5
甘薯	＋6～＋10	糙米	－9～－14
马铃薯	＋5～＋9	大麦	－10
萝卜	＋6～＋10	面粉	－3～－5
胡萝卜	＋9～＋15	燕麦粥	－15
洋葱	＋1～＋2	玉米	－5
番茄	＋3～＋5	精米饭	－1
苹果	＋1～＋3	白面包	－2～－3
柑橘类	＋5～＋10	干酪	－4
红砂糖	＋15	鸡蛋	－10～－20
海带	＋40	肉类	－10～－20
牛乳	＋2	鱼类(无骨)	－10～－20

人体体液的 pH 在 7.3～7.4，正常情况下人体自身的缓冲作用可保持体液酸碱平衡，但如果膳食搭配不当，可引起机体酸碱平衡失调。若摄入成酸食品过多（一般情况下，成酸食品容易过量），导致体液偏酸性，则会增加钙、镁等碱性元素的消耗，使血液颜色加深，血压增高，还会引起各种酸中毒症。所以在日常膳食中应注意成酸食品与成碱食品的合理搭配，尤其要控制成酸食品的量，以保持机体的酸碱平衡。

2. 矿物质对食品性状的影响

某些矿物质能显著地改变食品的颜色、质地、风味和稳定性。因此，在食品中加入或除去某些矿物质能产生一些特殊的功能作用。当食品中某些矿物质的浓度不易控制时，使用螯合剂如 EDTA，可改变它们的性质。

很多重要的食品添加剂中含有矿物质，它们可有效地改善食品的性状和营养价值。如磷酸盐，在肉制品中添加可提高肉的持水性，在乳制品中添加可保持盐平衡，提高产品的稳定性；氯化钙、硫酸钙可作豆腐的凝固剂，在果蔬加工中使用可保持新鲜果蔬的脆性，并有护色作用；钙离子有助于果胶物质凝胶的形成等。

三、食物中矿物质成分的生物有效性

评价一种食物的营养质量时，不仅要考虑其中营养素的含量，而且要考虑这些成分被生物体利用的实际可能性，即生物有效性的问题。生物有效性是指代谢中可被利用的营养素的量与摄入的营养素的量的比值。对于矿物质，生物有效性主要通过从肠道到血液的吸收效率来确定。在研究食品的营养以及食品加工中运用矿物质强化工艺时，对生物有效性的考虑尤为重要。影响矿物质生物有效性的因素如下。

1. 食物的可消化性

一种食物只有被人体消化后，营养物质才能被吸收利用。相反，如果食物不易消化，即使营养丰富也得不到吸收利用。因此，一般来说，食物营养的生物有效性与食物的可消化性成正比关系。例如，动物肝脏、肉类中的矿物质成分有效性高，人类可充分吸收利用，而麸皮、米糠中虽含有丰富的铁、锌等必需营养素，但这些物质可消化性很差，因此生物有效性很低。一般来说，动物性食物中矿物质的生物有效性优于植物性食物。

2. 矿物质的化学与物理形态

矿物质的化学形态对矿物质的生物有效性影响相当大，甚至有的矿物质只有某一化学形态才具有营养功能，例如，钴只有以氰基钴胺（维生素 B_{12}）供应才有营养功能；又如亚铁血红素中的铁可直接吸收，其他形式的铁必须溶解后才能进入全身循环，因此血色素铁的生物有效性比非血色素铁高。许多矿物质成分在不同的食物中，由于化学形态的差别，生物有效性相差很大。

矿物质的物理形态对其生物有效性也有相当大的影响，在消化道中，矿物质必须呈溶解状态才能被吸收，溶解度低，则吸收差；颗粒的大小也会影响可消化性和溶解性，因而影响生物有效性。用难溶物质来补充营养时，应特别注意颗粒大小。

3. 矿物质与其他营养素的相互作用

矿物质与其他营养素的相互作用对生物有效性的影响应视不同情况而定，有的提高生物

有效性，有的降低生物有效性，相互影响极为复杂。膳食中一种矿物质过量就会干扰对另一种必需矿物质的作用。例如，两种元素会竞争在蛋白质载体上的同一个结合部位而影响吸收，或者一种过剩的矿物质与另一种矿物质化合后一起排泄掉，造成后者的缺乏。如钙抑制铁的吸收，铁抑制锌的吸收，铅抑制铁的吸收。营养素之间相互作用，提高其生物有效性的情况也不少，如铁与氨基酸成盐、钙与乳酸生成乳酸钙，都使这些矿物质成为可溶态，有利于吸收。

4. 食品配位体

金属螯合物的稳定性和溶解度决定了金属元素的生物有效性。

与金属形成可溶螯合物的配位体可促进一些食品中矿物质的吸收。如 EDTA 能促进铁的吸收。与矿物质形成难溶螯合物的配位体会妨碍矿物质的吸收。如草酸抑制钙的吸收，植酸抑制铁、锌、和钙的吸收。难消化且分子量高的配位体（如膳食纤维和一些蛋白质）会妨碍矿物质的吸收。

5. 个体生理状态

机体的自我调节作用对矿物质生物有效性有较大影响。矿物质摄入不足时会促进吸收，摄入充分时会减少吸收。如铁、钙和锌都存在这种影响。吸收功能障碍会影响矿物质的吸收，胃酸分泌少的人对铁和钙的吸收能力下降。个体年龄不同，也影响矿物质的生物有效性，一般随年龄增长吸收功能下降，生物有效性也随之降低。

6. 加工方法

加工方法也能改变矿物质营养的生物有效性。磨碎的细度可提高难溶矿物质的生物有效性。添加到液体食物中的难溶性铁化合物、钙化合物，经加工并延长贮存期就可变为具有较高生物有效性的形式；发酵后的面团，植酸含量减少了 15％～20％，锌、铁的有效性可显著提高，其中锌的溶解度增加 2～3 倍，锌的可利用率增加 30％～50％。

四、影响食品中矿物质成分的因素

许多相互作用的因素影响着食品中矿物质的成分，因此食品中矿物质成分变化很大。

1. 影响植物性食品矿物质成分的因素

植物生长过程中，从土壤中吸取水和必需的矿物质营养素，因此植物可食部分的最终成分受土壤的肥力、植物的遗传学和它们生长环境的影响和控制。同一品种植物的矿物质含量都可能因生长在不同的地区而发生很大的变化。

2. 影响动物性食品矿物质成分的因素

由于动物体内存在着平衡机制，它能调节组织中必需营养素的浓度。所以动物性食品中矿物质浓度变化较小。一般情况下，动物饲料的变化仅对肉、乳和蛋中矿物质浓度产生很小的影响。

3. 加工对食品中矿物质成分的影响

食品中的矿物质总的来说比较稳定，它们对热、光、氧化剂、酸碱的影响不像维生素和氨基酸那样敏感，一般加工也不会因这些因素而大量损失，但加工方法会影响食物中矿物质的含量和可利用性。

导致食品中矿物质损失的最重要因素是谷物的研磨。在加工精白米和精白粉时将浓集矿物质的胚芽和麸皮除去，导致矿物质的严重损失。加工精度越高，损失的矿物质也越多。

大豆在加工过程中不会损失大量的微量元素，而且某些微量元素如铁、锌、硒等可得到浓缩。因为大豆蛋白质经过深度加工后提高了蛋白质的含量，这些矿物成分可能结合在蛋白质分子上。其他如锰、铜、钼和碘等矿物质则变化不大。

沥滤或物理分离会损失部分矿物质。如在乳酪加工中，钙也随着乳清的排去而流失，且生产条件对钙的保留影响较大。由于许多矿物质能溶于水，因此水煮食物时会有一些矿物质流失，蒸煮可减轻这方面的损失。

总之，各种加工方法对食物中矿物质的含量和组成均有一定的影响。在加工过程中，富含矿物质的食品组分流失或去除，则造成某些矿物质的含量下降；食品被浓缩或矿物成分从加工器械、包装材料中溶出，则食品中某些矿物质含量会增加；如果在加工过程中产生矿物质盐类的沉淀或溶解，则会影响矿物质的生物有效性。

4. 矿物质的强化

在食品中补充某些缺少的或特需的营养成分称为食品的强化。自20世纪30年代开始，欧美等国在食品中强化矿物质，较早用碘强化食盐。到了40年代在面粉中加入铁和各种易缺乏的维生素。目前在美国用铁和碘强化食品仍然是很普遍的，此外，也在早餐谷物和其他食品中加入钙、锌和其他微量元素。考虑到婴儿食品在营养上必须是完全的，因此它们的配方中含有许多品种的外加矿物质。

在食品中添加矿物质必须遵循有关的法规，注意矿物元素摄入的安全剂量，同时存在一些技术上的问题，尤其是被添加的矿物质在食品中的稳定性，以及与食品中其他组分相互作用可能产生的不良后果等问题必须得到妥善的解决。

五、几种重要的矿物质营养素

1. 钙

钙是人体含量最丰富的矿物质元素，其量仅次于氧、碳、氢、氮，居机体元素的第五位。成人体内含钙总量约1200g，占体重的1.5%～2.0%，其中99%存在于骨骼和牙齿等硬组织中，主要以羟基磷灰石［$3Ca_3(PO_4)_2 \cdot Ca(OH)_2$］形式存在，其余1%以游离或结合状态存在于软组织和体液中，与骨骼钙保持动态平衡，这部分钙统称为混溶钙池。

钙除了是骨骼和牙齿的重要组成成分之外，还参与凝血过程，能降低毛细血管及细胞膜的通透性，降低神经、肌肉的兴奋性。若血浆钙下降，则神经肌肉的应激性大增，导致手足抽搐；反之，血浆钙上升，可引起心脏、呼吸衰竭。钙对多种酶（如ATP酶、脂酶和蛋白质水解酶等）有激活作用。

人体对钙的吸收很不完全，通常有70%～80%不被吸收而随粪便排出，主要原因是这些钙与食物中的植酸、草酸、脂肪酸等形成了不溶性的盐。植物含植酸、草酸较多，故植物性食品中钙的吸收率较低。脂肪摄入过多时，钙可因大量脂肪酸与钙生成不溶性皂化物随粪便排出，该过程尚可引起脂溶性维生素（例如维生素D）的流失。此外，食物纤维也可影响钙的吸收，这可能是食物纤维结构中的糖醛酸残基与钙结合所致。

钙的吸收与年龄、个体机能状态有关。年龄大，钙吸收率低；胃酸缺乏、腹泻等将降低钙的吸收；若机体缺钙，则吸收率提高。此外，尚有多种因素可促进钙的吸收。已知维生素D可促进钙的吸收，从而使血钙升高，并促进骨骼中钙的沉积。乳糖提高钙吸收的程度与其在食物中的含量成正比，据认为是钙与乳糖螯合，形成了低分子量可溶性配合物所致。蛋白质也可促进钙的吸收，可能是蛋白质消化后释出的氨基酸，与钙形成可溶性配合物或螯合物的结果。

食物中钙的来源以乳及乳制品为最好，不但含量丰富，吸收率也高。小虾、发菜、海带等含钙丰富。蔬菜、豆类和油料种子含钙也较多。谷类、肉类、水果等食物的含钙量较少，且谷类含植酸较多，钙不易吸收。蛋类的钙主要在蛋黄中，因有卵黄磷蛋白，吸收不好。为了补充食品中钙的不足，可按规定实行食品的钙营养强化。

2. 磷

磷在成人体内的总量约600g，约占体重的1%。大约85%的磷与钙一起构成骨骼和牙齿的主要部分，钙与磷的比值约为2∶1。磷也是软组织结构的重要组分，很多结构蛋白含磷，细胞膜的脂质含磷，DNA和RNA皆含磷。

磷在机体的能量代谢中具有重要作用。磷还参与酶的组成，是很多酶系统之辅酶或辅基的组成成分。磷还参与物质的活化，以利机体代谢反应的进行。在体液缓冲系统中，多种形式的磷酸盐发挥着重要作用，参与体液酸碱平衡的调节。

磷普遍存在于各种动植物食品中，但谷类种子中的磷，因植酸的缘故难以利用，蔬菜和水果含磷较少，而肉、鱼、禽、蛋、乳及其制品含磷丰富，是磷的良好食物来源。

3. 铁

铁是人体的必需微量元素，也是体内含量最多的微量元素。成人体内含铁4～5g，主要存在于血红蛋白中，其余铁皆与各种蛋白质结合在一起，没有游离的铁离子存在，这是生物体内铁的特点。在机体中，通过血红蛋白的形式，铁参与氧的转运、交换和组织呼吸过程。作为过氧化氢酶的组成成分，对机体内过氧化物起清除作用。

正常成年人的食物铁吸收率一般在10%左右，其余部分随粪便排出体外。但人体的机能状态对食物铁的吸收利用影响很大。缺铁性贫血患者或缺铁的受试者对食物铁的吸收增加。放射性铁的试验表明，正常成年男女对食物铁的吸收为1%～12%，缺铁受试者对铁的吸收率可高达45%～64%。妇女的铁吸收比男子多些，小孩随年龄的增长，铁吸收率逐步下降。

食物中铁的含量通常不高，尤其是植物性食物中的铁，因可能与磷酸盐、草酸盐、植酸盐等结合成难溶性盐，溶解度大幅度下降，很难被机体吸收利用。但是动物性食物的铁，机体的利用率则高得多。其中肌肉、肝脏含铁量高，利用率也高。有报告称，猪血的含铁量为0.0375%，生物有效性也较高。

应该指出，蛋黄虽然也属于动物性食品，铁含量也高（含量约0.007%），但由于卵黄磷蛋白含量高，而显著抑制其铁的吸收，故蛋类铁的吸收率并不高，一般不超过3%。

4. 锌

人体含锌总量为1.4～2.3g，约为铁含量的一半，是含量仅次于铁的微量元素。人体的各种组织均含痕量的锌，含量为20～30μg/g，主要集中于肝脏、肌肉、骨骼和皮肤（包括头发）。血液锌的75%～85%存在于红细胞中，是酶的组成成分。血浆锌则多与蛋白质结合在一起。头发中锌的含量，被认为可反映食物锌的长期供给水平。

据认为有一百多种酶含锌，锌为这些酶活性所必需，例如，乙醇脱氢酶、碱性磷酸酶、羧肽酶等。锌是胰岛素分子的组成部分，每个胰岛素分子含锌原子二个。锌与蛋白质的合成有关，与DNA、RNA的代谢有关。

锌的吸收与铁相似，可受多种因素的影响。尤其植酸严重妨碍锌的吸收，但面粉经发酵可破坏植酸，有利于锌的吸收。当食物中有大量钙存在时，形成的不溶性锌钙-植酸盐复合物，对锌的吸收干扰极大。

锌的食物来源很广，普遍存在于动植物的各种组织中。许多植物性食品如豆类、小麦含锌量可达15～20mg/kg，但因植酸的缘故而不易吸收。蔬菜、水果含锌量低，约2mg/kg。

动物性食品是锌的良好来源，例如，猪肉、牛肉、羊肉等，含锌量20～60mg/kg，鱼类和其他海产品的含锌量也在15mg/kg以上。通常，若动物蛋白供给充分，人体不会缺锌。素膳食若适当加工，例如，豆类发芽、面粉发酵等，也可保证锌的供应。

5. 碘

成人体内含碘20～50mg，其中约20%集中于甲状腺。甲状腺的聚碘能力很强，碘浓度可比血浆高25倍；当甲状腺功能亢进时，甚至可高数百倍。在甲状腺中，碘以甲状腺素和三碘甲腺原氨酸的形式存在。血浆中的碘则与蛋白质结合在一起。

碘的生理功能体现于甲状腺素。甲状腺素是一种激素，可促进幼小动物的生长、发育，调节基础代谢。特别是通过对能量代谢，对蛋白质、脂肪、糖类代谢的影响，促进个体的体力和智力发育，影响神经、肌肉组织的活动。机体缺碘可出现甲状腺肿，幼儿期缺碘可引起先天性心理和生理变化，导致呆小症。

含碘最丰富的食物是海产品，其他食品的碘含量则主要取决于动植物生长地区的地质化学状况。通常，远离海洋的内陆山区，土壤和空气含碘量少，水和食品的含碘量也低，可能成为缺碘的地方性甲状腺肿高发区。

6. 硒

成人体内含硒14～21mg，分布于肾脏、肝脏、指甲、头发，肌肉和血液中含硒甚少。

过去一直认为硒对人体有毒，到20世纪50～60年代，才确认硒是动物体的必需微量元素。1980年在第二届国际硒学术讨论会上，我国学者宣读有关硒可预防克山病的论文之后，开始了硒研究的一个新阶段。之后的研究已认识到，硒是谷胱甘肽过氧化物酶的组成成分，谷胱甘肽过氧化物酶有抗氧化作用，能保护细胞膜和血红蛋白免遭过氧化物自由基的氧化破坏。硒还有促进免疫球蛋白生成、保护吞噬细胞完整及降低有毒元素（例如汞）在体内的毒性等多种作用。

硒的食物来源受地球化学因素的影响，沿海地区食物的含硒量较高，其他地区则随土壤和水中硒含量的不同而差异显著。海产品及肉类是硒的良好食物来源，含硒量一般超过0.2mg/kg。肝、肾比肌肉的硒含量高4～5倍。蔬菜、水果含硒量低，常在0.01mg/kg以下。

在食品加工时，硒可因精制或烧煮而有所损失，越是精制或长时间烧煮过的食品，硒含量就越低。

7. 铜

成人体内含铜总量约 80mg，存在于各种组织中，在骨骼和肌肉中含量较高，浓度最高的是肝和脑，其次是肾、心脏和头发。血浆铜的 90％与蛋白质结合成铜蓝蛋白。

铜主要以酶的形式起作用。已知至少有十多种金属酶含铜，它们都属氧化酶。血浆铜蓝蛋白是一种多功能的氧化酶，其最重要的生理功能是催化二价铁氧化成三价铁，有利于机体铁的储备和食物铁的吸收。

铜的食物来源很广，一般动植物食品都含铜，但其含量随产地土壤的地球化学因素而有差别。动物内脏如肝、肾等含铜丰富；甲壳类、坚果类、干豆等含铜较多；牛奶、绿叶蔬菜含铜较少。

8. 铬

铬有三价和六价两种形态，六价铬有毒，机体不能利用。成人体内三价铬总量为 5～10mg，分布很广，但在各种组织中的浓度都很低，仅在核蛋白中浓度较高，提示铬可能与核蛋白的代谢有关。另外已查明，铬是葡萄糖耐量因子的组成成分，而葡萄糖耐量因子是胰岛素的辅助因子，在机体能量代谢中发挥重要作用。

铬的良好食物来源是啤酒酵母、肉、奶酪和全麦。蔬菜中铬的利用率较低。食品加工和精制可使某些食品的铬含量大幅度下降，例如，红糖的铬含量比砂糖高 3～12 倍；精面粉的铬含量较全麦低得多。

习题

一、选择题

1. 结合水是指通过（　　）与食品中有机成分结合的水。

A. 氢键　　B. 共价键　　C. 配位键　　D. 以上说法都不对

2. 通常水分活度低于（　　）时，细菌不能生长。

A. 0.60　　B. 0.90　　C. 0.55　　D. 0.80

3. 对水分活度最敏感的微生物是（　　）。

A. 细菌　　B. 酵母菌　　C. 霉菌　　D. 以上 3 者都不是

4. 要使食品具有最高稳定性所必需的水分含量，最好将水分活度保持在结合水范围内，即（　　）的水分活度。

A. 最低　　B. 最高　　C. 中等　　D. 以上 3 者都不是

5. 人体中含量在（　　）以下，人体的日需要量在 100mg 以下的元素，称为微量元素或痕量元素。

A. 0.1％　　B. 0.01％　　C. 0.05％　　D. 0.5％

6. 人体平均每日可以摄入某营养素的最高量称为（　　）。

A. 可耐受最高摄入量　　B. 适宜摄入量

C. 推荐摄入量　　　　　　　　　　D. 每日膳食营养素供给量

7. 食物营养的生物有效性与食物的可消化性成（　　）关系。

A. 正比　　　　B. 反比　　　　C. 毫无　　　　D. 以上 3 者都不是

8. 能促进钙吸收的成分是（　　）。

A. 乳糖　　　　B. 脂肪　　　　C. 植酸　　　　D. 草酸

9. 小麦的矿物质主要集中在胚芽和麸皮中，碾磨加工精度越高，矿物质损失（　　）。

A. 不变　　　　B. 越小　　　　C. 越大　　　　D. 以上说法都不对

10. 克山病是缺乏（　　）造成的。

A. 锰　　　　B. 锌　　　　C. 铁　　　　D. 硒

二、是非题

1. 水分活度可用平衡相对湿度表示 。（　　）

2. 水是人体内含量最高的成分。（　　）

3. 食品的含水量相等时，温度越高，水分活度 A_w 越大。（　　）

4. 水分含量相同的食品，其 A_w 亦相同。（　　）

5. 植物性食物中矿物元素的生物有效性大于动物性食物。（　　）

6. 如果水分活度 A_w 高于微生物发育所必需的最低 A_w 时，微生物会导致食品变质。（　　）

7. 矿物质在体内能维持酸碱平衡。（　　）

8. 钙是人体必需的微量元素。（　　）

9. 有酸味的水果属于成酸食物。（　　）

10. 食品中存在的有毒元素对人体健康有危害，要去除干净。（　　）

11. 大部分的肉、鱼、禽、蛋及米、面粉属于成酸食物。（　　）

12. 食品在漂烫沥滤时，矿物质容易从水中损失。（　　）

13. 水分活度反映了食品中水分存在形式和被微生物利用的程度。（　　）

14. 非必需元素是人体不需要的元素。（　　）

15. 除了 C、H、O 以外，其他元素都称为矿物质，也称无机质。（　　）

三、填空题

1. 结合水是指食品的非水成分与水通过______结合的水；自由水也称______水，是以______状态存在于细胞间的水分。

2. 结合水的沸点______于一般水，而冰点却______于一般水，一般在______℃以上不能结冰，这个性质具有重要实际意义，它可以使植物种子和微生物孢子在冷冻条件下，仍能保持______。

3. 食品中的水分主要以______、______、______、______等状态存在。

4. 水分活度是指食品的______和在同一温度下______之比。

5. 食品中常见的有毒元素主要有______、______、______、______等。

6. 正常存在于机体的健康组织中，对机体自身的稳定起着重要作用，缺乏它可使机体的组织或功能出现异常，补充后可恢复正常，这类元素称为______。

7. 在蔬菜、水果、谷类、蛋类、肉类和豆类等食物中，成酸食品有______、______、

______，成碱食品有______、______、______。

8. 生物有效性是指代谢中______的营养素的量与______的营养素的量的比值。

四、问答题

1. 水对维持人体正常生理活动有什么作用？
2. 食品的水分状态与吸湿等温线中的分区有什么关系？
3. 食品的水分活度 A_w 与食品稳定性有什么关系？
4. 自由水和结合水有什么区别？
5. 水分活度与微生物的生长繁殖有什么关系？
6. 什么是食品的酸碱度？日常饮食中为什么要注意成碱食物和成酸食物的合理搭配？
7. 人体容易缺乏的矿物质有哪些？
8. 怎样能够合理地补钙？
9. 影响矿物质生物有效性的因素有哪些？

素质拓展阅读

航天员在太空中的生活用水

根据载人航天器的任务类型和种类不同，航天员在太空中的生活用水的来源也各有差异。

目前我国航天员在执行在轨任务时所用的水，主要来自随航天器一起运载的水。例如，在神舟十号飞行任务中，这些从地面带上太空的水被存放在经过严格杀菌消毒的贮水箱和水袋中，类似于人们平时喝的“瓶装水”和“桶装水”，供航天员使用。

然而，由于载人飞船发射费用较高，带的水越多，成本也就越高，无法完全满足长期在轨驻留的需求。

在载人飞行任务中，航天员们还利用氢氧燃料电池来生产水。氢气和氧气在催化剂的作用下，分别在两个电极上氧化生成水。这种水首先经过冷却器冷却至18～24℃，然后进入银离子消毒器进行净化处理，最后送入贮水箱。燃料电池每天能产生约90kg的水，足够6名航天员饮用。

对于需要长时间在太空中驻留的空间站等飞船而言，饮用水除了从地球运来的之外，主要依靠水循环装置净化。具体来说，就是将人体排出的液体及生活废水收集起来，经过过滤后，再次饮用或使用。回收的水经一系列处理后最终通过RO反渗透技术进行渗透净化处理，去除废液中的有害物质最终成为航天员的日常用水。此外，日常用水通过银杀菌进一步确保水的安全后，可成为饮用水。

展望未来，太空用水需求将朝着扩大再生水来源、提升饮用水活性等方向不断发展。随着水资源利用技术的进步，我国载人航天的目标不仅限于建设空间站，更将迈向未知深空的无尽探索。

第二章　糖类

学习目标

1. 掌握糖类化合物的概念、分类。
2. 掌握单糖和双糖的结构，掌握它们与食品加工有关的性质及应用。
3. 掌握淀粉的结构、性质，了解改性淀粉在食品加工中的应用。

糖类是自然界分布最广的一类有机化合物。糖类也是人体重要的能源之一，在人的生命活动过程中起着十分重要的作用。生物体的糖类以单糖、寡糖、多糖的形式存在，也可与非糖物质结合。糖也是构成生物体内组织的重要物质，细胞核及细胞膜都含有糖的复合物。糖与食品加工和贮藏关系更是十分密切，可改善食品的性状、风味及色泽等。

第一节　概述

一、糖类化合物的概念

糖类化合物主要由C、H、O三种元素构成，是一类多羟基醛或多羟基酮化合物，或是它们的缩聚物或衍生物。糖类旧称碳水化合物，因早期发现的一些此类化合物的分子式中H与O的比例恰好与水相同为2∶1，如同碳与水的化合物，因而有"碳水化合物"之称。后来发现一些不属于多羟基的醛或多羟基的酮的分子也有同样的元素组成比例，如甲醛(CH_2O)，同时又发现一些碳水化合物又不符合这一比例，因此碳水化合物这一名词是不确切的，但由于沿用习惯，"碳水化合物"一词仍被广泛使用。

二、糖类化合物的分类

糖类化合物是食品中的重要成分，不仅含量高，而且种类也相当多。依据化学结构可将糖类化合物分为三类，即单糖、低聚糖和多糖。

凡是不能被进一步水解成更小分子的糖类化合物，称为单糖。单糖是糖类化合物的结构单位。重要的单糖有葡萄糖、果糖、半乳糖。

凡是可以水解生成少数（2～10个）单糖分子的糖类化合物，称为低聚糖，又称寡糖。

重要的低聚糖是双糖，也称作二糖。重要的双糖有蔗糖、麦芽糖、乳糖。

凡是水解可以生成多个单糖分子的糖类化合物称作为多糖。重要的多糖有淀粉、糖原和纤维素。

一些食品中糖类化合物的含量见表 2-1。

表 2-1 一些食品中糖类化合物含量

名称	糖类化合物		
	总糖/%	单糖和双糖/%	多糖/%
苹果	14.5	葡萄糖 1.17、果糖 6.04、蔗糖 3.78、甘露糖微量	淀粉 1.5、纤维素 1.0
胡萝卜	9.7	葡萄糖 0.85、果糖 0.85、蔗糖 4.25	淀粉 7.8、纤维素 1.0
洋葱	8.7	葡萄糖 2.07、果糖 1.09、蔗糖 0.89	纤维素 0.71
马铃薯	17.1		淀粉 14、纤维素 0.5
甜玉米	22.1	蔗糖 12～17	纤维素 0.7
蜂蜜	82.3	葡萄糖 28～35、果糖 34～41、蔗糖 1～5	
牛乳	4.9	乳糖 4.9	

第二节 单糖及其衍生物

一、单糖

单糖是糖类化合物的最小结构单位，它们不能进一步水解，是带有醛基或酮基的多元醇。

单糖也有几种衍生物，其中有羰基被还原的糖醇、醛基被氧化的醛糖酸、导入氨基的氨基糖、脱氧的脱氧糖、分子内脱水的脱水糖等。根据构成单糖的碳原子数目多少，分别叫丙糖（三碳糖）、丁糖（四碳糖）、戊糖（五碳糖）、己糖（六碳糖）、庚糖（七碳糖）。食品中单糖多为含有 5 个或 6 个碳原子。

分子中碳原子数≥3 的单糖因含有不对称碳原子，所以有 D 及 L 两种构型。构型是以 D-(+) 甘油醛和 L-(−) 甘油醛作为标准，由与羰基相距最远的不对称碳原子上的羟基方向来确定的，如与 D-甘油醛相同，则为 D 型；如与 L-甘油醛相同，则为 L 型。即编号最大的手性碳原子上—OH 在右边的为 D 型，—OH 在左边的为 L 型。天然存在的单糖大多为 D 型。

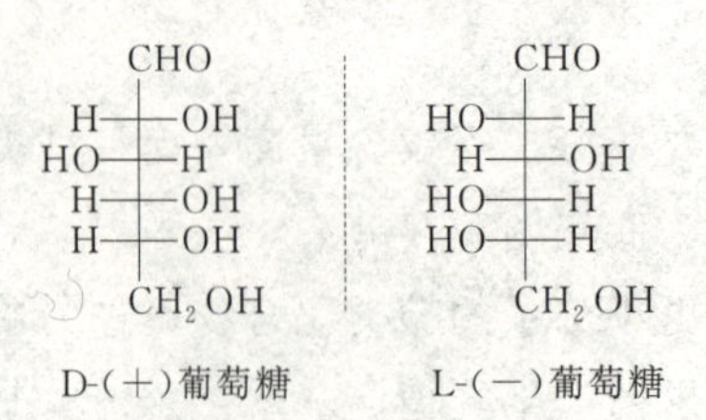

D-(+)葡萄糖　　L-(−)葡萄糖

单糖可以形成缩醛和缩酮，糖分子的羰基可以与糖分子本身的一个醇基反应，形成半缩醛或半缩酮，分子内的半缩醛或半缩酮，形成五元呋喃糖环或更稳定的六元吡喃糖环。

对成环后的半缩醛或半缩酮羟基来说，若与其定位碳原子（C_5）上的羟基在链的同一侧的是 α 型，不在同一侧的是 β 型。

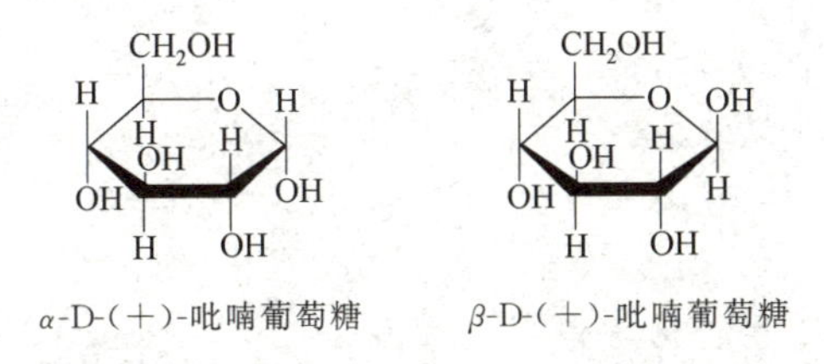

α-D-(+)-吡喃葡萄糖　　β-D-(+)-吡喃葡萄糖

1. 戊糖

生物体中最普遍的戊醛糖是 D-木糖、L-阿拉伯糖、D-核糖及其衍生物 D-2-脱氧核糖。作为糖代谢中间产物的戊酮糖有 D-核酮糖和 D-木酮糖等。这些戊糖的结构式见图 2-1。

D-核糖	D-木糖	L-阿拉伯糖	D-2-脱氧核糖	D-核酮糖	D-木酮糖
CHO	CHO	CHO	CHO	CH_2OH	CH_2OH
H—C—OH	H—C—OH	H—C—OH	H—C—H	C═O	C═O
H—C—OH	HO—C—H	HO—C—H	H—C—OH	H—C—OH	HO—C—H
H—C—OH	H—C—OH	HO—C—H	H—C—OH	H—C—OH	H—C—OH
CH_2OH	CH_2OH	CH_2OH	CH_2OH	CH_2OH	CH_2OH

图 2-1　戊糖的结构式

自然界中的 L-阿拉伯糖是植物分泌的胶黏质及半纤维素等多糖的组成成分，用于医药和作微生物培养剂。

D-核糖和 D-2-脱氧核糖是核酸的组成部分。

D-木糖存在于麸皮、木材、棉籽壳、玉米穗轴等植物材料中。木糖是糖代谢的中间产物，也是适于糖尿病患者的甜味剂。

2. 己糖

生物体中常见的己糖有 D-葡萄糖、D-半乳糖、D-果糖、D-甘露糖。它们的链状与环状结构式见图 2-2。

D-葡萄糖是自然界分布最广也最重要的糖，它可以为人体直接吸收而提供给人体能量。工业上以淀粉为原料用无机酸或酶水解的方法大量制得。

D-果糖也是自然界中最重要的单糖，多与葡萄糖同时存在于植物中。工业上可用异构化酶在常温常压下使葡萄糖转化为果糖。果糖甜度高，风味好，吸湿性强，在食品工业中得以广泛应用。

D-半乳糖是乳糖、蜜二糖、棉籽糖、琼胶、半纤维素的组成成分，在生物体中很少游离存在。

D-甘露糖在生物体中也很少游离存在，主要以缩合物形态存在于多糖中。甘露聚糖是坚果类果壳的主要成分。

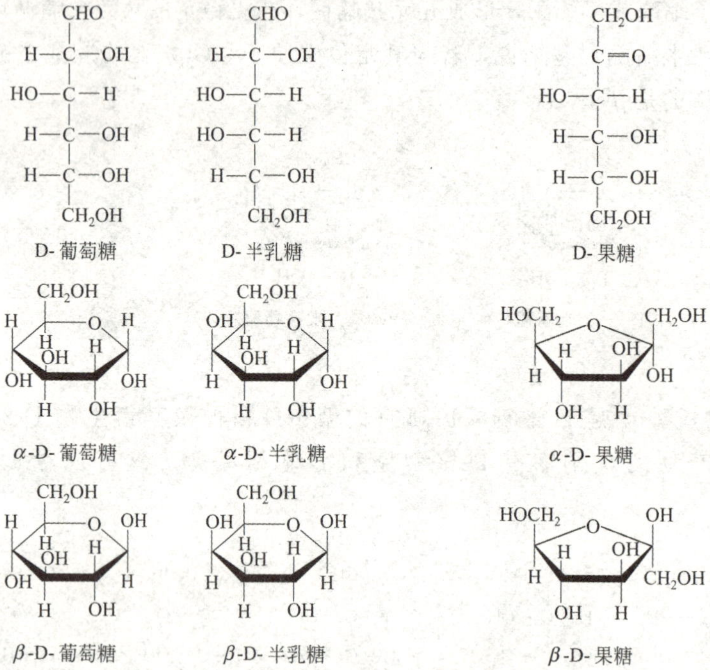

图 2-2　己糖结构式

二、单糖的衍生物

1. 糖醇

单糖还原后生成糖醇，山梨醇、甘露醇是广泛分布于植物界的糖醇，在食品工业上，它们是重要的甜味剂和湿润剂。

2. 糖酸

醛糖被氧化后生成糖酸，其中最常见的有葡萄糖醛酸、半乳糖醛酸等。它们是一些胶质多糖的组成单体。

3. 氨基糖

单糖中一个或多个羟基被氨基取代而生成的化合物称为氨基糖。常见的有 D-氨基葡萄糖和 D-氨基半乳糖。这两种氨基糖都存在于黏多糖、血型物质、软骨和糖蛋白中。

4. 糖苷

单糖半缩醛羟基与另一个分子（例如醇、糖、嘌呤或嘧啶）的羟基、氨基或巯基缩合形成的含糖衍生物称为糖苷，所形成的键称为糖苷键。常见的糖苷键有 *O*-糖苷键和 *N*-糖苷键。糖苷由糖与非糖部分组成，糖部分称为糖苷基，非糖部分称为糖苷配基。根据不同的糖，糖苷有葡萄糖苷、果糖苷、阿拉伯糖苷、半乳糖苷、芸香糖苷等。

第三节　低聚糖

低聚糖是由 2～10 个单糖分子缩合而成的。它们是水溶性的，在自然界广泛存在。

一、双糖

双糖是一分子单糖的半缩醛羟基与另一分子单糖的羟基缩合，脱去一分子水形成的。在食品加工中常见的是麦芽糖、乳糖和蔗糖。

1. 麦芽糖

麦芽糖大量存在于发芽谷粒中，特别是麦芽中。它是甜味食品中的重要糖质原料。工业上制麦芽糖的原料是发芽谷物（主要是大麦芽），利用所含的麦芽糖淀粉酶使淀粉水解而得。

麦芽糖由两分子 α-葡萄糖通过 α-1,4 糖苷键结合而成，其结构式如下：

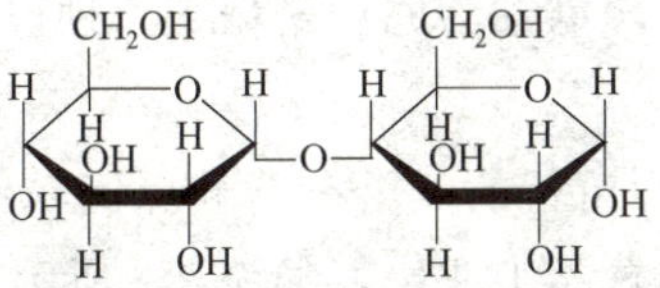

麦芽糖甜度仅次于蔗糖，有右旋光性和变旋现象，$[\alpha]_D^{20}$ 为+136°，因分子中有游离半缩醛羟基存在，属还原性双糖。易被酵母发酵。

2. 乳糖

乳糖是哺乳动物乳汁中主要的糖分，牛乳含 4.5%～5.5%，人乳含 5.5%～8.0%，是由一个 β-半乳糖分子中的半缩醛羟基与一个 α-D-葡萄糖分子的羟氢之间脱水，以 β-1,4 糖苷键连接而成。乳糖有 α 型和 β 型两种结构，其结构式如下：

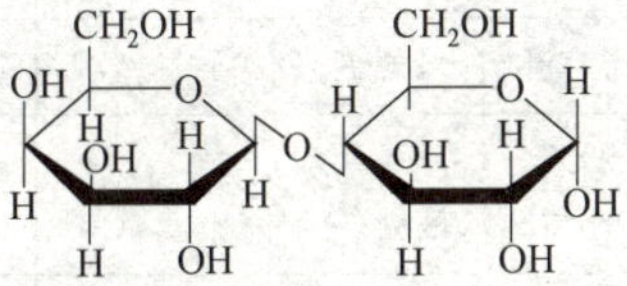

乳糖有右旋光性，也有变旋现象，$[\alpha]_D^{20}$ 为+55.4°，因分子中有游离半缩醛羟基存在，具有还原性。酵母不能发酵乳糖。

3. 蔗糖

蔗糖在植物界分布广泛，尤其以甘蔗、甜菜中含量最多。它具有较强的甜味，是食品工业中最重要的含能量甜味剂。

蔗糖是由一分子 α-D-葡萄糖和一分子 β-D-果糖通过 α-1,2 糖苷键连接形成的双糖。其结构式如下：

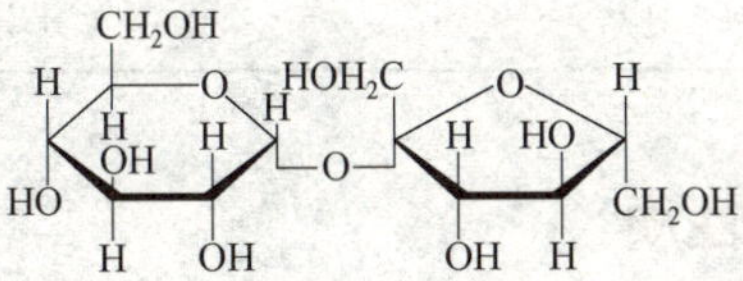

蔗糖具有右旋光性质，$[\alpha]_D^{20}$ 为+66.5°，由于分子中不含有半缩醛羟基，所以无还原性。

二、功能性低聚糖

由于单糖分子结合位置和结合类型不同，低聚糖种类繁多，已知达 1000 种以上。除了双糖以外，还有三糖、四糖、五糖、六糖、七糖以至十糖。例如，来源于淀粉原料的低聚糖，以麦芽糖基为词头，以糖为词尾构成。例如，麦芽三糖、麦芽四糖等。由多糖原料派生的低聚糖，则冠以该多糖的名称，例如，木低聚糖（木聚糖原料）、甘露低聚糖（甘露聚糖原料）、半乳低聚糖（半乳聚糖原料）。市售制品中，低聚糖往往冠以原料名称，如大豆低聚糖、蔗糖低聚糖等。为了强调制品中的主要成分，也有称为果糖低聚糖、半乳糖低聚糖。

由单一成分的单糖组成的低聚糖称为同低聚糖。两种以上的单糖构成的低聚糖称为杂低聚糖。

低聚糖是近 10 年国际上颇为流行的一类有营养保健功能的糖类，它作为功能食品的基料，应用到各种保健营养补品和食品工业中，如表 2-2 所示。应用较多的是果糖低聚糖、麦芽低聚糖和异麦芽低聚糖。

表 2-2　国际上最近开发的主要低聚糖

名　称	主要成分与结合类型	主要用途
麦芽低聚糖	葡萄糖（α-1,4 糖苷键结合）	滋补营养性，抗菌性
分支低聚糖	葡萄糖（α-1,6 糖苷键结合）	防龋齿，促进双歧杆菌增殖
环状糊精	葡萄糖（环状 α-1,4 糖苷键结合）	低热值，防止胆固醇蓄积
龙胆二糖	葡萄糖（β-1,6 糖苷键结合），苦味	能形成包接体
偶联糖	葡萄糖（α-1,4 糖苷键结合），蔗糖	防龋齿
果糖低聚糖	果糖（β-1,2 糖苷键结合） 果糖（β-1,2 糖苷键结合），蔗糖	促进双歧杆菌增殖
潘糖	葡萄糖（α-1,6 糖苷键结合），果糖	防龋齿
海藻糖	葡萄糖（α-1,1 糖苷键结合），果糖	防龋齿，优质甜味
蔗糖低聚糖	葡萄糖（α-1,6 糖苷键结合），蔗糖	防龋齿，促进双歧杆菌增殖
牛乳低聚糖	半乳糖（β-1,4 糖苷键结合），葡萄糖骨架、半乳糖（β-1,3 糖苷键结合），乙酰氨基葡糖等	防龋齿，促进双歧杆菌增殖
壳质低聚糖	乙酰氨基葡糖（β-1,4 糖苷键结合）	抗肿瘤性
大豆低聚糖	半乳糖（α-1,6 糖苷键结合），蔗糖	促进双歧杆菌增殖
半乳糖低聚糖	半乳糖（β-1,6 糖苷键结合），葡萄糖	促进双歧杆菌增殖
木低聚糖	木糖（β-1,4 糖苷键结合）	水分活性调节

三、单糖、低聚糖的重要性质

1. 单糖、低聚糖与食品加工有关的物理性质

（1）糖的甜度　许多糖类化合物都具有甜味，糖甜味的高低称为糖的甜度，它是糖的

重要性质。一般以蔗糖溶液为甜度的参比标准。规定以5%或10%的蔗糖溶液在20℃时的甜度定为1，在相同条件下，其他糖与其比较得出相对甜度，常见各种糖的相对甜度见表2-3。

表2-3 糖的相对甜度

糖类名称	相对甜度	糖类名称	相对甜度
蔗糖	1.0	麦芽糖醇	0.9
果糖	1.5	山梨醇	0.5
葡萄糖	0.7	木糖醇	1.0
半乳糖	0.6	果葡糖浆(转化率16%)	0.8
麦芽糖	0.5	淀粉糖浆(葡萄糖值42%)	0.5
乳糖	0.3	淀粉糖浆(葡萄糖值20%)	0.8

同一种糖的甜度与α型和β型的不同有关，如葡萄糖的α型比β型甜度高1.5倍。葡萄糖溶于水后，时间越长甜度就越低，是由于α-D-葡萄糖和β-D-葡萄糖相互转变，在平衡状态下，α型和β型的比例大约为36%和64%。另外，温度对葡萄糖液的甜度几乎没有影响。而对于果糖，β型的甜度是α型的3倍，果糖α型与β型的互变受糖浓度和糖液温度的影响，在低温下，浓果糖液中β型是α型的两倍多，故此时甜度较高。

(2) 溶解度 各种糖都能溶于水，但溶解度不同（表2-4），果糖的溶解度最高，其次是蔗糖、葡萄糖、乳糖等。各种糖的溶解度随温度升高而增大。

表2-4 糖的溶解度

糖类	20℃		30℃		40℃		50℃	
	含量/%	溶解度/(g/100g水)	含量/%	溶解度/(g/100g水)	含量/%	溶解度/(g/100g水)	含量/%	溶解度/(g/100g水)
果糖	78.94	374.78	81.54	441.70	84.34	538.63	86.94	665.58
蔗糖	66.60	199.4	68.18	214.3	70.01	233.4	72.04	257.6
葡萄糖	46.71	87.67	54.64	120.46	61.89	162.38	70.91	243.76

单糖和寡糖在溶解于水的过程中，可以产生过饱和现象。利用人为的控制处理，可以运用所产生的过饱和溶液生产夹心食品糖。当控制过饱和溶液的冷却速度很慢时，则可以产生大而且坚固的结晶，如利用蔗糖制备冰糖就是依据这个原理。

(3) 结晶性 蔗糖易结晶，晶体大；葡萄糖也易结晶，但晶体小；转化糖、果糖较难结晶。中转化糖浆（葡萄糖值38%～42%）是葡萄糖、低聚糖和糊精组成的混合物，不能结晶而且具有防止蔗糖结晶的性质，吸湿性也低。所以作为填充剂用于糖果制造，可防止糖果中的蔗糖结晶，有利于糖果的保存，并能增加糖果的韧性和强度，使糖果不易碎裂，又冲淡了糖果的甜度。因此，它是糖果工业不可缺少的重要原料。

(4) 吸湿性和保湿性 吸湿性是指糖在空气湿度较高情况下吸收水分的性质。保湿性是指糖在较高湿度吸收水分和在较低湿度散失水分的性质。

不同种类的糖吸湿性不同，果糖、转化糖吸湿性最强，葡萄糖、麦芽糖次之，蔗糖的吸湿性最小。

不同食品对糖的吸湿性和保湿性的要求不同。如硬质糖果要求吸湿性低，以避免因吸湿而溶化，故宜选用蔗糖为原料。软质糖果需要保持一定的水分，以避免干缩，故选用转化糖和果葡糖浆为宜。面包、糕点类食品也需要保持松软，应选用一定的转化糖和果葡糖浆。

山梨糖醇及麦芽糖醇均有显著的吸湿性，利用这种吸湿性可以作为各种食物的保湿剂，或防止蔗糖的晶析。

(5) 渗透压 任何溶液都有渗透压，一定浓度的糖溶液，也有一定的渗透压，其渗透压随浓度增高而增大。在相同浓度下，溶质的分子量越小，分子数目越多，渗透压力越大。单糖的渗透压是双糖的两倍，葡萄糖和果糖与蔗糖相比就有更高的渗透压。糖液的渗透压力使微生物菌体失水，生长受到抑制，所以糖藏是一种重要的保存食品方法。渗透压越高的糖，对食品保存效果越好。50%蔗糖溶液能抑制一般酵母的生长，但若要抑制细菌和霉菌生长，则分别要求65%和80%的浓度。

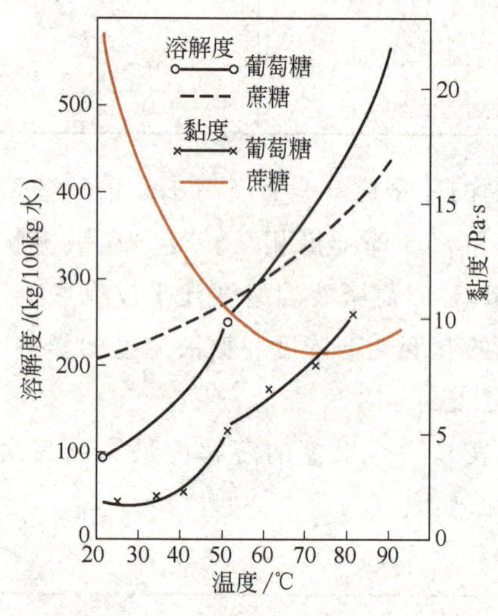

图 2-3 葡萄糖和蔗糖的溶解度、黏度和温度的关系

(6) 黏度 葡萄糖和果糖的黏度较蔗糖低，中低转化糖浆的黏度较大，用于食品可提高黏稠度和口感，可作为填充剂和增稠剂广泛用于各种饮料、冷食、冲饮品中。葡萄糖和蔗糖的溶解度、黏度和温度的关系见图 2-3。

(7) 冰点降低 糖溶液冰点降低的程度取决于它的浓度和糖的分子量大小，溶液浓度高，分子量小，冰点降低得多。葡萄糖降低冰点的程度高于蔗糖。葡萄糖冰点降低程度比较见表 2-5。

表 2-5 糖液冰点降低程度比较

糖类名称	分子量	冰点降低相对值	糖类名称	分子量	冰点降低相对值
蔗糖	342	1.00	葡萄糖	180	1.90

生产冰激凌等冷冻饮品时，使用低转化程度的淀粉糖浆和蔗糖的混合物，冰点降低较单独用蔗糖好，且冰粒细微、组织细腻、黏稠度高、甜味温和等。

(8) 抗氧化性 糖溶液具有一定的抗氧化性是由于氧气在糖溶液中溶解量比在水溶液中低很多。葡萄糖、果糖、淀粉糖浆等都具有抗氧化性，可以保持水果的风味、颜色，使维生素 C 的氧化反应降低 10%～90%。

2. 单糖、低聚糖与食品加工有关的化学性质

(1) 氧化作用 单糖易被多种氧化剂氧化，表现出还原性，醛糖较酮糖易被氧化。

醛糖用弱氧化剂（如溴水）氧化，则醛基被氧化为羧基生成一元糖酸；若用强氧化剂如硝酸氧化，则醛基和伯醇基都被氧化生成糖二酸；在生物体内专一性酶作用下，伯醇被氧化，生成葡萄糖醛酸。

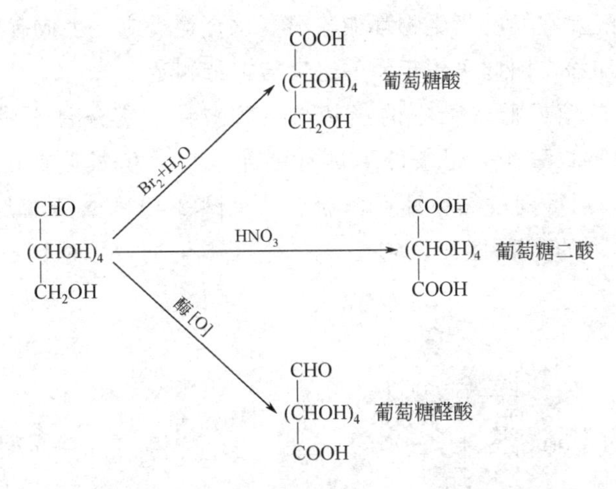

许多糖酸分子加热失水形成内酯，葡萄糖酸可生成D-葡萄糖酸γ-内酯、D-葡萄糖酸δ-内酯、D-葡萄糖醛酸δ-内酯。葡萄糖酸-δ-内酯是一种食品添加剂，食品工业生产中它被广泛用作酸味剂、蛋白质的凝固剂、pH降低剂、色调保持剂、防腐剂等。

己醛糖在碱溶液中易被弱氧化剂如斐林试剂和吐伦试剂氧化，此反应广泛用于糖的定性、定量的测定中。

酮糖的氧化作用与醛糖有所不同，弱氧化剂溴水不能使酮糖氧化，但在强氧化剂作用下，在酮基处断裂，生成草酸和酒石酸。

(2) 还原作用 糖分子上的酮基和醛基都能被还原剂（$NaBH_4$，Na-Hg齐等）或催化加氢还原生成醇，例如，葡萄糖被还原可得到葡萄糖醇，又称为山梨糖醇。山梨糖醇用于制取抗坏血酸，还可作为食品和糖果的保湿剂。果糖还原时，因糖分子中第二位碳原子的羟基有两种排列方式，故可得到山梨醇和甘露醇两种产物。木糖经还原可得到木糖醇，木糖醇可作为糖尿病人食品的甜味剂，国外已经将木糖醇广泛用于制造糖果、果酱、饮料等食品。

$$\begin{array}{c} CHO \\ | \\ (CHOH)_4 \\ | \\ CH_2OH \\ \text{D-葡萄糖} \end{array} \xrightarrow{\text{Na-Hg 齐}} \begin{array}{c} CH_2OH \\ | \\ (CHOH)_4 \\ | \\ CH_2OH \\ \text{D-山梨醇} \end{array}$$

(3) 水解作用 低聚糖在酸或水解酶作用下水解成单糖。例如，一分子右旋蔗糖在盐酸作用下水解，生成一分子右旋葡萄糖和一分子左旋果糖的混合物。由于水解改变了旋光方向，因此称蔗糖的水解产物为转化糖。蜂蜜的主要成分就是转化糖。

(4) 在碱性条件下的异构反应 糖在稀碱溶液和低温下相当稳定，但温度升高时会很快发生异构化和分解反应，反应发生的程度和产物的比例与糖的种类和结构、碱的种类和浓度、作用时间和温度都有关系。

在适当温度下，用稀碱处理葡萄糖可形成葡萄糖、果糖、甘露糖的平衡混合体系。在强碱作用下，糖被空气中的氧气氧化分解成酮糖等不同物质。

(5) 脱水反应 单糖在稀酸中加热或在强酸作用下，发生脱水环化生成糠醛或糠醛衍生物。例如戊糖、己糖在浓酸或稀酸中加热分别生成糠醛或羟甲基糠醛。

糠醛和羟甲基糠醛及它们的衍生物都能与酚类化合物反应，生成有色物质，其颜色的深浅随着糖浓度升高而加深，因此可用于糖的定性与定量测定。

(6) **酯化反应** 单糖或低聚糖中的羟基与脂肪酸在一定条件下进行酯化反应，生成脂肪酸糖酯。蔗糖与脂肪酸在一定条件下进行酯化反应，生成脂肪酸蔗糖酯（简称蔗糖酯）。根据酯化程度分别得到蔗糖单酯、蔗糖双酯（图 2-4）。蔗糖酯是一种高效、安全的乳化剂，可以改进食物的多种性能。它还是一种抗氧化剂，可以防止食品的酸败，延长保存期。

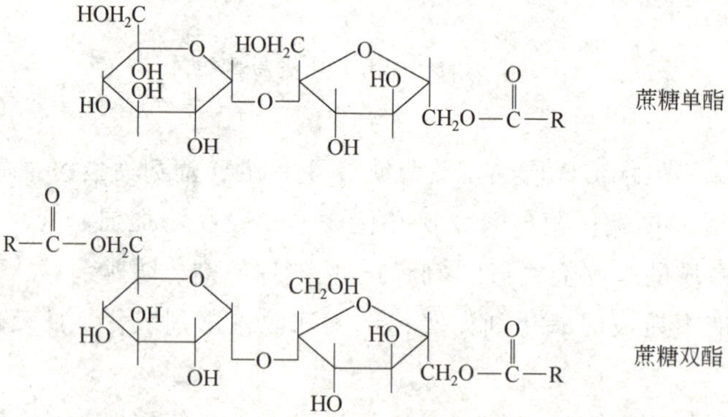

蔗糖单酯

蔗糖双酯

图 2-4 蔗糖单酯与蔗糖双酯结构式

(7) **成苷反应** 单糖分子上的半缩醛羟基可以与其他的醇酚类化合物上的羟基反应，生成的化合物称为糖苷。糖苷的非糖部分称为配糖体，又称为配基。糖体与配糖体之间形成的醚键习惯上称为糖苷键。甲醇与葡萄糖生成糖苷的反应如下：

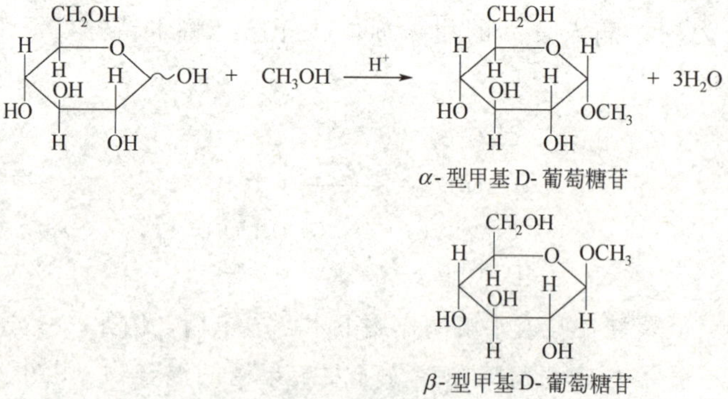

$$\text{葡萄糖} + CH_3OH \xrightarrow{H^+} \text{甲基D-葡萄糖苷} + 3H_2O$$

α- 型甲基 D- 葡萄糖苷

β- 型甲基 D- 葡萄糖苷

(8) **与苯肼成脎反应** 单糖与苯肼作用时，生成苯腙；如果苯肼过量，单糖苯腙能继续与两分子苯肼反应，生成一种不溶于水的黄色晶体，称为脎。不同的糖脎结晶形态不同，熔点也不同，即使能生成相同的脎，其反应速率和析出时间也不相同。因此，利用脎的生成可鉴别糖类。

(9) **羰氨反应** 单糖或还原糖中的羰基能与氨基酸、胺这样的含氨基化合物进行缩合反应，称为羰氨反应（见第九章第一节中“食品加工和贮藏中的褐变现象”），它是食品在加热或长期存储后发生褐变的主要原因。

第四节　多糖

多糖是由十个以上到上万个单糖的衍生物组成的大分子。自然界中动物、植物、微生物体内都有多糖，它们有的以单纯多糖形式存在，有的与蛋白质以复合多糖形式存在。

在植物体中多糖占有很大部分，可分为两大类别：一类是构成植物骨架的多糖，如纤维素、半纤维素等；另一类是贮存的营养物质，如淀粉、糖原等。多糖是人类食物的主要成分，又是食品发酵工业的主要原料，也是医药、纺织工业的原料和辅料。存在于动物体中的多糖有糖原等。微生物含有的多糖类物质相当复杂，特别是许多细菌、真菌和酵母所分泌的胞外多糖，在食品、医药、化妆品、纸张、油和纺织等工业也有广泛的用途，重要的微生物多糖产品有黄原胶、右旋糖酐、微生物藻酸、茁霉多糖、热凝多糖等。

多糖按其组成成分一般分为纯多糖和杂多糖两大类。纯多糖是指组成多糖的单糖是同一种，又称同聚多糖。杂多糖是指组成多糖的单糖有两种或两种以上，或有其他非糖成分，又称为杂聚多糖。

一、淀粉

淀粉是植物体内的贮存物质，也是人类的主要食物，主要积蓄于植物的种子、茎、根等组织中。大米、小麦、薯类、豆类、藕等食物中淀粉含量较高。

1. 淀粉的结构

天然淀粉有直链淀粉与支链淀粉两种结构。

直链淀粉是D-葡萄糖残基以α-1,4糖苷键连接的多苷链，一般由200～300个葡萄糖单位组成，其结构式可表示如下：

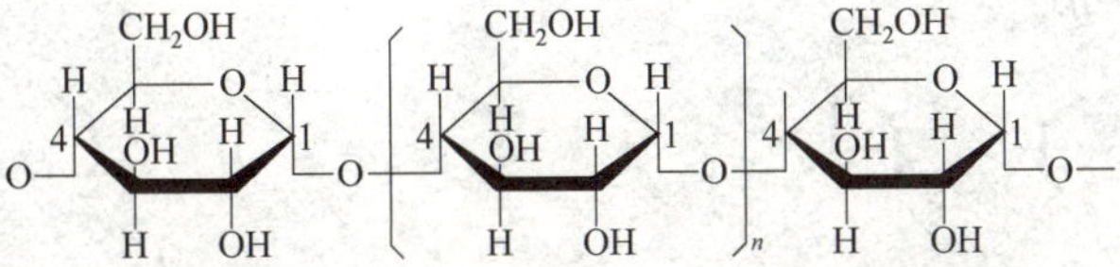

支链淀粉的分子较直链淀粉大，聚合度为600～6000个葡萄糖残基，由多个短链的直链淀粉结合而成。各分支也都是D-葡萄糖以α-1,4糖苷链成链，但在分支接点上则为α-1,6糖苷键，分支与分支之间间距为11～12个葡萄糖残基。每个支链淀粉约有50个以上的分支，每个分支的直链由20～30个葡萄糖残基组成。其分子结构式见图2-5。图2-6为支链淀粉示意图。

直链淀粉和支链淀粉的链状部分，是由葡萄糖残基盘绕成螺旋状的结构，螺旋的每一圈含有6个葡萄糖残基。如图2-7所示。

2. 淀粉的性质

(1) 物理性质　淀粉呈白色粉末状，无味、无臭，平均相对密度1.5。它的颗粒形状和大小根据来源不同而各异。最大的是马铃薯淀粉，最小的为稻米淀粉，颗粒有圆形、椭圆

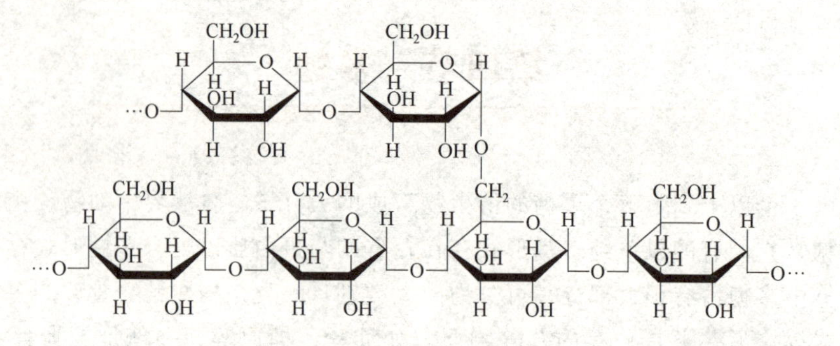

图 2-5　支链淀粉结构的一部分

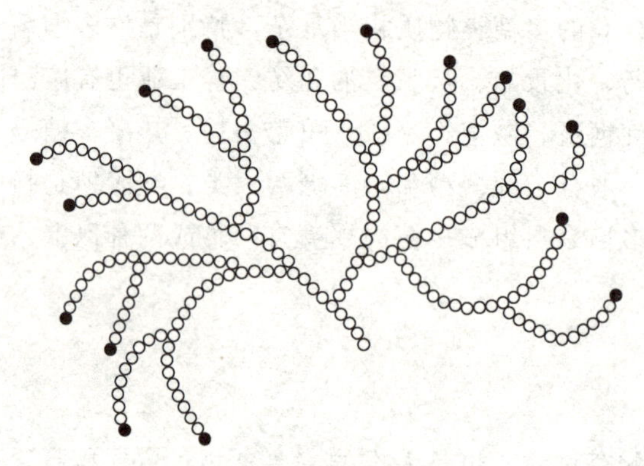

图 2-6　支链淀粉示意图

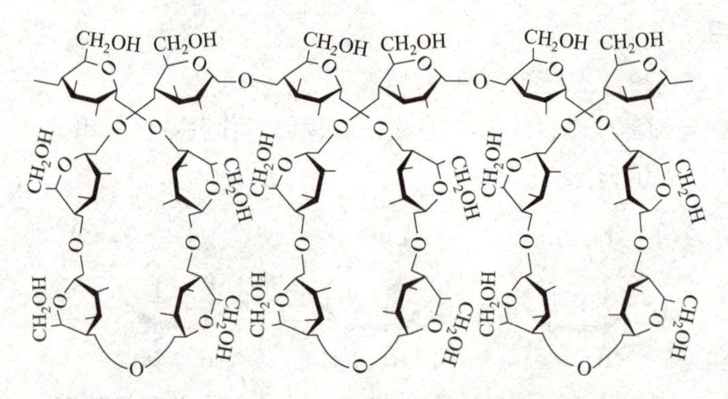

图 2-7　链状淀粉的螺旋状二级结构

形、多角形等，其外膜是由具有一定弹性和抗性的淀粉、蛋白质和脂质组成的，内部有许多淀粉分子。

纯支链淀粉易分散于冷水中，而直链淀粉则相反，天然淀粉粒完全不溶于冷水。在60～80℃热水中，天然淀粉粒发生溶胀，直链淀粉分子从淀粉粒中向水中扩散，分散成胶体溶液，而支链淀粉仍保留于淀粉粒中。当胶体溶液冷却后，直链淀粉即沉淀析出，并且不能再分散于热水中。若再对溶胀后的淀粉粒加热，同时搅拌，支链淀粉便分散成稳定的胶体溶液，冷却后也无变化。

纯直链淀粉与支链淀粉在水中分散性能的不同，可从它们的分子结构与性质的关系来解释。从结构上讲，直链淀粉分子间在氢键作用下形成束状结构，不利于与水分子形成氢键；

而支链淀粉则由于高度的分支性，结构较开放，就有利于与水分子形成氢键，故有助于支链淀粉分散于水中。淀粉水溶液呈右旋光性，$[\alpha]_D^{20}=+201.5°\sim205°$。

(2) 化学性质

① 还原性。从结构上看，淀粉的多苷链末端仍有游离的半缩醛羟基，但是在数百以至数千个葡萄糖单位中才存在一个游离的半缩醛基，所以一般情况下不显示还原性。

② 水解。淀粉与水一起加热很容易发生水解反应。当有机酸或酶存在时，可彻底水解为 D-葡萄糖。

$$\text{淀粉}\xrightarrow{\text{酶}}\text{蓝色糊精}\xrightarrow{\text{酶}}\text{蓝紫色糊精}\xrightarrow{\text{酶}}\text{红色糊精}\xrightarrow{\text{酶}}\text{无色糊精}\xrightarrow{\text{酶}}\text{麦芽糖}\xrightarrow{\text{酶}}\text{葡萄糖}$$

工业上将淀粉水解可得下列产品：

糊精——在淀粉水解过程中产生的多苷链片段统称为糊精。糊精具有旋光性、黏性、还原性，能溶于水，不溶于酒精。

淀粉糖浆——淀粉糖浆是淀粉不完全水解的产物，由葡萄糖、低聚糖和糊精组成，为无色、透明、黏稠的液体。它存储性好，无结晶析出。淀粉糖浆可分为高、中、低转化糖浆三大类，应用最多的是中等转化糖浆。

麦芽糖浆——麦芽糖浆也称为饴糖，其主要成分为麦芽糖，呈浅黄色。甜味温和，具有特殊风味。

③ 与碘呈色反应。淀粉可与碘发生非常灵敏的颜色反应，直链淀粉呈深蓝色，支链淀粉呈蓝紫色。糊精依分子量递减的程度，与碘呈色由蓝紫色、紫红色、橙色以至不呈色。

淀粉与碘呈色反应的机理是在作用中形成淀粉-碘的吸附性复合物。在形成淀粉分子每个螺旋的 6 个葡萄糖残基中，吸附性地束缚着一个碘分子，这种复合物呈蓝色。吸附了碘的淀粉溶液，如加热超过 70℃时，由于淀粉分子结构中的螺旋伸展开，失去了对碘的束缚，复合物解体，蓝色消失，但冷却后淀粉螺旋体结构恢复，蓝色又可重现。糊精分子中，链的长短不一，与碘反应后的颜色不同，当糊精链长小于 6 个葡萄糖基时，不能形成螺旋圈，故与碘作用时无色，一般称无色糊精。当链长为 8～12 个葡萄糖基时，与碘作用呈红色，一般称红糊精。当链长为 13～30 个葡萄糖基时，与碘作用呈紫色。而当链长为 30 个以上葡萄糖基时，与碘作用呈蓝色。

④ 糊化。将淀粉的乳状悬浮液加热到一定温度，淀粉液变成黏稠状的淀粉糊，这种现象称为淀粉的糊化。糊化作用的本质是淀粉分子间的氢键断开，分散在水中成为胶体溶液。各种淀粉糊化温度不同，见表 2-6。

表 2-6 几种粮食淀粉的糊化温度

粮食种类	起始～完成/℃	粮食种类	起始～完成/℃
大米	65～73	甘薯	82～83
小麦	53～64	马铃薯	62～68
玉米	64～71		

⑤ 老化。淀粉糊化后缓慢冷却，经放置一段时间后，黏度增大，并产生沉淀的现象称为淀粉的老化，又称淀粉的回生，其实质是淀粉糊在缓慢冷却时，直链淀粉之间通过氢键结合起来形成晶形结构，但与原来的淀粉粒形状不同，从而使淀粉在溶液中的溶解度降低产生部分沉淀。日常生活中冷的馒头和米饭，体积变小、组织变硬、口感粗糙就是淀粉老化造成

的。老化的淀粉失去与水的亲和力，难以被淀粉酶水解，因而也不易被人体消化吸收。淀粉的老化对食品质量有很大的影响，控制或防止淀粉老化在食品工业中有重要意义，是食品工业的研究课题。

影响淀粉老化的因素如下。

a. 淀粉的种类：直链淀粉比支链淀粉易老化，直链淀粉的含量越大，该淀粉越易老化。支链淀粉几乎不发生老化。聚合度高的淀粉比聚合度低的淀粉易老化。

b. 食品的含水量：食品中的含水量在30%～60%淀粉易于老化，当水分含量低于10%或者有大量水分存在时淀粉都不易老化。

c. 温度：在2～4℃淀粉最易老化，温度大于60℃或小于－20℃都不易老化。

为防止淀粉老化，可将糊化的淀粉食品速冻至－20℃，使分子间的水分急速结晶，淀粉分子之间不易形成氢键。也可在80℃以上的高温下迅速除水，使水分降至10%以下，或在冷冻条件下脱水，这些是制造速冻食品和方便食品的原理。

3. 改性淀粉在食品加工中的应用

天然淀粉经过适当的处理，其物理性质可发生改变，以适应特定的需要，这种淀粉称为改性淀粉，食品加工中常用的改性淀粉如下。

(1) 酸性淀粉 酸性淀粉是淀粉与无机酸（盐酸、硫酸）在糊化温度以下反应所得到的产品。酸化淀粉加热可溶解，黏度低，高浓度溶液冷却后成强凝胶。这种强胶体可用于制作软糖、淀粉果冻等。改性淀粉用来制造软糖，质地紧密，外形柔软，富有弹性，高温处理不收缩，不起砂，能较长时间保持产品质量稳定性。

(2) 氧化淀粉 工业上生产氧化淀粉是用次氯酸钠作氧化剂氧化处理而得。氧化淀粉糊化温度低，淀粉糊透明性好，不易老化，食品加工中可作乳化剂和分散剂。

(3) 酯化淀粉 目前主要有醋酸酯和磷酸酯淀粉。醋酸酯淀粉是将淀粉与醋酸酐、醋酸乙烯反应得到的。该种淀粉糊化温度低，溶液透明呈中性，冷却不形成凝胶，广泛用作食品的增稠剂和保型剂，并利于低温保存。磷酸酯淀粉是淀粉与磷酸盐反应而得，有较高黏度、透明度和胶黏性，不易凝沉和有良好的保水性。在食品工业中用作儿童食品、汤类、调味品及其他食品的增稠剂。

(4) 交联淀粉 淀粉与交联剂（如环氧氯丙烷）反应所得到的产品。该淀粉黏度稳定，抗热、抗剪切，吸水膨润慢，在低pH和高速搅拌下黏度不变。交联淀粉广泛用于汤类罐头、肉汁、酱汁调味料、婴儿食品及水果填料中。

(5) 可溶性淀粉 经过轻度酸处理的淀粉。糊化程度较低，加热时候有良好的流动性，冷凝时成紧柔的凝胶，是食品工业用得较好的混浊剂。

改性淀粉还有在食品加工中用作增稠剂的羟丙基淀粉，具有良好乳化性的羟甲基淀粉，用于改良糕点辅料质量、稳定冷冻食品内部结构的顶胶凝淀粉等。

二、糖原

糖原是动物体中贮藏的多糖，在肝脏和肌肉中含量较高，称为动物淀粉。糖原的结构与支链淀粉相似，但分支与分支间距较短而分支数多，两者比较如表2-7。

表 2-7　支链淀粉与糖原的区别

项　　目	支链淀粉	糖　　原
平均分子量	5×10^5	$>1\times10^5$
α-1,4 苷链分支长度	20～30 个葡萄糖单位	12～18 个葡萄糖单位
分支间距	11～12 个葡萄糖单位	6～7 个葡萄糖单位

糖原可溶于凉水，与碘作用呈红色、棕色或紫色。肝脏中的糖原可分解后进入血液，供身体各部分物质和能量的需要。肌肉中的糖原是肌肉收缩所需能量的来源。

三、纤维素与半纤维素

1. 纤维素的结构和性质

纤维素是由 β-D-葡萄糖以 β-1,4 糖苷键相连而成的。分子不分支，由 9200～11300 个葡萄糖残基组成，其结构式如下：

CH_2OH H OH CH_2OH H OH H O O H H O H H O O H 4 H OH H 1 4 OH H 1 4 H OH H 1 4 OH H 1 —O OH H H O H OH H H O— H H O H H O H OH CH_2OH H OH n CH_2OH

纤维素分子以氢键构成平行的微晶束，约 60 个分子为一束。由于纤维素中氢键很多，故纤维素束状结构相当稳定，其化学性质也较稳定。水解困难，需浓酸或稀酸在压力下长时间加热才能水解，最终产物是葡萄糖。用酶进行水解可得纤维二糖。纤维素分解酶可以在较温和的条件下使其分解。细菌和某些微生物能产生纤维素水解酶，但哺乳动物不含有这种酶，人类不能将纤维素水解为葡萄糖而加以吸收，所以以前曾认为纤维素对人体毫无价值。但现在越来越多的事实表明，纤维素对肠胃蠕动有促进作用。

纤维素具有许多与淀粉类似的性质，如没有还原性，可以成酯、成醚等。同样，与淀粉类似，经过适当处理，改变其原有性质，得到改性纤维素。在碱性条件下纤维素与氯乙酸钠反应得到含有羧基的纤维素叫羧甲基纤维素，是食品工业中常用的增稠剂。用稀酸处理得到的极细的纤维素粉末，叫微晶纤维素，常用作无热量填充剂，制作疗效食品。

2. 半纤维素

半纤维素是一些与纤维素一起存在于植物细胞壁中的多糖的总称。不溶于水而溶于稀碱液，实践中把能用 17.5%NaOH 溶液提取的多糖统称为半纤维素。半纤维素大量存在于植物的木质化部分及海藻中。在焙烤食品中它可提高面粉结合水的能力。半纤维素是膳食纤维的重要来源，对胃肠蠕动有益。

四、食品中的其他多糖

1. 果胶物质

果胶物质是植物细胞壁成分之一，存在于相邻细胞壁间的中胶层，起着将细胞黏结在一起的作用。

(1) 化学结构与分类 果胶物质的基本结构是α-D-半乳糖醛酸以α-1,4糖苷键结合的长链，通常以部分甲酯化状态存在，这种不同程度甲酯化的聚合物即果胶物质。果胶分子的基本结构式为：

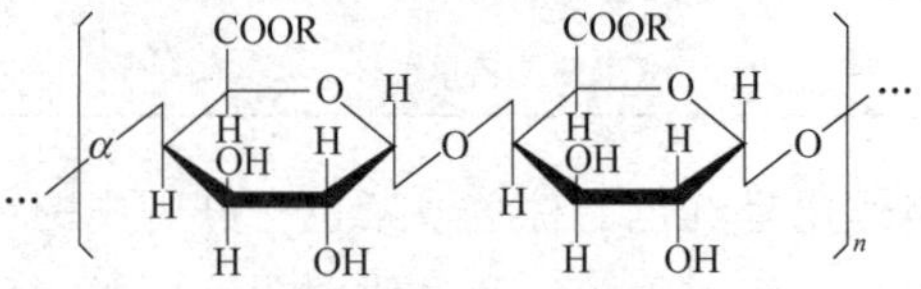

R为CH_3或金属离子

① 原果胶。与纤维素和半纤维素结合在一起的甲酯化聚半乳糖醛酸苷链，只存在于细胞壁中，不溶于水，水解后生成果胶。

② 果胶。羧基不同程度甲酯化和中和的聚半乳糖醛酸苷链，存在于植物汁液中。

③ 果胶酸。稍溶于水，是羧基完全游离的聚半乳糖醛酸苷链，遇钙生成不溶性沉淀。

未成熟的果实细胞含有大量原果胶，因而组织坚硬，随着果实成熟原果胶水解成可溶于水的果胶，并渗入细胞液内，果实组织变软而有弹性，最后，果胶发生去甲酯化作用生成果胶酸，果胶酸不具黏性，果实变软。

(2) 果胶物质的应用 果胶是亲水胶体物质，果胶溶液在适当的条件下可形成凝胶，果胶在食品工业中最重要的应用就是它形成凝胶的能力，果酱、果冻等食品就是利用这一特性产生的。

未成熟的果实中存在的原果胶，用稀酸处理，可得到可溶性果胶，进一步纯化和干燥即为商品果胶。成熟果实中的果胶根据甲酯化程度不同，其脱水形成凝胶的速度也不同，在实际生产中，根据甲酯化程度不同，可将果胶分为下列四类：

① 全甲酯化聚半乳糖醛酸。100%甲酯化，只要有脱水剂（如糖）存在即可形成凝胶。

② 速凝果胶。甲酯化程度在70%（相当于甲氧基含量11.4%）以上，在加糖、加酸（pH3.0～3.4）后可在较高温度下形成凝胶（稍凉即凝），可防止果块在酱体中浮起或沉底。

③ 慢凝果胶。甲酯化程度在50%～70%之间（相当于甲氧基含量8.2%～11.4%），加糖、加酸（pH2.8～3.2）后，在较低温度下凝结（凝冻较慢）。慢凝果胶可用于柔软果冻、果酱、点心等的制作，在汁液类食品中用作增稠剂、乳化剂。

④ 低甲酯果胶。甲酯化程度不到50%（相当于甲氧基含量≤7%），与糖、酸即使比例恰当也难形成凝胶。低甲酯果胶在食品加工中用处不大，但在疗效食品制造中有特殊用途。

2. 植物胶质

食品工业中常用的植物胶质有如下几种。

(1) 黄芪胶 是一种很复杂的多糖，有两种成分。一种是占70%的阿拉伯半乳聚糖，另一种是D-半乳糖醛酸、D-木糖、L-岩藻糖组成的聚糖。黄芪胶在水中溶胀，有很高的持水力，可用于蛋黄酱、软糖及冰激凌的制造。

(2) 阿拉伯胶 阿拉伯胶是D-半乳糖、D-葡萄糖醛酸、L-鼠李糖及L-阿拉伯糖组成的混合多糖。在食品工业中用于糖果中，作为结晶防止剂和乳化剂，在乳品中用作稳定剂，在食用香精中用作驻香剂等。

(3) 瓜尔豆胶、角豆胶 这两种胶都是由植物种子得到的多糖胶质，其成分都是半乳甘露聚糖。瓜尔豆胶为每隔1个甘露糖残基有一个侧链，角豆胶则为每隔4个甘露糖残基有一个侧链，结构式见图2-8。两者均有极强的溶胀持水性能，有很高的黏度，本身没有成为凝胶的能力，但对某些胶质的凝胶有增效作用，在食品工业中作增稠剂。

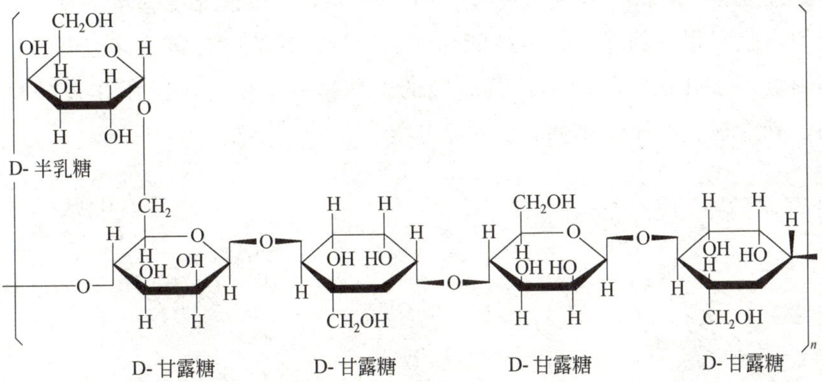

图2-8 角豆胶的结构式

(4) 琼胶 俗称洋菜，习惯上称为琼脂，是红藻类细胞的黏质成分。琼脂是糖琼胶及胶琼胶的混合物。糖琼胶是由D-半乳糖与3,6-脱水-L-半乳糖以β-1,3糖苷键相连的多苷链；胶琼胶则是糖琼胶的硫酸酯，并有葡萄糖醛酸残基存在。琼胶不溶于冷水而溶于热水形成溶胶，1%溶液在35～50℃可凝固成坚实凝胶。琼胶不能被人体利用，在食品工业中可作为稳定剂及胶凝剂，例如在果冻、果糕中作凝冻剂，在果汁饮料中作浊度稳定剂，在糖果工业中作软糖基料等。还可用于改善冷饮食品的组织状态，提高凝结力及黏稠度。由于琼胶不能被微生物利用，所以可作为微生物的培养基。

(5) 鹿角藻胶 其化学结构单体主要是D-吡喃半乳糖以及3,6-脱水-D-半乳糖，此外还有硫酸根在半乳糖残基上成酯结合。鹿角藻胶有与乳酪蛋白形成乳凝胶的特异性反应，广泛用于乳制品中作为良好的乳浊液稳定剂，使可可粉在乳中悬浮，改善干酪与冰激凌的质量。

(6) 褐藻酸 褐藻酸是很多海藻类中的多糖，由D-甘露糖醛酸以β-1,4糖苷键连接而成，其结构式如下：

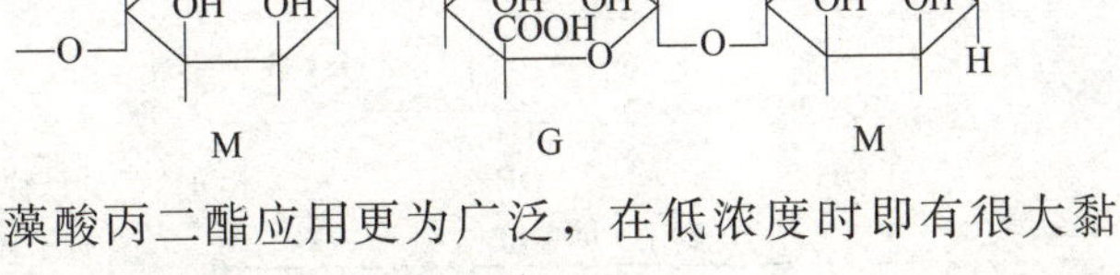

其改性衍生物褐藻酸丙二酯应用更为广泛，在低浓度时即有很大黏性，不被酸所沉淀，在酸性溶液中有显著的乳化作用和泡沫稳定作用。

3. 微生物多糖

(1) 右旋糖酐 右旋糖酐是许多微生物在生长过程中利用蔗糖产生的胶黏质葡聚糖。右旋糖酐以D-葡萄糖α-1,6苷链为主链，以α-1,3糖苷键连接一个D-葡萄糖或一个异麦芽糖单位。它在糖食品中有阻止蔗糖结晶的作用，掺和在面粉中制成的面包有改善面筋的性质、提高持水性、增大松容积及延长保存期的作用。

(2) 黄杆菌胶 又叫黄原胶、汉生胶、黄杆菌多糖等，是由甘蓝黑腐病黄杆菌在含D-葡萄糖的培养液中合成的混合多糖。由D-葡萄糖、D-甘露糖及D-葡萄糖醛酸以3∶3∶2的比例缩合而成，分子中还结合有乙酰基及丙酮酰基，结构式见图2-9。黄原胶易溶于冷水，在低浓度时黏度就很高，在很宽温度范围内（0～100℃）溶液黏度基本不变。有良好的剪切稀释恢复能力，也有很好的乳胶稳定性能和悬浊液稳定性能。在稀溶液态时，盐类及pH值对其黏度的影响小于其他植物胶质。黄原胶的这些特性，使它广泛用作食品稳定剂、乳化剂、增稠剂、悬浮剂、泡沫强化剂、润滑剂等。

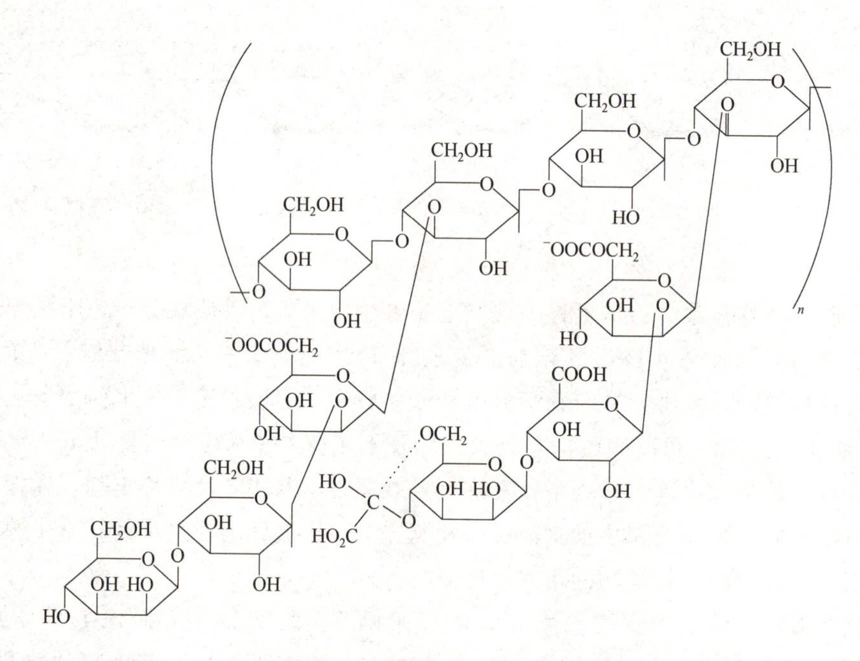

图2-9 黄杆菌胶的结构式

(3) 茁霉胶 茁霉胶是一种类酵母真菌。茁霉胶在含葡萄糖、麦芽糖、蔗糖等糖分的底物中生长时形成的胶质胞外多糖，其结构单元是麦芽三糖或麦芽四糖以α-1,6苷键连成的线性分子。其结构式如下：

葡萄糖—O
CH_2
CH_2OH CH_2OH
O OH HO OH O—葡萄糖
麦芽三糖单位
α-(1→6) α-(1→6)

茁霉胶是一种人体利用率低的多糖，因而可在低能量食物及饮料中代替淀粉，也可在食品工业中作为增稠剂、抗氧化剂、黏着剂、食品被覆包装材料等。

(4) 环状糊精（CD） 环状糊精简称CD，是由淀粉在软化芽孢杆菌或其酶的作用下制得。环糊精是由 6～8 个葡萄糖基以 α-1,4 糖苷键结合的环状寡糖，共有三种，分别由 6 个、7 个、8 个葡萄糖基构成，依次称 α-CD、β-CD、γ-CD。

环状糊精整个分子结构呈现外部亲水性，内部疏水性的特征。当溶液中共有亲水性和疏水性物质时，疏水性物质就被环糊精内部的疏水性基吸引包和形成包接复合物，所以 CD 具有包结、稳定色素和稳定香气物质的作用。其结构如图 2-10 所示。

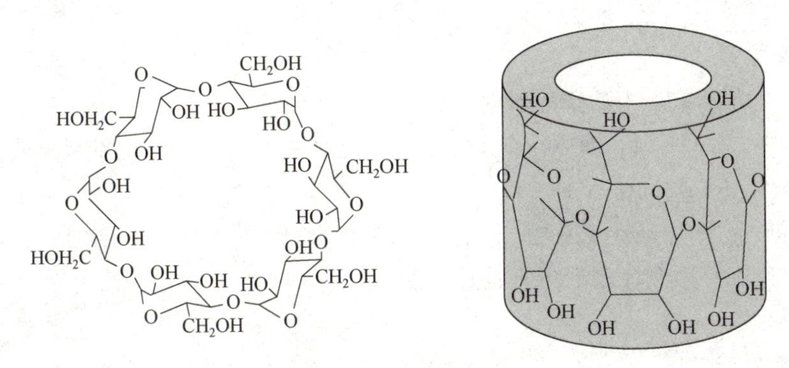

图 2-10　环糊精结构

目前 β-CD 应用最为广泛，其在食品中的用途如下。

① 改善食品的风味。例如除去大豆制品的豆腥味和苦涩味；使橘子汁苦味减少，消除沉淀；除去奶制品、海产品等的异杂味。

② 用作乳化剂和起泡促进剂。CD 与油脂类制成的乳化剂用来加工油脂食品，乳化状态稳定，还具有透明感和可塑性。环糊精与糖或糖醇加入表面活性剂，可作焙烤食品的添加剂，增加乳化和起泡能力。

③ 作为香辛料和色素的稳定剂。环糊精与食用香精包接成复合物，可减缓其挥发。含天然色素的食品加入 CD 可保护色素不褪色。

④ 作为固体酒和固体果汁粉的干燥剂。

⑤ 保护食品的营养成分。用 CD 与维生素等强化剂包接成复合物，可防止高温烘烤等因素使之破坏。

4. 氨基多糖

(1) 黏多糖　动物结缔组织的蛋白质，例如，纤维状的胶原蛋白和弹性蛋白，包埋在一种无定形的黏液态细胞外蛋白质中。由动物组织中分离得到的这类黏液质中的多糖称为黏多糖。黏多糖有多种，其中之一是透明质酸。

透明质酸的基本结构单位是 β-葡萄糖醛酸（1→3）β-乙酰氨基葡萄糖二糖单位，以 β-1,4 苷键成链。存在于关节液、软骨、结缔组织基质、皮肤、脐带、眼球玻璃体液中，人体内透明质酸减少是促进皮肤老化的主要原因之一，所以在化妆品中添加透明质酸对抗皱、美容皮肤、保湿效果较好，另外，它在外科手术上有防止感染、防止肠粘连、促进伤口愈合等特殊效果。

(2) 壳多糖　壳多糖又名几丁质、甲壳质、甲壳素。昆虫、甲壳类（虾、蟹）等动物的外骨骼主要由壳多糖与碳酸钙所组成，一些霉菌的细胞壁成分中也含有壳多糖。壳多糖是 N-乙酰-2-氨基葡萄糖以 β-1,4 苷键连接而成的多糖。壳多糖在温和的受控条件下局部酸水解后粉碎成末，可在食品中作冷冻食品和室温存放食品（蛋黄酱等）的增稠剂和稳定剂。用水解方法可以制得纯的 N-乙酰氨基葡萄糖，它是肠道中双歧杆菌的生长因子，可以作为保健添加剂添加到婴儿食品中。

习题

一、选择题

1. （　　）是动物体中贮藏的多糖。

A. 单糖　　B. 糖原　　C. 还原糖　　D. 淀粉

2. 下列糖无还原性的是（　　）。

A. 葡萄糖　　B. 麦芽糖　　C. 半乳糖　　D. 蔗糖

3. （　　）在疗效食品制造中有特殊用途。

A. 速凝果胶　　B. 慢凝果胶

C. 低甲酯果胶　　D. 全甲酯化聚半乳糖醛酸

4. 用稀酸处理得到的极细纤维素粉末叫作（　　）。

A. 半纤维素　　B. 膳食纤维　　C. 微晶纤维素　　D. 羧甲基纤维素

5. （　　）是糖类化合物的最小结构单位。

A. 低聚糖　　B. 单糖　　C. 乳糖　　D. 己糖

6. 哺乳动物乳汁中主要的糖分是（　　）。

A. 麦芽糖　　B. 蔗糖　　C. 果糖　　D. 乳糖

7. 葡萄糖、果糖与蔗糖相比有（　　）的渗透压。

A.　较高　　B. 相等　　C. 较低　　D. 以上 3 者都不是

8. 多糖是由十个以上到上万个（　　）的衍生物组成的大分子。

A. 双糖　　B. 蔗糖　　C. 低聚糖　　D. 单糖

9. 下列不属于寡糖的是（　　）。

A. 纤维二糖　　B. 蔗糖　　C. 乳糖　　D. 果糖

10. （　　）是植物体内的贮存物质，也是人类的主要食物成分。

A. 乳糖　　B. 核糖　　C. 淀粉　　D. 低聚糖

11. D 型糖和（　　）是相对于单糖的两种对映异构体。

A. L 型糖　　B. β 型糖　　C. α 型糖　　D. 葡萄糖

12. 淀粉在酸或酶的作用下彻底水解，可得到（　　）。

A. 葡萄糖　　B. 果糖　　C. 蔗糖　　D. 脱氧核糖

13. 淀粉与碘发生非常灵敏的颜色反应，直链淀粉呈（　　），支链淀粉呈蓝紫色。

A. 粉蓝色　　B. 浅蓝色　　C. 深蓝色　　D. 蓝色

14. 下列不属于改性淀粉的是（　　）。

A. 酸性淀粉　　B. 支链淀粉　　C. 氧化淀粉　　D. 交联淀粉

15. 人体不能将（　　）水解为葡萄糖而加以吸收。

A. 乳糖　　B. 蔗糖　　C. 纤维素　　D. 淀粉

16. 下列糖类的水解产物不都是葡萄糖的是（　　）。

A. 淀粉　　B. 蔗糖　　C. 纤维素　　D. 麦芽糖

二、是非题

1. 各种糖的溶解度随温度升高而增大。（　　）

2. 直链淀粉是D-果糖残基以α-1,4糖苷键连接的多苷链。（　　）

3. 淀粉与碘呈色反应的机理是在作用中形成淀粉-碘的吸附性复合物。（　　）

4. 糖原的结构与支链淀粉极为不同。（　　）

5. 环糊精整个分子结构呈现外部疏水、内部亲水性的特征。（　　）

6. 葡萄糖溶于水后时间越长甜度越低。（　　）

7. 天然淀粉粒完全不溶于冷水。（　　）

8. 未成熟的果实含有大量果胶酸。（　　）

9. 琼胶能被人体利用，在食品工业中可作为稳定剂及胶凝剂。（　　）

10. 环状糊精可以保护食品的营养成分。（　　）

三、填空题

1. 依据化学结构将糖类化合物分为三类，即______、______、______。

2. 糖类也称____________，主要由______、______、______三种元素组成，它是一类______或______及其缩聚物或衍生物。

3. 蔗糖是一分子______和一分子______通过α-1,2糖苷键连接形成的双糖。

4. 淀粉分子中有______及______糖苷键，因此淀粉分子无还原性。

5. 天然淀粉有_________、_________两种结构。

6. 环糊精共有三种，依次为______、______、______。

7. 各种糖都能溶于水，但溶解度不同，______的溶解度最高。

8. 中转化糖浆是______、______、______组成的混合物。

9. 淀粉与碘呈色受______、______的影响。

10. 许多糖类化合物都有甜味，糖甜味的高低称为糖的______。

四、问答题

1. 蔗糖、麦芽糖和乳糖在结构和性质上有什么相同点和不同点？

2. 淀粉与碘作用会发生什么反应？反应的机理是怎样的？

3. 什么是淀粉的糊化？

4. 什么是淀粉的老化？老化的原因是什么？

5. 影响淀粉老化的因素有哪些？采取什么措施可延缓淀粉的老化？

6. β-CD在食品中的用途有哪些？

7. 食品加工中常用的改性淀粉有哪些？各用于哪些食品的加工？

8. 为什么葡萄糖溶于水后甜度会发生变化？

9. 果胶物质在果实成熟过程中是如何变化的？

10. 果胶有哪几种？在食品工业有哪些应用？

11. 淀粉在水解过程中是如何变化的？

素质拓展阅读

古代中国的制糖技术

中国是世界上制糖最早的国家之一。根据《诗经》记载，远在西周时期，人们已经开始懂得利用谷物来制作麦芽糖（饴糖），从而获得甜味剂。从西周开始，历代王朝的史书中都有制作饴糖的记载。其中，《齐民要术》一书记述最为详细。书中所叙述的制作饴糖的方法、步骤等，甚至与现今制作技术基本相同。

根据《楚辞》记载，战国时代，我国南方已经开始种植甘蔗（当时写作“柘”），并从中取得蔗浆。到了汉朝，今广东、广西一带的人们开始尝试通过暴晒、煎煮等比较原始的方式，对蔗浆做粗加工，制成浓度较高、便于储存食用的蔗糖。南北朝时期，种植甘蔗日益兴盛，种植区域更加广阔，制糖技术也有所提高，已经可以将蔗糖制成晶体，但仍十分粗糙，蔗糖中含有许多杂质。

隋唐时期，中国与印度之间的文化、科技交流十分频繁，印度制糖法的传入对中国制糖技术的发展起了重要的作用。唐太宗有感于印度蔗糖（石蜜）易于保存，取食方便，于是派使臣王玄策前往印度摩揭陀国学习制糖技术。印度先进的制糖技术被王玄策带回长安后，朝廷开始在印度制糖法的基础上试制蔗糖，并成功制出颜色和品质均有所提高的蔗糖。唐高宗时期，王玄策奉命从印度请来10位制糖专家，制出了颜色较浅亮的精沙粒糖，使中国的制糖技术得到进一步的改进与完善。

宋元时期，中国制糖技术不断提高，品质也不断改进，制造出一种异常细腻净白的糖霜。宋代王灼所著的《糖霜谱》作为我国最早的制糖专著，对制糖进行了比较全面的技术总结。这一时期，大量的闽、粤人移居到台湾，同时带去了甘蔗种植与蔗糖制造技术。由于台湾气候适宜种植甘蔗，因此制糖业迅速发展，并成为我国主要制糖基地之一。

明清时期，人们在以往制糖技术的基础上，总结了一套切实可行的制糖技术和经验，生产出洁白如雪、颗粒晶莹的精制蔗糖。宋应星所著的《天工开物》一书，对这一在当时世界蔗糖生产领域具有领先地位的制糖法有详细论述。这一时期，随着中国蔗糖的商品化和世界蔗糖贸易的发展，中国的蔗糖产量有所增加，并和茶叶、丝绸等物资一同参与国际贸易。

第三章 脂类

学习目标

1. 了解脂类化合物的特征及分类。
2. 掌握脂肪及脂肪酸的性质。
3. 了解食品热加工中油脂的变化。
4. 了解油脂加工中的化学变化。

脂类化合物是一大类溶于有机溶剂而不溶于水的化合物。脂肪同蛋白质、糖类化合物一起构成了所有活细胞结构的主要成分。脂类是生物体内能量贮存的最好形式。1g 油脂含热量平均达 38kJ，是食物中能量最高的营养素。在人和动物体内，脂类还有滑润、保护、保温的功能。食品脂类具有独特的物理和化学性质，它们的组成、晶体结构、融化和固化性能以及同水和其他大量脂分子的缔合作用都与食品的各种不同质构有密切关系。在食品加工中，油脂的各种化学变化，以及与其他食品的相互作用，产生了许多化合物，与食品的质量有密切关系。

第一节 概述

一、脂类的特征

脂类是一类混合有机化合物，它包括脂肪、蜡、磷脂、糖脂、类固醇等。人们吃的动物油脂（如猪油、奶油等）、植物油（如豆油、花生油等）和工业、医药上用的蓖麻油和麻仁油等都属于脂类物质。

脂类的元素组成主要为碳、氢、氧三种，有的还含有氮、磷、硫。

脂质种类很多，但都具有下列共同特征：不溶于水而易溶于乙醚等非极性的有机溶剂；都具有酯的结构，或与脂肪酸有成酯的可能；都是由生物体所产生，并能为生物体所利用。

生物化学中的脂类范围广泛，并不局限于由脂肪酸和醇所组成的物质。一般把生物体中具有脂溶性的化合物统称为脂类。细胞内存在的萜类和甾（固醇）类物质也囊括进来。萜类和甾类都不含有脂肪酸组分。

二、脂类的分类

脂类根据化学组成，可作如下分类。

1. 单脂质

单脂质是由脂肪酸与醇所成的酯。根据醇的性质单脂质可分为如下几种。

(1) **脂肪** 脂肪酸与甘油所成的酯，又称中性脂肪。室温下为液态的中性脂肪称为油。

(2) **蜡** 脂肪酸与高级一元醇所成的酯。

2. 复合脂类

复合脂类分子中除了脂肪酸与醇以外，还有其他的化合物。复合脂类主要有以下几类。

(1) **磷脂** 由脂肪酸、醇、磷酸及一个含氮的碱构成。如：甘油磷脂、卵磷脂、脑磷脂等。

(2) **糖脂** 糖脂含有糖（半乳糖和葡萄糖）、一分子脂肪酸及神经鞘氨基醇，不含磷酸。

(3) **蛋白脂** 蛋白质与脂类的复合物。

3. 衍生脂类

由简单脂类与复合脂类衍生而仍具有脂类一般性质的物质。

(1) **脂肪酸** 饱和及不饱和的脂肪酸。

(2) **高级醇类** 除甘油以外高分子量的醇类。

(3) **烃类** 不含羧基或醇基，又不被皂化的化合物，包括直链烃、类胡萝卜素等饱和及不饱和的烃类。

第二节 脂肪

一、脂肪的化学结构与种类

脂肪是甘油与脂肪酸所成的酯，也称真脂或中性脂肪。脂肪的结构式如下。

$$
\begin{array}{ll}
\alpha & CH_2OH \\
\beta & CHOH \\
\alpha' & CH_2OH
\end{array}
+
\begin{array}{l}
HO-\overset{\overset{\large O}{\|}}{C}-R^1 \\
HO-\overset{\overset{\large O}{\|}}{C}-R^2 \\
HO-\overset{\overset{\large O}{\|}}{C}-R^3
\end{array}
\longrightarrow
\begin{array}{ll}
\alpha & CH_2-O-\overset{\overset{\large O}{\|}}{C}-R^1 \\
\beta & CH_2-O-\overset{\overset{\large O}{\|}}{C}-R^2 \\
\alpha' & CH_2-O-\overset{\overset{\large O}{\|}}{C}-R^3
\end{array}
+3H_2O
$$

式中 R^1、R^2、R^3 表示互不相同的烃基。若构成甘油酯的三个烃基（R^1、R^2、R^3）相同，则称为单纯甘油酯，否则称为混合物甘油酯。天然脂肪中单纯甘油酯很少，一般都是混合甘油酯。在一种脂肪中，一般有三种以上的脂肪酸参与成酯，根据排列组合的规律，当一种脂肪中含有三种脂肪酸时，就可能有 10 种不同的混合甘油酯存在。

在常温下，含不饱和脂肪酸多的植物脂肪一般为液态，称之为油；含饱和脂肪酸多的动物脂肪在常温下一般为固态，称之为脂。二者均以其来源名称命名。如：花生油、豆油、牛脂等。

二、甘油

甘油（又名丙三醇），是构成脂肪的醇基部分，在各种油脂中含量一般为4%～6%。

未经酯化的甘油能溶于水和乙醇，不溶于脂肪溶剂，沸点为290℃，相对密度1.260。

甘油在高温下与脱水剂（无水 $CaCl_2$、$KHSO_4$、$MgSO_4$ 等）共热，失水生成具有刺激鼻、喉及眼黏膜的辛辣气味的丙烯醛，这是鉴别甘油的特征的反应。油脂在高温时产生臭味就是产生丙烯醛的缘故，也可利用此种性质来鉴定物质中是否有油脂存在。

$$\begin{array}{l} CH_2OH \\ | \\ CHOH \\ | \\ CH_2OH \end{array} \xrightarrow[\triangle]{KHSO_4} \begin{array}{l} CH_2 \\ \| \\ CH \\ | \\ CHO \end{array} \uparrow + 2H_2O$$

三、脂肪酸

脂肪酸是脂类化合物的主要成分之一。三酰甘油分子中，甘油是不变的，因此，脂肪的性质与其中所含脂肪酸有很大关系。

1. 脂肪中脂肪酸的种类

目前从动物、植物、微生物中分离出的脂肪酸有近200多种，大多数是偶数碳原子的直链脂肪酸，带侧链者极少，奇数碳原子的也少见，但在微生物产生的脂肪中有相当量的 C_{15}、C_{17} 及 C_{19} 的脂肪酸，还有少数含环状烃基的脂肪酸。脂肪酸的碳氢链有的是饱和的，有的是不饱和的，含有一个或几个双键。饱和脂肪酸的链长一般为 C_4～C_{30}，不饱和脂肪酸链长一般为 C_{10}～C_{24}。

(1) 饱和脂肪酸 饱和脂肪酸的特点是碳氢链上没有双键存在。根据碳原子数的不同，又可分为如下几种。

① 低级饱和脂肪酸（挥发性脂肪酸）。分子中碳原子数≤10的脂肪酸，常温下为液态，如常见的丁酸、乙酸等，在乳脂及椰子油中多见。

② 高级饱和脂肪酸（固态脂肪酸）。分子中碳原子数＞10的脂肪酸，常温下为固态。如常见的软脂酸和硬脂酸等。

(2) 不饱和脂肪酸 分子中含有双键或三键的脂肪酸叫作不饱和脂肪酸，通常为液态。

不饱和脂肪酸通常用 $C_{x:y}$ 表示，其中 x 表示碳链中碳原子的数目，y 表示不饱和双键的数目。

含一个双键的脂肪酸。如油酸（$C_{18:1}$）、棕榈油酸（$C_{16:1}$）等；

含两个以上双键的脂肪酸。主要有亚油酸（$C_{18:2}$）、亚麻酸（$C_{18:3}$）等。

脂肪酸的双键存在两种形式：顺式和反式。顺式结构氢原子位于碳碳双键的同侧，反式结构氢原子位于碳碳双键的异侧，如下图所示。

$$\begin{array}{ccc} R^1 & & H \\ & C & \\ & \| & \\ & C & \\ R^2 & & H \end{array} \qquad\qquad \begin{array}{ccc} R^1 & & H \\ & C & \\ & \| & \\ & C & \\ H & & R^2 \end{array}$$

顺式　　　　反式

顺式脂肪酸和反式脂肪酸由于它们的立体结构不同，造成性质也有差异。例如，物理性质上，顺式脂肪酸多为液态，熔点较低；而反式脂肪酸多为固态或半固态，熔点较高。反式脂肪酸比顺式熔点高、反应性低。

研究发现，反式脂肪酸进入人体会使血液中低密度脂蛋白（LDL）升高，高密度脂蛋白（HDL）降低，这两种变化都会引发动脉阻塞而增加心血管疾病的危险性，一些最新研究表明，反式脂肪酸还可能增加乳腺癌、糖尿病的发病率，并有可能影响儿童生长发育和神经系统健康。

天然油脂中常见的脂肪酸见表 3-1。

表 3-1　构成天然油脂的脂肪酸

类　别	惯　用　名	结构简式	存　在
低级饱和脂肪酸	酪酸	C_3H_7COOH	乳脂及动物分泌物
	己酸(羊油酸)	$C_5H_{11}COOH$	乳脂、椰子油
	辛酸(羊脂酸)	$C_7H_{15}COOH$	乳脂、椰子油
	癸酸(羊蜡酸)	$C_9H_{19}COOH$	乳脂、椰子油
高级饱和脂肪酸	月桂酸	$C_{11}H_{23}COOH$	月桂油、椰子油、乳脂
	豆蔻酸	$C_{13}H_{27}COOH$	豆蔻油、动植物油、奶油
	软脂酸	$C_{15}H_{31}COOH$	动植物油油脂
	硬脂酸	$C_{17}H_{35}COOH$	动植物油油脂、牛脂
	花生酸	$C_{19}H_{39}COOH$	花生油
	山嵛酸	$C_{21}H_{43}COOH$	植物油
	木脂酸	$C_{23}H_{47}COOH$	种子油、乳脂中微量
不饱和脂肪酸	豆蔻油酸	$C_{13}H_{25}COOH$	多数海产油中(微量)
	棕榈油酸	$C_{15}H_{29}COOH$	两栖动物脂、鱼类
	油酸	$C_{17}H_{33}COOH$	植物油
	鲟油酸	$C_{19}H_{37}COOH$	海产油之中次要成分
	菜籽油酸	$C_{21}H_{41}COOH$	十字花科植物、菜油、芥子油
	亚油酸	$C_{17}H_{31}COOH$	植物油
	亚麻酸	$C_{17}H_{29}COOH$	亚麻油、苏籽油
	花生四烯酸	$C_{19}H_{31}COOH$	卵黄、卵磷脂、脑、花生油

在不饱和脂肪酸中，有一些在人体内有着特殊生理作用，它是维持人体正常生理功能所必需的，人体不能合成，必须由食物供给，这类脂肪酸称为必需脂肪酸。过去认为亚油酸、亚麻酸和花生四烯酸都是必需脂肪酸，近来认为亚麻酸不属于必需脂肪酸，花生四烯酸（$C_{20:4}$）可在体内由亚油酸合成及转化而得到，因此亚油酸是最重要的必需脂肪酸。必需脂肪酸是组织细胞的组成成分，而且与类脂代谢也有密切关系。必需脂肪酸最好的食物来源是植物油类，动物脂肪中含量不多。

2. 各类生物脂肪中脂肪酸组成的特点

各种不同类型生物脂肪中的脂肪酸组成有不同的特点。陆地上动、植物脂肪中多数为 C_{16}～C_{18} 的脂肪酸，尤以 C_{18} 为最多。动物脂肪主要是软脂酸、硬脂酸、油酸，且往往硬脂酸较多，不饱和脂肪酸含量低。存在于植物果肉里的脂肪，如棕榈油、橄榄油，主要脂肪酸是软脂酸、油酸，并往往含有亚油酸。种子脂肪中一般以软脂酸、油酸、亚油酸及（或）亚麻酸为主要脂肪酸。

水产动物脂肪中以 C_{20} 及 C_{22} 脂肪酸居多，其中不饱和脂肪酸的含量占绝大部分，种类也很多，饱和脂肪酸仅含少量。淡水鱼类脂肪中 C_{18} 不饱和脂肪酸的比例高，而海水鱼类脂肪中则以 C_{20} 及 C_{22} 不饱和脂肪酸含量居优势，如含二十二碳六烯酸（DHA）和二十碳五烯酸（EPA），具有调节血脂、降低胆固醇和甘油三酯的含量，防止血管凝固，促进血液循环，预防脑出血、脑血栓及老年痴呆，减少动脉硬化及高血压，促进脑部和眼睛的发育等功效。DHA 和 EPA 俗称为脑黄金。

高等陆生动物脂肪中的脂肪酸主要是软脂酸、油酸，并往往含有硬脂酸。软脂酸及油酸也是哺乳动物乳汁中的主要脂肪酸。此外，许多动物（特别是反刍动物）的乳中含有相当多的（5%～30%）短链脂肪酸（C_4～C_{10}）。

两栖类及爬行类动物的脂肪含有大量 C_{20} 及 C_{22} 不饱和脂肪酸，与水产动物相似。而鸟类及啮齿类则更接近于其他高等陆生动物。

四、脂肪酸及脂肪的性质

1. 物理性质

（1）色泽与气味 纯净的脂肪酸及甘油酯是无色的，但天然脂肪常具有各种颜色，如棕黄、黄绿、黄褐色等，这是因为它溶有各种色素物质，如类胡萝卜素等。天然的脂肪具有特殊的气味和滋味。如芝麻油、花生油、豆油等。天然脂肪的气味除了极少数由短链脂肪酸构成的脂肪外，一般也是由于其所含的非脂肪成分引起的，如椰子油的香气主要是由于含有壬基甲酮，而棕榈油的香气则部分地是由于含有 β-紫罗酮。此外，溶于脂肪中的低级脂肪酸（≤C_{10}）的挥发性气味也是造成脂肪嗅味的原因。

（2）熔点与沸点 脂肪酸的熔点随碳链增长及饱和度的增高而不规则地增高，且偶数碳原子链脂肪酸的熔点比相邻的奇数碳链脂肪酸高。双键引入可显著降低脂肪酸的熔点，如 C_{18} 的四种脂肪酸中，硬脂肪酸熔点为 70℃，亚油酸为－5℃，亚麻酸为－11℃；顺式异构体熔点低于反式异构体，如顺式油酸熔点为 16.3℃，而反式为 43.7℃。

脂肪酸的沸点随链长增加而升高，饱和度不同但碳链长度相同的脂肪酸沸点相近。

脂肪是甘油酯的混合物，而且其中还混有其他物质，所以没有确切的熔点与沸点。一般油脂的熔点最高在 40～55℃之间，而且与组成的脂肪酸有关，几种常用食用油脂的熔点范围见表 3-2。

表 3-2 常用食用油脂的熔点范围

油　脂	大豆油	花生油	向日葵油	黄　油	猪　油	牛　油
熔点/℃	－18～－8	0～3	－19～－16	28～42	34～48	42～50

熔点范围对脂肪消化来说十分重要，健康人体温为 37℃左右，熔点高于体温的脂肪较难消化，比如牛油、羊油，只有趁热食用才容易消化。油脂的沸点一般在 180～200℃之间，也与组成的脂肪酸有关。

（3）相对密度、溶解性与折射率 脂肪的相对密度一般与其分子量成反比，与不饱和度成正比。除个别（腰果籽壳油）外，脂肪的相对密度都小于 1。

脂肪不溶于水，除蓖麻油外，均仅略溶于低级醇中，但易溶于乙醚、丙酮、苯、二硫化碳等溶剂。

脂肪酸的溶解度比相应的甘油酯大，都能溶于极性和非极性有机溶剂中，低级脂肪酸都能溶于水，不饱和脂肪酸比饱和脂肪酸更易溶于有机溶剂。

脂肪的折射率随组成中脂肪酸的碳原子数、双键数增加而增大，尤其是共轭双键影响更显著。因此折射率及其变化是鉴定脂肪类别、纯度和酸败程度的重要物理常数。

2. 主要化学性质

(1) 水解与皂化 所有的脂肪都能在酸、碱、酶的作用下水解，水解产物是脂肪酸及甘油。脂肪在碱性溶液中水解的产物不是游离脂肪酸而是脂肪酸的盐类，习惯上称为肥皂。因此把脂肪在碱性溶液中的水解称为皂化作用。

$$\underset{\text{脂肪}}{C_3H_5(OCOR)_3} + 3KOH \longrightarrow \underset{\text{甘油}}{C_3H_5(OH)_3} + \underset{\text{肥皂}}{3R\text{—}COOK}$$

碱与脂肪及脂肪酸的作用可以用酸价、皂化值、酯值和不皂化物来反映，这几项内容也是表征脂肪特点的重要指标。

① 酸价。酸价是中和1g油脂中的游离脂肪酸所需要的氢氧化钾的毫克数。它因油脂的精炼程度、保存时间及水解程度不同而有差异。例如，完全精炼好的油，酸价一般在0.03mg KOH/g左右，而毛油酸价多在1mg KOH/g以上。所以酸价的高低是衡量油脂好坏的指标。

② 皂化值。完全皂化1g油脂所需氢氧化钾的毫克数称为皂化值。皂化值可反映脂肪的平均分子量。单位重量的脂肪若分子量越大，则物质的量浓度越小，所需的氢氧化钾也越少，皂化值越小。一般天然油脂都有一定皂化值，若某油脂的皂化值低于正常范围，可推断混入了其他高分子量的脂肪或不皂化性的物质，如甾体物质、脂溶性维生素及类胡萝卜素等。

③ 酯值。皂化1g纯油脂所需要氢氧化钾的毫克数称为酯值，这里不包括游离脂肪酸的作用。

④ 不皂化物。油脂中含有少量不受氢氧化钾作用的脂质物质，如甾醇、高级醇、脂溶性色素和维生素等，称为不皂化物。不皂化物含量以百分数表示。

脂肪的水解反应在食品加工中对食品质量的影响是很大的。在油炸食品时，油温可高达176℃以上，由于被炸食品引入大量的水，油脂发生水解，产生大量游离脂肪酸，使油的发烟点降低，表面张力下降，而且更容易氧化，从而影响油炸食品的风味，降低食品的质量，故要常更换新油。

(2) 加成反应 脂肪中不饱和脂肪酸的双键非常活泼，能起加成反应。其主要反应有氢化和卤化两种。脂肪中的不饱和脂肪酸在催化剂（如铂）存在下在不饱和键上加氢的反应称氢化。液态的油氢化后可变为固态的脂肪，加氢后的油脂叫氢化油或硬化油。硬化油因双键减少，不易酸败，且固化后便于贮藏和运输。油脂氢化扩展了油脂的使用范围，使植物油氢化成适宜硬度的人造奶油、起酥油等，也可作为工业用固体脂肪。但在油脂氢化时，不饱和脂肪酸会发生构型改变，使天然的顺式不饱和脂肪酸转变成反式脂肪酸。不饱和脂肪酸氢化时产生的反式脂肪酸占8%～70%。反式脂肪酸对人体健康的影响已引起社会的广泛关注，因此氢化时如何降低反式脂肪酸的产生是油脂加工中亟待解决的问题。

卤素同样可以加成到脂肪分子中的不饱和双键上，生成饱和的卤化酯，这种作用称为卤化。吸收卤素的量反映不饱和键的多少。在油脂分析上常用碘价来衡量油脂中所含脂肪酸的不饱和程度。

$$-\overset{\displaystyle H}{\overset{|}{C}}=\overset{\displaystyle H}{\overset{|}{C}}- \;+ I_2 \longrightarrow -\underset{\underset{\displaystyle I}{|}}{\overset{\displaystyle H}{\overset{|}{C}}}-\underset{\underset{\displaystyle I}{|}}{\overset{\displaystyle H}{\overset{|}{C}}}-$$

碘价是指每 100g 脂肪或脂肪酸吸收碘的克数。碘价越高，双键越多，因此可以推断，碘价高的油容易氧化。

(3) 氧化与酸败 油脂贮存过久或贮存条件不当，会产生酸臭，口味变苦涩，颜色也逐渐变深，这种现象叫油脂的酸败。由于油脂酸败时生成具有挥发性的低分子醛、酮、酸，使酸败油脂具有使人感到不快的哈喇味，同时造成油脂的酸价和过氧化价增大，碘价下降。杂质、水、高温、光照及空气是引起油脂酸败的原因。脂肪酸败有三种类型：

① 油脂的自动氧化。油脂中不饱和烃链被空气中的氧所氧化，生成过氧化物，过氧化物继续分解产生低级的醛、酮和羧酸，这些反应产物使脂肪产生令人不愉快的嗅感和味感。这是含油脂食品及油脂的最主要酸败类型。

不饱和油脂的自动氧化是自由基反应历程。以 RH 代表不饱和脂肪，则

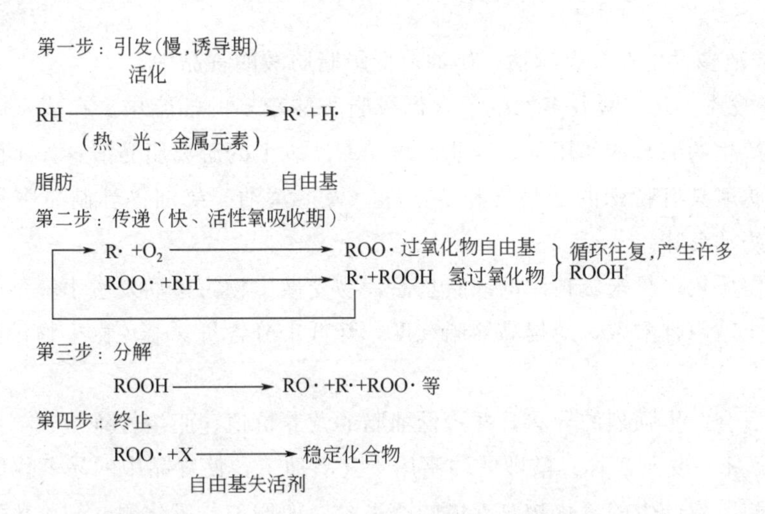

脂肪分子的不同部位对活化的敏感性不同，一般以双键的 α-亚甲基最易生成自由基。

影响油脂酸败发生的因素如下。

a. 温度：温度是影响油脂氧化速度的一个重要因素，高温可加速油脂氧化。

b. 光和射线：光特别是紫外线及射线（如 β 射线、γ 射线），能促进油脂中脂肪酸链的断裂，加速油脂的酸败。

c. 氧气：脂肪自动氧化速率随大气中氧的分压增加而增加，氧分压达到一定值后，脂肪自动氧化速率保持不变。

d. 催化剂：油脂中存在许多助氧化物质，如微量金属，特别是变价金属如铁、铜、锰等离子有着显著的影响，它们是油脂自动氧化酸败的强力催化剂，由于它们的存在，大大缩短了油脂氧化的诱导期，加快了氧化反应速率。

e. 油脂中脂肪酸的类型：油脂中所含的多不饱和脂肪酸比例高，其相对的抗氧化稳定性就差；油脂中游离脂肪酸含量增加（酸价增加）时，会促使设备或容器中具有催化作用的微量金属进入油脂中，因而加快了油脂氧化的速率。饱和脂肪酸也能发生自发氧化，不过速度慢而已。

f. 抗氧化剂：能阻止、延缓氧化作用的物质称为抗氧化剂。维生素 E、丁基羟基茴香醚（BHA）、丁基羟基甲苯（BHT）等抗氧化剂都具有减缓油脂自动氧化作用。

② β 型氧化酸败。在微生物的作用下，脂肪水解为甘油和脂肪酸。甘油继续氧化生成具有臭味的 1,2-内醚丙醛。

$$
\begin{array}{l} CH_2OH \\ | \\ CHOH \\ | \\ CH_2OH \end{array} \xrightarrow{-H_2O,\ -2H} \begin{array}{l} H_2C\diagdown \\ \quad | \quad O \\ HC\diagup \\ \ \ | \\ H-C=O \end{array}
$$

1,2-内醚丙醛

而脂肪酸经一系列的酶促作用后生成 β-酮酸，然后再经过脱羧，生成具有苦味及臭味的低级酮类化合物。

$$
\underset{\text{脂肪酸}}{R-CH_2-CH_2COOH} \longrightarrow \cdots \longrightarrow \underset{\beta\text{-酮酸}}{R-\overset{\displaystyle O}{\overset{\|}{C}}-CH_2COOH} \longrightarrow \underset{\text{酮}}{R-\overset{\displaystyle O}{\overset{\|}{C}}-CH_3} + CO_2
$$

β 型氧化酸败多发生在含有椰油、奶油等低级脂肪酸的食品中。

③ 水解型酸败。此类酸败多发生于含低级脂肪酸较多的油脂中。在酶（由动植物组织残渣和微生物产生的酶）的作用下，油脂水解出 C_{10} 以下的游离脂肪酸，如丁酸、己酸、辛酸等，这些脂肪酸具有特殊的汗臭气和苦涩味。人造黄油、奶油等乳制品中易发生这种酸败，放出一种奶油臭味。

含水、蛋白质较多且未经精制的油脂食品，易受微生物污染而发生水解型酸败和 β 型氧化酸败，为防止这两种酸败，应提高油脂纯度，降低水分含量，避免微生物污染，降低存放时的温度。

油脂酸败后会产生强烈的异味，并降低油脂的营养价值，脂溶性维生素（维生素 A、维生素 D、维生素 E）受到破坏。酸败的油脂用于食品加工，使食品中的易氧化维生素也会受到破坏。油脂酸败后产生的氧化物对人体的酶系统，如琥珀酸氧化酶、细胞色素酶等有破坏作用；低分子物质则有毒。动物长期食用酸败油脂可出现体重减轻、发育障碍、肝脏肿大、肿瘤。

为了阻止含脂食品的氧化变质，最普遍的办法是排除 O_2，采用真空或充 N_2 包装和使用透气性低的有色或遮光的包装材料，并尽可能避免在加工中混入铁、铜等金属离子。贮存油脂应用有色玻璃瓶装，避免用金属罐装。

五、食品热加工过程中油脂的变化

油脂经过长时间加热，会出现黏度增高，酸价增高，产生刺激性气味等变化，油脂的营养价值会下降。在热加工过程中，油脂的变化有以下几种。

1. 油脂的热增稠

所有的油脂在加热过程中黏度增高，在温度≥300℃时，增黏速度极快。其化学原因是脂肪发生了聚合作用，油脂的聚合分为热聚合和热氧化聚合两类。

(1) 热聚合 油脂在真空、二氧化碳或氮气的无氧条件下加热至200～300℃高温时，多烯化合物在高温下转化为共轭双键并发生聚合：

$$R^1—CH═CH—CH═CH—R^2 + R^3—CH═CH—R^4 \longrightarrow$$ 环状产物：$R^1—CH$ 与 $HC—R^2$ 经 $HC═CH$ 相连，并经 $C(R^3)(H)═C(H)(R^4)$ 相连

此聚合作用可发生在同一甘油酯的脂肪酸残基之间，也可发生在不同分子甘油酯之间。

(2) 热氧化聚合 油脂在空气中加热至200～300℃时即能引起热氧化聚合。油炸食品所用的油逐渐变稠，即属于此类聚合反应。热氧化聚合的产物是甘油酯二聚物。这种物质在体内被吸收后，与酶结合，使酶失去活性而引起生理异常现象。聚合程度与温度、氧的接触面积有关，铁、铜等金属可促进油脂的热氧化聚合。

2. 油脂在高温下的水解与缩合

在高温下，脂肪可先发生部分水解，然后再缩合成分子量较大的醚型化合物。

$$\begin{array}{l} CH_2OCOR^1 \\ | \\ CHOCOR^2 \\ | \\ CH_2OCOR^3 \end{array} + H_2O \longrightarrow \begin{array}{l} CH_2OCOR^1 \\ | \\ CHOCOR^2 \\ | \\ CH_2OH \end{array} + R^3COOH$$

$$\begin{array}{l} CH_2OCOR^1 \\ | \\ CHOCOR^2 \\ | \\ CH_2OH \\ + \\ CH_2OH \\ | \\ CHOCOR^2 \\ | \\ CH_2OCOR^1 \end{array} \xrightarrow{-H_2O} \begin{array}{l} CH_2OCOR^1 \\ | \\ CHOCOR^2 \\ | \\ CH \diagdown \\ | \quad\; O \\ CH \diagup \\ | \\ CHOCOR^2 \\ | \\ CH_2OCOR^1 \end{array}$$

3. 油脂的分解

油脂在加热≥300℃时，除发生聚合、缩合外，还可分解为酮、醛、酸等，金属离子如Fe^{2+}的存在可以催化分解过程。

$$(R—CH_2—COO)_2Fe \longrightarrow FeCO_3 + R—CH_2—\underset{\underset{O}{\|}}{C}—CH_2—R$$

热变性的脂肪不仅味感变劣，而且丧失营养，甚至还有毒性。所以食品工艺上要求控制油温在150℃左右。

六、油脂的乳化和乳化剂

1. 乳化剂的概念

油加入到水中，会在水上形成一个分离层，这是因为油和水不能互溶。如果加入一种物质，使互不相溶的两种液体中的一种呈微滴状态分散于另一种液体中，这种作用称为乳化。

这两种不同的液体称为“相”，在体系中量大的称为连续相，量小的称为分散相。

油与水的乳化在食品中是极其常见的，如乳饮料、冰激凌、鲜奶油食品等。

2. 乳化剂

能使互不相溶的两相中的一相分散于另一相中的物质称为乳化剂。乳化剂是含有亲水基和疏水基的分子，亲水基是极性的，被水吸引，疏水基是非极性的，被油吸引。在水为分散相的乳液中，乳化剂分子的极性“头部”伸向水滴中，而非极性“尾部”伸向油中，如图 3-1 所示。由于极性相斥，附于水-油界面的乳化剂分子形成一个围绕水滴的完整保护膜，因而形成了稳定的乳浊液。

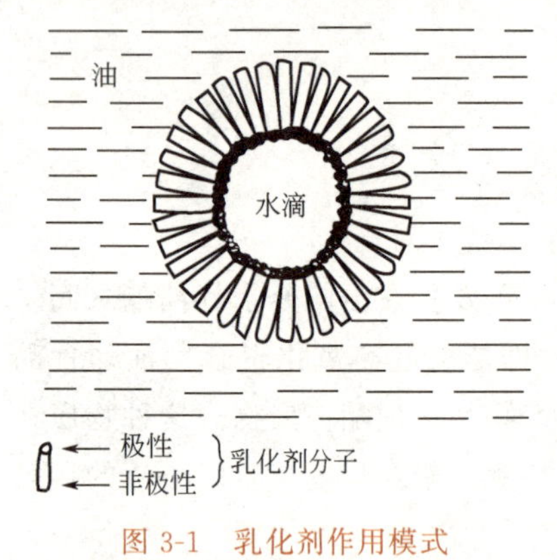

图 3-1　乳化剂作用模式

乳浊液的稳定还取决于系统的组成及其他比例、乳化的机械条件等，但乳化剂的作用非常重要。

油-水乳浊液可分为水在油中（水/油）及油在水中（油/水）两种类型，适用的乳化剂也不相同。油/水型乳浊液宜用亲水性强的乳化剂，水/油型乳浊液宜用亲油性强的乳化剂。食品加工中较多遇到的是油在水中型的乳浊液，经常使用的乳化剂有甘油脂肪酸酯、蔗糖脂肪酸酯、丙二醇脂肪酸酯等。

第三节　类脂

生物体内除脂肪外，还含有少量类似脂肪的物质，在细胞的生命功能上起着重要作用，统称为类脂。常见的主要有磷脂、糖脂、固醇和蜡。

一、磷脂

磷脂结构比较复杂，由醇类、脂肪酸、磷酸和一个含氮化合物（含氮碱）所组成。按其组成中醇基部分的种类又可分为甘油磷脂和非甘油磷脂两类。

1. 甘油磷脂

甘油磷脂可视为磷脂酸的衍生物。磷脂酸的结构式如下：

$$\begin{array}{l} \qquad\qquad\qquad\quad CH_2-O-\overset{\overset{\displaystyle O}{\|}}{C}-R^1 \\ R^2-\overset{\overset{\displaystyle O}{\|}}{C}-O-\overset{|}{C}-H \qquad OH \\ \qquad\qquad\qquad\quad \overset{|}{C}H_2-O-\overset{\overset{\displaystyle |}{}}{\underset{\underset{\displaystyle O}{\|}}{P}}-OH \end{array}$$

主要的甘油磷脂举例如下。

(1) 卵磷脂　卵磷脂是由磷脂酸与胆碱结合而成。由于磷酸及胆碱在卵磷脂分子中的位置不同，形成 α-及 β-两种结构（见图 3-2）。

天然卵磷脂是 α 型的，β-卵磷脂可能是在提取过程中发生变位现象的结果。

卵磷脂分子中的 R^1 为硬脂酸或软脂酸，R^2 为油酸、亚油酸、亚麻酸及花生四烯酸等不饱和脂肪酸。

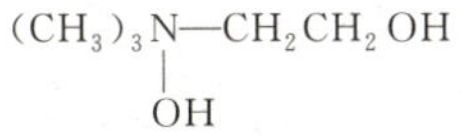

$$(CH_3)_3N(OH)—CH_2CH_2OH$$

胆碱

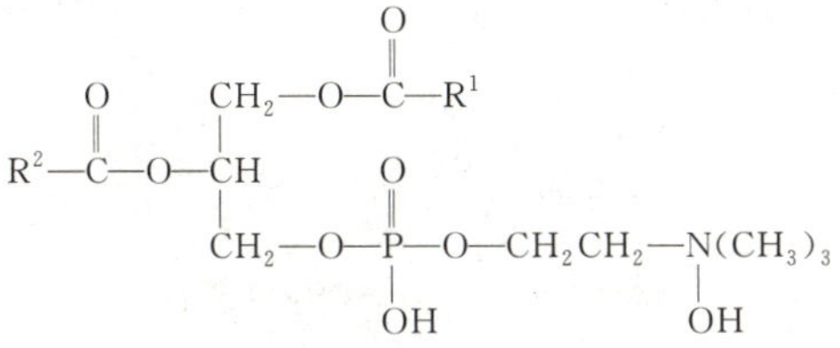

$$R^2—C(=O)—O—CH(—CH_2—O—C(=O)—R^1)—CH_2—O—P(=O)(OH)—O—CH_2CH_2—N(OH)(CH_3)_3$$

α-卵磷脂

$$(CH_3)_3N(OH)—CH_2CH_2—O—P(=O)(OH)—O—CH(—CH_2—O—C(=O)—R^1)—CH_2—O—C(=O)—R^2$$

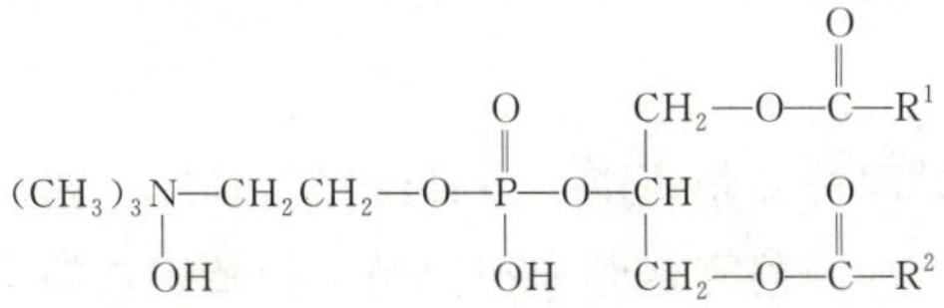

β-卵磷脂

图 3-2　胆碱和卵磷脂结构式

卵磷脂可溶于乙醚、乙醇但不溶于丙酮。分子中磷酸根及胆碱基可与酸、碱成盐。纯净卵磷脂为吸水性很强的蜡状物，遇空气即迅速变成黄褐色，一般认为这种变化是由于卵磷脂分子中的不饱和脂肪酸氧化所致。

大部分卵磷脂与蛋白质以不稳定的结合物状态存在，也可与细胞内其他物质结合。卵磷脂的胆碱残基端具亲水性，脂肪酸残基端具憎水性，因此，能以一定方向排列在两相界面上，在细胞膜的功能上起重要作用。

在相应的酶（如蛇毒中的磷脂酶）作用下产生的只剩一个脂肪酸残基的卵磷脂，有溶解红细胞的特性，称为溶血卵磷脂。

卵磷脂在食品工业中广泛用作乳化剂、抗氧化剂和营养添加剂，现在由植物油精炼工业作为副产品，可大量廉价获得供应。

(2) 脑磷脂　脑磷脂与卵磷脂结合的碱基不同，但性质非常相似。脑磷脂有两类，一类的碱基是乙醇胺（胆胺），另一类的碱基是丝氨酸。脑磷脂结构式如下：

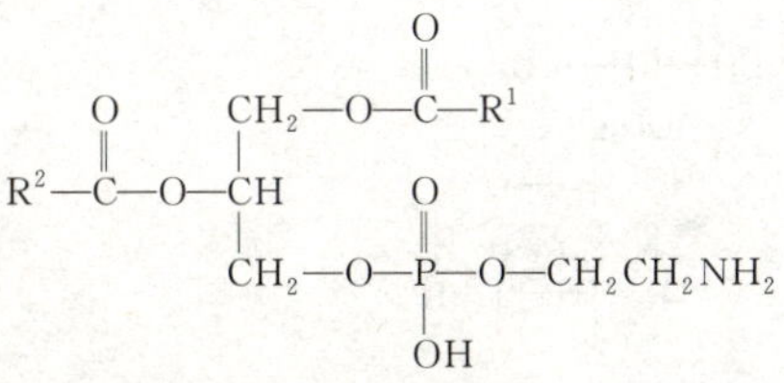

$$R^2—C(=O)—O—CH(—CH_2—O—C(=O)—R^1)—CH_2—O—P(=O)(OH)—O—CH_2CH_2NH_2$$

乙醇胺脑磷脂

$$R^2—C(=O)—O—CH(—CH_2—O—C(=O)—R^1)—CH_2—O—P(=O)(OH)—O—CH_2CH(NH_2)COOH$$

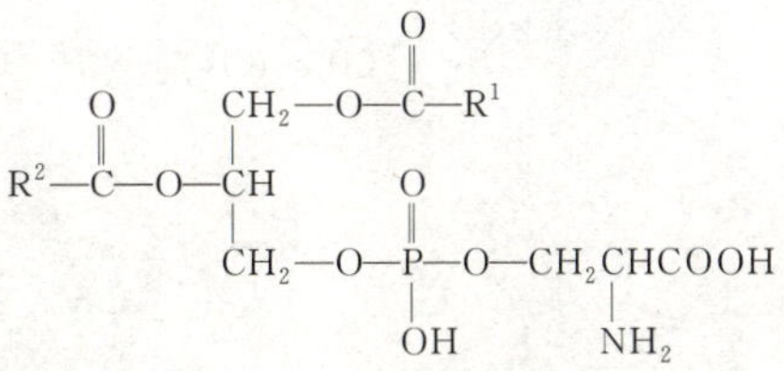

丝氨酸脑磷脂

(3) 肌醇磷脂　肌醇磷脂是从组织所含的脑磷脂粗制品中分离出来的，分子中肌醇与磷酸成酯，R^1 为软脂酸，R^2 为花生四烯酸。肌醇磷脂结构式如下：

$$R^2-\overset{O}{\overset{\|}{C}}-O-CH(CH_2-O-\overset{O}{\overset{\|}{C}}-R^1)-CH_2-O-\overset{OH}{\overset{|}{P}}(=O)-O-\text{肌醇环}$$

(4) **缩醛磷脂** 肌肉和脑组织中的磷脂中，有10%是缩醛磷脂。缩醛磷脂结构式如下：

$$\begin{array}{l} CH_2-O \\ \quad\quad\quad\quad\; \rangle CH-R \\ CH\;-O \\ | \\ CH_2-O-\overset{O}{\overset{\|}{P}}-O-CH_2CH_2NH_2 \\ \quad\quad\quad\quad\; OH \end{array}$$

式中的R是与软脂酸或硬脂酸的碳链相当的脂肪族醛类的烃基。

2. 非甘油磷脂

非甘油磷脂只有一类，即神经鞘磷脂，由神经鞘氨基醇、脂肪酸、磷酸及胆碱组成，主要存在于脑及神经组织中。神经鞘氨基醇和神经鞘磷脂结构式如下：

$$CH_3-(CH_2)_{12}-CH{=}CH-\underset{OH}{\underset{|}{CH}}-\underset{NH_2}{\underset{|}{CH}}-CH_2OH$$

神经鞘氨基醇

$$CH_3(CH_2)_{12}CH{=}CH\underset{OH}{\underset{|}{CH}}\underset{NH-C(=O)-R}{\underset{|}{CH}}CH_2-O-\overset{O}{\overset{\|}{\underset{OH}{\underset{|}{P}}}}-O-CH_2CH_2\overset{+}{N}(CH_3)_3$$

神经鞘磷脂

二、糖脂

糖脂亦称脑苷脂，由糖、脂肪酸及神经鞘氨基醇组成。按糖的种类，可分为半乳糖脑苷脂及葡萄糖脑苷脂两类，以半乳糖脑苷脂较普遍。半乳糖脑苷脂结构式如下：

$$CH_3-(CH_2)_{12}-CH{=}CH-\underset{OH}{\underset{|}{CH}}-\overset{R-C(=O)-NH}{\overset{|}{CH}}-CH_2-O-\text{半乳糖}$$

三、固醇

固醇是脂类中不被皂化，在有机溶剂中容易结晶出来，因常温下呈固态而得此名称。固醇多于脂肪和磷共同存在，一部分为游离型，另一部分与高级脂肪酸发生酯化。固醇广泛分布于动植物体中，动物固醇中最重要的是胆固醇，植物固醇以麦角固醇为代表。

1. 胆固醇

胆固醇又称为胆甾醇，广泛分布于动物组织中，在脑和神经组织中含量较高。在食品中以卵黄含量最多，肥肉、乳类中含量也较多。

胆固醇是维持人体生理功能不可缺少的物质，它是构成细胞膜的重要成分。胆固醇作为胆汁的组成成分，经胆道排入肠腔，可帮助脂类的消化和吸收。胆固醇的衍生物 7-脱氢胆固醇经太阳光中的紫外线照射后能转化为维生素 D_3，这是人体获得维生素 D 的一条重要途径。此外，胆固醇还能转变成肾上腺皮质激素和性激素，这些激素具有重要的生理作用。人体内只有含一定量的胆固醇，才能维持正常的机能。但胆固醇含量过高时，会沉积在血管壁上引起动脉硬化，易酿成心血管疾病。

2. 麦角固醇

麦角固醇最初由麦角（麦及谷类患麦角菌病而产生）中分离出而得名。酵母菌、长了麦角的黑麦和小麦中都含有。麦角固醇经紫外线照射后，可变成维生素 D_2。

除麦角固醇外，还有豆固醇和谷固醇，它们分别存在于豆类和谷类的油脂中。各种固醇结构式见图 3-3。

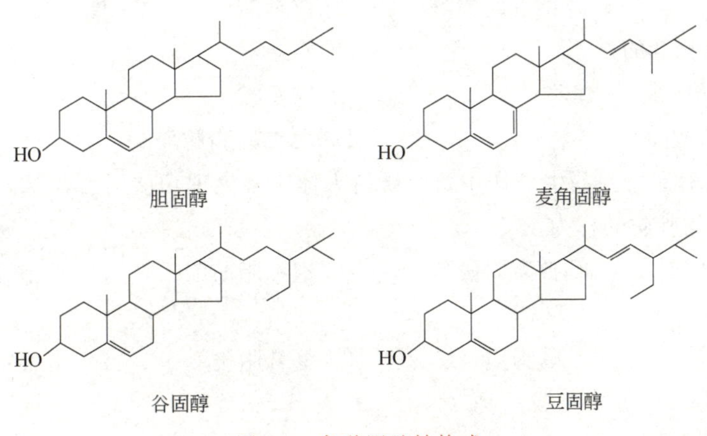

图 3-3　各种固醇结构式

四、蜡

蜡是由高级一元醇与高级脂肪酸生成的酯，天然蜡是多种酯的混合物。在天然蜡中尚混有少量游离的脂肪酸、醇及饱和烃类。如蜂蜡的主要成分是 C_{30} 的硬脂酸酯，羊毛蜡是胆固醇的软脂酸酯、硬脂酸酯及油酸酯。水产动物和植物油脂中也都含有蜡。

在室温下，蜡是固体，熔点为 60～80℃，溶于醚、苯、三氯甲烷等有机溶剂，不溶于水，不易皂化，在人及动物消化道中不能被消化，故无营养价值。

蜡的生物学意义是起保护作用，皮肤、毛皮、植物叶、果实表面及昆虫表皮均有蜡层。

习题

一、选择题

1. 下列不属于表征脂肪特点的指标是（　　）。

A. 酸价　　B. 皂化值　　C. 糖含量　　D. 酯值

2. 脂肪在酸、碱、酶的作用下水解，水解产物是脂肪酸及（　　）。

A. 固醇　　B. 甘油　　C. 碱　　D. 磷脂

3. 分子中含有双键或（　　）的脂肪酸叫作不饱和脂肪酸。

A. 三键　　B. 单键　　C. 醛基　　D. 羟基

4. 反式脂肪酸室温下是（　　）。

A. 液态　　B. 气态　　C. 固态　　D. 固液混合

5. 关于油脂的化学性质以下说法错误的是（　　）。

A. 油脂皂化值大说明所含的脂肪酸分子量小

B. 碘值低的油脂说明其含不饱和脂肪酸越多

C. 氢化作用可防止油脂的酸败

D. 向油脂中加入抗氧化剂防止油脂酸败

6.（　　）是最重要的必需脂肪酸。

A. 亚油酸　　B. 花生四烯酸　　C. 亚麻酸　　D. 油酸

7. 不属于乳化剂的是（　　）。

A. 甘油脂肪酸酯　　B. 柠檬酸

C. 蔗糖脂肪酸酯　　D. 丙二醇脂肪酸酯

8. 在人体内有着特殊的生理作用，对维持人体正常生理功能所必需的，人体不能合成，必须由食物供给的脂肪酸称为（　　）。

A. 反式脂肪酸　　B. 必需脂肪酸　　C. 饱和脂肪酸　　D. 不饱和脂肪酸

9. 磷脂属于（　　）。

A. 脂肪酸　　B. 单脂质　　C. 复合脂类　　D. 衍生脂类

10. 不属于脂类的元素组成的是（　　）。

A. 碳　　B. 磷　　C. 氧　　D. 硅

11. 脂肪的性质与其中所含（　　）有很大关系。

A. 脂肪酸　　B. 甘油　　C. 醛　　D. 磷脂

12. 卵磷脂由磷脂酸与（　　）结合而成。

A. 甘油　　B. 醇类　　C. 胆碱　　D. 羟基

13. 含大量（　　）的油，加热易起泡沫。

A. 色素　　B. 脂肪酸　　C. 甘油　　D. 磷脂

14. 以下属于饱和脂肪酸的是（　　）。

A. 油酸　　B. 亚油酸　　C. 棕榈酸　　D. 亚麻酸

15. 油炸食品要控制油温度在（　　）左右。

A．100℃　　B. 150℃　　C．250℃　　D. 300℃

二、是非题

1. 脂肪酸与甘油所成的脂，又称中性脂肪。 ( )

2. 酸价的高低并不能衡量油脂好坏。 ( )

3. 油脂经过长时间加热，会出现黏度增高，酸价增高，产生刺激性气味等变化。 ( )

4. 脂类化合物是一大类溶于有机溶剂和水的化合物。 ( )

5. 脂类是生物体内能量贮存的最好方式。 ( )

6. 天然脂肪中一般都是混合甘油酯。 ( )

7. 脂肪酸大多是偶数碳原子的直链脂肪酸。 ( )

8. 必需脂肪酸最好的食物来源是动物脂肪。 ( )

9. 熔点高于体温的脂肪如牛油、羊油较难消化。 ( )

10. 油脂贮存过久或贮存条件不当，会产生酸臭，口味变涩。 ( )

三、填空题

1. 脂类是一类混合有机化合物，它包括______、______、______等。

2. 脂类根据化学组成，可分为______、______、______。

3. 液态的油氢化后可变为固态的脂，加氢后的油脂叫______或______。

4. 磷脂共同的结构特征是：既含有______基又含有______基，水解产物都有______、______、______及______，根据所含醇的不同，磷脂分为______、______。

5. ______是中和1g油脂中的游离脂肪酸所需要的氢氧化钾的毫克数。

6. 油脂的自动氧化是油脂中______被空气中的氧所氧化，生成过氧化物，进一步反应产生低级的醛、酮和羧酸等造成的。

7. 油脂经过长时间加热，主要发生的变化有______、______、______，不仅使口味变劣，______降低，甚至还有毒性。

8. 乳化剂是含有______和疏水基的化合物。

9. 脂肪分子中因含______、______等不稳定因素，久置于______、______的空气中，可发生______、______等反应，生成低级的______、______和______等物质而产生臭味。

10. 皂化值可反映脂肪的______。

四、问答题

1. 什么是脂类，它是如何分类的？具有哪些共同特征？

2. 脂类有什么生物学功能？

3. 油和脂的区别是什么？

4. 碘价对于食用油品质的鉴定有什么意义？

5. 油脂的自动氧化过程是怎样进行的？

6. 油炸食品加工中为什么要经常更换新油？

7. 氢化油的特点是什么？有何利弊？

8. 影响油脂酸败的因素有哪些？采取什么措施可延缓酸败的发生？

9. 油脂在热加工过程中会发生什么变化？

10. 乳化剂乳化的原理是什么？

素质拓展阅读

近代中国生物化学的开拓者和奠基人——吴宪

吴宪（1893 年 11 月 24 日—1959 年 8 月 8 日），男，福建福州人，生物化学家、营养学家、医学教育家。

1911 年吴宪考入北京清华留美预备学校；1912 年赴美入麻省理工学院攻读造船工程，后改习化学；1916 年获理学士学位后留校任助教；1917 年被哈佛大学医学院生物化学系录取为研究生；1919 年获博士学位；1920 年回国在北京协和医学院生物化学系任教；1946 年任原中央卫生实验院北平分院院长兼营养研究所所长。

吴宪是近代中国生物化学的开拓者和奠基人。他在 20 世纪二三十年代针对中国人膳食进行了一系列营养学研究，随着民族危机的迫近，提出了以膳食改良国民体格实现民族复兴的想法。吴宪认为中国人的饮食营养不良，导致国民体弱多病，这是国家积弱落后的重要原因之一，因此复兴民族首先要从改良中国人的膳食入手。这一复兴道路的提出及其实践过程中遇到的困境，背后是吴宪那一代科学家的科学理想在旧中国社会现实中的失落。

第四章　蛋白质

学习目标

1. 掌握常见氨基酸的种类、结构、重要的性质以及常见氨基酸名称和符号。
2. 掌握蛋白质的组成、结构与功能的关系。
3. 掌握蛋白质的重要性质及在食品工业上应用。
4. 了解蛋白质的分类方法。

第一节　概述

一、蛋白质的重要性

“蛋白质”一词，源于希腊字“proteios”，其意是“最初的”“第一重要的”。蛋白质是一类重要的高分子有机化合物，普遍存在于生物体中。以人体来说，蛋白质占人体干重的45%。动物的肌肉、皮肤、血液、毛发、指甲、内脏都以蛋白质为主要成分。最简单的生物如病毒，除了一小部分核酸外，其余的几乎都是蛋白质。在高等植物中，各种农作物种子是植物蛋白质丰富的来源，例如，在小麦、稻谷、玉米中含有10%左右的蛋白质，而豆类及其某些油料种子的蛋白质含量可达35%左右。蛋白质不仅是生物体的主要组成成分，更为重要的是它与生命活动有着十分密切的关系，许多生命现象和生理活动往往是通过蛋白质来实现的。例如，催化有机体内化学反应的酶，调节物质代谢的某些激素，与繁殖、遗传有关的核蛋白，具有运输氧及二氧化碳功能的血红蛋白，以及参与免疫反应的抗体等都是蛋白质。另外，蛋白质还可以向生物体供能，大约占能量的14%。总之，在生命活动过程中，蛋白质无处不在而且具有多种生理功能。缺乏蛋白质，婴儿不但生长迟缓，而且发育不良，智力下降。成人会出现抵抗力下降、贫血、体重减轻。严重缺乏者还可出现营养性水肿，甚至死亡。

食物中都含有蛋白质，尤其是动物性食品，含量更高，它是食品中的主要营养成分，也是决定食物色、香、味的重要因素。蛋白质的性质也影响食品加工的过程。

二、蛋白质的含量与分布

动物性食品和植物性食品都含有丰富的蛋白质。动物性食品蛋白质常分布于肌肉、皮、骨骼、血液、乳和蛋中。植物性食品常分布于籽实和块根、块茎中。另外在微生物中也含有丰富的蛋白质。一般食物蛋白质含量：肉类（包括鱼类）为10%～30%；乳类为1.5%～3.8%；蛋类为11%～14%；干豆类为20%～49.8%；坚果类（核桃仁、榛子仁等）为15%～26%；谷类果实6%～10%，薯类约为2%～3%。

从食品科学的角度来看，蛋白质除了保证食品的营养价值外，对决定食品的色、香、味及质量特征方面也起着重要作用。因此学习蛋白质的结构、性质及其在食品加工中的变化具有重要的意义。

三、蛋白质分类

天然存在的蛋白质种类繁多且结构复杂，分类方法有以下几种。

1. 根据分子形状分类

根据蛋白质的分子形状分为球状蛋白和纤维状蛋白两大类。

(1) 球状蛋白（球蛋白） 分子接近球状（分子长短轴比小于10∶1），较易溶于水。在动物和植物体内都含有大量球蛋白。

(2) 纤维状蛋白 分子呈细棒或纤维状（分子长短轴比大于10∶1），在动物体内广泛存在。

2. 根据分子组成和溶解度分类

蛋白质根据分子组成和特性分为单纯蛋白质和结合蛋白质。

(1) 单纯蛋白质 单纯蛋白质是分子中只含α-氨基酸的一类蛋白质，自然界中许多蛋白质属于这一类。按溶解度分为七类。

① 清蛋白。能溶于水、稀盐、稀酸和稀碱溶液，加热凝固。清蛋白普遍存在于动、植物组织中，例如蛋清蛋白、乳清蛋白、血清蛋白、豌豆中的豆清蛋白和小麦中的麦清蛋白等。

② 谷蛋白。能溶于稀酸和稀碱溶液中，但不溶于水和稀盐溶液。此类蛋白仅存在于植物组织中，例如小麦中的麦谷蛋白和大米中的米谷蛋白等。

③ 球蛋白。能溶于稀盐、稀酸和稀碱溶液，但不溶于水。球蛋白普遍存在于动、植物组织中，例如血清球蛋白、肌球蛋白、乳球蛋白、棉籽球蛋白、大豆球蛋白、豌豆球蛋白等。

④ 组蛋白。能溶于水、稀酸和稀碱，不溶于稀的氨水，分子中含有大量的碱性氨基酸，组蛋白是动物性蛋白质，例如从胸腺和胰腺中可分离得到组蛋白。

⑤ 醇溶谷蛋白。能溶于50%～80%的乙醇中，但不溶于水、无水乙醇。醇溶谷蛋白仅存在于植物组织中，例如小麦醇溶谷蛋白、玉米醇溶谷蛋白、大麦醇溶谷蛋白、麦芽醇溶谷蛋白等。

⑥ 精蛋白。能溶于水和稀酸，不溶于氨水。精蛋白是高度碱性的蛋白质，加热不凝结，分子中碱性氨基酸的比例比组蛋白更高，可达总氨基酸量的70%～80%。精蛋白也是动物性蛋白质，存在于鱼精、鱼卵和胸腺等组织中。

⑦ 硬蛋白。在各类蛋白质中它的溶解度最低，一般不溶于水、盐溶液、稀酸、稀碱以及乙醇。硬蛋白是动物性蛋白质，是动物体中作为结缔组织和保护功能的蛋白质。如毛发、

指甲、蹄、角中的角蛋白，皮肤、骨骼中的胶原蛋白等。

(2) 结合蛋白质 结合蛋白质是由一个蛋白质分子与一个或多个非蛋白质分子结合而成。按组分分为五类。

① 核蛋白。核蛋白是由蛋白质与核酸构成。核蛋白中的蛋白质主要是精蛋白及组蛋白，通过静电引力与核酸联结在一起。核蛋白在一切生物中都有，在生物体内有着重要意义。

② 磷蛋白。磷蛋白是由蛋白质与磷酸组成。磷酸常与丝氨酸或苏氨酸侧链的羟基相结合。卵黄中的卵黄磷蛋白、乳中的酪蛋白都是典型的磷蛋白。

③ 脂蛋白。脂蛋白是由蛋白质与脂类组成。脂蛋白不溶于乙醚而溶于水，因此，在血液中由脂蛋白来运输脂类物质。在血、蛋黄、乳、脑、神经及细胞膜中多见。

④ 糖蛋白。糖蛋白由蛋白质和碳水化合物结合而成。广泛分布于生物界，存在于骨骼、肌腱、其他结缔组织及黏液和血液等体液中。鱼类等水产动物的体表黏液中的黏蛋白的非蛋白部分是黏多糖。在人体中的免疫球蛋白也是重要的糖蛋白，在免疫功能中发挥重要作用。

⑤ 色蛋白。色蛋白是蛋白质与色素物质组成的。其中以含卟啉类的色蛋白最重要。在植物中含镁原子的叶绿素与蛋白质结合而成的叶绿蛋白。人体及动物血液中含铁原子的血红素与蛋白质结合而成的血红蛋白和肌肉中的肌红蛋白等。它们在生物体内都有重要的作用。

3. 从营养学上分

在营养学上根据蛋白质中所含氨基酸的种类和数量把蛋白质分为完全蛋白质、半完全蛋白质和不完全蛋白质三类。

完全蛋白质是指该蛋白质含有人体所有的必需氨基酸，并且所含的必需氨基酸数量充足、比例合适，能维持人的生命健康，并能促进儿童的生长发育。

半完全蛋白质是指该蛋白质所含的必需氨基酸的种类齐全，但相互比例不合适，若作为唯一蛋白质来源时可以维持人体的生命，但不能促进生长发育。

不完全蛋白质是指该蛋白质所含的必需氨基酸种类不全，若用作唯一蛋白质来源时，既不能促进生长发育也不能维持生命。

多数动物蛋白质如肉类、鱼类和奶类的酪蛋白、蛋类中的卵白蛋白和卵黄蛋白等都是完全蛋白质。小麦、大麦中的麦胶蛋白属于半完全蛋白质。玉米中的玉米胶蛋白、动物结缔组织中的胶蛋白和豌豆中的豆球蛋白等则属于不完全蛋白质。

四、蛋白质的元素组成

从动物和植物组织细胞中提取出来的各种蛋白质，通过元素分析，得知它们都含有碳、氢、氧、氮及少量硫。这些元素在蛋白质中都以一定的比例关系存在。有些蛋白质还含有少量的磷、铁、铜、锌、锰、钴及钼等元素。一般干燥蛋白质的主要元素分析平均值为：

碳 50%～55%	氮 15%～17%
氢 6.5%～7.3%	硫 0.3%～2.5%
氧 20%～23%	磷 0～1.5%

糖和脂肪中一般只含碳、氢、氧三种元素，氮元素是蛋白质区别于糖和脂肪的特征，而且大多数蛋白质的含氮量都相当接近，一般都在 15%～17%范围内，平均约为 16%，即每

100g 蛋白质中含氮 16g。因此在蛋白质的定量分析中，每测得 1g 氮即相当于 6.25g 蛋白质（100/16=6.25），6.25 称为蛋白质系数。

1883 年，丹麦化学家凯耶达尔（J. Kjeldahl）提出的湿法定量测定含氮有机化合物中氮的方法。该法原理是首先将试样放入凯氏烧瓶中，加入浓硫酸及催化剂（硒、汞或铜盐）加热分解消解试样，使试样中的氮转化为铵态氮（硫酸铵）；消解好的试样转移入蒸馏器中，加浓苛性钠液，使挥发出的氨气（NH_3）用过量的标准酸溶液吸收，剩余的酸用标准碱溶液返滴定；或用硼酸作吸收液，再用标准酸溶液直接滴定。在分析含有硝基或偶氮基的化合物时，消解时必须加入适当的还原剂，才能转化为铵态氮。该方法的准确度较高，不但能进行常量分析，也适于进行微量分析。该法广泛用于食品、肥料、土壤、植物及生物试样中氮的测定。由于食品、谷物、饲料等中的氮多是以蛋白质形态存在的，根据蛋白质系数原理，故以上述测定的氮含量乘 6.25，得出粗蛋白含量。此法也称凯氏定氮法。图 4-1 为凯氏定氮法的基本装置示意图。

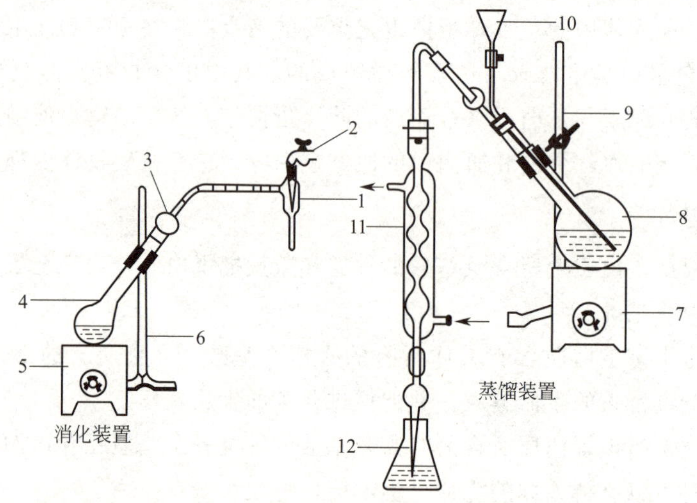

图 4-1 凯氏定氮法装置示意图

1—水力抽气管；2—水龙头；3—倒置的干燥管；4—凯氏烧瓶；5、7—电炉；6、9—铁支架；8—蒸馏烧瓶；10—进样漏斗；11—冷凝管；12—接受瓶

第二节 蛋白质的基本结构单位——氨基酸

蛋白质是高分子化合物，它可被酸、碱和蛋白酶催化水解，将其大分子逐步水解，最终产物是氨基酸。所以蛋白质是由氨基酸构成的聚合物，蛋白质的基本组成单位是氨基酸（amino acid）。蛋白质是生物体内主要的生物大分子，因生物种类不同，其蛋白质的种类和含量有很大的差别，例如人体内大约含有 30 万种蛋白质，一个大肠杆菌的蛋白质含量虽少，但也含有 1000 种以上。整个生物界有 10^{10}～10^{12} 种蛋白质。但无论是人体内的蛋白质，还是大肠杆菌中的蛋白质，都主要是由 20 种氨基酸构成，这 20 种氨基酸也称天然氨基酸或基本氨基酸。表 4-1 给出了 20 种天然氨基酸的中英文名称以及三字母缩写和单字母表示符号。

表 4-1　20 种天然氨基酸的中英文名称及简写符号

中文名称	英文名称	三字母缩写	单字母符号
甘氨酸	glycine	Gly	G
丙氨酸	alanine	Ala	A
缬氨酸	valine	Val	V
亮氨酸	leucine	Leu	L
异亮氨酸	isoleucine	Ile	I
脯氨酸	proline	Pro	P
苯丙氨酸	phenylalanine	Phe	F
酪氨酸	tyrosine	Tyr	Y
色氨酸	tryptophan	Trp	W
丝氨酸	serine	Ser	S
苏氨酸	threonine	Thr	T
半胱氨酸	cysteine	Cys	C
蛋氨酸	methionine	Met	M
天冬氨酸	aspartic acid	Asn	D
谷氨酸	glutamic acid	Glu	E
赖氨酸	lysine	Lys	K
精氨酸	arginine	Arg	R
组氨酸	histidine	His	H
天冬酰胺	asparagine	Asn	N
谷氨酰胺	glutamine	Gln	Q

一、氨基酸的结构特征

组成蛋白质的各种氨基酸在结构上有一个共同特点：在与羧基—COOH 相连的碳原子（α-碳原子）上都有一个氨基，因而称为 α-氨基酸。20 种氨基酸不同之处在于它们的侧链（用 R 表示）。氨基酸的结构通式为：

$$\begin{array}{c} \mathrm{COOH} \\ | \\ \mathrm{H_2N{-}C{-}H} \\ | \\ \mathrm{R} \end{array}$$

由氨基酸的通式可见，除甘氨酸（见表 4-2）外，各种氨基酸的 α-碳原子都是不对称碳原子。它们都和 4 个不同的基团相连。这四个基团的不同排列使氨基酸分子形成两个镜像对称的立体异构体，根据立体构型的不同，分别命名为 L-氨基酸和 D-氨基酸。将羧基写在 α-碳原子的上端，氨基在右端的为 D-氨基酸，氨基在左端的为 L-氨基酸。

$$\begin{array}{ccc} \begin{array}{c} \mathrm{COOH} \\ | \\ \mathrm{H_2N{-}C{-}H} \\ | \\ \mathrm{R} \end{array} & \qquad\qquad & \begin{array}{c} \mathrm{COOH} \\ | \\ \mathrm{H{-}C{-}NH_2} \\ | \\ \mathrm{R} \end{array} \end{array}$$

L-氨基酸　　　　D-氨基酸

到目前为止，所发现的游离的氨基酸和蛋白质温和水解得到的氨基酸绝大多数是 L-氨基酸，D-氨基酸主要存在于微生物中。

二、氨基酸的分类

20 种氨基酸根据不同分类原则有不同分类方法。

1. 根据氨基酸的化学结构分类

可将 20 种氨基酸分为脂肪族氨基酸、芳香族氨基酸和杂环族氨基酸。如苯丙氨酸、酪氨酸是芳香族氨基酸，而组氨酸、色氨酸、脯氨酸是杂环族氨基酸，其余是脂肪族氨基酸（见表 4-2）。也可根据 R 上的特殊基团分为含硫氨基酸如半胱氨酸和蛋氨酸；含亚氨基氨基酸如脯氨酸；含羟基氨基酸如丝氨酸和苏氨酸；含吲哚环氨基酸如色氨酸；含咪唑基氨基酸如组氨酸；含酰胺基氨基酸如天冬酰胺和谷氨酰胺；含羧基氨基酸如天冬氨酸和谷氨酸；含氨基氨基酸如赖氨酸。

表 4-2　氨基酸的分类、结构及某些性质

分类		名称	结构式	分子量	等电点
中性氨基酸	脂肪族氨基酸	甘氨酸	NH_2-CH_2-COOH	75.05	5.97
		丙氨酸	$CH_3-CH(NH_2)-COOH$	89.09	6.00
		缬氨酸	$CH_3-CH(CH_3)-CH(NH_2)-COOH$	117.15	5.96
		亮氨酸	$CH_3-CH(CH_3)-CH_2-CH(NH_2)COOH$	131.17	5.98
		异亮氨酸	$CH_3-CH_2-CH(CH_3)-CH(NH_2)COOH$	131.17	6.02
	含羟基氨基酸	丝氨酸	$HO-CH_2-CH(NH_2)-COOH$	105.09	5.68
		苏氨酸	$CH_3-CH(OH)-CH(NH_2)-COOH$	119.12	6.16
	含硫基氨基酸	半胱氨酸	$HS-CH_2-CH(NH_2)-COOH$	121.12	5.07
		蛋氨酸	$CH_3-S-CH_2-CH_2-CH(NH_2)-COOH$	149.21	5.74
	含酰胺基氨基酸	天冬酰胺	$H_2N-C(=O)-CH_2-CH(NH_2)-COOH$	132.12	5.41
		谷氨酰胺	$H_2N-C(=O)-CH_2-CH_2-CH(NH_2)-COOH$	146.14	5.65
	含亚氨基氨基酸	脯氨酸	(吡咯烷环 N—H)—COOH	115.10	6.30

续表

分类		名称	结构式	分子量	等电点
中性氨基酸	芳香族氨基酸	苯丙氨酸	$C_6H_5-CH_2-CH(NH_2)-COOH$	165.19	5.46
		酪氨酸	$HO-C_6H_4-CH_2-CH(NH_2)-COOH$	181.19	5.66
	含吲哚环氨基酸	色氨酸	(吲哚-3-基)$-CH_2-CH(NH_2)-COOH$	204.22	5.89
酸性氨基酸		天冬氨酸	$HOOC-CH_2-CH(NH_2)-COOH$	133.10	2.77
		谷氨酸	$HOOC-CH_2-CH_2-CH(NH_2)-COOH$	147.13	3.22
碱性氨基酸		赖氨酸	$NH_2-CH_2(CH_2)_3-CH(NH_2)-COOH$	146.19	9.74
		组氨酸	(咪唑-4-基)$-CH_2-CH(NH_2)-COOH$	155.16	7.59
		精氨酸	$HN{=}C(NH_2)-NH-(CH_2)_3-CH(NH_2)-COOH$	174.20	10.76

2. 根据氨基酸的 R 基团或侧链特性可分四类

① R 基团无极性，疏水。如甘氨酸、丙氨酸、缬氨酸、亮氨酸、异亮氨酸、脯氨酸、色氨酸、苯丙氨酸和酪氨酸。蛋白质分子中带有这些疏水氨基酸的部分在水中往往折叠到大分子的内部而远离水相。

② R 基团有极性，不带电荷、亲水。如丝氨酸、苏氨酸、半胱氨酸、蛋氨酸、天冬酰胺和谷氨酰胺。蛋白分子中带有这类氨基酸的部分在水相中大多露在蛋白质分子表面与水接触。半胱氨酸能形成二硫键（—S—S—），有稳定蛋白质分子构象和使蛋白质折叠起来的作用。上述两类氨基酸即 R 基团无极性和 R 基团有极性的氨基酸也称中性氨基酸。

③ R 基团带负电或称酸性氨基酸，如天冬氨酸和谷氨酸。

④ R 基团带正电或称碱性氨基酸，如赖氨酸、精氨酸和组氨酸。

3. 从营养学角度分

从营养学角度可将氨基酸分为必需氨基酸和非必需氨基酸。

必需氨基酸是人体生长发育和维持氮平衡所必需的，体内不能自行合成，必须从食物中摄取的氨基酸。必需氨基酸包括赖氨酸、苯丙氨酸、蛋氨酸、亮氨酸、异亮氨酸、缬氨酸、苏氨酸、色氨酸八种。另外组氨酸、精氨酸在体内虽然能自行合成，但人体在某些情况或生长阶段会出现内源性合成不足，也需要从食物中补充，称为半必需氨基酸。对儿童来说组氨酸也是必需氨基酸。非必需氨基酸是其余的 10 种氨基酸，包括甘氨酸、丝氨酸、半胱氨酸、酪氨酸、谷氨酸、谷氨酰胺、天冬氨酸、天冬酰胺、脯氨酸和丙氨酸。

三、氨基酸的理化性质

1. 物理性质

(1) **溶解度** 氨基酸一般都溶于水，但不同的氨基酸在水中的溶解度不同，酪氨酸、胱氨酸、天冬氨酸、谷氨酸溶解度很小。赖氨酸、精氨酸溶解度很大。所有的氨基酸都能溶于稀酸或稀碱溶液中，而不溶于乙醚、氯仿等非极性溶剂。因此，配制胱氨酸、酪氨酸等难溶的氨基酸溶液时，可以加一些稀盐酸。

(2) **旋光性** 蛋白质中的氨基酸，除甘氨酸外，都有不对称碳原子的结构，故都具有旋光性，能使偏振光平面向左或向右旋转，左旋者通常用（－）表示，右旋者通常用（＋）表示。

氨基酸的旋光度采用旋光仪测定，它与 D/L 型没有直接的对应关系，即使同一种 L-氨基酸，在不同的测定条件下，其测定结果也可能不同。

(3) **对紫外光吸收** 组成蛋白质的 20 种氨基酸都不吸收可见光。R 基团含有芳香环共轭双键的色氨酸、酪氨酸、苯丙氨酸对紫外光有吸收，它们在波长 280nm 附近有最大吸收峰。蛋白质含有这些氨基酸，所以也有紫外吸收能力。在一定条件下，280nm 的紫外光吸收与蛋白质溶液浓度成正比，利用该性质可测定蛋白质含量。

(4) **味感** 氨基酸的味与氨基酸的种类有关，还与它的立体构型有关。如 L-氨基酸一般无味或带有苦味，而 D-氨基酸多数带有甜味。L-谷氨酸钠盐（即味精）具有鲜味，常用来增加食品的风味。根据氨基酸的味感不同可分为甜味氨基酸、苦味氨基酸、酸味氨基酸和鲜味氨基酸，如表 4-3 所示。很多氨基酸在食品工业中作增味剂。

表 4-3　氨基酸的味感

名称		阈值/(mg/100mL)	甜	苦	鲜	酸	咸
甜味氨基酸	甘氨酸	110	＋＋＋				
	丙氨酸	60	＋＋＋				
	丝氨酸	150	＋＋＋			＋	
	苏氨酸	260	＋＋＋	＋		＋	
	脯氨酸	300	＋＋＋	＋＋			
	赖氨酸	50	＋＋	＋＋	＋		
	谷氨酰胺	250	＋		＋		
苦味氨基酸	缬氨酸	150	＋	＋＋＋			
	亮氨酸	380		＋＋＋			
	异亮氨酸	90		＋＋＋			
	蛋氨酸	30		＋＋＋	＋		
	苯丙氨酸	150	＋	＋＋＋			
	色氨酸	90		＋＋＋			
	组氨酸	20		＋＋＋			

续表

名称		阈值/(mg/100mL)	甜	苦	鲜	酸	咸
酸味氨基酸	组氨酸	5		+		+++	+
	天冬酰胺	100		+		++	
	天冬氨酸	3				+++	
	谷氨酸	5				+++	
鲜味氨基酸	天冬氨酸钠	100			++		+
	谷氨酸钠	30			+++		

2. 化学性质

(1) 氨基酸两性解离和等电点 氨基酸的分子中既有碱性的氨基（$—NH_2$），又有酸性的羧基（—COOH），它们可解离形成带正电荷的阳离子及带负电荷的阴离子，因此氨基酸是两性电解质。氨基酸解离过程和带电状态取决于溶液的 pH。当某一 pH 条件时，氨基酸解离的阳离子及阴离子的数量相等，即氨基酸所带的净电荷为零时，此时溶液的 pH 称为该氨基酸的等电点 pI。由于等电点时净电荷为零，氨基酸易凝集，此时氨基酸的溶解度最小，最易沉淀析出。根据这一原理，对于一个含有多种氨基酸的混合液可以分步调节其 pH 到某一氨基酸等电点，从而使该氨基酸沉淀达到分离的目的。例如在谷氨酸发酵工艺中，就是将发酵液的 pH 调节到 3.22（谷氨酸的等电点）左右，而使谷氨酸形成晶体沉淀析出。

$$\underset{pH<pI}{\underset{\underset{NH_3^+}{|}}{R—CH—COOH}} \underset{H^+}{\overset{OH^-}{\rightleftharpoons}} \underset{pH=pI}{\underset{\underset{NH_3^+}{|}}{R—CH—COO^-}} \underset{H^+}{\overset{OH^-}{\rightleftharpoons}} \underset{pH>pI}{\underset{\underset{NH_2}{|}}{R—CH—COO^-}}$$

由于各种氨基酸都有特定的等电点，当溶液的 pH 小于某氨基酸的等电点时，则该氨基酸带正电荷；若溶液的 pH 大于等电点时，则该氨基酸带负电荷。因此在同一 pH 条件下，各种氨基酸所带的电荷不同。根据这一性质，可通过调节氨基酸混合液的 pH，以改变混合液中各种氨基酸的电荷数，再利用离子交换法或电泳法将这些氨基酸分开。

(2) 氨基酸参与的化学反应 根据氨基酸的结构，氨基酸参与的化学反应可分为 α-NH_2、α-COOH、α-R 侧链以及 α-NH_2 和 α-COOH 同时参与的反应。下面以此为顺序列举一些典型的反应。

① 与亚硝酸的反应。含游离 α-氨基的氨基酸，在室温下与亚硝酸作用放出氮气，氨基酸被氧化成羟酸。由于反应所放出的氮气，一半来自氨基酸分子上的 α-氨基氮，一半来自亚硝酸的氮，故在一定条件下测定反应所释放的氮气的体积，就可计算出氨基酸的含量。这个反应是范斯莱克（Van Styke）氨基氮测定方法的基础。

$$\underset{\underset{NH_2}{|}}{R—CH—COOH} + HNO_2 \longrightarrow \underset{\underset{OH}{|}}{R—CH—COOH} + N_2\uparrow + H_2O$$

② 与甲醛反应。氨基酸在水溶液中主要以两性离子形式存在，既能电离出 H^+，又能电离出 OH^-，但由于氨基酸水溶液的解离度很低，不能用碱直接滴定氨基酸的含量。当加入甲醛反应后促使氨基酸电离产生 H^+，使其 pH 下降，就可以用酚酞作指示剂，用 NaOH

溶液来滴定。每释放出一个 H^{+}，就相当于有一个氨基氮，由滴定所消耗的 NaOH 的量可计算出氨基氮的含量，即氨基酸的含量。此法可用于测定游离氨基酸的含量，也常用来测定蛋白质水解程度。

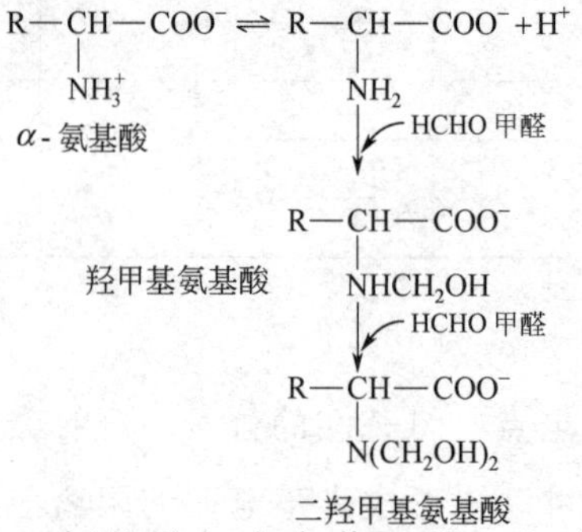

$$R-CH(NH_3^+)-COO^- \rightleftharpoons R-CH(NH_2)-COO^- + H^+$$

α-氨基酸

$$\xrightarrow{HCHO\ 甲醛} R-CH(NHCH_2OH)-COO^-$$

羟甲基氨基酸

$$\xrightarrow{HCHO\ 甲醛} R-CH(N(CH_2OH)_2)-COO^-$$

二羟甲基氨基酸

③ 与水合茚三酮的反应。α-氨基酸与水合茚三酮一起煮沸，生成蓝紫色物质。只有脯氨酸生成黄色物质。该反应非常灵敏，常用于纸色谱、离子交换法定性、定量测定氨基酸。

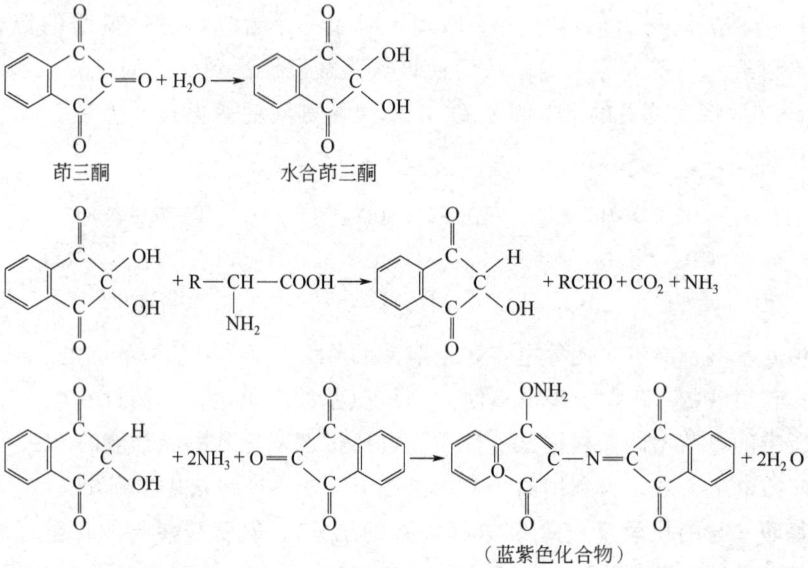

茚三酮 $+ H_2O \longrightarrow$ 水合茚三酮

水合茚三酮 $+ R-CH(NH_2)-COOH \longrightarrow$ 还原茚三酮 $+ RCHO + CO_2 + NH_3$

还原茚三酮 $+ 2NH_3 +$ 茚三酮 $\longrightarrow$ 蓝紫色化合物 $+ 2H_2O$

（蓝紫色化合物）

④ α-R 侧链反应。参见本章第四节中“蛋白质的呈色反应”。因为侧链参与的反应多能显色，所以又称颜色反应。

⑤ 与重金属离子作用。许多重金属离子如铜离子、铁离子、锰离子等和氨基酸作用能形成稳定的配合物。如氨基酸与铜离子能形成蓝紫色配合物结晶，常用来分离或鉴定氨基酸。

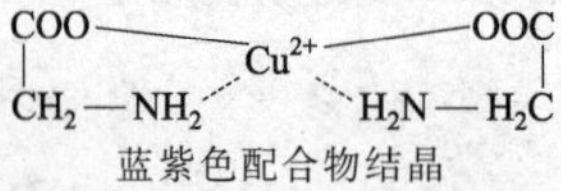

$$(COO-CH_2-NH_2)\cdots Cu^{2+}\cdots(H_2N-H_2C-OOC)$$

蓝紫色配合物结晶

⑥ 成肽反应。两个氨基酸分子（可以相同，也可以不同），在酸或碱存在的条件下加热，通过一分子的氨基与另一分子的羧基间脱去一分子水，缩合形成肽键的化合物，称为成肽反应。该反应是蛋白质形成的基础。具体反应原理见下。

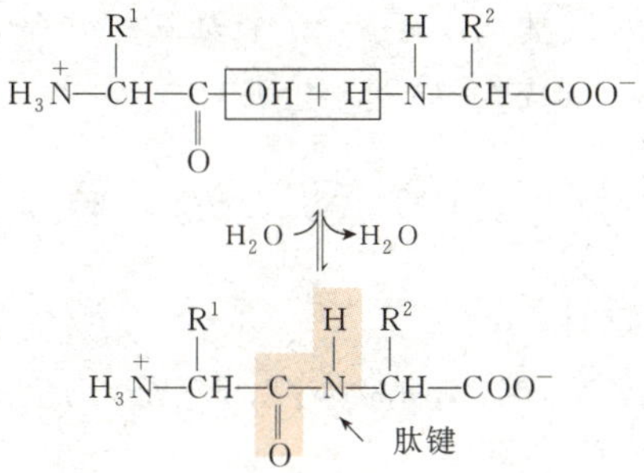

$$H_3\overset{+}{N}-\overset{R^1}{\overset{|}{CH}}-\underset{\underset{O}{\|}}{C}-\boxed{OH + H}-\overset{H}{\overset{|}{N}}-\overset{R^2}{\overset{|}{CH}}-COO^-$$

$$H_2O \rightleftharpoons H_2O$$

$$H_3\overset{+}{N}-\overset{R^1}{\overset{|}{CH}}-\underset{\underset{O}{\|}}{C}-\overset{H}{\overset{|}{N}}-\overset{R^2}{\overset{|}{CH}}-COO^-$$

肽键

第三节　蛋白质结构

蛋白质是由20种氨基酸所组成，这些氨基酸是如何连接构成蛋白质分子的？现在已经知道，蛋白质分子中的重要化学键有肽键（酰胺键），另外还有氢键、盐键、二硫键、酯键等。其中构成蛋白质分子的氨基酸主要是通过肽键相互连接的。肽链中的氨基酸分子在形成肽键时失去部分基团，称为氨基酸残基。蛋白质结构分为蛋白质的一级结构和蛋白质的空间结构或三维结构。蛋白质的一级结构决定蛋白质的空间结构，空间结构与蛋白质的生物功能直接有关。在生理条件下，蛋白质的空间结构取决于它的氨基酸排列序列和肽链的盘旋方式。蛋白质特定的完整结构是其独特生理功能的基础。

一、蛋白质的一级结构

蛋白质的一级结构是指蛋白质分子中氨基酸的连接方式和氨基酸在多肽链中的排列顺序。氨基酸排列顺序是由遗传信息决定的，一级结构是蛋白质分子的基本结构，它是决定蛋白质空间结构的基础。

1. 氨基酸的连接方式——肽键

一分子氨基酸的羧基与另一分子氨基酸的 α-氨基脱水缩合形成的酰胺键（—CO—NH—）称为肽键，反应产物称为肽。由两个氨基酸形成最简单的肽，即二肽，二肽再以肽键与另一分子氨基酸缩合生成三肽，其余类推。多个氨基酸分子以肽键相连形成多肽。多肽是链状结构，所以又称多肽链。书写肽链结构时，把含有自由氨基一端写在左边，叫N端或氨基末端，而把含有自由羧基一端写在右边，叫C端或羧基末端。肽广泛存在于动植物组织中，并具有特殊的功能，如谷胱甘肽是辅酶，肌肽与肌肉表面的缓冲作用有密切关系。

2. 氨基酸的排列顺序

两个不同的氨基酸组成二肽时就有两种连接方式，三肽有六种，六肽有720种。组成肽的氨基酸的数目增多，连接方式也随之增多。虽然构成各种蛋白质的氨基酸有20种，但由于氨基酸的种类、数目、比例、排列顺序的不同，仍然可以构成种类繁多、结构各异的蛋白质。胰岛素是世界上第一个被测定一级结构的蛋白质，它是由A、B两条多肽链通过两个二硫键相连，A 链含 21 个氨基酸残基，B 链含 30 个氨基酸残基，A 链本身第 6 位及第 11 位两个半胱氨酸形成一个链内的二硫键。如图 4-2 所示。

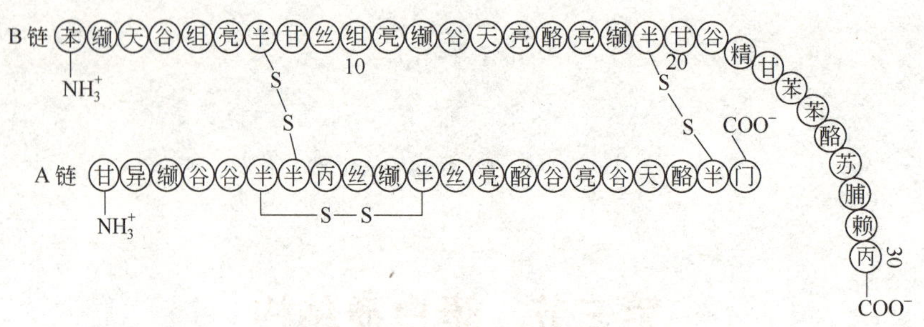

图 4-2　牛胰岛素的一级结构

二、蛋白质的空间结构

蛋白质空间结构包括蛋白质的二级、三级、四级结构。任何一个蛋白质分子，在自然状态和活性形式下，都具有特定而稳定的空间结构。蛋白质的空间结构遭到破坏，即使化学结构完全不变，蛋白质的生理功能会立刻丧失。

1. 蛋白质的二级结构

蛋白质的二级结构是指蛋白质多肽链折叠和盘绕方式，主要包括 α-螺旋和 β-折叠，另外还有 β-转角和无规则卷曲。维持蛋白质的二级结构的主要作用力是氢键。

应用 X 射线衍射分析法研究证实，肽键的键长在单键、双键键长之间。因肽键不能自由旋转而使参与肽键的 6 个原子共处于同一平面，称为肽键平面，又称肽单元。而每个 α-碳原子与两侧肽平面中的氮原子和羰基碳原子以普通单键连接可以自由旋转。多肽链的主链是由许多肽键平面组成，平面之间以 α-碳原子相互隔开，并且以碳原子为顶点做旋转运动，如图 4-3 所示。

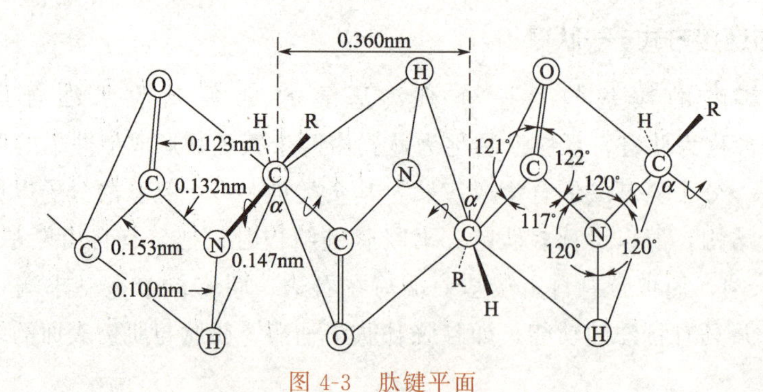

图 4-3　肽键平面

蛋白质二级结构的种类如下。

(1) α-螺旋　1951 年波林（Pauling）等根据羊毛、猪毛、鸟毛及马鬃等天然角蛋白的 X 射线衍射图谱，提出了著名的 α-螺旋模型，如图 4-4 所示。多肽链围绕中心轴呈有规律右手螺旋，每 3.6 个氨基酸残基螺旋上升一圈，螺距为 0.54nm，氨基酸侧链伸向螺旋外侧，其形状、大小及电荷量的多少均影响 α-螺旋的形成，α-螺旋的每个肽键的亚氨基氢与第四个肽键的羰基氧形成氢键，氢键的方向与螺旋长轴基本平行，肽链中的全部肽键都可形成氢键，氢键是维持 α-螺旋结构稳定的主要次级键。天然蛋白质的 α-螺旋绝大多数是右手螺旋，近年来也偶尔发现极少数蛋白质中存在着左手螺旋结构。

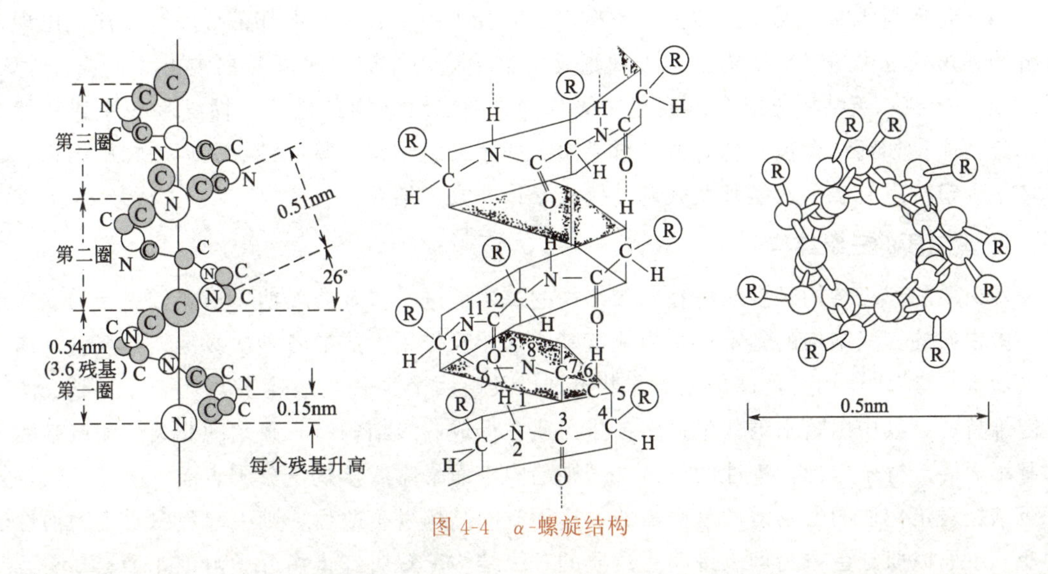

图 4-4　α-螺旋结构

(2) **β-折叠**　β-折叠也是波林（Pauling）等提出的，β-折叠与 α-螺旋的差异在于后者是肽链卷曲成棒状的螺旋结构，而前者则是延展的肽链，两条以上肽链或一条肽链内的若干肽段可平行排列，肽链的走向可相同，也可相反。相邻主链之间靠氢键维持。为了在主链骨架之间形成最多的氢键，避免相邻侧链间的空间障碍，相邻的肽键平面必须作一定的折叠，形成一个锯齿状的折叠片层，因此这个结构又叫做 β-片层结构，如图 4-5 所示。

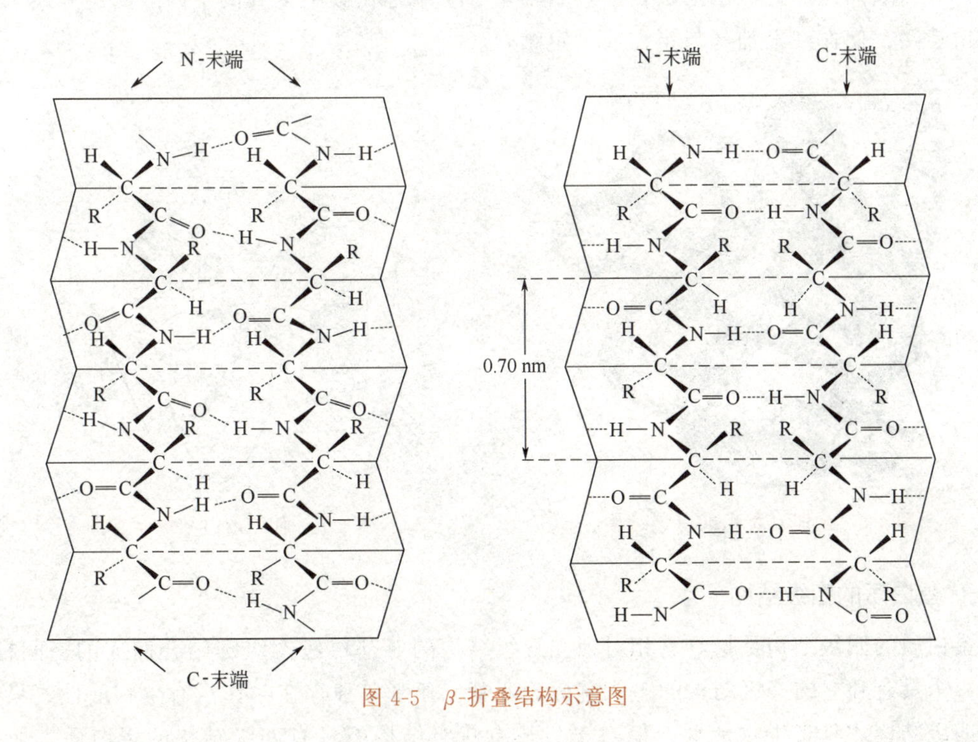

图 4-5　β-折叠结构示意图

(3) β-转角 β-转角出现于肽链180°的转角部位。β-转角通常由4个氨基酸残基构成，第一个残基的羰基氧与第四个残基的亚氨基氢可形成氢键，以维持转折结构的稳定。此结构又称发夹回折。β-转角的结构较特殊，常出现于球蛋白的表面，多含脯氨酸和甘氨酸。

(4) 无规则卷曲 无规则卷曲就是指蛋白质分子中没有规则的那部分肽链，往往出现在肽链的拐角处也称超二级结构。它表现重要生物学功用。如很多球蛋白中由2个或3个α-螺旋或β-折叠二级结构再组合形成超二级结构，超二级结构具有特征性氨基酸序列和相关的特定功能。如钙结合蛋白含有的结合钙离子的超二级结构，具有螺旋—环—螺旋结构，其中环中确定位点有亲水性氨基酸残基与钙离子以非共价结合。

2. 蛋白质的三级结构

蛋白质的三级结构是多肽链在二级结构的基础上进一步盘绕卷曲，形成较紧密的立体构象。蛋白质的三级结构的稳定性是由侧链基团的相互作用生成的各种次级键，如氢键、离子键（盐键）、疏水作用、范德华力等非共价键以及由两个半胱氨酸巯基共价结合而形成的二硫键维持的，其中以疏水键数量最多。蛋白质在形成三级结构时，疏水的非极性侧链基团常常避水而居于分子内部，极性的侧链基团则趋向水而暴露或接近于分子表面。研究证明特定三级结构对蛋白质的生物活性是必需的，这种空间结构发生改变，则引起蛋白质生物活性的改变。下面以肌红蛋白为例来说明蛋白质的三级结构。鲸肌红蛋白分子由153个氨基酸残基组成，分子呈扁平的菱形，分子中含有长短不同的8段α-螺旋，参与α-螺旋的氨基酸占总数的80%，8段α-螺旋大体上分为上下两层，拐弯处遭到破坏，形成β-转角及无规则卷曲等二级结构。多肽链各部分间R基团相互作用，盘曲成环状三级结构，如图4-6所示。和一般球蛋白相似，其亲水侧链分布于蛋白质表面，增加蛋白质水溶性，疏水侧链残基聚集分子内部。有一通向内部的疏水空穴，血红素辅基分子结合在其中，其两个丙酸侧链以离子键与多肽链连接，使血红素辅基与蛋白质稳定结合。

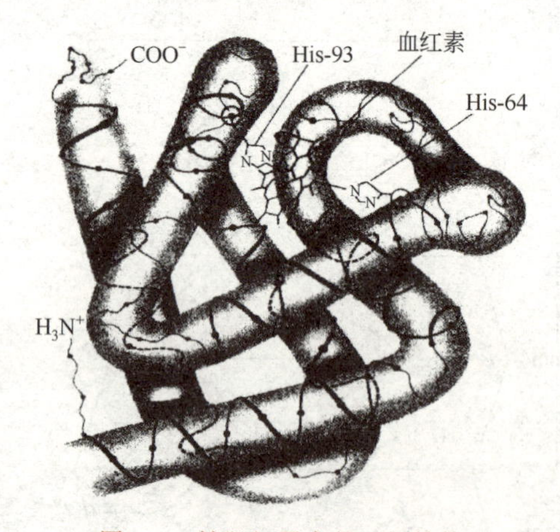

图4-6 鲸肌红蛋白的三级结构

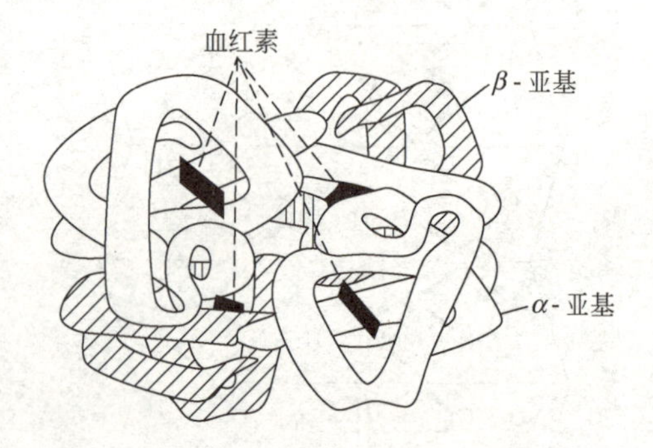

图4-7 血红蛋白结构示意图

3. 蛋白质的四级结构

蛋白质的四级结构是指具有相对独立三级结构的亚基再经次级键结合而成的空间构象。其中每个具有独立的三级结构的多肽链称为亚基。亚基单独存在时，没有生物活性，只有完整的四级结构才具有生物活性。但对于只具有三级结构不具有四级结构的蛋白质，如胰岛素、免疫球蛋白等，如果三级结构被破坏，它们的生物学功能也就丧失了。蛋白质的四级结构多数含偶数个亚基，分子呈一定的对称性。维持四级结构的作用力主要是疏水作用，也包括氢键，离子键及范德华力等。血红蛋白（HbA）是重要的蛋白质，其主要功能是在循环中转运氧。其四级结构是由 2 个 α-亚基和 2 个 β-亚基构成的四聚体，4 个亚基占据相当于四面体的四个角，每个亚基含 1 个血红素辅基，是结合 O_2 部位，4 个亚基结合成四聚体，每个 α-亚基与两个 β-亚基之间主要以盐键相互作用。血红蛋白结构如图 4-7 所示。完整的血红蛋白分子有结合及释出氧分子的转运功能。

第四节　蛋白质的理化性质

蛋白质是由各种氨基酸组成的，因此，它的一些性质和氨基酸的性质密切相关，如等电点和两性离子等。但由于蛋白质是高分子化合物，分子量大，所以有些性质又与氨基酸不同，如胶体性质、沉淀和变性等。

一、蛋白质胶体性质

蛋白质是高分子化合物，其分子量很大，蛋白质分子直径为 1～100nm，颗粒大小在胶体粒子的范围，故蛋白质溶液为胶体溶液。同所有胶体溶液一样，具有丁达尔现象和胶体渗透压。由于蛋白质颗粒表面有亲水基团，可吸引水分子，在颗粒表面形成较厚的水化膜，将蛋白质颗粒分开，不致相聚沉淀；同时，由于同种蛋白质颗粒表面带有同种电荷，因同种电荷相斥，使蛋白质颗粒难以相互聚集从溶液中沉淀析出。所以蛋白质溶液是稳定的亲水胶体溶液。当破坏水化膜和去掉电荷时，使蛋白质分子间引力增加而沉降。依据这一原理，加工脱水猪肉时，在干燥前调节肉的 pH，使之距离等电点较远，蛋白质在带电情况下干燥，可以避免蛋白质分子的紧密结合，复水时较易嫩化。

二、蛋白质的两性解离和等电点

蛋白质和氨基酸一样，既能和酸作用又能和碱作用，是两性电解质。分子中，除氨基末端的 α-NH_2 和羧基末端的 α-COOH，肽链内多种氨基酸残基的 R 侧链还有许多可离子化基团，如—NH_3 、—COOH 、—OH 等。在一定的 pH 条件下，这些基团解离而使蛋白质分子带电荷。其解离过程和带电状态取决于溶液的 pH。当某一 pH 条件时，蛋白质解离成阳、阴离子的数量相等，净电荷为零，此时溶液的 pH 称为蛋白质等电点。等电点时蛋白质以兼性离子状态存在。

$$\mathrm{P}\begin{smallmatrix}\diagup NH_3^+\\ \diagdown COOH\end{smallmatrix} \underset{+H^+}{\overset{+OH^-}{\rightleftharpoons}} \mathrm{P}\begin{smallmatrix}\diagup NH_3^+\\ \diagdown COO^-\end{smallmatrix} \underset{+H^+}{\overset{+OH^-}{\rightleftharpoons}} \mathrm{P}\begin{smallmatrix}\diagup NH_2\\ \diagdown COO^-\end{smallmatrix}$$

蛋白质的阳离子　　　　蛋白质的兼性离子（等电点）　　　　蛋白质的阴离子

各种蛋白质都具有特定的等电点。蛋白质在等电点时溶解度最小，易从溶液中析出。这一性质常用于蛋白质的分离、提纯。在食品工业上也有利用，如制备凝固型酸奶就是利用这一原理。

三、蛋白质的溶解性

蛋白质在低盐溶液中溶解度较大，在高盐溶液中溶解度下降，前者称为盐溶，后者称为盐析。在低盐溶液中，蛋白质颗粒上吸附盐离子，使蛋白质颗粒带有同种电荷而相互排斥，并加强与水分子的作用，溶解度增加。如炒肉丝时，先用少量食盐拌一拌，炒肉的口感较嫩。在高盐溶液中，盐不仅与水的亲和性很强，而且又是强电解质，一方面从蛋白质中夺取水分，破坏蛋白质表面的水膜；另一方面，由于盐离子浓度比较高，可以大量中和蛋白质颗粒上的电荷，破坏了蛋白质胶体的稳定性，出现沉淀。

四、蛋白质的变性与复性

蛋白质在某些理化因素的作用下，如高温、高压、乙醇、重金属离子及生物碱试剂等，其空间构象受到破坏，从而导致其理化性质改变和生物活性丧失，这种现象称为蛋白质的变性。当蛋白质变性程度不高，可在消除变性因素条件下使蛋白质恢复或部分恢复其原有的构象和功能，称为复性。如果变性因素作用剧烈，变性过甚，不可能发生复性，称为不可逆变性。变性的实质是蛋白质的次级键被破坏，二、三、四级结构改变，天然构象解体。但一级结构不变，无肽键断裂。变性后的蛋白质理化性质发生改变，主要表现为溶解度降低、黏度增大，不易形成结晶，易于水解消化和生物活性丧失等。其溶解度降低是由于次级键断裂，蛋白质分子内部的疏水基团暴露于分子表面，破坏了水化膜的缘故；黏度增加是由于变性后的蛋白质分子形状更加不对称而引起的。生物活力丧失是蛋白质变性的主要特征，如酶失去催化能力、血红蛋白失去运氧能力等。在日常生活中有许多蛋白质变性的实例。如加热可使蛋清变性凝固，煮熟的牛奶和鸡蛋有特殊的气味。

五、蛋白质的呈色反应

蛋白质分子中有某些特殊结构或某些特殊的氨基酸残基，可与某些试剂作用产生相应的显色反应，这些显色反应可用于蛋白质定性、定量检测。

1. 双缩脲反应

尿素在加热时，两分子尿素缩合生成双缩脲并放出一分子氨。双缩脲在碱性溶液中能与硫酸铜反应产生紫红色配合物。蛋白质分子中含有许多与双缩脲结构相似的肽键，因此蛋白质分子与碱性铜溶液中的铜离子形成紫红色配合物的反应，称为双缩脲反应。碱性铜溶液称为双缩脲试剂。该反应可用于蛋白质和多肽的定性、定量测定，也可用于蛋白质水解程度的测定。

$$2H_2N{-}\underset{\underset{O}{\|}}{C}{-}NH_2 \xrightarrow{\triangle} H_2N{-}\underset{\underset{O}{\|}}{C}{-}NH{-}\underset{\underset{O}{\|}}{C}{-}NH_2 + NH_3\uparrow$$

双缩脲

2. 酚试剂反应

酚试剂又称福林试剂或福林-酚试剂。蛋白质分子中酪氨酸的酚基在碱性条件下与酚试剂（磷钼酸-磷钨酸化合物）作用，生成蓝色物质。该反应可用于蛋白质的定性、定量分析。其灵敏度比双缩脲反应高100倍。

3. 茚三酮反应

蛋白质与氨基酸一样，在溶液中加入水合茚三酮并加热至沸腾则显蓝紫色。常用来检验蛋白质的存在。

4. 黄色反应

含有芳香族氨基酸，特别是酪氨酸和色氨酸的蛋白质在溶液中遇到硝酸后，先产生白色沉淀，加热则变黄，再加碱颜色加深为橙黄色。这是因为苯环被硝化，产生硝基苯衍生物。皮肤、毛发、指甲遇浓硝酸都会变黄。

5. 米伦反应

含有酪氨酸的蛋白质与米伦试剂（由硝酸汞、硝酸亚汞、硝酸配制而成）混合，先产生白色沉淀，加热后沉淀变成砖红色。

第五节　蛋白质的分离纯化与测定

无论是对蛋白质结构与功能的研究，还是制备、生产人们所需要的蛋白质产品，都涉及蛋白质的分离和纯化问题。从生物组织中制备蛋白质一般有提取、分离、纯化与结晶几个步骤。

一、提取

分离提纯某种蛋白质时，首先要把蛋白质从组织或细胞中释放出来并保持原来的天然状态，不丧失活性。所以要采用适当的方法将组织和细胞破碎。动物组织可采取搅碎，匀浆法把细胞破碎。植物组织可以用石英砂和适当的提取液混合磨碎。微生物的细胞壁非常坚韧，破碎比较困难，必须使细胞壁结构中的共价键破裂。可采用超声波、高压挤压、酶解等物理、化学或机械的方法加以破碎。

细胞破碎后，根据蛋白质的溶解性选用适当的溶剂来抽提。清蛋白可用水来提取；球蛋白可用稀盐溶液来提取（一般用氯化钠）；谷蛋白用稀酸、稀碱提取；而醇溶谷蛋白用适当浓度的酒精来提取。

抽提时应注意所用的溶剂量要适当，否则将增加回收产品的困难。如果要保持蛋白质的活性，还必须在较低温度下进行，并避免剧烈搅拌，以防止蛋白质的变性。

二、分离

选用适当的方法将所要的蛋白质与其他杂蛋白分离开来。根据蛋白质特性和纯度要求，采用不同的方法，如等电点沉淀法、盐沉淀法、有机溶剂沉淀法等将蛋白质分离出来。几种常用的分离方法介绍如下。

1. 等电点沉淀法

不同蛋白质的等电点不同，可用等电点沉淀法使它们相互分离。

2. 盐沉淀法

不同的蛋白质在不同的盐溶液中溶解度的不同。用逐步提高盐浓度的方法，可以把不同蛋白质的逐个地沉淀出来。其中硫酸铵是最常用的盐类。被盐析沉淀下来的蛋白质仍保持其天然性质，并能再度溶解而不变性。

3. 有机溶剂沉淀法

中性有机溶剂如乙醇、丙酮，它们的介电常数比水低。能使大多数球状蛋白质在水溶液中的溶解度降低，进而从溶液中沉淀出来，因此可用来沉淀蛋白质。此外，有机溶剂会破坏蛋白质表面的水化层，促使蛋白质分子变得不稳定而析出。由于有机溶剂会使蛋白质变性，使用该法时，要注意在低温下操作，选择合适的有机溶剂浓度。

三、纯化

从抽提液中沉淀出来的蛋白质，仍含有各种杂质，需要进一步纯化才能把它们清除出去。纯化蛋白质常用的方法如下。

1. 凝胶过滤法

凝胶过滤法也称分子筛色谱、排阻色谱。它是利用具有网状结构的凝胶的分子筛作用，根据被分离物质的分子大小不同来进行分离。色谱柱中的填料是某些惰性的多孔网状结构物质，多是交联的聚糖（如葡聚糖或琼脂糖）类物质，当含有各种组分的样品流经凝胶色谱柱时，大分子物质由于分子直径大，不易进入凝胶颗粒的微孔，沿凝胶颗粒的间隙以较快的速度流过凝胶柱。而小分子物质能够进入凝胶颗粒的微孔中，向下移动的速度较慢，从而使样品中各组分按分子量从大到小的顺序先后流出色谱柱，而达到分离的目的。

凝胶过滤法的优点是色谱所用的凝胶属于惰性载体，不带电荷，吸附力弱，操作条件比较温和，可在相当广的温度范围下进行，不需要有机溶剂，并且对分离成分理化性质的保持有独到之处。

2. 电泳法

蛋白质分子具有可电离的基团，在非等电点时是带电的颗粒，可在电场内移动，其移动方向取决于蛋白质分子所带静电荷。不同蛋白质分子根据其氨基酸组成及所在溶液的 pH，携带的静电荷不尽相同，致使它们在电场中的迁移率各异，从而达到分离的目的。

3. 离子交换色谱法

蛋白质的混合物可以用离子交换剂进行纯化。离子交换剂通常是一种不溶性物质，并以某种形式的离子化基团作为它的结构的一部分，这些离子化基团可以和具有相反电荷的离子形成盐类，当溶液的相对盐浓度发生变化时，它又会与其他物质交换这些离子。

离子交换剂通常被制成带有预定的离子化基团的树脂小颗粒。但是，对于蛋白质的纯化常使用各种改良的纤维离子交换剂。这是经过化学处理而附加上各种离子化基团的纤维，例如阴离子交换剂DEAE-纤维素（即二乙氨乙基纤维素）和阳离子交换剂CM-纤维素（羧甲基纤维素）等，蛋白质在pH小于等电点的溶液中带正电荷，可以被阳离子交换剂吸附，在pH大于等电点的溶液中带负电荷，可以被阴离子交换剂吸附。在实践中，将混合的蛋白质溶液通过上述某种改良的纤维素色谱柱，使蛋白质被柱中的离子交换剂吸附。接着用提高盐浓度或用改变pH的缓冲液通过色谱柱，就会将被吸附的各种蛋白质按其侧链基团，净电荷和分子结构的不同，在不同时间被洗脱出来。

四、结晶

分离提纯的蛋白质常常要制成晶体，结晶也是进一步纯化的步骤，结晶的最佳条件是使溶液略处于过饱和状态，可通过控制温度、加盐盐析、加有机溶剂或调节pH等方法来实现。注意结晶不仅需要达到过饱和状态，还应注意结晶过程需要一定的时间，如果晶核较少，利于晶体生长，晶体颗粒更理想。

五、测定

测定食品中蛋白质含量常用的方法有凯氏定氮法、双缩脲法、苯酚试剂法和紫外吸收法等，其中经典方法是凯氏（Kjeldbal）定氮法。

凯氏定氮法是将样品与浓硫酸共热，使含氮有机物分解产生氨，氨又与硫酸作用，生成硫酸铵，此过程称作“消化”。然后强碱使硫酸铵分解放出氨，借蒸气将氨蒸馏出来，用硼酸吸收，根据此酸液被中和的程度，即可计算出样品的含氮量。总氮含量即可换算成粗蛋白质含量。一般按蛋白质含氮量16%计算，粗蛋白质含量＝总氮含量×6.25。若需要比较准确的数据，可采用不同的换算系数。

第六节　食物中的蛋白质

一、肉类蛋白质

肉类蛋白质主要存在于肌肉中，骨骼肌的组成大约如下：75%水、20%蛋白质和5%脂肪、糖类、非蛋白质可溶性成分及无机盐。肌肉组织呈纤维状结构，肌肉纤维呈交叉条纹状，这是由于其存在交叉条纹状的肌原纤维之故。供人类食用的肉类蛋白主要为猪、牛、羊、鸡、鸭和鱼等的肌肉。这些肌肉的蛋白质成分基本相同，其中人体所需的必需氨基酸含量丰富，而且必需氨基酸的比例适当，属于完全蛋白质，是人类优质蛋白质的主要来源。肉类蛋白质可分为三部分：肌浆中的蛋白质、肌原纤维中的蛋白质和基质蛋白质。

1. 肌浆中的蛋白质

肌浆蛋白占肌肉总蛋白的20%～30%，肌浆蛋白黏度低，常称为肌肉的可溶性蛋白质。主要参与肌肉纤维中的物质代谢。肌浆中的蛋白质包括肌溶蛋白、肌粒中的蛋白质和肌红蛋白。肌溶蛋白可溶于水，加热到52℃时即凝固。肌粒中的蛋白质含多种酶，与肌肉收缩功能有关。肌红蛋白是由珠蛋白与辅基血红素组成的含铁色蛋白，使肌肉呈红色，依动物种类和年龄不同含量不同，一般运动量大的肌肉含量多且色深。

2. 肌原纤维中的蛋白质

肌原纤维蛋白主要包括肌球蛋白、肌动蛋白、肌动球蛋白等。这些蛋白质占肌肉蛋白质总量的51%～53%，它们与肉及肉制品的物理性质密切相关。

(1) 肌球蛋白 分子量约为490000，可与肌动蛋白结合生成肌动球蛋白。在生理盐水浓度下，可生成肌球蛋白分子聚合体，若提高盐浓度，则会分散为单分子而溶解。在制造肉制品时加盐腌渍可提高黏着性就是与此性质有关。肌球蛋白易生成凝胶，对热不稳定。

(2) 肌动蛋白 有球状和纤维状，球状肌动蛋白（G-肌动蛋白）是直径为5.5nm的球状物，聚合可形成纤维状肌动蛋白（F-肌动蛋白），两根链形成螺旋长丝状。细丝中嵌有肌钙蛋白和原肌球蛋白。后二者具有调节肌肉收缩、松弛的功能。

(3) 肌动球蛋白 肌动球蛋白是由肌动蛋白与肌球蛋白形成的复合物，它能反映肌肉的收缩与松弛。当NaCl（KCl）的浓度在0.3mol/L以上时，则肌球蛋白溶解，肌动球蛋白就成为液状，显示出高的黏度。高浓度时易于形成凝胶。变性温度是45～50℃。

3. 基质蛋白质

主要成分是硬蛋白类的胶原蛋白、弹性蛋白、网状蛋白等。不溶于水和盐溶液，为不完全蛋白质。

二、胶原和明胶

胶原是皮、骨和结缔组织中的主要蛋白质。胶原的氨基酸组成有以下特征：脯氨酸、羟脯氨酸和甘氨酸含量高，蛋氨酸含量少，不含色氨酸或胱氨酸，因此胶原是不完全蛋白质。X射线衍射分析证明，胶原纤维的长度为64nm，而在张力下可增加到400nm。胶原分子由三股螺旋组成，外形成棒状，许多胶原分子横向结合成胶原纤维而存在于结缔组织中。

胶原纤维具有高度的结晶性，当加热到一定温度时会发生突然收缩。例如牛肌肉中的胶原纤维在65℃即发生这一变化，其原因可能是胶原纤维结晶区域的“熔化”造成的。

明胶是胶原分子热分解的产物。工业生产明胶就是把胶原含量高的组织如皮、骨置于加碱或加酸的热水中长时间提取而制得。明胶不溶于冷水，而溶于热水中，冷却时凝固成富有弹性的凝胶，其等电点为8～9。凝胶具有热可逆性，加热时熔化，冷却时凝固，其溶胶是典型的亲水胶体。明胶在加热、紫外线及某些有机试剂的作用下会失去溶解性和凝胶性。由于明胶与凝胶具有热可逆性，故大量应用于食品工业特别是糖果制造中。

三、乳蛋白质

乳蛋白质是乳汁中重要的组成成分，它是一种完全蛋白质，乳蛋白质的成分随品种而变化。牛乳的乳蛋白质主要包括80%左右的酪蛋白和20%左右乳清蛋白，此外还有少量的脂肪球膜蛋白质。

1. 酪蛋白

酪蛋白是乳蛋白质中含量最丰富的一类蛋白质。它含有胱氨酸和蛋氨酸这两种含硫氨基酸，但不含半胱氨酸。在酪蛋白中还含有磷酸，磷酸以一磷酸酯键与苏氨酸及丝氨酸的羟基相结合，酪蛋白是典型的磷蛋白。在牛乳中，酪蛋白主要以酪蛋白酸钙—磷酸钙的配合物形式存在，称为酪蛋白胶粒。

酪蛋白胶粒在牛乳中比较稳定，但经冻结或加热等处理，也会发生凝胶现象。在130℃加热数分钟，酪蛋白变性而凝固沉淀。在酸或凝乳酶的作用下，酪蛋白胶粒的稳定性被破坏而凝固。干酪就是利用凝乳酶对酪蛋白的凝固作用制成的。

2. 乳清蛋白

脱脂牛乳中的酪蛋白沉淀下来以后，保留在其上的清液即为乳清，存在于乳清中的蛋白质称为乳清蛋白质。其主要成分是β-乳球蛋白和α-乳清蛋白，另外还有少量的血清白蛋白和免疫球蛋白、酶等。

β-乳球蛋白属于单纯蛋白质，约占乳清蛋白质的50%。β-乳球蛋白含有游离的巯基，牛奶加热后的气味与之有关。加热、增加钙离子浓度或pH超过8.6都能使其变性，它是牛乳中最易加热变性的蛋白质。

α-乳清蛋白也属于单纯蛋白质，在乳清蛋白中占25%左右。α-乳清蛋白性质较稳定，分子中含有四个二硫键，不含游离的巯基。

3. 脂肪球膜蛋白质

在乳脂肪球周围的薄膜中吸附着少量的蛋白质（每100g脂肪吸附蛋白质不到1g），称为脂肪球膜蛋白质。它是磷脂蛋白质。乳脂肪球膜除含有脂肪球膜蛋白质外，还含有许多酶类和糖类。乳脂肪球膜具有保持乳浊液稳定的作用，它使脂肪球稳定地分散于乳中。

四、种子蛋白质

人类食用的植物蛋白质主要来源于谷类、豆类及其他油料种子中，所以称它们为种子蛋白质。

1. 谷类蛋白质

谷类中的蛋白质含量均较低，一般在10%左右，小麦和大麦约含13%，大米和玉米约含9%。本节主要介绍小麦蛋白质。

小麦蛋白质可按它们的溶解度分为清蛋白（溶于水）、球蛋白（溶于10%NaCl，不溶于水）、麦胶蛋白（溶于70%～90%乙醇）和麦谷蛋白（不溶于水或乙醇而溶于酸或碱）。

麦胶蛋白质：不溶于水、无水乙醇及其他中性溶剂，但能溶于60%～80%的酒精溶液中。麦胶蛋白在pH为6.4的溶液时，其物理性能指标变小。

麦谷蛋白质：不溶于水及其他中性溶液，但能溶于稀酸或稀碱溶液中。在热的稀酒精中可以稍稍溶解，但遇热易变性。麦谷蛋白质在pH为6～8的溶液中，其溶解度、黏度、渗透压、膨胀性能等物理性能指标都变小。

麦胶蛋白和麦谷蛋白是构成面筋的主要成分，又称为面筋蛋白质。面筋蛋白质是从面粉中分离出来的水不溶性蛋白质，约占面粉蛋白质的85%，它决定面团的特性。在面粉中麦胶蛋白和麦谷蛋白的量大致相等，两者都是非常复杂的。这两种蛋白质的氨基酸组成有这样的特征：高含量的谷氨酰胺和脯氨酸，非常低含量的赖氨酸和离子化氨基酸；属于最少带电的一类蛋白质。虽然面筋蛋白质中含硫氨基酸的含量较低，然而这些含硫基团对于它们的分子结构以及在面包面团中的功能是重要的。

清蛋白和球蛋白一起占小麦胚乳蛋白质的10%～15%。它们含有游离的巯基（—SH）和较高比例的碱性和其他带电氨基酸。清蛋白的分子量很低，在12000～26000范围，而球蛋白的分子量可高达100000，但多数低于40000。

2. 油料种子蛋白质

大豆、花生、棉籽、向日葵、油菜和许多其他油料作物的种子中除了油脂以外还含有丰富的蛋白质。因此提取油脂后的饼粕是重要的蛋白质资源。大豆种子中占35%～40%的蛋白质，而大豆粉粕中含有44%～50%的蛋白质，它是目前最重要的植物蛋白质来源。

油料种子蛋白质中最主要的成分是球蛋白类，其中又包含很多组分。用乙醇水溶液去掉大豆粉粕中的糖分和小分子的肽，残余物中蛋白质含量以干物质计可达70%以上，称为“大豆蛋白质浓缩物”。如果要得到纯度更高的蛋白质，可先用稀碱提取，然后在pH4.0～4.5条件下沉淀蛋白质，这样可以得到很纯的大豆蛋白质，此法可以分离大豆粉粕中的2/3以上的蛋白质。

从营养观点来看，大豆含有丰富的蛋白质，足够的赖氨酸，但缺乏蛋氨酸。棉籽蛋白缺乏赖氨酸，花生除缺乏蛋氨酸、赖氨酸外，还缺乏苏氨酸。此外，这些种子中还存在一些抗营养因子，适当地加热处理并控制时间和温度，可破坏或抑制这些抗营养因子而提高这类食品的营养价值。近年来，人们将大豆蛋白质“质构化”，使蛋白质具有类似肉的质地和结构，生产大量的植物肉。大豆蛋白质还用于加工糕点、香肠和营养强化等。

五、单细胞蛋白质

单细胞蛋白质是一些单细胞或多细胞生物蛋白质的统称，它主要由某些酵母、真菌与细菌等食用微生物和藻类提供。以单细胞蛋白作为补充人类膳食蛋白质的来源，早已被肯定。近几十年来，对单细胞蛋白的生产利用，取得相当进展。

以单细胞蛋白解决人类部分蛋白质的来源，主要是从以下几个方面考虑：单细胞蛋白质的营养价值高，氨基酸的种类齐全，赖氨酸等的必需氨基酸含量较高，微生物蛋白的必需氨基酸略高于大豆蛋白质，是较优质的蛋白质。同时还含有丰富的维生素。另外，单细胞蛋白质在开发上有很多优势。如它可以利用含糖类的废液进行工业化连续生产，不受气候地理条件限制，并且节约土地使用面积，生产速度快、投资少。据估计，一头体重500kg的乳牛一天只能在其体内增加0.5kg的蛋白质，而细菌却在同样长的时间内增重为初重的1000倍。

但是单细胞蛋白中核蛋白的含量很高，可达蛋白质总量的50%。由于核酸的代谢产物尿酸在体内积累过多会引起“尿结石”和在小关节处积累引起“痛风症”，因此单细胞蛋白用于人类食用时，应限制其核酸含量。单细胞蛋白质目前主要供饲用。

六、叶蛋白

叶蛋白，又称绿色蛋白浓缩物，是以新鲜牧草或其他青绿植物为原料，经压榨后，从其汁液中提取的浓缩粗蛋白质产品。目前在生产实践中应用最多的是苜蓿，它不仅叶蛋白产量高，而且凝聚颗粒大，容易分离，品质好。许多国家种植苜蓿以生产叶蛋白，主要用于饲料，纯品可用于食品。

第七节　食品加工贮藏对蛋白质的影响

从原料加工、贮运到消费者食用的整个过程中，食品中的蛋白质会经受各种处理，如加热、冷冻、干燥、辐射及酸碱处理等，蛋白质会发生不同程度的变化，了解这些变化，有助于我们选择更好的手段和条件来加工和贮藏蛋白质食品。

一、加热处理

在食品加工中，因热处理对蛋白质的影响较大，影响的程度取决于加热时间、温度、湿度以及有无还原性物质存在等因素。热处理涉及的化学反应有蛋白质的变性、分解、氨基酸氧化等。

食品经过热加工，一般可以改善食用品质。因为蛋白质遇热变性，维持蛋白质立体结构的作用力被破坏，原来折叠部分的肽链变得松弛，容易被酶水解，从而提高消化率。从所含的各种氨基酸来看，几乎没有多大变化。但是具有各种生物活性的蛋白质（如各种酶、某些激素等）将失活，蛋白质的物理化学特性会发生变化，如纤维性蛋白质失去弹性和柔软性，球状蛋白质的黏性、渗透压、电泳、溶解性等发生变化。对植物蛋白质而言，在适宜的加热条件下可破坏胰蛋白酶和其他抗营养的抑制素。此外，粮食米面制品焙烤时，色氨酸等会与糖类发生羰氨反应，产生诱人的香味和金黄色。

但是蛋白质不能过度加热，过度加热会使蛋白质分解、氨基酸氧化，还会使氨基酸键之间交换形成新的酰胺键，既不利于酶的作用，又使食品风味变劣，甚至产生有害物质。组成蛋白质的氨基酸中以胱氨酸对热最为敏感，加热温度过高，时间过长，胱氨酸会发生分解，放出硫化氢。所以，选择适宜的热处理条件是食品加工工艺的关键。

二、低温保藏

对食品进行冷藏和冷冻加工能抑制微生物的繁殖、酶活性及化学变化，从而延缓或防止蛋白质的腐败，有利于食品的保存。在冷藏或冷冻食品时，细胞内和细胞间隙的自由水和一部分结合水结冰，从而使存在于原生质中的蛋白质分子的一部分侧链暴露出来。同时由于水变成冰导致体积膨胀，冰晶的挤压使蛋白质质点互相靠近、凝聚沉淀，发生变性。因此冷冻会引起食品中蛋白质变性，造成食物性状的改变。所以冰结晶形成的速度和蛋白质变性程度有很大关系，若慢慢降温，会形成较大的冰晶，对食品原组织破坏较大，而快速冷冻则多形成细小结晶，对食品质量影响较小。根据这个原理，食品加工都采用快速冷冻以避免蛋白质变性，保持食品原有的风味。如把豆腐冻结、冷藏时，会得到具有多孔结构并具有一定黏弹性的冻豆腐，这时大豆球蛋白发生了部分变性。而把牛乳冻结、解冻时会发生乳质分离，不可能恢复到原先的均一状态。肉和鱼在冻结的条件下蛋白质有不同程度的变性，如肌肉蛋白质的球状蛋白（肌球蛋白、肌动球蛋白、肌动蛋白等）纤维状，不溶于水和盐水。而白蛋白类的肌浆蛋白成为球状，也变得不溶，使肉组织变得粗硬，肌肉的持水力降低。

另外解冻也造成蛋白质的变性。冷冻肉类时，肉组织会受到一定程度的破坏。解冻时间过长，会引起相当量的蛋白质降解，而且水与蛋白质结合状态被破坏，代之以蛋白质与蛋白质之间的相互作用，形成不可逆的蛋白质变性。这些变化导致蛋白质持水力丧失。例如，解冻以后鱼体变得既干又韧，风味变差。

三、脱水与干燥

食品经过脱水干燥，有利于贮藏和运输。但过度脱水，或干燥时温度过高、时间过长，蛋白质中的结合水受到破坏，则引起蛋白质的变性，特别是过度脱水时蛋白质受到热、光和空气中氧的影响，会发生氧化等作用。因而食品的复水性降低、硬度增加、风味变劣。冷冻真空干燥能使蛋白质分子外层的水化膜和蛋白质分子间的自由水先结冰，后在真空条件下升华蒸发，达到干燥的目的。这样，不仅蛋白质分子变性少，而且还能保持食品的色、香、味。

四、碱处理

蛋白质经过碱处理，会发生许多变化，在碱度不高的情况下能改善溶解度和口味，有的还能破坏毒性，如菜籽饼粕和棉籽饼粕用碱处理可以去除芥子苷和棉酚。

轻度碱变性不一定造成蛋白质品质劣化，但长时间，较强碱性加热时，更多的是产生不利影响。如会形成新的氨基酸，易发生变化的氨基酸是胱氨酸、丝氨酸、赖氨酸、精氨酸。如大豆蛋白在 pH12.2、40℃条件下加热 4h 后，胱氨酸、赖氨酸逐渐减少，并有赖氨基丙氨酸的生成，赖氨基丙氨酸人体很难吸收。脱氢丙氨酸还可与精氨酸、组氨酸、苏氨酸、丝氨酸、酪氨酸和色氨酸残基之间通过缩合反应形成天然蛋白质中不存在的衍生物，使肽链间产生共价交联。

碱处理还可使精氨酸、胱氨酸、色氨酸、丝氨酸和赖氨酸等发生构型变化，由天然的 L-氨基酸转化为 D-氨基酸，而 D-氨基酸不利于人体内酶的作用，人体也难以吸收，从而导致必需氨基酸损失，蛋白质消化吸收率降低。因此，在食品加工中，应避免强碱性条件。

五、氧化

食品在加工贮藏过程中，蛋白质与空气中的氧、脂质过氧化物和氧化剂发生氧化反应。如为了杀菌、漂白、除去残留农药等，常常使用一定量的氧化剂。各种氧化剂会导致蛋白质中的氨基酸残基发生氧化反应。最易被氧化的是蛋氨酸、半胱氨酸、胱氨酸、色氨酸等，在较高温度下或脂质自动氧化较甚时几乎所有的氨基酸均可遭受破坏。为防止这类反应的发生，可加抗氧化剂、采用真空或充氮包装贮存等措施防止蛋白质被氧化。

六、机械加工

食品在加工过程中，如果受到机械的挤压，例如油料种子在进行轧胚时，因受到轧辊的挤压会引起原料中蛋白质的立体结构遭到破坏，也会发生变性，这种变性对于油脂制取是有利的。

习题

一、选择题

1. 在寡聚蛋白质中，亚基间的立体排布、相互作用以及接触部位间的空间结构称为（　　）。

A. 三级结构　　B. 缔合现象　　C. 四级结构　　D. 变构现象

2. 形成稳定的肽链空间结构，非常重要的一点是肽键中的四个原子以及和它相邻的两个 α-碳原子处于（　　）。

A. 不断绕动状态　　B. 可以相对自由旋转

C. 同一平面　　D. 随环境而变化的状态

3. 甘氨酸的解离常数是 $pK_1=2.34$，$pK_2=9.60$，它的等电点（pI）是（　　）。

A. 7.26　　B. 5.97　　C. 7.14　　D. 10.77

4. 肽链中的肽键是（　　）。

A. 顺式结构　　B. 顺式和反式共存　　C. 反式结构　　D. 都不对

5. 维持蛋白质二级结构稳定的主要因素是（　　）。

A. 静电作用力　　B. 氢键　　C. 疏水键　　D. 范德华作用力

6. 蛋白质变性是由于（　　）。

A. 一级结构改变　　B. 空间构象破坏　　C. 辅基脱落　　D. 蛋白质水解

7. 必需氨基酸是对（　　）而言的。

A. 植物　　B. 动物　　C. 动物和植物　　D. 人和动物

8. 在下列所有氨基酸溶液中，不引起偏振光旋转的氨基酸是（　　）。

A. 丙氨酸　　B. 亮氨酸　　C. 甘氨酸　　D. 丝氨酸

9. 天然蛋白质中含有的 20 种氨基酸的结构（　　）。

A. 全部是 L 型　　B. 全部是 D 型

C. 部分是 L 型，部分是 D 型　　D. 除甘氨酸外都是 L 型

10. 谷氨酸的 pK'_1(—COOH) 为 2.19，pK'_2(—N^+H_3) 为 9.67，pK'_3(—COOH) 为 4.25，其 pI 是（　　）。

A. 4.25　　B. 3.22　　C. 6.96　　D. 5.93

11. 在生理 pH 情况下，下列氨基酸中（　·　）带净负电荷。

A. Pro　　B. Lys　　C. His　　D. Glu

12. 天然蛋白质中不存在的氨基酸是（　　）。

A. 半胱氨酸　　B. 瓜氨酸　　C. 丝氨酸　　D. 蛋氨酸

13. 破坏 α-螺旋结构的氨基酸残基之一是（　　）。

A. 亮氨酸　　B. 丙氨酸　　C. 脯氨酸　　D. 谷氨酸

14. 当蛋白质处于等电点时，可使蛋白质分子的（　　）。

A. 稳定性增加　　B. 表面净电荷不变　　C. 表面净电荷增加　　D. 溶解度最小

15. 蛋白质分子中—S—S—断裂的方法是（　　）。

A. 加尿素　　B. 透析法　　C. 加过甲酸　　D. 加重金属盐

二、是非题

1. 一氨基一羧基氨基酸的 pI 为中性，因为—COOH 和—NH_3^+ 的解离度相等。（　　）

2. 构型的改变必须有旧的共价键的破坏和新的共价键的形成，而构象的改变则不发生此变化。（　　）

3. 生物体内只有蛋白质才含有氨基酸。（　　）

4. 所有的蛋白质都具有一、二、三、四级结构。（　　）

5. 用羧肽酶 A 水解一个肽，发现释放最快的是 Leu，其次是 Gly，据此可断定，此肽的 C 端序列是 Gly-Leu。（　　）

6. 蛋白质分子中个别氨基酸的取代未必会引起蛋白质活性的改变。（　　）

7. 镰刀型红细胞贫血病是一种先天遗传性的分子病，其病因是由于正常血红蛋白分子中的一个谷氨酸残基被缬氨酸残基所置换。（　　）

8. 镰刀型红细胞贫血病是一种先天性遗传病，其病因是由于血红蛋白的代谢发生障碍。（　　）

9. 在蛋白质和多肽中，只有一种连接氨基酸残基的共价键，即肽键。（　　）

10. 从热力学上讲蛋白质分子最稳定的构象是自由能最低时的构象。（　　）

11. 天然氨基酸都有一个不对称 α-碳原子。（　　）

12. 变性后的蛋白质其分子量也发生改变。（　　）

13. 蛋白质在等电点时净电荷为零，溶解度最小。（　　）

三、填空题

1. 维持蛋白质分子中的 α-螺旋主要靠______（化学键）。

2. 缩写符号 Trp 的中文名称是______，Tyr 的中文名称是______。

3. 维持蛋白质构象的作用力（次级键）有______、______、______和______。

4. 蛋白质的空间结构是由______结构决定的。

四、简答题

1. 蛋白质分子中有哪些重要的化学键？它们的功能是什么？

2. 蛋白质的氨基酸顺序和它们的立体结构有什么关系？

3. 举例说明蛋白质的理化性质在实际生活中的应用。

4. 食物体系中都有哪几种蛋白质？其主要性质是什么？

5. 蛋白质胶体稳定的因素有哪些？请说明各因素是如何影响蛋白质胶体稳定性？

6. 简述蛋白质的二级结构的要点。

7. 氨基酸等电点在实际生产中有何应用？

8. 食品加工贮藏对蛋白质有什么影响？

素质拓展阅读

牛胰岛素的全合成

胰岛素为蛋白质分子，且不论来源均存在微细差异，其中，牛胰岛素的化学结构最早被揭示。1955 年，英国科学家桑格精确测量并阐释了牛胰岛素分子的结构：它由 21 个氨基酸构成的 A 链与 30 个氨基酸构成的 B 链构成，经两对面内二硫键互动连接形成双螺旋结构。此外，A 链自身亦有一组二硫键（详见图 4-2）。由于此项工作，桑格荣获诺贝尔奖。次年，即 1956 年，一英国知名学者在国际权威科学期刊《自然》中的评论文章预测："人工合成胰岛素仍需未来漫长等待"。1958 年，中国科学院上海生化研究所的科研团队勇敢地提出研究"人工合成胰岛素"这一极具挑战性、尚未有人涉足的基础科研项目。

自 20 世纪 60 年代起，中国科学院有机化学研究所的汪猷团队接连成功合成出五肽至十六肽等多种多肽类物质。在 1965 年，该团队联合北京大学化学系的邢其毅团队实现了含有 21 个氨基酸的 A 肽链的合成，随后成功将其与天然牛胰岛素的 B 肽链相连，制成结晶牛胰岛素。同时期，中国科学院生物化学所的钮经义团队也成功合成了含有 30 个氨基酸的 B 肽链，并与天然牛胰岛素的 A 肽链结合，同样制备出结晶牛胰岛素。同年九月，三方团队共同努力，成功将人工合成的 A 肽链和 B 肽链连接成结晶牛胰岛素，其生理活性及分子结构均与天然牛胰岛素无异。

结晶牛胰岛素，是人类首个化学合成且具有生物活性的蛋白质结晶，它的人工合成代表了科研领域的一次重大突破，是生命科学发展历程中的一座闪耀的丰碑。这个成就不仅属于中国，更是全球自然科学基础研究的一大硕果。

第五章 核酸

学习目标

1. 掌握核酸的化学组成和基本构成单位。
2. 掌握核酸的结构，理解 DNA 双螺旋结构的要点。
3. 掌握核酸的性质。

第一节 概述

核酸是生物体的基本组成物质，从高等动、植物到简单的病毒都含有核酸。它在生物的个体生长、发育、繁殖、遗传和变异等生命过程中起着重要的作用。

早在 1869 年，瑞士的一位青年科学家米歇尔（F. Miesher）从外科绷带上脓细胞的细胞核分离出一种有机物，它含有碳、氢、氧，氮和高浓度的磷，且含磷量之高超过当时已发现的有机化合物。其后一些学者也相继从其他细胞中得到类似的物质，确认它是细胞的正常组分，由于它来源于细胞核，当时称其为“核素”，后来发现它有很强的酸性，所以又改称为核酸。核酸的发现虽然很早，但对其生物学功能的认识颇晚，直到发现核酸后 70 多年才注意到它和遗传的关系。1953 年，瓦特森（Watson）和克列克（Crick）提出 DNA 的双螺旋结构模型，真正揭开了分子生物学研究的序幕。这被认为是 20 世纪在自然科学中的重大突破之一。70 多年来，核酸分子生物学取得了突飞猛进的发展。

核酸是生物细胞中最重要的生物大分子之一。根据核酸的化学组成，把核酸分为两类，一类为脱氧核糖核酸（DNA），另一类为核糖核酸（RNA）。DNA 是大分子化合物，其分子量 10^6～10^9，它主要分布在细胞核内，在线粒体和叶绿体中也有少量分布。RNA 根据其生理功能和结构分为信使 RNA（mRNA）、转运 RNA（tRNA）和核糖体 RNA（rRNA）。核糖体 RNA 是细胞中含量最多的一类 RNA，占总 RNA 的 75%～80%，分子量约为 10^6，它以核蛋白形式，存在于细胞质的核糖体中；转运 RNA 含量仅次于核糖体 RNA，占总 RNA 的 10%～15%，分子量为 0.25×10^5～0.30×10^5，它以游离状态分布在细胞质中。信使 RNA 含量较少，占总 RNA 的 5%，分子量为 0.2×10^6～2.0×10^6，它在核中合成后转移到细胞质中。

第二节　核酸的化学组成

一、核酸的元素组成

DNA 和 RNA 分子中，主要元素有碳、氢、氧、氮、磷等，个别核酸分子中还含有微量的硫。磷在各种核酸中的含量比较接近和恒定，DNA 的平均含磷量为 9.9%，RNA 的平均含磷量为 9.4%。因此，只要测出生物样品中核酸的含磷量，就可以计算出该样品的核酸含量，这是定磷法的理论基础。

二、核酸的水解产物

核酸是一种聚合物，它的结构单位是核苷酸，核苷酸可以水解得到核苷和磷酸，核苷再进一步水解得到戊糖（核糖或脱氧核糖）和碱基（嘌呤碱和嘧啶碱）。核酸逐步水解的过程见图 5-1。

核酸→核苷酸→核苷→戊糖（核糖或脱氧核糖）；碱基（嘌呤碱和嘧啶碱）
核苷酸→磷酸

图 5-1　核酸的水解过程

三、核酸水解产物的化学结构

1. 戊糖

DNA 和 RNA 的主要区别是所含戊糖不同，DNA 分子中的戊糖是 β-D-2-脱氧核糖，而 RNA 分子中的戊糖是 β-D-核糖。戊糖的结构式如下：

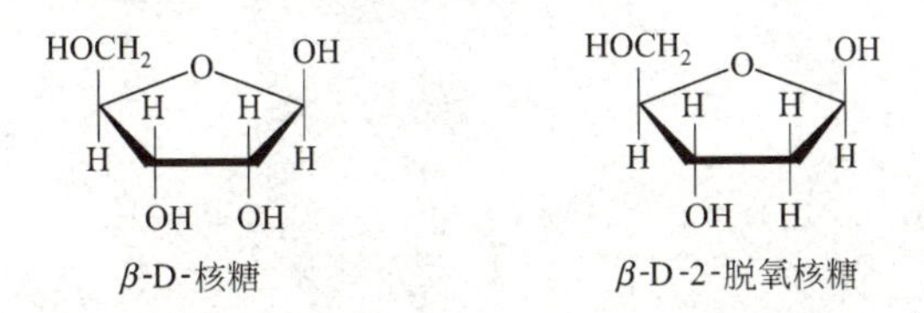

β-D-核糖　　β-D-2-脱氧核糖

2. 碱基

核酸分子中的碱基有两类：嘌呤碱和嘧啶碱，它们是含氮的杂环化合物。

嘌呤碱类主要有两种嘌呤：腺嘌呤（A）和鸟嘌呤（G）。

嘧啶碱类主要有三种嘧啶：胞嘧啶（C），胸腺嘧啶（T）和尿嘧啶（U），其中 RNA 分子中只含其中的两种嘧啶：胞嘧啶和尿嘧啶，不含胸腺嘧啶；DNA 分子中则只含二种嘧啶：胞嘧啶和胸腺嘧啶，而不含尿嘧啶。两类核酸所含的 5 种基本碱基的化学结构式如下：

嘌呤　　腺嘌呤　　鸟嘌呤

嘧啶　胞嘧啶　尿嘧啶　胸腺嘧啶

3. 核苷

核苷是核糖或脱氧核糖与嘌呤碱或嘧啶碱生成的糖苷。核苷中碱基部分与戊糖部分的原子各有一套编号，为表示区别，一般将戊糖部分的原子编号加上“′”。形成核苷时，由戊糖的 1′-C 和嘌呤的 9-N 或嘧啶的 1-N 成糖苷键。核苷的名称都来自它们所含有的碱基名称，如含有腺嘌呤的核糖核苷就称为腺嘌呤核苷，如果是脱氧核糖就称为脱氧腺嘌呤核苷。同样，含有鸟嘌呤、胞嘧啶和尿嘧啶的核苷则分别称为鸟嘌呤核苷、胞嘧啶核苷和尿嘧啶核苷，这四种核苷常分别简称为腺苷、鸟苷、胞苷和尿苷。胸腺嘧啶很少出现在核糖核苷中，所以脱氧胸腺嘧啶核苷，常简称为胸苷，也称为脱氧胸苷。用表示碱基的单字母也可以用来表示核苷，即用 A、G、C、U 分别表示腺苷、鸟苷、胞苷、尿苷。以 d 表示脱氧，用 dA、dG、dC 和 dT 表示脱氧腺苷、脱氧鸟苷、脱氧胞苷和脱氧胸苷。一些重要的核苷结构式如图 5-2 所示。

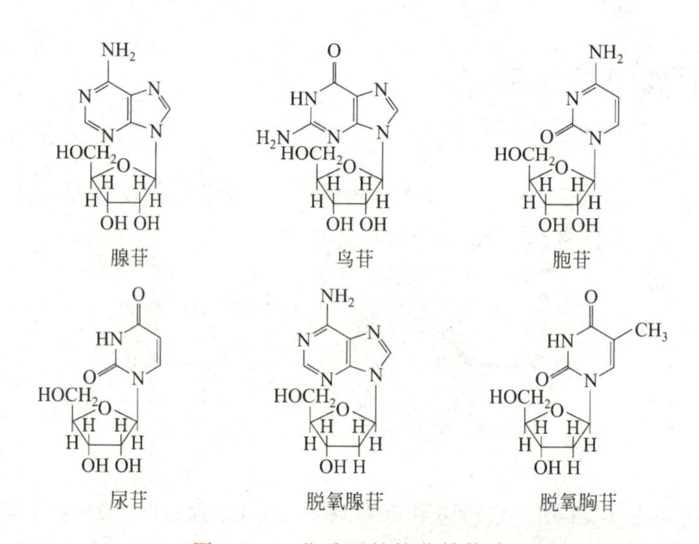

图 5-2　一些重要的核苷结构式

4. 核苷酸

核苷与磷酸结合生成的化合物称为核苷酸。即核苷酸是由核苷分子中戊糖环上的羟基与一分子磷酸上的氢通过脱水生成磷酯键形成的化合物。含有核糖的核苷酸称为核糖核苷酸，而含有脱氧核糖的核苷酸称为脱氧核糖核苷酸。核苷含有 3 个可以被磷酸酯化的羟基（2′、3′和 5′），而脱氧核苷含有 2 个这样的羟基（3′和 5′）。在自然界中出现的游离核苷酸为 5′-核苷酸，可以省去 5′字样。核苷酸可以含有一个、两个或三个磷酸基团，分别称为核苷一磷酸（NMP）、核苷二磷酸（NDP）及核苷三磷酸（NTP）。例如腺苷的 5′-单磷酸酯就称为腺苷一磷酸（AMP），也可简称为腺苷酸。同样，脱氧胞苷的 5′-磷酸酯可以称为脱氧胞苷一磷酸（dCMP），简称为脱氧胞苷酸。胸腺嘧啶的脱氧核苷的 5′-磷酸酯常称为胸苷酸，但有时为了避免混淆，也称为脱氧胸苷酸。主要核糖核苷酸和脱氧核糖核苷酸的结构通式见图 5-3。腺苷的 5′-二磷酸酯就称为腺苷二磷酸（ADP），而腺苷的 5′-三磷酸酯就称为腺苷三磷酸（ATP）。

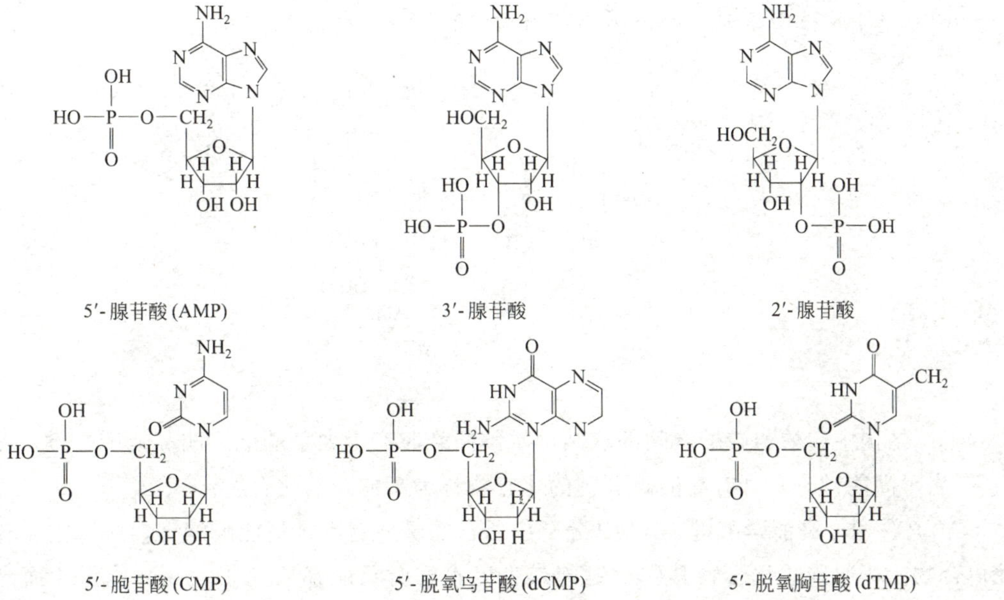

5′-腺苷酸 (AMP)　　3′-腺苷酸　　2′-腺苷酸

5′-胞苷酸 (CMP)　　5′-脱氧鸟苷酸 (dCMP)　　5′-脱氧胸苷酸 (dTMP)

图 5-3　主要核糖核苷酸和脱氧核糖核苷酸的结构通式

5. DNA 和 RNA 的组成差别

DNA 和 RNA 的组成差别主要是戊糖和碱基的不同。从而导致形成不同的核苷和核苷酸（见表 5-1）。

表 5-1　参与 DNA 和 RNA 的组成的碱基、核苷及核苷酸

RNA				
碱基	核苷	核苷一磷酸	核苷二磷酸	核苷三磷酸
Ade	A	AMP	ADP	ATP
Gua	G	GMP	GDP	GTP
Cyt	C	CMP	CDP	CTP
Ura	U	UMP	UDP	UTP
DNA				
碱基	脱氧核苷	脱氧核苷一磷酸	脱氧核苷二磷酸	脱氧核苷三磷酸
Ade	dA	dAMP	dADP	dATP
Gua	dG	dGMP	dGDP	dGTP
Cyt	dC	dCMP	dCDP	dCTP
Thy	dT	dTMP	dTDP	dTTP

四、核苷酸的衍生物

在生物体内，核苷酸除组成核酸，还有一些以游离形式存在于细胞内。有一些单核苷酸的衍生物参与体内许多重要的代谢反应，具有重要的生理功能。

1. 腺苷三磷酸（ATP）

ATP 是生物体中重要的化合物。其结构式如下。

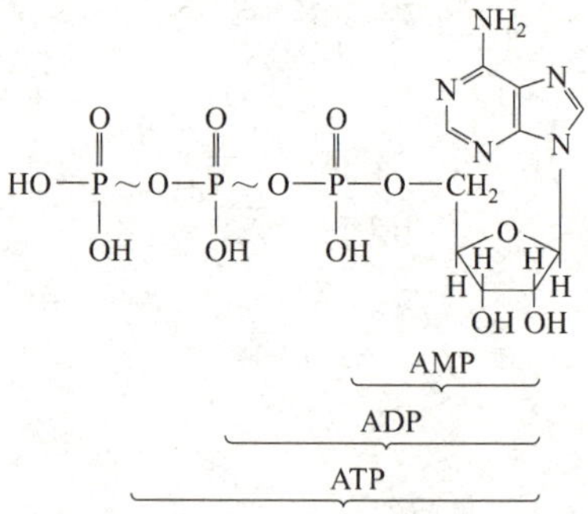

上图结构中磷酸与磷酸之间的联结键水解断裂时产生大量的能，叫高能磷酸键，习惯用“～”表示高能键。凡含有高能磷酸键的化合物称为高能磷酸化合物。

ATP 含两个高能磷酸键，AMP 分子中所含的磷酸键不是高能磷酸键，所以它是普通磷酸化合物。普通磷酸化合物其磷酸键能较低，水解时只能释放 8.4kJ/mol 能量，而高能磷酸键水解时可释放 30.7kJ/mol 能量。ATP 依次水解可分别产生腺苷二磷酸（ADP）、腺苷一磷酸（AMP），即

$$ATP \longrightarrow ADP + Pi；ATP \longrightarrow AMP + PPi；ADP \longrightarrow AMP + Pi$$

ATP 分解为 ADP 或 AMP 时释放出大量的能量，这是生物体主要的供能方式，ATP 是机体生理活动、生化反应所需能量的重要来源。反之，AMP 磷酸化生成 ADP、ADP 继续磷酸化生成 ATP 时则贮存能量，这是生物体暂时贮存能量的一种方式。

ATP 在生物体或细胞的能量代谢中起着极为重要的传递作用，被称为“能量货币”。此外体内存在的多种多磷酸核苷酸都能发生这种能量转化作用，如 GTP、CTP 和 UTP。在核酸合成中，四种三磷酸核苷（ATP、GTP、CTP、UTP）是体内合成 RNA 的直接原料，四种三磷酸脱氧核苷（dATP、dGTP、dCTP、dTTP）是合成 DNA 的直接原料。

2. 腺苷衍生物——环腺苷酸（cAMP）

cAMP 是由 ATP 经腺苷酸环化酶催化而成的。环腺苷酸（cAMP）的结构式如下：

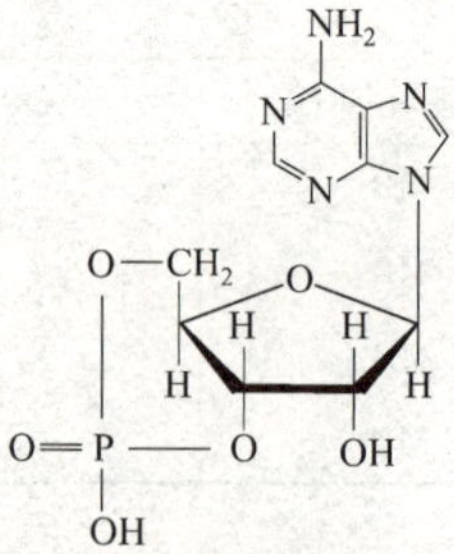

cAMP 广泛存在于一切细胞中，浓度很低。它们的主要作用不是作为能量的供体，而是在生物体内参与细胞内多种调节功能，如它可调节细胞内催化糖和脂肪反应的一系列酶的活性，也可以调节蛋白激酶的活性。人们一般把激素称为第一信使而称 cAMP 为“第二信使”。

3. 次黄嘌呤衍生物——次黄嘌呤核苷酸（IMP）

在肌肉组织中，腺嘌呤核苷酸循环过程中由 AMP 脱氨形成次黄嘌呤核苷酸，其结构式如下：

次黄嘌呤核苷酸在生物体内是合成腺嘌呤核苷酸和鸟嘌呤核苷酸的关键物质，对生物的遗传有重要的功能。另外，它还是一种很好的助鲜剂，有肉鲜味，与味精以不同比例混合制成具有特殊风味的强力味精（见第九章第二节鲜味）。

此外，在生物体内还有很多具有重要作用的核苷酸衍生物，如环鸟苷酸、腺苷甲硫氨酸以及辅酶如烟酰胺腺嘌呤二核苷酸（NAD^+）、烟酰胺腺嘌呤二核苷酸磷酸酯（NADP）、黄素腺嘌呤二核苷酸（FAD）。

第三节　核酸的结构

核酸水解为核苷酸，核苷酸经完全水解后，可释放出等量的碱基、戊糖和磷酸。因此，核苷酸是核酸的基本组成单位，DNA 的基本组成单位是脱氧核糖核苷酸，RNA 的基本组成单位是核糖核苷酸。各种核酸中核苷酸少的有 70 多个，多的有几十万种。而且核苷酸以一定的数量和排列顺序相互连接，并形成一定的空间结构。

一、核酸的一级结构

核酸的一级结构就是通过 3′,5′-磷酸二酯键连接的核苷酸序列，也称多核苷酸链。多核苷酸链由交替的戊糖和磷酸基团形成核苷酸链的共价骨架。连接在戊糖上的碱基贮存和传送遗传信息。

1. 核苷酸的连接方式

聚合酶催化细胞中的 RNA 和 DNA 的合成。RNA 以 ATP、GTP、CTP 和 UTP 为底物；而 DNA 以 dATP、dGTP、dCTP 和 dTTP 为底物。通过催化一个核苷酸的核糖或脱氧核糖第 5′位的磷酸，与另一个核苷酸的第 3′位的羟基之间脱水缩合形成 3′,5′-磷酸二酯键，并释放出无机焦磷酸。多个核苷酸以 3′,5′-磷酸二酯键连接成线形大分子，即多核苷酸链（见图 5-4）。

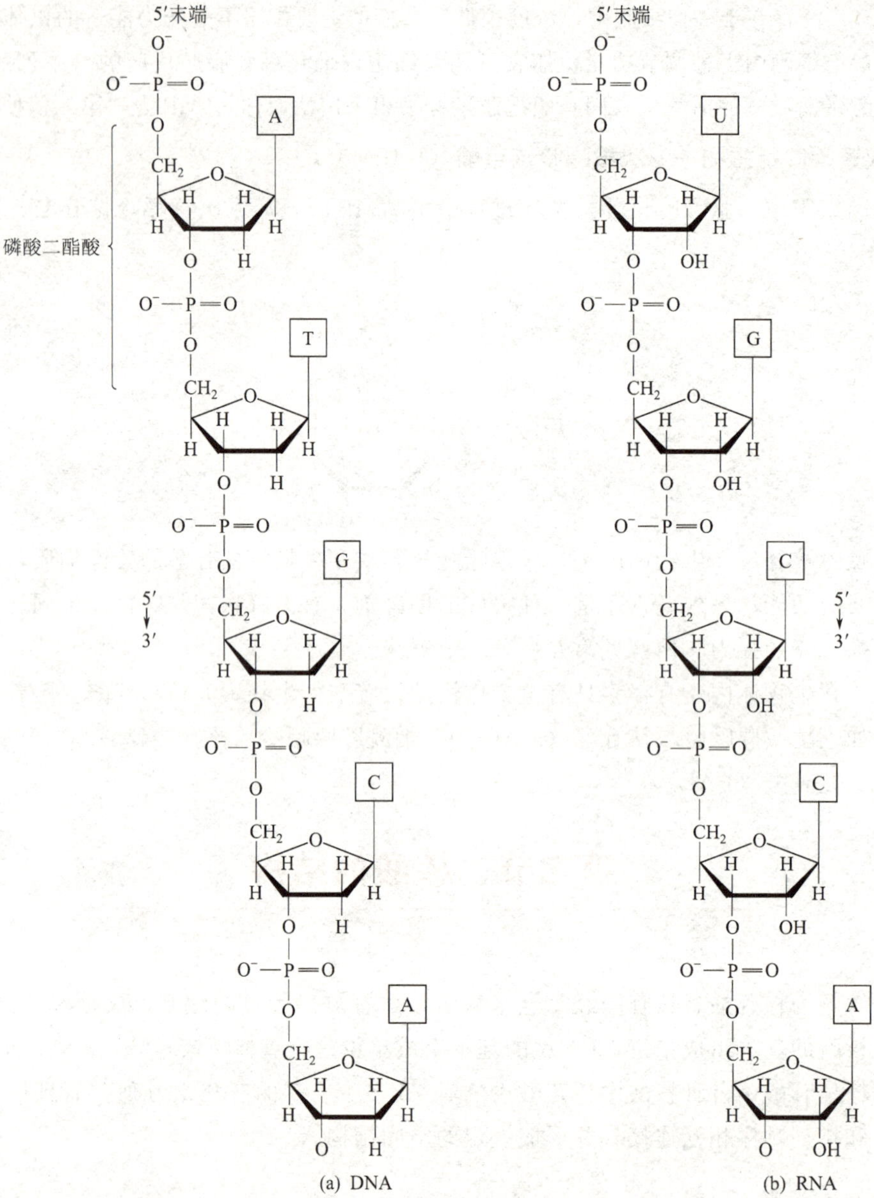

(a) DNA　　(b) RNA

图 5-4　RNA 和 DNA 的共价骨架结构

2. 核酸的一级结构的表示方法

RNA 和 DNA 的多核苷酸链，也像多肽链一样有方向性，它的一端为 5′末端，而另一端为 3′末端。无论是 DNA，还是 RNA，在它们的生物合成的聚合反应中，都是按照 5′→3′方向进行的，因此没有特别指定时，核苷酸序列都是按照 5′→3′方向读写。核酸的一级结构的表示方法有两种，一种是线条式缩写法，用竖直线表示戊糖；斜线表示 3′,5′-磷酸二酯键，一端与戊糖的 3′相连，另一端与下一个戊糖的 5′相连；P 表示磷酸残基，A、U、G、C、T 表示各碱基（见图 5-5）。

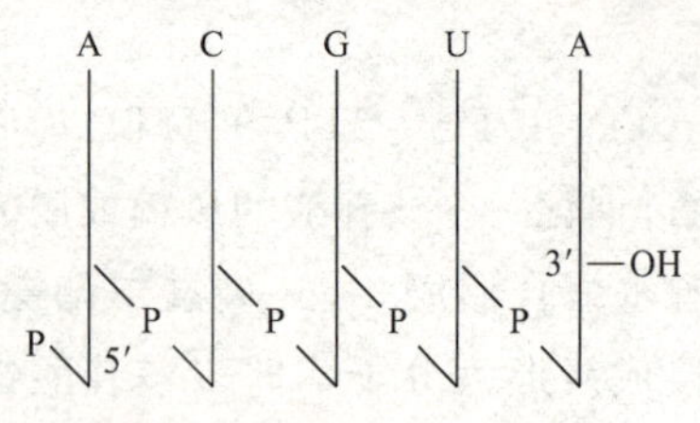

图 5-5　线条式缩写示意图

另一种是文字缩写法，即磷酸用 p 表示，腺苷一磷酸表示为 pA，而脱氧腺苷一磷酸表示为 pdA，其他的类似。将上图的线条式可改写成 pApCpGpUpA，也可进一步简写为 ACGUA。

二、 DNA 的空间结构

DNA 的空间结构是指多核苷酸链与多核苷酸链之间以及多核苷酸链内通过氢键及碱基堆积力，在空间形成的螺旋、卷曲和折叠的构象。DNA 的空间结构包括 DNA 的二级结构和 DNA 的超螺旋结构。

1. DNA 的二级结构

DNA 的二级结构一般是指 DNA 分子的空间双螺旋结构。它是由美国物理学家 Watson 和英国生物学家 Crick 根据 DNA 纤维和 DNA 结晶的 X-衍射图谱分析及 DNA 碱基组成的定量分析以及 DNA 中碱基的物化数据测定，于 1953 年提出的。DNA 双螺旋结构模型（见图 5-6）的建立，揭开了现代分子生物学的序幕，其要点如下。

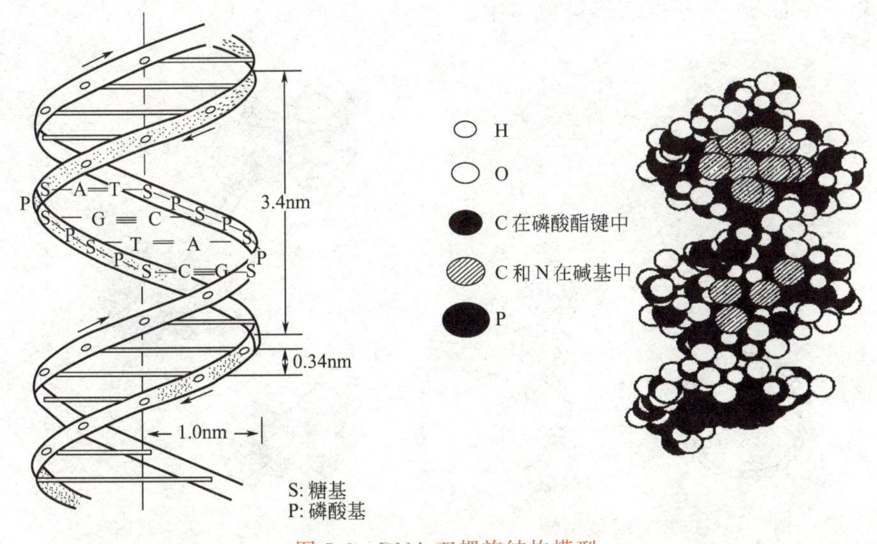

图 5-6 DNA 双螺旋结构模型

① DNA 分子是由两条互相平行、但走向相反（一条链为 3′→5′，另一条链为 5′→3′）的脱氧多核苷酸链组成，两条链以右手螺旋方式平行地围绕同一个轴盘旋成双螺旋结构。

② 双螺旋的两条主链都是由脱氧核糖酸残基中的糖和磷酸构成的，是双螺旋的骨架。两条链上的碱基两两成对层叠分布于双螺旋的内侧，碱基平面与螺旋轴垂直。

③ 两条脱氧多核苷酸链之间同一水平上的碱基是通过氢键相连形成碱基对，并且碱基配对有一定规律，即 A 与 T 通过形成两个氢键配对（A═T）；G 与 C 通过形成三个氢键配对（G≡C）。因此，有 4 种可能的碱基对，即 A—T、T—A、G—C 和 C—G。在碱基对之中的两个碱基称为互补碱基，由于 DNA 双链同一水平上的碱基对都是互补的，所以两条链也是互补的，称为互补链，只要知道一条链的碱基排列顺序，就能确定另一条链的碱基排列顺序。DNA 的复制、转录、反转录以及蛋白质的生物合成都是通过碱基互补原则实现的，碱基互补规律有重要的生物学意义。

④ 双螺旋的直径为 2nm，螺旋每绕一圈升高 3.4nm，含 10 个碱基对。

DNA 双螺旋结构十分稳定，分子中碱基的堆积可以使碱基之间缔合，这种力称为碱基堆积力，是由疏水作用形成的，它是维持 DNA 双螺旋结构空间稳定的主要作用力。通过加热等方式可能破坏 DNA 双螺旋结构，将双链解链成为单链。

2. DNA 的超螺旋结构

双螺旋 DNA 进一步扭曲盘绕则形成其三级结构，超螺旋是 DNA 三级结构的主要形式。在生物体内 DNA 在双螺旋二级结构基础上进一步盘曲成紧密的空间结构称为 DNA 的超螺旋结构。

许多病毒 DNA、细菌质粒 DNA 和真核生物的线粒体 DNA 以及叶绿体 DNA，多是由双螺旋结构的首尾两端接成环状（开环型）。双螺旋进一步发生扭曲形成超螺旋结构（双股闭链环状）。超螺旋是 DNA 三级结构中的一种常见形式。如图 5-7 所示。

真核细胞核染色质中 DNA 双螺旋缠绕在组蛋白的八聚体上，形成核小体，如图 5-8 所示。许多核小体之间由 DNA 链相连，形成串珠状结构。在串珠状结构的基础上，再经过几个层次折叠，将 DNA 紧密压缩于染色体中。

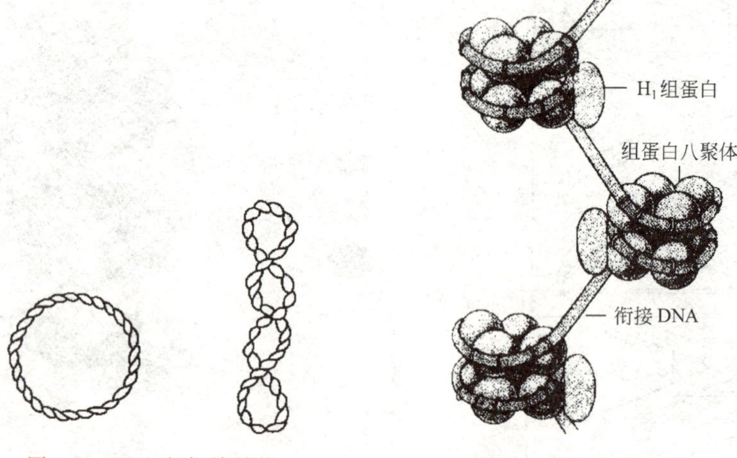

图 5-7　DNA 超螺旋结构　　图 5-8　核小体示意图

细胞内的 DNA 主要以超螺旋形式存在，比如，人的 DNA 在染色体中的超螺旋结构，使 DNA 分子反复折叠盘绕后共压缩 8400 倍左右。

三、 RNA 的结构

除少量病毒的 RNA 外，RNA 是以单链分子存在的。关于 RNA 的分子结构，由于较难提纯，研究比较困难。目前了解比较清楚的是相对分子质量较小，大约只含 80 个核苷酸的转移 RNA（tRNA）的结构。根据事实证明，在 RNA 分子的多核苷酸链中也能形成与 DNA 相类似的螺旋区，这是由单链自身回折，使链内可配对的碱基（A—U，G—G）相遇形成氢键（A—U 碱基对），使该部分扭转形成螺旋。但其螺旋结构与 DNA 的略有不同，碱基既不彼此平行，也不垂直于螺旋的轴。这是因为在核糖的 2′位置上多出的氧原子的大部分伸入到结构的密集部位所致。这些双股的区域会被没有互补序列的单股区域所分开，此单股区域还可形成环状突起。例如酵母丙氨酸 tRNA 的结构一般称三叶草型结构。如图 5-9(a) 所示。

三叶草型结构反映不出其在空间上是如何排列的，故曾经提出各种模型，但至今仍然未能确定下来。近年来对 tRNA 的三级结构提出了倒“L”字模型。如图 5-9(b) 所示。

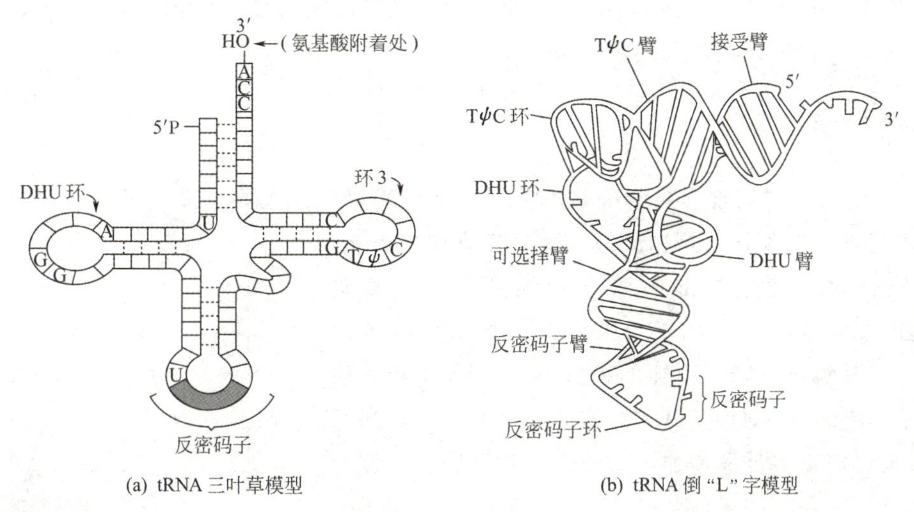

(a) tRNA 三叶草模型　　(b) tRNA 倒 “L” 字模型

图 5-9　tRNA 二、三级结构

目前认为，在转运 RNA、核糖体 RNA 及信使 RNA 分子中都含有一些双螺旋区。

第四节　核酸的性质

一、一般物理性质

RNA 和核苷酸的纯品都是白色粉末或结晶，DNA 是白色类似石棉样的纤维状物。除肌苷酸和鸟苷酸具有鲜味外，核酸和核苷酸大都呈酸味。

DNA 和 RNA 都是极性化合物，一般都溶于水，不溶于乙醇、氯仿、乙醚等有机溶剂。它们的钠盐比游离酸在水中的溶解度大，如 RNA 的钠盐在水中的溶解度可达 4%。

核酸是分子量很大的高分子化合物，高分子溶液比普通溶液黏度要大得多，高分子形状的不对称性愈大，其黏度也就愈大，不规则线团分子比球形分子的黏度大，线形分子的黏度更大。由于 DNA 分子极为细长，因此即使是极稀的溶液也有极大的黏度，RNA 的黏度要小得多。

二、核酸的酸碱性质

核酸分子在其多核苷酸链上既有酸性的磷酸基，又有碱基上的碱性基团，因此核酸和蛋白质一样，也是两性电解质，在溶液中发生两性电离。因磷酸基的酸性比碱基的碱性强，故其等电点偏于酸性。利用核酸的两性解离能进行电泳，在中性或偏碱性溶液中，核酸常带有负电荷，在外加电场力作用下，向阳极泳动。利用核酸这一性质，可将分子量不同的核酸分离。

核酸中的酸性基团可与K^+、Na^+、Ca^{2+}、Mg^{2+}等金属离子结合成盐。当向核酸溶液中加入适当盐溶液后，其金属离子即可将负离子中和，在有乙醇或异丙醇存在时，即可从溶液中沉淀析出。常用的盐溶液有氯化钠、醋酸钠或醋酸钾。DNA双螺旋两条链间碱基的解离状态与溶液pH有关，溶液的pH将直接影响碱基对之间氢键的稳定性，在pH4.0～11.0之间DNA最为稳定，在此范围之外易变性。

三、核酸的紫外吸收

嘌呤和嘧啶环中均含有共轭双键，因此对紫外光有较强吸收，最大吸收峰值在260nm波长处，如图5-10所示。蛋白质最大吸收峰值在280nm。利用紫外吸收可测定核酸的浓度和纯度。一般测定OD_{260}/OD_{280}，DNA＝1.8，RNA＝2.0。如果含有蛋白质杂质，比值明显下降。不纯的核酸不能用紫外吸收法测定浓度。紫外吸收改变是DNA结构变化的标志，当双链DNA解链时碱基外露增加，紫外吸收明显增加，称为增色效应。

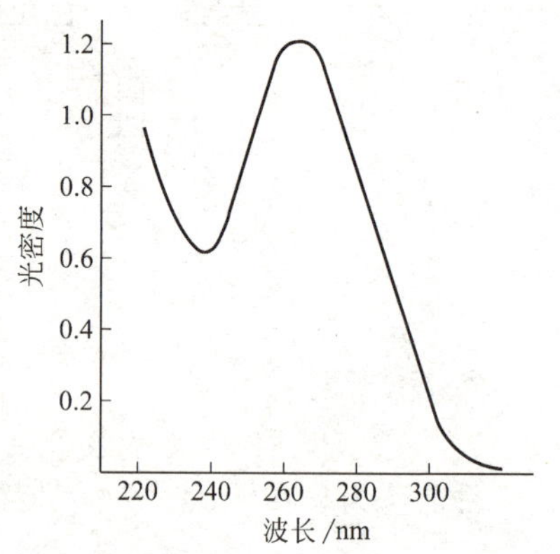

图5-10　RNA紫外吸收曲线

四、核酸的变性与复性

当核酸在某些理化因素（如有机溶剂、酸、碱、尿素、加热及酰胺等）作用下，互补碱基对间的氢键断裂，双螺旋结构松散，变成单链的过程称为变性。变性使核酸的二级结构、三级结构改变，但核苷酸排列顺序不变。变性后的核酸理化性质改变，生物学活性丧失。

通常将加热引起的核酸变性称为热变性。如将DNA的稀盐溶液加热到80～100℃时，几分钟后两条链间氢键断裂，双螺旋解体，两条链彼此分开，形成两条无规则线团。此时变性后的核酸理化性质发生一系列的变化：在260nm处紫外吸收值急剧升高的增色效应、溶液的黏度下降和比旋光度显著降低等现象。DNA热变性的特点主要是加热引起双螺旋结构解体，所以又称DNA的解链或融解作用。

DNA的解链过程发生于一个很窄的温度区内，DNA的变性过程是爆发式的，有一个相变过程，把A_{260}达到最高值的一半时对应的温度称为该DNA的解链温度或融解温度，用T_m表示。T_m值大小与DNA碱基组成有关，由于G—C之间的氢键联系要比A—T之间的氢键联系强得多，故G+C含量高的DNA其T_m值越高。通过测定T_m值可知其G+C碱基的含量。图5-11为两种不同来源的DNA在260nm的紫外吸收值与温度变化的关系。

DNA的变性是可逆的。变性DNA在适当条件下，变性的两条互补链重新结合，恢复原来的双螺旋结构和性质，这个过程称为复性。热变性的DNA经缓慢冷却（称退火处理）即可复性。最适宜的复性温度比T_m值约低25℃，这个温度又叫退火温度。

如果将热变性的DNA溶液骤然冷却至低温，两链间的碱基来不及形成适当配对，DNA单链自行按A═T、G≡C碱基间配对，可能成为两个杂乱的线团，此时变性的DNA分子很难复性。如图5-12所示。

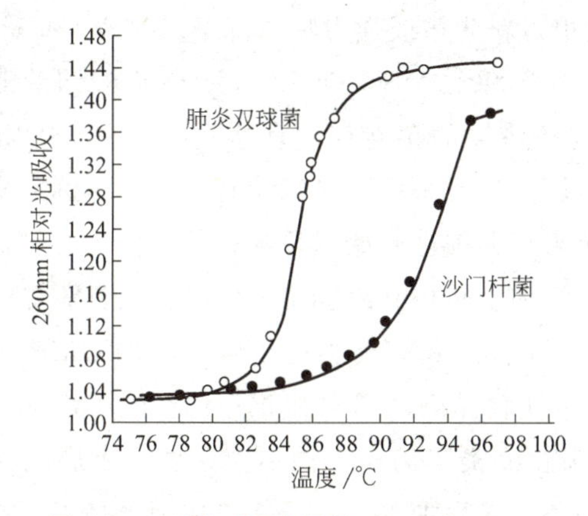

图 5-11 两种不同来源的 DNA 在 260nm 的紫外吸收值与温度变化的关系

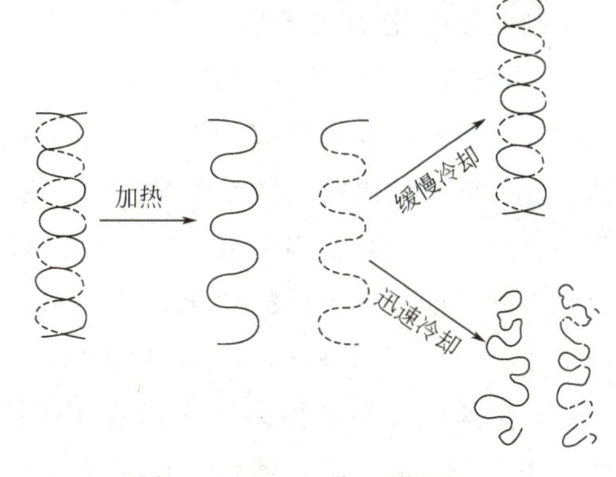

图 5-12 DNA 分子热变性后复性示意图

DNA 双螺旋的两条链，经变性分离后，在一定条件下可以重组合而复原，这是以相互补的碱基排列顺序为基础的。因此可以进行分子杂交。即不同来源的多核苷酸链，变性分离经退火处理后，若有互补的碱基排列顺序，就能形成杂交合的双螺旋体，甚至可以在 DNA 和 RNA 之间形成杂合双螺旋体。当两种不同 DNA 分子杂交时，形成双螺旋的倾向愈强，说明它们分子之间碱基顺序的互补性愈强。所以分子杂交是一种监测不同来源的 DNA 多核苷酸链上碱基排列顺序相关性等重要技术。此外，分子杂交法还广泛应用于分离纯 DNA 基因，研究基因转录和调控等方面。

第五节 核酸在食品中的应用

一、呈味核苷酸的应用

5′-肌苷酸（inosine 5′-monophosphate 即 IMP）和 5′-鸟苷酸（guamosine 5′-monophosphate 即 GMP）（见图 5-13）具有呈味性，且与谷氨酸钠有协同效应，二者混合制成的强力味精鲜味可提高数倍至数十倍。故 IMP 和 GMP 又称为呈味核苷酸。

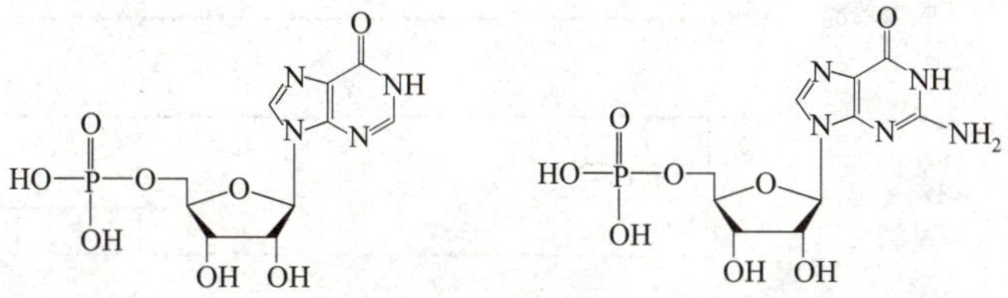

图 5-13 肌苷酸和鸟苷酸结构式

味精在开始投入生产时是单纯的谷氨酸钠（MSG），现在已趋向于生产复合味精。复合味精一般由谷氨酸钠与适量的呈味核苷酸钠盐（IMP 或 GMP 或 IMP+GMP）构成。谷氨酸钠和 5′-核苷酸钠盐的鲜味有协同效应，即呈味核苷酸钠盐具有助鲜作用，用少量 IMP、GMP 或 IMP+GMP 与味精混合在一起添加到食物中，其鲜味倍增。核苷酸类调味品在烹调食品中并不单独使用，一般是与 MSG 配合使用，新味精或强力味精都是以 MSG 和 5′- 核苷酸钠配制的复合化学调味品，其标准用量（按含 92%MSG 与 8% 5′- 核苷酸钠的混合物）：对味道清淡的菜肴加入食盐量的 5%，对味道浓厚的菜肴加入食盐量的 10%。呈味核苷酸在酱油、食醋工业中的应用广泛，日本生产厂商广泛采用了呈味核苷酸作为增鲜剂来提高酱油、食醋调料的滋味，效果非常显著。近年来，我国也开始以呈味核苷酸作为增鲜剂应用于酱油生产，产品颇受消费者欢迎。在食品中添加呈味核苷酸能增强鲜味，而且添加的种类和数量不同，能产生不同的效果。添加 IMP 可使食品具有肉类的鲜味，添加 GMP 可使食品产生蔬菜、香菇的鲜味，添加 IMP+GMP 可使食品融荤素鲜味于一体。除了酱油、食醋工业外，呈味核苷酸在国外还广泛应用于罐头食品类、汤类、油浸熟鱼类、香肠肉类加工、番茄酱、蛋黄酱、各种沙司、点心类、干酪条、花生加工、饼干等，成为食品工业中最佳形式的调味品。

二、 PCR 在食品检测中的应用

另一应用比较广泛的核酸技术是 PCR（polymerase chain reaction）即聚合酶链式反应，由美国 PE-Cetus 公司人类遗传研究室的科学家 K. B. Mullis，在 1985 年发明的一种在体外快速扩增特定基因或 DNA 序列的方法，又称为多聚酶链反应、无细胞克隆技术等。PCR 技术主要由高温变性、低温退火和适温延伸 3 个步骤反复循环而完成，是一个在特异耐热酶——Taq DNA 聚合酶的催化下完成的反应。PCR 技术具有特异、敏感、产率高、快速、简便、重复性好、易自动化等突出优点。通过 PCR 技术可在数小时内将一分子的 DNA 成百万倍甚至上亿倍的复制，因而该技术在食品安全检测中具有很大的应用潜力。

1. PCR 的基本原理

PCR 的基本原理（见图 5-14）类似于 DNA 的天然复制过程，其特异性依赖于与靶序列两端互补的寡核苷酸引物。PCR 由变性—退火—延伸三个基本反应步骤构成。

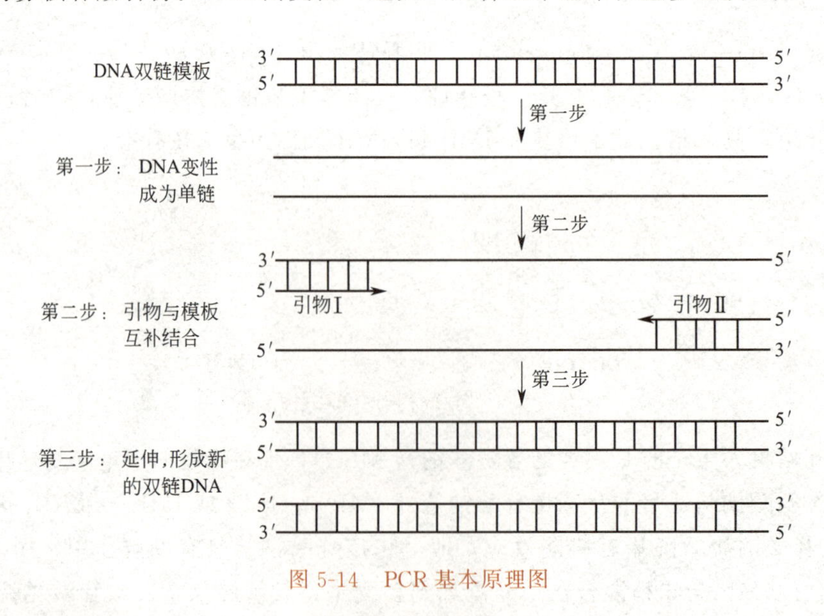

图 5-14 PCR 基本原理图

(1) 模板 DNA 的变性　模板 DNA 经加热至 93℃左右一定时间后，使模板 DNA 双链或经 PCR 扩增形成的双链 DNA 解离，使之成为单链，以便它与引物结合，为下轮反应作准备。

(2) 模板 DNA 与引物的退火（复性）　模板 DNA 经加热变性成单链后，温度降至 55℃左右，引物与模板 DNA 单链的互补序列配对结合。

(3) 引物的延伸　DNA 模板-引物结合物在 TaqDNA 聚合酶的作用下，以 dNTP 为反应原料，靶序列为模板，按碱基配对与半保留复制原理，合成一条新的与模板 DNA 链互补的半保留复制链重复循环变性—退火—延伸三过程，就可获得更多的“半保留复制链”，而且这种新链又可成为下次循环的模板。每完成一个循环需 2～4min，2～3h 就能将待扩目的基因扩增放大几百万倍。到达平台期所需循环次数取决于样品中模板的拷贝。

2. PCR 的应用

阪崎肠杆菌是一种可寄生在动物肠道的食源性致病菌，相对于成人，新生儿更容易感染阪崎肠杆菌。该菌能引起新生儿脑膜炎、小肠结肠炎以及菌血症，甚至引起神经功能紊乱，死亡率高，并伴有严重的后遗症，因此在世界范围内受广泛的关注。在对新生儿感染阪崎肠杆菌事件的调查中可以发现婴儿奶粉是主要的感染渠道，所以对婴儿奶粉中阪崎肠杆菌的检测十分重要。利用 FTA 滤膜与 PCR 技术相结合的方法建立了一套从婴儿配方奶粉中快速检测阪崎肠杆菌的方法，缩短了检测的时间，并提高了灵敏度，达到了 7×10^{10}CFU/mL。而且此法可高效从样品中提取阪崎肠杆菌 DNA，可有效消除 PCR 反应的抑制因子。

近年来，食源性病原菌污染食品引起的食源性疾病呈逐年上升趋势，引起了人们的广泛关注。快速准确灵敏检测肉中食源性病原菌是保障肉类安全、防止食源性疾病暴发的重要手段。PCR 可以用来检测常见的致病微生物，包括肠出血性大肠杆菌 O157∶H7、金黄色葡萄球菌、沙门氏菌等。

三、核酸保健品

核酸曾一度是保健品市场的宠儿，被称为“跨世纪的营养素”等。这里需要指出的是，核酸作为添加物，往往指的是核苷酸，并且这种添加物是对特定人群，特定条件下起作用的。平时的食物就可以提供给人们大量的核酸，而且核酸在人体内是可以被多次利用的，所以人们日常所需的核酸补充量并不是很大。不仅如此，痛风症患者的膳食中还要限制含有核酸的食物，因为痛风症的主要生化特征就是高尿酸血症，而核酸代谢的产物是尿酸。在国外不少国家如美国，核酸类物质主要作为药物使用。

四、转基因食品

转基因食品是以转基因生物为原料加工生产的食品。20 世纪 80 年代初，美国最早对转基因生物进行研究。首例转基因生物（genetically modified organism，GMO）于 1983 年问世，转基因作物（1986）批准进行田间试验，延熟保鲜番茄（1993）（Calgene 公司生产）在美国批准上市，开创了转基因植物商业应用的先例。国外批准的商业化的转基因农作物有 18 类：大豆、玉米、棉花、油菜、番茄、西葫芦、番木瓜、甜菜、亚麻、马铃薯、水稻、小麦、烟草、杨树、苜蓿、康乃馨、菊桔等。而中国批准商业化的转基因农作物有4类还未过期：抗虫棉、抗病毒番木瓜、抗虫欧洲黑杨、改变颜色的矮牵牛。从中可以发现，不少都可以作为食品原料进行加工，尤其是转基因的大豆油。转基因食品的安全性一直存在着巨大的争议，目前国际上还没有达成共识，许多长期影响目前还不得而知，因此，对转基因食品应采取预防原则，在长期的安全性还没有完全确定之前，应该在食品生产中审慎使用转基因原料。

习题

一、选择题

1. 热变性的DNA分子在适当条件下可以复性，条件之一是（　　）。

A. 骤然冷却　　B. 缓慢冷却　　C. 浓缩　　D. 加入浓的无机盐

2. 在适宜条件下，核酸分子两条链通过杂交作用可自行形成双螺旋，取决于（　　）。

A. DNA的T_m值　B. 序列的重复程度　C. 核酸链的长短　D. 碱基序列的互补

3. 核酸中核苷酸之间的连接方式是（　　）。

A. 2′,5′-磷酸二酯键　　B. 氢键

C. 3′,5′-磷酸二酯键　　D. 糖苷键

4. tRNA的分子结构特征是（　　）。

A. 有反密码环和3′-端有-CCA序列　　B. 有密码环

C. 有反密码环和5′-端有-CCA序列　　D. 5′-端有-CCA序列

5. 下列关于DNA分子中的碱基组成的定量关系，不正确的是（　　）。

A. C+A=G+T　B. C=G　C. A=T　D. C+G=A+T

6. 下面关于Watson-Crick DNA双螺旋结构模型的叙述中，正确的是（　　）。

A. 两条单链的走向是反平行的　　B. 碱基A和G配对

C. 碱基之间共价结合　　D. 磷酸戊糖主链位于双螺旋内侧

7. 具5′-CpGpGpTpAp-3′顺序的单链DNA能与下列哪种RNA杂交（　　）。

A. 5′-GpCpCpAp-3′　　B. 5′-GpCpCpApUp-3′

C. 5′-UpApCpCpGp-3′　　D. 5′-TpApCpCpGp-3′

8. RNA和DNA彻底水解后的产物是（　　）。

A. 核糖相同，部分碱基不同　　B. 碱基相同，核糖不同

C. 碱基不同，核糖不同　　D. 碱基不同，核糖相同

9. 下列关于mRNA描述，错误的是（　　）。

A. 原核细胞的mRNA在翻译开始前需加“PolyA”尾巴

B. 真核细胞mRNA在3′端有特殊的“尾巴”结构

C. 真核细胞mRNA在5′端有特殊的“帽子”结构

D. 其他

10. tRNA的三级结构是（　　）。

A. 三叶草叶形结构　B. 倒“L”字结构　C. 双螺旋结构　D. 发夹结构

11. 维系 DNA 双螺旋稳定的最主要的力是（　　）。

A. 氢键　　B. 离子键　　C. 碱基堆积力　　D. 范德华力

12. 下列关于 DNA 的双螺旋二级结构稳定的因素中，不正确的是（　　）。

A. 3′,5′-磷酸二酯键　　B. 互补碱基对之间的氢键

C. 碱基堆积力　　D. 磷酸基的负电与介质阳离子间形成离子键

13. T_m 是指（　　）的温度。

A. 双螺旋 DNA 达到完全变性时　　B. 双螺旋 DNA 开始变性时

C. 双螺旋 DNA 结构失去 1/2 时　　D. 双螺旋结构失去 1/4 时

14. 稀有核苷酸碱基主要见于（　　）。

A. DNA　　B. mRNA　　C. tRNA　　D. rRNA

15. 双链 DNA 的解链温度的增加，提示其中含量高的是（　　）。

A. A 和 G　　B. C 和 T　　C. A 和 T　　D. C 和 G

16. 核酸变性后，可发生（　　）。

A. 减色效应　　B. 增色效应

C. 失去对紫外线的吸收　　D. 最大吸收峰波长转移

17. 某双链 DNA 纯样品含 15%的 A，该样品中 G 的含量为（　　）。

A. 35%　　B. 15%　　C. 30%　　D. 20%

二、是非题

1. 杂交双链是指 DNA 双链分开后两股单链的重新结合。（　　）

2. tRNA 的二级结构是倒 L 型。（　　）

3. DNA 分子中的 G 和 C 的含量越高，其熔点（T_m）值越大。（　　）

4. 如果 DNA 一条链的碱基顺序是 CTGGAC，则互补链的碱基序列为 GACCTG。（　　）

5. 在 tRNA 分子中，除四种基本碱基（A、G、C、U）外，还含有稀有碱基。（　　）

6. 一种生物所有体细胞的 DNA，其碱基组成均是相同的，这个碱基组成可作为该类生物种的特征。（　　）

7. 核酸探针是指带有标记的一段核酸单链。（　　）

8. DNA 是遗传物质，而 RNA 则不是。（　　）

9. 核酸变性或降解时，出现减色效应。（　　）

10. 在所有病毒中，迄今为止还没有发现既含有 RNA 又含有 DNA 的病毒。（　　）

三、填空题

1. 核酸的基本组成单位是核苷酸，它是由_______、_______和_______组成。嘌呤和嘧啶环中均含有_______，因此对波长 260nm 处的紫外光有较强的吸收。

2. DNA 和 RNA 相连接具有严格的方向性，由前一核苷酸的_______与下一位核苷酸的_______间形成，3′,5′-磷酸二酯键。

3. 在 DNA 双链中，_______和_______位于双链外侧，而_______位于双链内侧，两条链的碱基之间以_______键相结合。

4. 在 DNA 分子中，一般来说 G—C 含量高时，密度大，T_m 则_______，分子比较稳定。

5. 维持DNA双螺旋结构稳定的主要因素是_____，其次是_____，大量存在于DNA分子中的弱作用力如_____也起一定作用。

6. tRNA的二级结构呈_____形，三级结构呈_____形，其3′末端有一共同碱基序列_____，其功能是_____。

7. DNA双螺旋结构中A、T之间形成_____个氢键，而G、C之间形成_____个氢键。

8. 核酸完全水解的产物是_____、_______和_______。

9. DNA变性后，_____增加，黏度下降，生物活性将丧失。

10. 常见的环化核苷酸有_____和_______。其作用是第二信使，它们核糖上的3′位与5′位磷酸-OH环化。

四、问答题

1. 核酸、核苷酸、核苷三类物质在结构上有何关系？

2. DNA与RNA分子组成上有什么差别？

3. 试述RNA的种类及其生物学作用。

4. 简述DNA双螺旋结构模型的要点。

5. 已知DNA某片段一条链碱基顺序为5′-CCATTCGAGT-3′，求其互补链的碱基顺序并指明方向。

6. PCR反应的原理是什么？

7. 鸡精和味精之间的有何区别？

8. DNA变性和蛋白质变性有什么异同？

9. 什么叫增色效应、减色效应？

10. 如果人体有10^{14}个细胞，每个体细胞的DNA量为6.4×10^{9}个碱基对，试计算人体DNA的总长度是多少？

素质拓展阅读

高通量基因组测序技术

Sanger法DNA测序技术，作为首款DNA测序方法，是通过引入ddNTP实现DNA合成终止的方法完成DNA测序的。它在2000年完成了人类基因组的绘制工作。鉴于DNA序列信息对于生命科学、医学及个体保健等领域的重要性，人们不断对DNA测序技术进行改良更为迅速且高效的第二代测序技术（NGS）应运而生。

NGS，亦称高通量测序技术，是基于PCR和基因芯片技术发展而来的。与第一代测序方法相比，NGS创新性地引入了可逆终止末端，实现了边合成边测序（SBS），即通过捕捉新添加的末端核苷酸所携带的特殊标记（如荧光分子标记）来确定DNA序列。这种方法能够同时检测数十万至数十亿条DNA分子的序列，实现大规模平行测序，具有低成本、高通量的优点。在NGS中，读长（read）是指测序仪每次测序所获得的碱基序列，是高通量测序仪生成的数据。如果对整个基因组进行测序，可能会产生上千万个读长。因此，NGS对传统Sanger测序方式进行了彻底革新，解决了第一代测序技术只能一次检测一条序列的局限性。

借助NGS技术，人的基因组测序仅需2～3天，花费约5000元人民币。相比之下，人类基因组计划历时13年（1999—2003年），投入高达27亿美元。

尽管NGS在通量上取得大幅增长，但读长却相应减小。因此，出现了第三代测序技术——单分子实时测序技术（SMRT测序），或者称作从头测序技术。这种技术在保持高通量的同时，对单个长序列进行从头测序，读长可达数千碱基对。然而，由于单读长的错误率较高，需通过重复测序来纠正以提高准确性，导致成本上升。

值得关注的是，2014年7月我国华大研究院科研团队，基于新采集的249份样本及先前公布的1018个人体肠道微生物样本，结合511株与人肠道紧密关联的已测序原核微生物的基因组资料，成功建立了一个高品质且几乎全面的人类肠道微生物基因集数据库。此项目涵盖了来自欧洲、美洲和亚洲的样本，规模远超以往类似数据库。这一具有更高代表性和质量的人类肠道微生物参考基因集数据库，有助于我们从定量角度，运用宏基因组、宏转录组和宏蛋白组等技术，深入探究肠道微生物菌群在不同人群间的差异性，进而揭示其与人类健康和疾病的关系。关于全基因组鸟枪法技术在人类健康和代谢类疾病研究方面，已有诸多经典案例被视为该领域的范本。例如，2012年和2014年，我国科学家在《自然》杂志上发表文章，利用宏基因组学技术比较了糖尿病和肝硬化患者与健康者的肠道菌群，从物种多样性和菌群功能基因组两个层面，详细阐述了两种疾病患者肠道菌群的变化。此外，基因测序技术正逐步成为临床分子诊断的重要工具，特别是针对癌细胞DNA深度测序的数据分析，可定位突变位点，为实现精准医学靶向治疗奠定基础。

第六章 酶

学习目标

1. 掌握酶的化学本质及作用特点。

2. 了解酶的命名及分类。

3. 掌握酶催化反应的机理。

4. 掌握温度、pH、酶浓度、底物浓度、竞争性抑制、非竞争性抑制物及激活剂对酶促反应速率的影响。

5. 掌握酶活力的概念及测定酶活力的方法。

6. 熟悉食品工业中重要的酶及其应用，了解固定化酶。

第一节 概述

一、酶的概念

生物体内的新陈代谢过程包含了许多复杂而有规律的物质变化和能量变化。绿色植物能利用阳光、水、二氧化碳及无机盐等简单的物质，经过一系列变化合成复杂的糖、蛋白质、脂肪等物质。而动物又利用植物体中的营养物质，经过错综复杂的分解和合成反应转化为自身的组分，以维持生长、发育、繁殖。这些复杂的过程在生物体内无形地不断地进行着，究竟是什么原因使这些生物体外无法进行或需要特殊的反应条件，如高温、高压或强酸强碱条件下才能进行的反应，在体内却是那么有条不紊、轻而易举地进行呢？这就是酶的特异功能，即本章所要讨论的问题。

那么，酶是什么呢？酶是由生物体活细胞产生的具有特殊催化活性和特定空间构象的生物大分子，包括蛋白质和核酸，又称为生物催化剂。

日常生活中常常会碰到一些现象，吃饭时细细咀嚼会感到甜味，这是因为口腔的唾液里有淀粉酶，将饭中的淀粉分解成为糊精和麦芽糖。医生常给消化不良的病人吃多酶片，多酶片的主要成分是胃蛋白酶、胰蛋白酶、淀粉酶，它们能帮助人们将食进的蛋白质、淀粉分解成简单的物质，而容易被肠壁吸收。

生物体内的代谢活动，是由无数错综复杂的反应所组成的。这些反应都具有一定顺序性和连续性的，反应之间彼此配合有条不紊地进行着，这是因为有许许多多的酶受到多方面因素的调节和控制，才能组合成有规律、有组织的酶系来完成复杂的代谢活动。酵母菌利用糖发酵成酒精的过程要经过十二步反应，在由十二种酶组成的酶系催化下进行。因此酶就是生物体内进行新陈代谢不可缺少的，受多种因素调节控制的具有催化能力的生物催化剂。只要有生命活动的地方，就有酶在起作用，生命不能离开酶而存在。所以酶在生物体内起着相当重要的作用，研究酶的化学性质及其作用机理，对于人类了解生命活动规律，从而进一步指导有关生产具有重要意义。

在酶的概念中，强调了酶是生物体活细胞产生的，但在许多情况下，细胞内生成的酶，可以分泌到细胞外或转移到其他组织器官中发挥作用。通常把由细胞内产生并在细胞内部起作用的酶称为胞内酶，而把由细胞内产生后分泌到细胞外面起作用的酶称为胞外酶。一般的水解酶类，如淀粉酶、脂肪酶、人体消化道中的各种蛋白酶都属胞外酶。而水解酶类以外的其他酶多数都属胞内酶。

在生物化学中，常把由酶催化进行的反应称为酶促反应。在酶的催化下，发生化学变化的物质称为底物，反应后生成的物质称为产物。

二、酶的催化特点

酶作为生物催化剂和一般催化剂相比，在许多方面是相同的。如用量少、催化效率高。和一般催化剂一样，酶仅能改变化学反应的速率，并不能改变化学反应的平衡点，酶在反应前后本身不发生变化，所以在细胞中相对含量很低的酶在短时间内能催化大量的底物发生变化，体现酶催化的高效性。酶可降低反应的活化能，但不改变反应过程中自由能的变化（ΔG），因而使反应速率加快，缩短反应到达平衡的时间，但不改变平衡常数。

酶的催化作用与一般催化剂相比，又表现出特有的特征。

1. 酶催化的高效性

酶的催化活性比化学催化剂的催化活性要高出很多。如过氧化氢酶（含 Fe^{2+}）和无机铁离子都催化过氧化氢发生如下的分解反应：

$$H_2O_2 \longrightarrow H_2O + O_2$$

实验得知，1mol 的过氧化氢酶在 1min 内可催化 5×10^6 mol 的 H_2O_2 分解。同样条件下，1mol 的化学催化剂 Fe^{2+}，只能催化 6×10^{-4} mol 的 H_2O_2 分解。二者相比，过氧化氢酶的催化效率大约是 Fe^{2+} 的 10^{10} 倍。

酶催化效率的高低可用转换数的概念来表示。转换数是指底物浓度足够大时，每分钟每个酶分子能转换底物的分子数，即催化底物发生化学变化的分子数。根据上面介绍的数据，可以算出过氧化氢酶的转换数为 5×10^6。大部分酶的转换数在 1000 左右，最大的可达 10^6 以上。

2. 酶催化的高度专一性

一种酶只能作用于某一类或某一种特定的物质，这就是酶作用的专一性。如糖苷键、酯键、肽键等都能被酸碱催化而水解，但水解这些化学键的酶却各不相同，分别为相应的糖苷酶、酯酶和肽酶，即它们分别被具有专一性的酶作用才能水解。

3. 酶催化的反应条件温和

酶促反应一般要求在常温、常压、生理酸碱度等温和的条件下进行。因为酶是蛋白质，在高温、强酸、强碱等环境中容易失去活性。由于酶对外界环境的变化比较敏感，容易变性失活，在应用时，必须严格控制反应条件。

4. 酶活性的可调控性

与化学催化剂相比，酶催化作用的另一个特征是其催化活性可以自动地调控。生物体内进行的化学反应，虽然种类繁多，但非常协调有序。底物浓度、产物浓度以及环境条件的改变，都有可能影响酶催化活性，从而控制生化反应协调有序地进行。任一生化反应的错乱与失调，必将使生物体产生疾病，严重时甚至死亡。生物体为适应环境的变化，保持正常的生命活动，在漫长的进化过程中，形成了自动调控酶活性的系统。酶的调控方式很多，包括抑制剂调节、反馈调节、共价修饰调节、酶原激活及激素控制等。

总之，酶催化的高效性、专一性以及温和的作用条件使酶在生物体新陈代谢中发挥强有力的作用，酶活性的调控使生命活动中的各个反应得以有条不紊地进行。

三、酶的化学本质与组成

1. 酶的化学本质

酶的化学本质是蛋白质，这一结论是 1926 年，萨姆纳（Sumner）第一次从刀豆中提取出脲酶，并得到了结晶，证明该酶具有蛋白质的一切属性之后，才被认定的。

酶具有蛋白质的属性主要表现在：酶的化学组成中，氮元素的含量在 16%左右；酶是两性电解质，酶在水溶液中，可以进行两性解离，有确定的等电点；酶的分子量很大，其水溶液具有亲水胶体的性质，不能透析；酶分子具有一、二、三、四级结构；酶受某些物理因素（如加热、紫外线照射等）、化学因素（如酸、碱、有机溶剂等）的作用会变性或沉淀，丧失酶的活性；酶水解后，生成的最终产物也为氨基酸。

综上所述，酶的化学本质是蛋白质。

值得一提的是，近年来不断发现一些核糖核酸物质也表现有一定的催化活性，因此，提出了“酶是否必定是蛋白质”的问题。如果说酶必须是蛋白质，那么，上述有催化活性的核糖核酸就不能看成酶，反之，如果仅仅把酶定义为生物催化剂，则上述有催化活性的核糖核酸也应看成是酶。目前，对于此类有催化活性的核糖核酸，英文定名为 ribozyme，国内译为“核酶”或“类酶核酸”。绝大多数酶是蛋白质，少数是核酶。本章主要讨论以蛋白质为本质的酶。

2. 单纯蛋白酶和结合蛋白酶

已经知道，蛋白质分为简单蛋白质和结合蛋白质两类。同样，按照化学组成，根据化学组成特点，酶也可分为单纯蛋白酶和结合蛋白酶两类。

单纯蛋白酶类，除蛋白质外不含其他物质。如脲酶、蛋白酶、淀粉酶、脂肪酶和核糖核酸酶等。

结合蛋白酶类是由蛋白质与辅助因子组成的，如乳酸脱氢酶、转氨酶、碳酸酐酶及其他氧化还原酶类等。辅助因子部分叫做辅酶或辅基。辅酶和辅基并没有什么本质上的差别，只是它们与蛋白质部分结合的牢固程度不同而已。通常把那些与酶蛋白结合得比较松的、用透析法可以除去的小分子有机物叫做辅酶，把那些与酶蛋白结合得比较紧的、用透析法不容易除去的小分子物质叫做辅基。酶蛋白和辅助因子单独存在时，都没有催化活力，只有两者结合在一起，才能起到酶的催化作用。这种完整的酶分子叫做全酶。即全酶＝酶蛋白＋辅助因子。

在全酶的催化反应中，酶蛋白与辅助因子所起的作用不同，酶蛋白本身决定酶反应的专一性及高效性，而辅助因子直接作为电子、原子或某些化学基团的载体起传递作用，参与反应并促进整个催化过程。

通常一种酶蛋白只能与一种辅酶结合，组成一个酶，作用一种底物，向着一个方向进行化学反应。而一种辅酶，则可以与若干种酶蛋白结合，组成为若干个酶，催化若干种底物发生同一类型的化学反应。如乳酸脱氢酶的酶蛋白，只能与 NAD^+ 结合，组成乳酸脱氢酶，使底物乳酸发生脱氢反应。但可以与 NAD^+ 结合的酶蛋白则有很多种，如乳酸脱氢酶、苹果酸脱氢酶及磷酸甘油脱氢酶中都含 NAD^+，能分别催化乳酸、苹果酸及磷酸甘油发生脱氢反应。由此也可看出，酶蛋白决定了反应底物的种类，即决定该酶的专一性，而辅酶（基）决定底物的反应类型。

3. 单体酶、寡聚酶和多酶复合体系

根据蛋白质结构上的特点，酶可分为三类。

(1) 单体酶 只有一条多肽链的酶称为单体酶，它们不能解离为更小的单位，其分子量为 13000～35000。属于这类酶为数不多，而且大多是促进底物发生水解反应的酶，即水解酶，如溶菌酶、蛋白酶及核糖核酸酶等。

(2) 寡聚酶 由几个或多个亚基组成的酶称为寡聚酶。寡聚酶中的亚基可以是相同的，也可以是不同的。亚基间以非共价键结合，容易为酸、碱、高浓度的盐或其他的变性剂分离。寡聚酶的分子量从 35000 到几百万。如 3-磷酸甘油醛脱氢酶等。

(3) 多酶复合体系 由几个酶彼此嵌合形成的复合体称为多酶复合体系。多酶复合体有利于细胞中一系列反应的连续进行，以提高酶的催化效率，同时便于机体对酶的调控。多酶复合体的分子量都在几百万以上。如丙酮酸脱氢酶系和脂肪酸合成酶复合体都是多酶体系。

第二节　酶的命名与分类

迄今已鉴定出 2500 多种酶，如此种类繁多、催化反应各异的酶，为防止混乱，需要一个统一的分类和命名。

一、酶的分类

根据酶所催化的反应类型，可将酶分为六大类。

1. 氧化还原酶类

催化氧化还原反应的酶称为氧化还原酶。此类酶中包括有脱氢酶、加氧酶、氧化酶、还原酶、过氧化物酶等。催化反应通式为：

$$AH_2 + B \rightleftharpoons A + BH_2$$

例如乳酸脱氢酶催化乳酸氧化成丙酮酸。

2. 转移酶类

催化基团转移的酶称为转移酶。催化反应通式为：

$$A—R + B \rightleftharpoons A + B—R$$

例如氨基转移酶、磷酸基转移酶等。

3. 水解酶类

催化水解反应的酶称为水解酶。催化反应通式示为：

$$A—B + H_2O \rightleftharpoons AH + BOH$$

例如淀粉酶、麦芽糖酶、蛋白酶、脂酶及磷酸酯酶等。

4. 裂解酶类

催化底物分子中C—C（或C—O、C—N等）化学键断裂，断裂后一分子底物转变为两分子产物的酶称为裂解酶。催化反应通式为：

$$A—B \rightleftharpoons A + B$$

这类酶催化的反应多数是可逆的，从左向右进行的反应是裂解反应，由右向左是合成反应，所以又称为裂合酶。

例如醛缩酶催化1,6-二磷酸果糖裂解为磷酸甘油醛与磷酸二羟丙酮。

5. 异构酶类

催化各种同分异构体之间的相互转变，即分子内部基团的重新排列的酶称为异构酶类。催化反应通式为：

$$A \rightleftharpoons B$$

例如葡萄糖-6-磷酸异构酶可催化葡萄糖-6-磷酸转变成果糖-6-磷酸。

6. 合成酶类

催化两个分子连接成一个分子的酶称为合成酶（也称连接酶）。这类反应要消耗ATP等高能磷酸键，反应通式为：

$$A + B + ATP \rightleftharpoons A—B + ADP + Pi$$

或

$$A + B + ATP \rightleftharpoons A—B + AMP + PPi$$

例如，丙酮酸羧化酶、谷氨酰胺合成酶、谷胱甘肽合成酶等。

二、酶的命名

酶的命名有系统命名法和习惯命名法两种。

1. 系统命名法

国际酶学委员会规定了一套系统的命名规则，使每一种酶都有一个名称，包括酶的系统名称及四个数字的分类编号。系统名称中应包括底物的名称及酶催化反应的类型，若有两种底物，它们的名称均应列出，并用冒号“:”隔开，若底物之一为水则可略去。

例如催化下述乳酸脱氢反应中的乳酸脱氢酶的系统命名为L-乳酸:NAD氧化还原酶，分类编号为EC1.1.1.27，其中EC为国际酶学委员会的缩写，前三个数字分别表示所属大类、亚类、亚亚类，根据这三个标码可判断酶的催化类型和催化性质，第四个数值则表示该酶在亚亚类中占有的位置，根据这四个数字可以确定具体的酶。

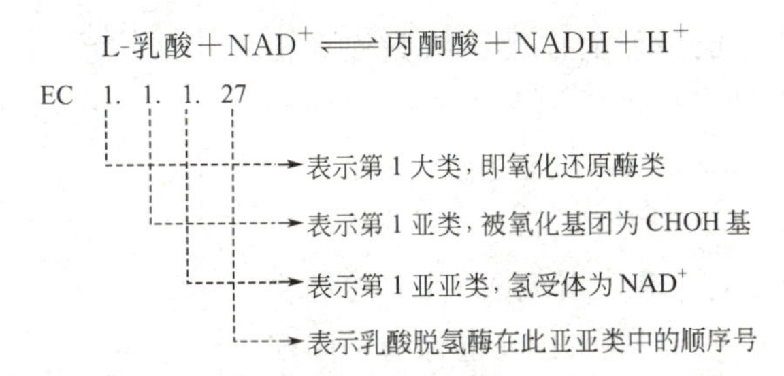

系统命名法根据酶的催化反应的特点，每一种酶都有一个名称，不至于混淆不清，一般在国际杂志、文献及索引中采用，但名称繁琐，使用不便，故在工作中及相当多的文献中仍沿用习惯命名法。

2. 习惯命名法

习惯命名法也根据底物名称和反应类型来命名，但没有系统命名法那样严格详细。如乳酸脱氢酶、谷-丙转氨酶、葡萄糖异构酶等。对水解酶常省略水解二字只用底物来命名，如蛋白酶、淀粉酶、脂肪酶等。有时在底物的名称前面加上酶的来源，如胃蛋白酶、唾液淀粉酶等。

习惯命名法比较简单，应用历史较长，但缺乏系统性和严格性，有时会出现一酶数名或一名数酶的情况。

在《酶学手册》或某些专著中均列有酶的一览表，表中包括酶的编号、系统名、习惯名、反应式、酶的性质等各项内容，可供查阅。

第三节 酶催化反应的机理

一、酶的催化作用与活化能

酶为什么具有很高的催化效率呢？一般认为是酶降低了化学反应所需的活化能。所谓活化能，就是指一般分子成为能参加化学反应的活化分子所需要的能量。在一个化学反应中并不是所有底物分子都能参加反应的，因为它们并不一定都是活化分子。只有具备足够能量、能够参加化学反应的分子，才是所谓活化分子。

要使化学反应迅速进行，就应想方设法增加活化分子。有什么办法增加活化分子呢？途径有两条：第一，外加能量，对进行中的化学反应加热或者光照，增加底物分子的能量，从而达到增加活化分子的目的；第二，降低活化能，使本来不具活化水平的分子成为活化分子，从而增加了反应的活化分子数目。催化剂就是起了降低活化能增加活化分子的作用。例如过氧化氢的分解，当无催化剂时，每摩尔的活化能为75.3kJ，而过氧化氢酶存在时，每摩尔的活化能仅为8.36kJ，反应速率可提高1亿倍。酶作为生物催化剂，降低了反应的活化能，并比无机催化剂降低的幅度要大许多倍。活化能愈低，活化分子的数目愈多，反应进行愈快，见图 6-1。

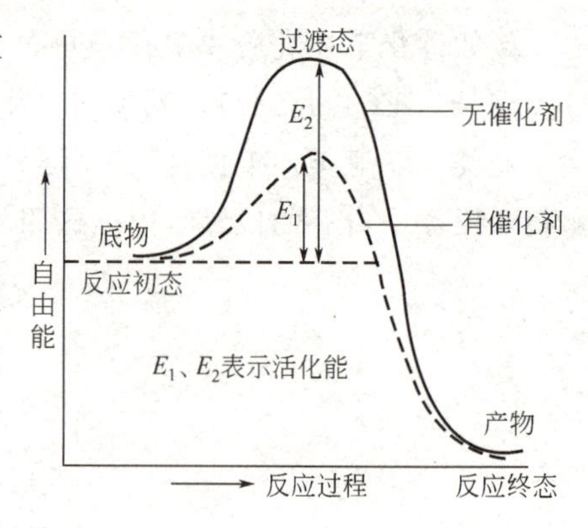

图 6-1　催化剂对化学反应的影响

二、中间产物学说

酶如何使反应的活化能降低而体现出极为强大催化效率的呢？曾经提出过好几种学说和理论，目前较为公认的是米契里斯（Michaelis）和曼吞（Menten）在 1913 年首先提出的中间产物学说。

中间产物学说的基本论点是：首先酶（E）与底物（S）结合成一个不稳定的中间产物 ES（也称为中间配合物），然后中间产物 ES 再分解为产物（P），同时使酶重新游离出来。

$$S+E \rightleftharpoons ES \longrightarrow E+P$$

中间产物学说的关键，在于中间产物的形成。酶和底物可以通过共价键、氢键、离子键和配位键等结合成中间产物。根据中间产物学说，酶促反应分两步进行，而每一步的能阈都较低，所需的活化能较少。

从图 6-2 中可以看到，当非催化反应时，反应 $S \longrightarrow P$ 所需的活化能为 a，而在酶的催化下，由 $S+E \longrightarrow ES$，活化能为 b，由 $ES \longrightarrow P$ 需要的活化能为 c。b 和 c 均比 a 小得多，所以酶促反应比非酶催化反应所需的活化能少，从而加快了反应的进行。

中间产物学说已获得可靠的实验证据，中间产物的存在也已得到确证。

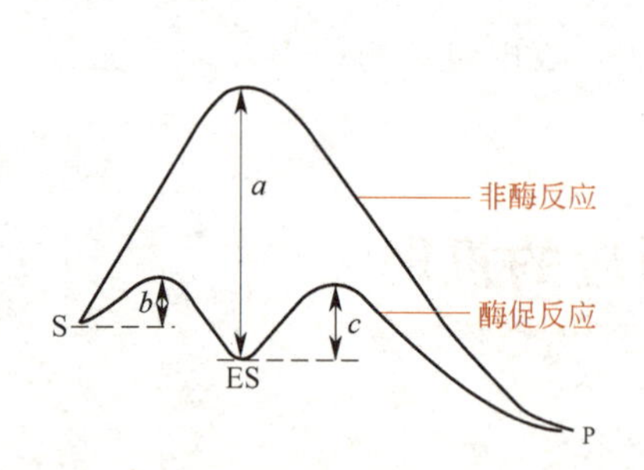

图 6-2　酶促反应与非酶促反应的活化能

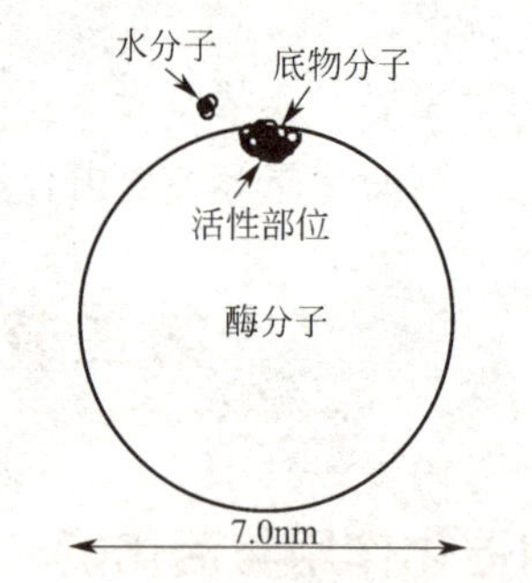

图 6-3　酶分子活性中心示意图

三、酶的活性中心

酶是生物大分子，酶作为蛋白质，其分子体积比底物分子体积要大得多。在反应过程中酶与底物接触结合时，只限于酶分子的少数基团或较小的部位。酶分子中直接与底物结合，并催化底物发生化学反应的部位，称为酶的活性中心（也称活性部位）。酶分子活性中心示意图见图 6-3。

酶的活性中心包括催化部位和结合部位。前者决定酶的催化能力，一般只由 2～3 个氨基酸残基组成。后者决定酶与哪些底物结合，是决定专一性的部位，结合基团的氨基酸残基数却因不同的酶而不同，可能是一个，也可能是几个。活性中心的氨基酸残基在一级结构上可以相距甚远，但在空间结构上却十分邻近。这几个氨基酸残基可能位于同一条肽链的不同部位，也可能位于不同肽链上，但从立体结构上来说，构成活性中心的氨基酸残基通过肽链盘曲折叠而处于相邻的位置上。当酶蛋白变性时，它的立体结构破坏，肽链伸展，活性中心破坏，酶就失去活力。例如牛胰核糖核酸酶，是由 124 个氨基酸组成的单一肽链，链内有 4 处由二硫键相连而使肽链形成多次折绕的形状，用各种方法证明 12 位和 119 位的组氨酸以及 41 位的赖氨酸在空间结构上很接近，由于这三个氨基酸残基的侧链基团互相接近而形成了此酶的活力中心，当破坏二硫键后，肽链分子伸展成一条不规则的线状多肽链，活力中心破坏，活力也就相应丧失，如果进行温和的重氧化，可恢复成天然状态有活性的酶。

四、“诱导-契合”学说

酶对于它所作用的底物有着严格的选择，它只能催化一定结构或者一些结构近似的化合物，使这些化合物发生生物化学反应。有的科学家提出，酶和底物结合时，底物的结构和酶的活性中心的结构十分吻合，就好像一把钥匙配一把锁一样。酶的这种互补形状，使酶只能与对应的化合物契合，从而排斥了那些形状、大小不适合的化合物，这就是 1890 年由艾米尔·费歇尔（Emil Fischer）提出的“锁和钥匙学说”。科学家后来发现，当底物与酶结合时，酶分子上的某些基团常常发生明显的变化。另外，对于可逆反应，酶常常能够催化正逆两个方向的反应。因此，“锁和钥匙学说”把酶的结构看成是固定不变的，这是不切实际的。于是，有的科学家又提出，酶活性中心的结构有一定的灵活性，在和底物接触之前，二者并不是完全契合的，当底物与酶蛋白分子结合时，产生了相互诱导，酶蛋白分子的立体结构发生一定改变，使反应所需的催化部位和结合部位正确地排列和定向，转入有效的作用位置，这样，才能使酶和底物完全契合，酶反应才能高速度地进行。这就是 1964 年由科施兰德（D. E. Koshland）提出的“诱导-契合学说”，图 6-4 为锁和钥匙学说和诱导-契合学说的结合模式。诱导契合学说比较圆满地说明了酶的作用方式，并得到某些酶（如羧肽酶、溶菌酶）的 X 光衍射分析结果的支持。

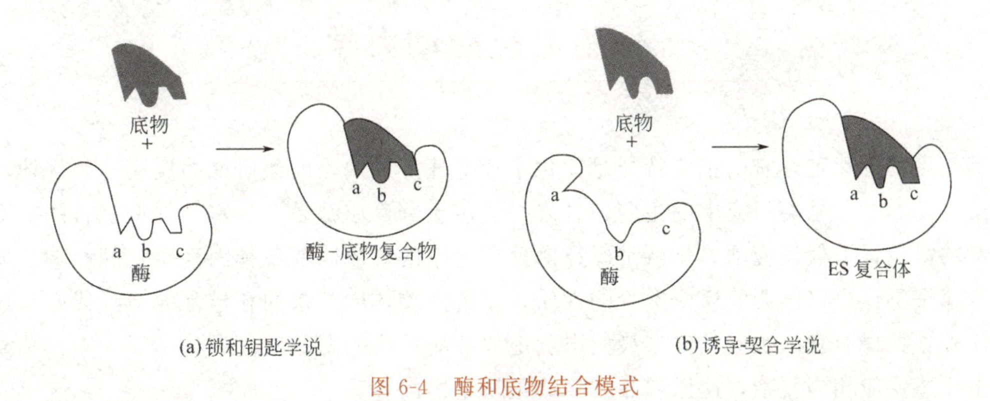

图 6-4　酶和底物结合模式

五、酶原的激活

在体内有些酶原来呈不活泼状态，不具活性，由于另一些酶或酸的激活才变为具有活性的酶，这种不具催化活性的酶称为酶原，从不具活性的酶原转变为有活性的酶的过程，称为活化过程或激活过程。酶原的激活过程是通过去掉分子中的部分肽段，引起酶分子空间结构的变化，从而形成或暴露出活性中心，转变成为具有活性的酶。

如胰蛋白酶刚从胰脏细胞里分泌出来时，呈不具活性的胰蛋白酶原，随着食物一起流到小肠后，酶原就被小肠黏膜所分泌的肠激酶作用，水解掉一个 6 肽，使肽链螺旋度增加，组氨酸、丝氨酸、缬氨酸、异亮氨酸等残基互相靠近，形成新的活性中心，于是无活性的胰蛋白酶原就变成了有催化活性的胰蛋白酶，酶原激活过程如图 6-5 所示。

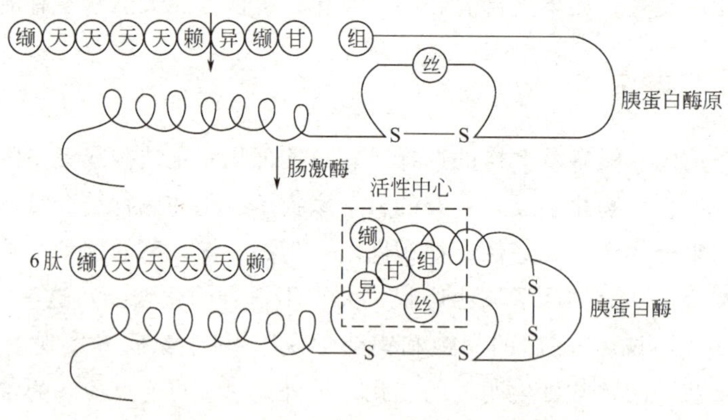

图 6-5　胰蛋白酶原激活过程示意图

食物进入胃里，刺激胃酸分泌，原来无活性的分子量为 43000 的胃蛋白酶原，受到 H^+ 的催化作用，从氨基端切去六段多肽，变成具有催化活力的分子量为 34000 的胃蛋白酶，这样形成的胃蛋白酶也可再去自身激活。

在组织细胞中，刚合成的某些酶以酶原的形式存在，具有重要的生物学意义。因为分泌酶原的组织细胞含有蛋白质，而酶原无催化活性，因此可以保护组织细胞不被水解破坏。

第四节　影响酶促反应速率的因素——酶促反应动力学

酶是生物催化剂，它的主要特征是使化学反应速率加快，因此研究酶反应速率规律，即酶促反应动力学，是酶研究中的主要内容之一。由于酶反应都是在一定条件下进行的，受多种因素的影响，酶促反应动力学就是研究酶反应速率的规律以及各种因素对它的影响。研究酶反应速率不仅可以阐明酶反应本身的性质，了解生物体内正常的和异常的新陈代谢，还可以在体外寻找最有利的反应条件来最大限度地发挥酶反应的高效性。

由于酶反应相当复杂，这里仅介绍一些最基本的内容。

一、酶促反应速率的测定

酶促反应速率，与普通化学反应一样，可用单位时间内底物浓度的减少量或产物的生成量来表示。但在反应开始，由于生成中间产物，二者的大小略有差异。在实际测定中，考虑到通常底物量足够大，其减少量很少，而产物由无到有，变化较明显，测定起来较灵敏，所以多用产物浓度的增加作为反应速率的量度。酶促反应的速率与反应进行的时间有关。以产物生成量（P）为纵坐标，以时间（t）为横坐标作图，可得到酶反应过程曲线图（见图6-6）。

从图中可以看出，在反应初期，产物增加得比较快，酶促反应的速率（v_0）近似为一个常数。随着时间延长，酶促反应的速率（v_t）便逐渐减弱（即曲线斜率下降）。原因是随着反应的进行，底物浓度减少，产物浓度增加，加速反应逆向进行；产物浓度增加会对酶产生反馈抑制；另外酶促反应系统中 pH 及温度等微环境变化会使部分酶变性失活。因此，为了准确表示酶活力都要以初速率表示，酶反应的初速率越大，意味着酶的催化活力越大。

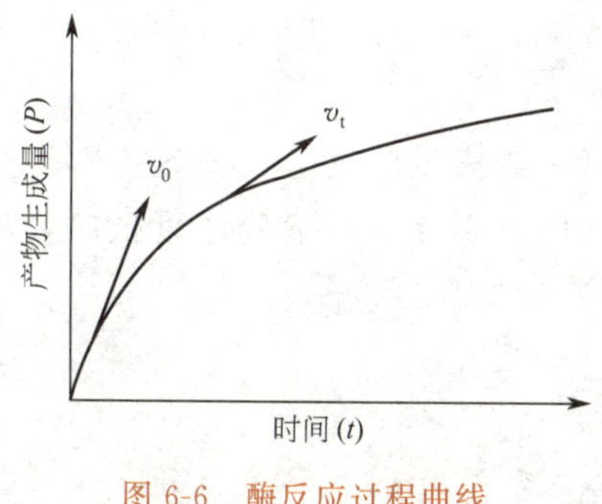

图 6-6　酶反应过程曲线

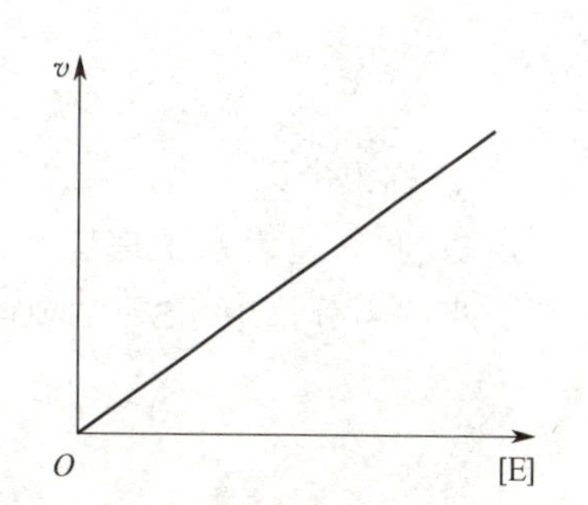

图 6-7　酶浓度对酶促反应速率的影响

二、酶浓度对酶促反应速率的影响

在酶促反应中，酶先要与底物作用，生成活化的中间产物，当反应中体系的温度、pH 不变，底物浓度大大超过酶浓度时，反应速率随酶浓度增加而增加，两者成正比关系，图6-7 表示酶浓度与反应速率成直线关系，是酶活力测定的依据，可作为标准曲线。

三、底物浓度对酶促反应速率的影响

1. 底物浓度与酶促反应速率的关系

在酶浓度、温度、pH 不变的情况下，酶反应速率与底物浓度的关系，如图 6-8 中的曲线所示。从图中可以看出：当底物的浓度很低时，v 与 [S] 呈直线关系（OA 段），这时，随着底物浓度的增加，反应速率按一定比率加快，为一级反应。当底物的浓度增加到一定的程度后，虽然酶促反应速率仍随底物浓度的增加而不断地加大，但加大的比率已不是定值，呈逐渐减弱的趋势（AB 段），表现为混合级反应。当底物的浓度增加到足够大的时候，v 值便达到一个极限值，此后，v 不再受底物浓度的影响（BC 段），表现为零级反应。v 的极限值，称为酶的最大反应速率，以 v_{max} 表示。

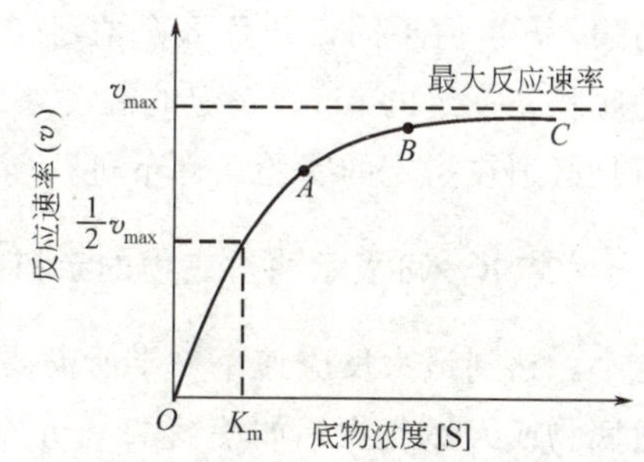

图 6-8　底物浓度对酶促反应速率的影响

v-[S] 的变化关系，可用中间产物学说进行解释。在底物浓度较低时，只有一部分酶能与底物作用生成中间产物，溶液中还有多余的酶没有与底物结合，因此，随着底物浓度增加，就会有更多的酶与底物结合成中间产物，中间产物浓度大，产物的生成速率也就加快，整个酶反应速率也就增大；但是当底物浓度足够大时，所有的酶都与底物结合生成中间产物，体系中已经没有游离态的酶了，虽再增加底物的浓度也不会再有更多的中间产物形成，底物浓度与酶促反应的速率几乎无关，反应达到最大反应速率。我们把酶的活性中心都被底物分子结合时的底物浓度称饱和浓度。各种酶都表现出这种饱和效应，但不同的酶产生饱和效应时所需要底物浓度是不同的。

2. 米氏方程式

米契里斯（Michaelis）和曼吞（Menten）根据中间产物学说推导了能够表示整个反应中底物浓度和反应速率关系的公式，称为米氏方程式，它是酶学上最基本的方程式。

$$v=\frac{v_{max}[S]}{K_m+[S]}$$

式中，K_m 称为米氏常数；v_{max} 表示最大反应速率；v 表示反应速率；[S] 表示底物浓度。米氏方程式圆满地表示了底物浓度和反应速率之间的关系。在底物浓度低时，$K_m \gg [S]$，米氏方程式中分母中 [S] 一项可忽略不计。得：

$$v=\frac{v_{max}}{K_m}[S]$$

即反应速率与底物浓度成正比，符合一级反应。

在底物浓度很高时，$[S] \gg K_m$，米氏方程式中，K_m 项可忽略不计，得：

$$v=v_{max}$$

即反应速率与底物浓度无关，符合零级反应。

3. 米氏常数的意义

当酶促反应处于 $v=\frac{1}{2}v_{max}$ 时，得到：

$$\frac{v_{max}}{2}=\frac{v_{max}[S]}{K_m+[S]}$$

计算可以得到：

$$[S]=K_m$$

由此得出 K_m 值的物理意义，即：K_m 值是当酶反应速率达到最大反应速率一半时的底物浓度，它的单位是 mol/L，与底物浓度的单位一样。

(1) K_m 值是酶的特征常数之一 K_m 一般只与酶的性质有关，而与酶浓度无关。不同的酶，K_m 值不同，并且 K_m 值还受 pH 及温度的影响。因此，K_m 值作为常数只是对一定的底物、一定的 pH、一定的温度条件而言。测定酶的 K_m 值可以作为鉴别酶的一种手段，但是必须在指定的实验条件下进行。

(2) K_m 可表示酶对底物的亲和力 $\frac{1}{K_m}$越大，表明亲和力越强，因为$\frac{1}{K_m}$越大，K_m 就越小，达到最大反应速率一半所需要的底物浓度就愈小，K_m 值小的底物一般称为该酶的最适底物或天然底物，如蔗糖酶既可以水解蔗糖，也可以水解棉籽糖，但两者的 K_m 分别为 28mmol/L、350mmol/L，所以我们说蔗糖是蔗糖酶的天然底物。显然，最适底物与酶的亲和力最大，不需很高的底物浓度就可以很容易地达到 v_{max}。

(3) **K_m 值与米氏方程的实际用途**　K_m 值不仅可体现酶的性质，而且在酶的研究和实际应用中有着重要作用。如在使用酶制剂时，可由所要求的反应速率（应到达 v_{max} 的百分数），求出应当加入底物的合理浓度，反过来，也可以根据已知的底物浓度，求出该条件下的反应速率。

如要求反应速率到达 v_{max} 的 99%，其底物浓度应为：$[S]=99K_m$。

4. 米氏常数的求法

从酶的 v-[S] 图上可以得到 v_{max}，再从 $\frac{1}{2}v_{max}$，可求得相应的 [S]，即 K_m 值。但实际上即使用很大的底物浓度，也只能得到趋近于 v_{max} 的反应速率，而达不到真正的 v_{max}，因此测不到准确的 K_m 值。

通常采用双倒数作图法（Lineweaver-Burk 法），将米氏方程式变为其倒数，即为：

$$\frac{1}{v}=\frac{K_m}{v_{max}}\times\frac{1}{[S]}+\frac{1}{v_{max}}$$

这个公式相当于 $y=ax+b$，是一个直线方程式，直线在纵轴上的截距为 $\frac{1}{v_{max}}$，在横轴上的截距为 $-\frac{1}{K_m}$，斜率为 $\frac{K_m}{v_{max}}$，据此求出 K_m 和 v。如图 6-9 所示。

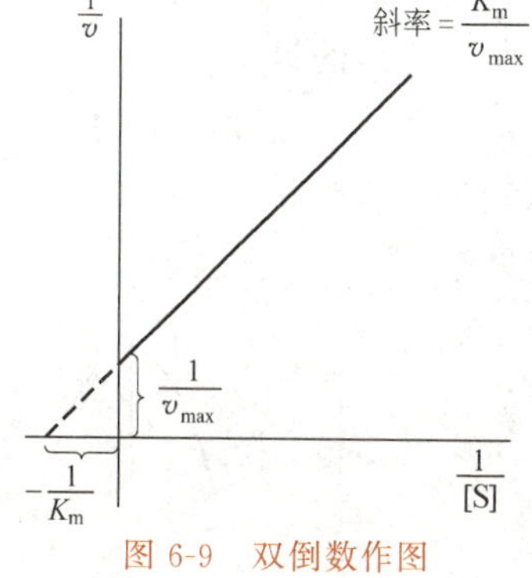

图 6-9　双倒数作图

四、温度对酶促反应速率的影响

温度对酶促反应速率有双重影响：一方面像一般化学反应一样，当温度升高，反应速率加快。化学反应中温度每增 10℃反应速率增加的倍数称为温度系数（用 Q_{10} 表示）。一般化学反应的 Q_{10} 为 2～3，而酶促反应的 Q_{10} 为 1～2，也就是说反应温度每增高 10℃，酶反应速率增加 1～2 倍。另一方面由于酶是蛋白质，随着温度升高而使酶逐步变性而失活，即通过酶活力的减少而降低酶的反应速率。

温度 T 对酶作用的影响可用图 6-10 表示，从图上曲线可以看出，在较低的温度范围内，酶反应速率随温度升高而增大，但超过一定温度后，反应速率反而下降，因此只有在某一温度下，反应速率达到最大值，这个温度通常就称为酶反应的最适温度。故最适温度就是在一定条件下酶反应速率最大时的温度。各种酶在一定条件下都有其最适温度。一般来讲，动物细胞内的酶最适温度在 35～40℃，植物细胞中的酶最适温度稍高，通常在 40～50℃之间，微生物中的酶最适温度差别较大。

最适温度是酶的特征之一，但不是固定不变的常数，常受到其他条件（如底物种类、作用时间、pH 等）的影响而改变。如最适温度随着与酶作用时间的长短而改变，酶可以在短时间内耐受较高的温度，然而当酶反应时间较长时，最适温度向温度降低的方向移动。因此，严格地讲，仅在酶反应时间已经确定了的情况下，才有最适温度。在实际应用中，将根据酶促反应作用时间的长短，选定不同的最适温度。如果反应时间比较短暂，反应温度可选略高一些，这样，反应可迅速完成；若反应进行的时间很长，反应温度就要略低一点，低温下，酶可长时间发挥作用。

酶在使用中除了要考虑最适温度外，还应注意酶的稳定温度范围。酶的稳定温度范围，是指在一定时间和一定条件下，不使酶变性或极少变性的温度范围。如耐热性的细菌淀粉酶，其16min内的稳定温度范围可以是在90℃以下。

某些酶的稳定温度可以因加入某些保护剂而提高，如假丝酵母脂肪酶、细菌α-淀粉酶，当加入氯化钙后可提高稳定温度。酶法生产葡萄糖或饴糖时，在液化酶中添加少量氯化钙，此酶的稳定温度可高达93℃，在15～20min内不失活。此外酶的固体状态比在溶液中对温度的耐受力要高，这一点已用于酶的保藏，例如酶的冷冻干粉置冰箱中可放置几个月，甚至更长时间。而酶溶液在冰箱中只能保存几周，甚至几天就会失活。

测定酶的最适温度和酶的稳定温度范围对酶的应用意义重大，如在使用某酶制剂时，测定此酶在一定条件下的最适温度，就可以知道在什么温度条件下进行工作，有利于此酶发挥最大作用。而且在对酶的分离、纯化和保存过程中，一般都需充分考虑酶的稳定温度范围。

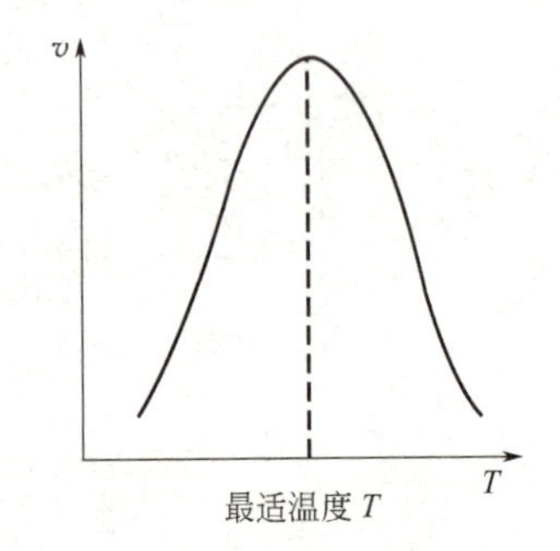

图6-10　温度对酶促反应速率的影响

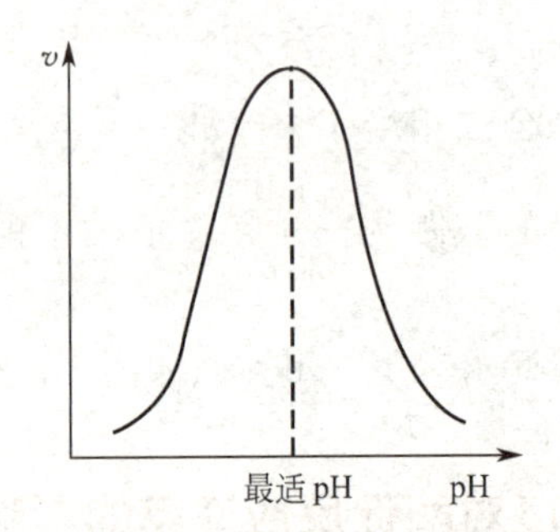

图6-11　pH对反应速率的影响

五、 pH对酶促反应速率的影响

酶促反应速率与体系的pH关系密切。在一定pH下，酶反应具有最大速率，高于或低于此值，反应速率下降，通常将酶表现最大活力时的pH称为酶反应的最适pH（见图6-11）。一般制作v-pH变化曲线时，采用使酶全部饱和的底物浓度，在此条件下再测定不同pH时的酶促反应速率。

各种酶在一定条件下，都有它一定的最适pH，因此是酶的特征之一。多数酶的最适pH一般在4.0～8.0之间，动物体内的酶最适pH多在6.5～8.0之间，植物及微生物的酶多在4.5～6.5之间，但也有例外，如胃蛋白酶为1.5，精氨酸酶（肝脏中）为9.7。与酶的最适温度一样，酶的最适pH也不是一个固定常数，它受到许多因素的影响，如底物种类和浓度不同、缓冲液种类不同等都会影响最适pH的数值，因此最适pH只有在一定条件下才有意义。

研究推测pH影响酶活力的原因可能有以下几个方面。

第一，pH影响酶分子的构象。过高或过低pH都会影响酶分子活性中心的构象，或引起酶的变性失活。

第二，pH影响酶分子活力中心上有关基团的解离或底物的解离，这样就影响了酶与底物结合，从而影响酶活性。一般认为最适 pH 时，酶分子活性基团的解离状态最有利于与底物结合，在此 pH 下酶活力最高，pH 偏离最适 pH 时，就改变了酶分子活性基团的解离状态，使酶与底物的结合能力降低，于是酶活力也随之降低。

应当指出的是酶在试管反应中的最适 pH 与它所在正常细胞的生理 pH 并不一定完全相同。这是因为一个细胞内可能会有几百种酶，不同的酶对此细胞内的生理 pH 的敏感性不同，也就是说此 pH 对一些酶是最适 pH，而对另一些酶则不是，不同的酶表现出不同的活性。这种不同对于控制细胞内复杂的代谢途径可能具有很重要的意义。

六、激活剂对酶促反应速率的影响

凡是能提高酶活性的物质，都称激活剂。如经透析获得的唾液淀粉酶活性不高，加入 Cl^- 后则活性增高，故 Cl^- 是唾液淀粉酶的激活剂。酶的激活剂主要是一些简单的无机离子和一些小分子有机物。

无机离子主要有 K^+、Cl^-、Na^+、Mg^{2+}、Zn^{2+}、Fe^{2+}、Ca^{2+} 等，例如，糖激酶需要 Mg^{2+} 激活，醛缩酶需要 Mn^{2+} 激活。

小分子有机物主要是某些还原剂，如半胱氨酸、还原型谷胱甘肽、抗坏血酸等能激活某些酶，使含巯基酶中被氧化的二硫键还原成巯基，从而提高酶活性，如木瓜蛋白酶及 D-3-磷酸甘油醛脱氢酶。在酶的提取或纯化过程中，酶会因为金属离子激活剂丢失或活性基团巯基被氧化而使活性降低，因此要注意补充金属离子激活剂或加入巯基乙醇等还原剂，使酶恢复活性。

值得一提的是，激活剂不是酶的组成成分，它只能起提高酶活性的作用，这一点与辅助因子不同。

七、抑制剂对酶促反应速率的影响

由于酶的活性中心的化学性质发生改变而引起酶活力降低或丧失的作用称为抑制作用。造成抑制作用的物质称为抑制剂（用 I 表示）。抑制作用不同于失活作用，通常把由于酶蛋白变性而引起酶活力丧失的作用称为失活作用。

酶的抑制剂多种多样，如重金属离子（Ag^+、Hg^{2+}、Cu^{2+}）、一氧化碳、硫化氢、氰化物、碘乙酸、砷化物、氟化物、生物碱、染料、有机磷农药以及麻醉剂等都是抑制剂。另外某些动物组织（如胰脏、肺）和某些植物（如大麦、燕麦、大豆、蚕豆、绿豆等）都能产生蛋白酶的抑制剂。

酶的抑制作用是很重要的。有机体往往只要有一种酶被抑制，就会使代谢不正常，导致疾病，严重的甚至使机体死亡。对生物有剧毒的物质大都是酶的抑制剂，如氰化物抑制细胞色素氧化酶，敌百虫抑制酯酶，毒扁豆碱抑制胆碱酯酶。有很多抑制剂已用于杀虫、灭菌和临床治疗，因此研究抑制剂和抑制作用，可为新药设计提供理论依据。另外抑制剂也是酶活性中心和代谢途径研究的基本方法。

酶的抑制作用可从酶和底物形成中间产物这一过程来认识，抑制剂之所以能抑制酶的活性，是因为它破坏或改变了酶的活性中心，妨碍了中间产物的形成或分解，所以降低了酶的活性。药物、抗生素、毒物、抗代谢等都是酶的抑制剂。一些动物、植物组织和微生物能产生多种水解酶抑制剂，如加工处理不当，会影响其食用的安全性和营养价值。根据抑制剂与酶的作用方式可将抑制作用分为可逆抑制作用与不可逆抑制作用两大类。

1. 不可逆的抑制作用

这类抑制作用中抑制剂与酶的结合是不可逆反应。抑制剂与酶的某些基团以较牢固的共价键相结合，结合后很难自发分解，不能用透析、超滤等物理方法解除抑制而恢复酶活性，必须通过其他化学反应，才能将抑制剂从酶分子上移去。这类抑制作用随着抑制剂浓度的增加而逐渐增加，当抑制剂的量达到足以和所有的酶结合时，酶的活性就完全被抑制。例如，二异丙基氟磷酸、1605、敌百虫等有机磷化合物是胆碱酯酶的不可逆抑制剂，氰化物对氧化酶类的抑制等。有机磷、有机汞、有机砷、重金属离子、烷化剂、氰化物等都是酶的不可逆抑制剂。

2. 可逆的抑制作用

这类抑制剂与酶是非共价的可逆结合，可用透析、过滤等物理方法除去抑制剂而恢复酶的活力。这种抑制作用称为可逆的抑制作用。根据抑制剂与底物的关系，可逆抑制作用主要分为以下两种类型。

(1) 竞争性抑制作用 竞争性抑制剂具有与底物相似的结构，它能与底物竞争，与酶的活性中心结合，形成可逆的酶、抑制剂复合物 EI，因而减少了底物与酶的结合，导致酶的催化活性降低。这种抑制可用加入大量底物，提高底物竞争力的办法来消除。

例如丙二酸和戊二酸的结构与琥珀酸（即丁二酸）很相似，都是琥珀酸脱氢酶的竞争性抑制剂。

琥珀酸	丙二酸	戊二酸
CH_2COOH | CH_2COOH	$COOH$ CH_2 $COOH$	CH_2COOH | CH_2CH_2COOH

在这一反应中加入丙二酸后就竞争性地抑制了此酶的活性，当反应中增加琥珀酸浓度后，就可把与丙二酸结合的酶取代出来，解除或减轻抑制作用，从而保证了此酶的正常作用。

(2) 非竞争性抑制 非竞争性抑制剂与底物没有结构相似的关系，两者没有竞争，只是底物与抑制剂同时在酶的不同部位与酶结合，生成酶、底物和抑制酶三者的复合物（ESI），这种复合物不能进一步分解为产物，从而降低了酶活性。非竞争性抑制作用，可用如下的反应式表示。

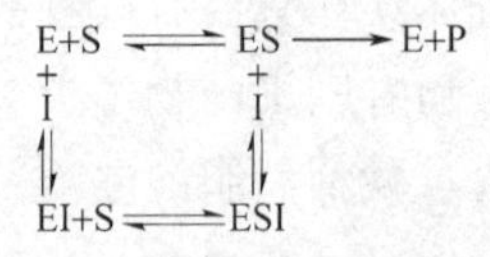

底物和非竞争性抑制剂在与酶分子结合时，互不排斥，无竞争性，因而不能用增加底物浓度的方法来消除这种抑制作用。某些金属离子（Cu^{2+}、Hg^{2+}、Ag^{+}、Pb^{2+}等）的抑制作用属于此类。

第五节 酶的活力测定

一、酶的活力和活力单位

1. 酶活力

酶与其他生物活性物质一样，不能直接用质量或体积来衡量。检测酶蛋白的含量与其催化活性并没有因果关系，酶的催化能力只能通过催化反应速率来表达。因此通常是用单位时间内酶催化某一化学反应的能力来表示酶的催化能力，即用酶活力大小来表示酶的催化能力。酶活力的大小可以用在一定条件下所催化的某一化学反应的反应速率来表示，两者呈线性关系。酶催化的反应速率愈大，酶的活力愈高；反应速率愈小，酶的活力就愈低。所以测定酶的活力就是测定酶促反应的速率。由于酶催化某一反应的速率受多种因素限制，故一般规定在某一条件下（恒温、使用缓冲溶液）用反应速率的初速率来表示酶活力。

2. 酶活力单位

酶活力的大小即催化反应速率的能力，用酶活力单位（U）表示，单位数目越大，表示酶的活力越高，即酶制品中酶的含量高，这样的酶量就可用每毫升或每克酶制剂含有多少单位来表示（U/mL 或 U/g)。

酶活力单位的定义是：在一定条件下，一定时间内将一定量的底物转化为产物所需的酶量定为一个单位。

例如，蛋白酶的活力单位规定为每分钟将底物酪蛋白分解产生相当于 1μg 酪氨酸的酶量定为一个单位（1μg 酪蛋白/min=1U)。

α-淀粉酶的活力单位规定为每小时可催化 1g 可溶性淀粉液化所需要的酶量为一个单位(1g 淀粉/h=1U)，或是每小时催化 1mL 2%的可溶性淀粉液化所需要的酶量为一个单位(1×2%淀粉/h=1U)。

可见，各种酶的活力单位是不同的，就是同一种酶也有不同的活力单位标准，这种各自定义的酶活力单位称为“习惯单位”。在比较文献上记载的酶活力单位时必须注意这一点，以免造成差错。

为了便于比较和统一活力单位，1961 年国际酶学委员会统一规定：在标准条件下，1min 内将 1μmol 底物转变为产物的酶量定为一个国际单位（IU)。如果底物有一个以上可被作用的键，则 1IU 是指 1min 内使 1μmol 有关基团转化的酶量。上述“标准条件”是指温度 25℃，以及被测酶的最适条件，如最适温度、最适 pH 及最适底物浓度等。

1972 年国际酶学委员会又推荐一个新的酶活力国际单位，即 Katal（Kat）单位。在最适条件下，1s 内可使 1mol 底物转化的酶量定为 1Kat；同理，可使 1μmol 底物转化的酶量为 μKat 单位，两种国际单位的换算关系如下：

$$1\text{Kat}=6\times10^{7}\text{IU}$$

$$1\text{IU}=1/60\mu\text{Kat}=16.67\text{nKat}$$

3. 比活力

酶活力是衡量酶催化能力的主要指标，但要了解酶制剂的质量和纯度时还需测定其比活力。比活力是指每毫克酶蛋白所含酶的活力单位数，即

$$比活力=\frac{酶活力(IU)}{酶蛋白质量(mg)}$$

比活力是在酶学研究和提纯酶时常用到的表示酶制剂纯度的一个指标。在纯化酶时，不仅要得到一定量的酶，而且要求得到不含或尽量少含其他杂蛋白的酶制品。在一步步纯化的过程中，除了要测定一定体积或一定质量的酶制剂中含有多少活力单位外，往往还需要测定酶制剂的纯度如何，这时就需要在测定酶活力时，同时测定其中所含蛋白质浓度，然后算出比活力，显然比活力越高，表示酶的纯度愈高。

二、测定酶活力的两种方式

1. 测定完成一定量反应所需要的时间

测定酶活力时，用时间作为指标。一定条件下，在待测的酶液中加入一定量的底物，测定此底物全部作用完或部分作用所需的时间来计算酶活力。一般所需时间愈短，活力愈高，所需时间长则活力低，活力大小与作用时间成反比。用这种方式测定活力的酶并不多。

淀粉酶活力测定时，可以测定其达到无色点所需要的时间（淀粉与碘呈蓝色反应，当一定量的淀粉全部被淀粉酶分解成为与碘不起蓝色反应的小分子糊精时，称无色点，或称消色点），因此，从淀粉的用量、达到无色点所需要的时间和样品稀释倍数就可以计算出酶的活力单位数。

例如，今有 1g 淀粉酶制剂，溶解在 1000mL 水中，从中取出 0.5mL，与 20mL 2%的淀粉溶液在 30℃，pH6 的条件下一起作用，10min 后就与碘不起颜色反应，该酶制剂的活力单位按每 1h 分解 1g 淀粉为 1 个单位（g/h=U）来计算，应为：

$$\frac{60}{10}\times 20\times 2\%\times\frac{1}{0.5}\times 1000=4800\ 单位/克酶制剂$$

2. 测定一定时间内所起的化学反应量

这是酶活力测定的主要方式，用测定反应量来计算酶活力。主要是根据在一定条件下，酶反应速率与酶浓度成正比，测定反应速率就可求出酶的浓度。

测定结果的正确与否，即能否真实地反映酶活力，是和酶反应的条件是否适宜密切有关。适宜的条件是使所有的酶分子都能正常地发挥作用，反应条件中应使酶浓度是影响反应速率的唯一因素，而其他条件如 pH 和温度应保持最适水平。此外测定用的底物应当使用足够高的浓度，使酶催化的反应速率不受底物浓度的限制。为了测定简便，选用的底物最好在物理或化学性质上和产物有所区别。

下面以蛋白酶活力测定为例说明。此酶的单位规定为在 30℃和 pH 为 7.0 条件下，每分钟分解酪蛋白产生酪氨酸的微克数即为此酶的活力单位数。具体操作时，先取一定量的酶粉稀释液（稀释一定倍数），加入一定量的底物酪蛋白溶液，在 30℃水浴中保温 10min 后，立即加入蛋白变性剂三氯醋酸，使酶变性失活，中止酶的活动。由于蛋白酶作用于酪蛋白后，有

酪氨酸分解出来，酪氨酸和福林试剂作用后生成蓝色物质，根据颜色的深浅，通过比色测定后，知道有多少微克酪氨酸分解出来，从而计算出每克酶制剂在每分钟内可分解出多少微克的酪氨酸，即为含多少单位。

酶活力测定常用的具体方法有化学分析法、滴定法、比色法、吸收光谱法、荧光法、电化学法和量气法等，采用哪一种方法根据产物的物理、化学特征来决定。

第六节　食品工业中重要的酶及其应用

一、水解酶类

水解酶有苷键水解酶、酯水解酶和肽键水解酶三类。它们在食品工业中应用都很广泛。

1. 淀粉酶

淀粉酶常指水解淀粉分子的 α-1,4 糖苷键和 α-1,6 糖苷键的酶。在食品加工中主要用于淀粉的液化和糖化，酿造、发酵制葡萄糖，也用于面包工业以改进面包质量。

(1) α-淀粉酶　α-淀粉酶（EC3.2.1.1）广泛存在于胰液、麦芽、唾液及微生物中，属内切酶。它能在淀粉分子内部任意切开 α-1,4 糖苷键，但不能切开 α-1,6 糖苷键。它能使淀粉分子迅速降解为麦芽糖和葡萄糖，但在降解支链淀粉时，因不能切开 α-1,6 键和在分支点附近的 α-1,4 键而产生小分子糊精。其作用模式见图 6-12。降解结果使淀粉黏度迅速下降而液化，产物对碘的呈色消失，这种作用称为“液化”，因此 α-淀粉酶也叫“液化酶”。α-淀粉酶分子中有一个结合得很牢固的钙离子，它对该酶有激活和稳定作用。

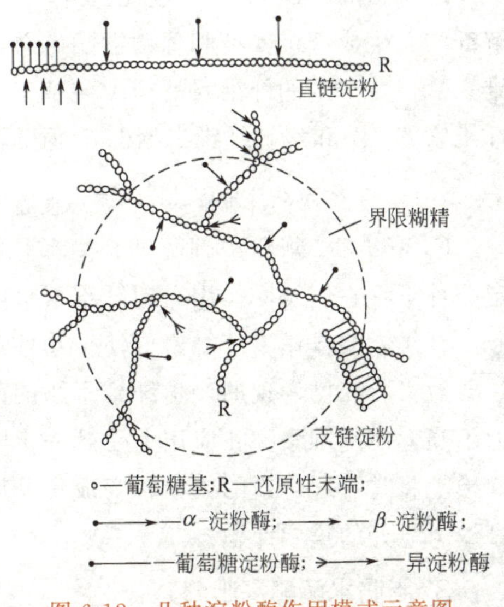

图 6-12　几种淀粉酶作用模式示意图

α-淀粉酶的用途广泛。如在酿造工业中水解淀粉，为酵母提供可发酵的糖；在食品加工中缩短婴儿食品的干燥时间；改进面包的体积和结构；除去啤酒中的淀粉浑浊；把较低糖度的淀粉转变成为高度可发酵的糖浆等。

(2) β-淀粉酶　β-淀粉酶（EC3.2.1.2）作用于淀粉链的非还原末端，每隔一个地水解 α-1,4 糖苷键，是一种端切酶。由于每次产生两个葡萄糖分子，产物是麦芽糖，从而可增加淀粉溶液的甜味，β-淀粉酶不能水解直链淀粉中的 α-1,6 糖苷键，因而造成了淀粉的不完全降解，它最多只能水解产生 50%～60%麦芽糖。剩余的部分称为极限糊精。β-淀粉酶水解淀粉的模式见图 6-12。

β-淀粉酶主要存在于大豆、小麦、大麦、甘薯等植物的种子中，少数细菌与霉菌中也含有此种酶。植物来源的 β-淀粉酶的最适 pH 为 5～6。与 α-淀粉酶相比，β-淀粉的热稳定性较差。大麦和甘薯 β-淀粉酶的最适温度为 50～55℃，大豆 β-淀粉酶的最适温度为 60～

65℃，一般细菌β-淀粉酶最适温度在50℃以下。

β-淀粉酶主要用于面包、啤酒等工业，也常用于制造麦芽糖等。

(3) 葡萄糖淀粉酶 葡萄糖淀粉酶（EC3.2.1.3）从非还原端开始水解α-1,4糖苷键，也可水解支链淀粉α-1,6糖苷键，对直链和支链淀粉均逐次切下一个葡萄糖单位。故工业上称它为糖化酶。属外切型酶。

葡萄糖淀粉酶是一种糖蛋白，只存在于微生物界，根霉、黑曲霉、拟内孢霉等真菌及其变异株均可产生此种酶。该酶的最适温度为40～60℃，最适pH为4.0～5.0。它与α-淀粉酶共存水解生淀粉的能力可提高3倍。广泛用于各种酒的生产，可增加出酒率，节约粮食，降低成本，也用于葡萄糖及果葡糖浆的制造。

(4) 异淀粉酶 异淀粉酶又称淀粉-1,6-糊精酶、淀粉解支酶、R-淀粉酶。该酶只作用于α-1,6糖苷键，使支链淀粉变为直链淀粉，存在于马铃薯、酵母、某些细菌和霉菌中，生产上用此酶制造糯米纸和饴糖。

2. 纤维素酶

纤维素酶（EC3.2.1.4）主要作用于β-1,4糖苷键。它不是一种单一的酶，是由一类水解纤维素生成纤维二糖和葡萄糖酶的总称。霉菌、纤维杆菌、纤维放线菌等微生物可产生纤维素酶。所产生的纤维素酶至少包括三种类型，即破坏纤维素晶状结构的C_1酶、水解游离纤维素C_X酶和水解纤维二糖的β-葡萄糖苷酶。三种酶的作用顺序如下：

$$\text{天然纤维素} \xrightarrow{C_1\text{酶}} \text{游离直链纤维素} \xrightarrow{C_X\text{酶}} \text{纤维二糖} \xrightarrow{\beta\text{-葡萄糖苷酶}} \text{葡萄糖}$$

C_1酶、C_X酶和β-葡萄糖苷酶都是糖蛋白，最适温度为50℃，最适pH为4～5。在一定条件下，它们协同作用，把纤维素水解为葡萄糖。

纤维素酶作用于纤维素可使植物性食品原料中的纤维素增溶和糖化，这对食品工业具有重要意义。在已发现的产生纤维素酶的菌株中，分解天然纤维素的能力较弱，即C_1酶的活力不高，使纤维素酶在应用上受到一定限制。从长远观点来看，纤维素酶有可能在工业化的规模上将富含纤维素的废物转变成食品原料，因此培育高效性的纤维素酶的菌种是目前科学家致力研究的重要课题。

3. 脂肪水解酶（脂酶）

脂酶的系统名称为三酰基甘油酰基水解酶。脂酶是一种糖蛋白，存在于动物胰腺、牛羊的可食前胃组织、高等植物的种子以及米曲霉、黑曲霉中，最适温度为30～40℃，最适pH偏碱性。该酶只能在油-水界面上进行催化，即催化乳化状态的脂肪水解，不能催化未乳化的脂肪。任何一种促进脂肪乳化的措施，都可增强脂酶的活力。

脂酶主要用于催化油脂的水解和改善油脂的性质。在奶酪、奶油加工中，添加脂酶可将乳脂分解释放出风味前体和风味化合物，改善产品风味。但含脂食品如牛奶、奶油、干果等发生水解酸败，产生的不良风味，也来自脂肪酶的水解。

4. 果胶酯酶

果胶酯酶（EC3.1.1.11）的作用是降解果胶物质。它有三种类型，催化三类不同的反应，即果胶酯酶、聚半乳糖醛酸酶和果胶裂解酶。

果胶酯酶存在于霉菌、细菌和植物中，它催化果胶脱去甲酯基，生成聚半乳糖醛酸苷链和甲醇。霉菌果胶酯酶的最适 pH 在酸性范围，细菌果胶酯酶的最适 pH 在碱性范围，植物果胶酯酶的最适 pH 在中性范围。柑橘类水果和番茄中果胶酯酶含量较高。

聚半乳糖醛酸酶存在于植物、霉菌和酵母菌中，最适 pH 为 4.5～6.0。其作用是使果胶分子中的 α-1,4 糖苷键断裂，使果胶的黏度降低，分子量减少，还原性基团增加，水解产物为单体的半乳糖醛酸，该产物不再有凝胶的作用。

果胶裂解酶能催化果胶半乳糖醛酸残基的 C_4 和 C_5 位上发生氢的反式消去完成糖苷键的裂解。

生产上使用的果胶酶主要来自霉菌，它们往往是几种果胶酶特别是果胶酯酶和半乳糖醛酸酶的混合物。在果汁加工工艺过程中，添加果胶酶制剂可提高出汁率，加速果汁澄清，使成品果汁有较好的稳定性；在果酒制备过程中使用果胶酶制剂，不仅酒易于压榨、澄清和过滤，而且酒的收率和成品酒的稳定性均有提高。此外，果胶酶还可用于橘子脱囊衣、莲子去内皮、大蒜去内膜、麻料脱胶等生产中。

5. 蛋白酶

肽键水解酶主要作用于蛋白质或肽分子中的肽键。根据作用部位不同分内肽酶和外肽酶两类。水解肽链内部肽键的称为内肽酶，从多肽链两端水解肽键的叫外肽酶，其中作用于氨基端肽键的叫氨肽酶，作用于羧基端肽键的叫羧肽酶。

(1) 植物蛋白酶 植物体内存在有多种蛋白酶。食品工业中应用较多的有木瓜蛋白酶、菠萝蛋白酶和无花果蛋白酶。它们都属于内切酶。

木瓜蛋白酶主要从鲜木瓜绿色果实的胶乳中提取，属于碱性蛋白质（$pI=8.75$）。该酶专一性较宽，最适 pH 因底物而异，一般在 5.0～8.0，耐热性较强，最适温度 60～65℃。

菠萝蛋白酶和无花果蛋白酶分别来自菠萝的汁液和无花果胶乳中，主要水解多肽和蛋白质，属碱性蛋白质，最适 pH 在 7 左右。

这三种植物蛋白酶在食品加工中主要用作肉类嫩化剂，对禽畜的肌肉纤维和结缔组织进行适度水解。用于啤酒澄清，可使啤酒不会因低温生成蛋白质与丹宁的复合物产生浑浊。在医药上，作助消化剂等。这些酶对底物的专一性较宽，人的皮肤也易受腐蚀，加工时应注意人手的防护。

(2) 动物蛋白酶 人与动物的消化系统中存在有多种蛋白酶。主要有胃蛋白酶、胰蛋白酶和凝乳酶。

胃蛋白酶存在于哺乳动物的胃液中，前体为胃蛋白酶原，在氢离子或胃蛋白酶作用下激活，最适 pH 为 1～4，温度高于 70℃ 即失活。胃蛋白酶主要水解蛋白质中由芳香族氨基酸形成的肽键。

胰蛋白酶由胰脏分泌，最适 pH 为 7～9，它只能水解赖氨酸和精氨酸的羧基参与生成的肽键。生物界中有一些天然的胰蛋白酶抑制剂，其中最常见的是大豆胰蛋白酶抑制剂，故大豆煮熟后才能食用。

凝乳酶主要存在于幼小的哺乳动物的胃液中，属内切酶，用于干酪制作。

动物蛋白酶由于来源少，价格昂贵，在食品工业中应用不多。

(3) 微生物蛋白酶 微生物是蛋白酶的重要来源，细菌、酵母菌和霉菌都含有多种蛋白酶，已大量应用于食品工业。常用于薄脆饼干的制作；在肉类的嫩化，尤其是牛肉的嫩化上运用微生物蛋白酶代替价格较贵的木瓜蛋白酶，可达到较好的效果；在酱油或豆酱的生产时，利用蛋白酶催化大豆蛋白质水解，可缩短生产周期，提高蛋白质的利用率，改善风味；制作糕点时可分解面筋以改良面团；制作香肠肠衣时从牛皮胶制水溶性胶原代替肠衣；酿造啤酒时可改良风味等。

二、氧化还原酶类

1. 酚氧化酶（酚酶）

酚酶系统命名是邻二酚：氧氧化还原酶（EC1.10.3.1），该酶以铜为辅基，必须以氧为受氢体，是一种末端氧化酶，酚酶可以一元酚或二元酚为底物，如儿茶素、花色素、绿原酸、咖啡酸和黄酮醇等。酚氧化酶将底物氧化成不稳定的醌，进而聚合产生棕黑色素。新切开的苹果、土豆、芹菜、芦笋的表面，以及新榨出的葡萄汁等水果汁的褐变反应均由此酶作用所致，这种褐变影响食品外观。多酚酶在茶叶生长与加工过程中对茶叶品种和品质，也起着极为重要的作用。

在食品加工中为防止酶促褐变，从酶方面着手，可采取加热、用酚酶的抑制剂二氧化硫或亚硫酸钠处理、调节 pH 等措施，使酶失活或活性降低来解决。

2. 葡萄糖氧化酶

葡萄糖氧化酶（EC1.1.3.4 β-D-葡萄糖：氧氧化还原酶）是一种需氧脱氢酶，它使葡萄糖氧化成 δ-D-葡萄糖酸内酯，而自身所含的 FAD 则转变为 $FADH_2$。葡萄糖氧化酶的专一性很强，氧化 β 型葡萄糖的反应速率几乎是 γ 型的 160 倍。葡萄糖氧化酶的主要用途是脱氧、脱糖生产葡萄糖酸，在食品加工和生产生化材料时用作检测葡萄糖的试剂等。工业上使用的葡萄糖氧化酶主要来源于金黄色青霉和点青霉，最适温度 30～50℃，最适 pH 为 4.8～6.2。

3. 过氧化氢酶

这是一种含铁的结合酶，催化 $2H_2O_2 \longrightarrow 2H_2O + O_2$ 反应，在麸皮、大豆及牛乳中均含有。过氧化氢酶主要用于去除乳和蛋白低温消毒后的残余过氧化氢，除去葡萄糖氧化酶作用而产生的过氧化氢，也可作为测定粮食食品质量的一项指标。

4. 脂氧合酶

脂氧合酶（EC1.13.1.13 亚油酸：氧氧化还原酶）使不饱和脂肪发生酸败，最适 pH 为 6.5 左右，耐低温，广泛存在于大豆、绿豆、菜豆、花生等豆类和小麦、玉米等谷类中。在梨、苹果等水果中以及动物体内也有存在。由于它的作用使脂肪发生氧化酸败，从而使食品质量发生劣变。例如冷冻食品风味和质量下降，某些面条的不期望的漂白等。但脂氧化酶能改善面团的流变性。

5. 过氧化物酶

过氧化物酶（EC1.11.1.7）存在于植物组织、乳及白细胞中，具有较高的耐热性，可用作灭菌处理的有效指示剂。它能导致维生素 C 的氧化降解，催化不饱和脂肪酸的非酶促过氧化降解，从而使食品营养与风味发生变化。此外，还能在一定条件下使色素漂白，从而破坏食品的颜色。

6. 抗坏血酸氧化酶

抗坏血酸氧化酶是一种含铜盐，存在于谷物、南瓜、丝瓜等种子以及柑橘等水果中，能引起酶促褐变。加工中应尽量采取使之失活的措施，以保护抗坏血酸免受损失，提高食品质量。

三、葡萄糖异构酶

葡萄糖异构酶在食品工业上有较重要应用。该酶又名木糖异构酶，它可将葡萄糖、木糖、核糖等醛糖转化为相应的酮糖。它必须在 Mg^{2+} 、Co^{2+} 等作用下才表现出较好的对热稳定性及较高的催化活性，但 Co^{2+} 对人体有害，应避免使用。甘露醇、木糖醇、山梨糖醇、阿拉伯糖及糖醇、戊糖等对它具有强烈抑制作用，Hg^{2+} 、Ag^{+} 、Pb^{2+} 、Zn^{2+} 、Cu^{2+} 、Al^{3+} 、Ca^{2+} 、Fe^{2+} 等金属离子对其活力也有不同程度的抑制。

葡萄糖异构酶对热稳定，最适温度为 65～80℃，多数葡萄糖异构酶在碱性条件下稳定，最适 pH 为 6.5～8.0。

葡萄糖异构酶主要催化葡萄糖与果糖间的异构化，这是一个吸热反应。反应达平衡时，温度升高有利果糖的生成。一般采用 60℃，底物葡萄糖浓度 40%～50%，果糖生成率约在 4。

葡萄糖异构酶主要用于生产果葡糖浆。果葡糖浆甜度及营养价值高，全世界果葡糖浆消费量已逾千万吨。我国为解决食糖供应不足，已开始利用粮食和野生淀粉资源生产果葡糖浆。

四、固定化酶

酶的固定化技术是 20 世纪 60 年代发展起来的一种新的应用技术。通常酶促反应是将酶溶于溶液中进行的，由于水溶性酶稳定性差，反应后即使还有活力，但无法回收，耗酶量大，也不能连续操作，又因酶制品带入的杂质，影响产品质量。酶的固定是将分离纯化得到的水溶性酶，用物理或化学方法处理，使酶与一惰性载体连接起来或将酶包起来做成一种不溶于水的酶。这样的酶在固相状态下作用于底物，故称水不溶酶或固定化酶或固相酶。

固定化酶不仅仍具有酶催化特性，而且对酸碱、温度、变性剂、抑制剂的稳定性有明显增加，并易与反应物分离，可反复多次使用，提高酶的使用率。如将固相酶装入柱中，可使反应连续化、自动化和管道化，简化操作步骤。由于能充分洗涤，去掉可溶性杂质，使产物质量大大提高。因此它的研究和应用是近年来一项有意义的重要革新。

酶的固定化方法有吸附法、共价键法、交联法和包埋法等。

吸附法用离子交换或吸附将酶吸附在水不溶性的惰性载体上。此法简便经济，酶活力损失少，但酶与载体的结合力弱，酶易从载体上脱落，实用价值少。

共价结合法利用共价键，使酶的非活性中心基团与载体分子结合，此法酶与载体结合牢固，但由于化学共价法结合时反应剧烈，常引起酶蛋白的高级结构发生变化，因此不易控制，若控制不当会使酶失活。

交联法利用双官能团试剂与酶分子发生交联，凝集为网状结构的固定化酶。但此法制得的固定化酶颗粒较细，必须与吸附法，包埋法联合使用才有良好效果。见图 6-13。

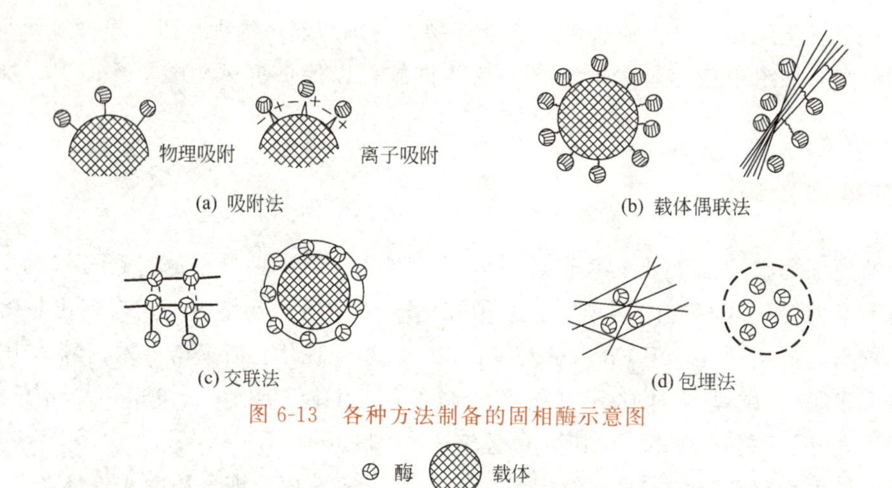

图 6-13　各种方法制备的固相酶示意图

包埋法把酶分子包埋于凝胶的微细格子中或用半透性的聚合物膜包围起来，使之不漏出孔外，具体操作时要注意凝胶网孔应比底物和产物的分子大，允许底物和产物分子能自由通过，不然不利于酶促反应的发生。因此，以大分子为底物的酶不能用包埋法固定。

固定化酶较游离酶具有许多优点，应用范围越来越广，至今已有多种固定化酶获得工业规模的应用。如固定化葡萄糖异构酶生产高果葡糖浆，固定化微生物细胞生产 L-天冬氨酸和 L-苹果酸，固定化乳糖酶生产低乳糖牛奶，固定化青霉素酰化酶生产 6-氨基青霉烷酸等。

随着固定化技术的发展，作为固定化对象不一定是酶，也可以是微生物细胞或细胞器，这些固定化物可统称固定化生物催化剂。近年来，后来居上的固定化细胞技术发展更为迅速，在实际应用方面已大大超过固定化酶。在工业应用方面，利用固定化酵母细胞发酵生产酒精、啤酒的研究较引人注目，也已投入生产。

五、酶工程

随着酶学研究迅速发展，特别是酶的应用推广，使酶学和工程学相互渗透和结合，发展成一门新的技术科学——酶工程。酶工程是酶学、微生物学的基本原理与化学工程有机结合而产生的交叉科学技术。它是从应用的目的出发研究酶，是在一定生物反应装置中利用酶的催化性质，将相应原料转化成有用物质的技术，是生物工程的重要组成部分。

酶是生物体内进行自我复制、新陈代谢所不可缺少的生物催化剂。由于酶能在常温、常压、中性 pH 等温和条件下高度专一有效地催化底物发生反应，所以酶的开发和利用是当代新技术革命中的一个重要课题。酶工程主要指天然酶制剂在工业上的大规模应用，由 4 个部分组成：①酶的产生；②酶的分离纯化；③酶的固定化；④生物反应器。

一般认为，酶工程的发展历史应从第二次世界大战后算起。从 20 世纪 50 年代开始，由微生物发酵液中分离出一些酶，制成酶制剂。60 年代后，由于固定化酶、固定化细胞崛起，使酶制剂的应用技术面貌一新。70 年代后期以来，由于微生物学、遗传工程及细胞工程的发展为酶工程进一步向纵深发展带来勃勃生机，从酶的制备方法、酶的应用范围到后处理工艺都受到巨大冲击。尽管目前业已发现和鉴定的酶约有8000多种，但大规模生产和应用的商品酶只有数十种。天然酶在工业应用上受到限制的原因主要有：①大多数酶脱离其生理环境后极不稳定，而酶在生产和应用过程中的条件往往与其生理环境相去甚远；②酶的分离纯化工艺复杂；③酶制剂成本较高。因此，根据研究和解决上述问题的手段不同把酶工程分为化学酶工程和生物酶工程。前者指天然酶、化学修饰酶、固定化酶及化学人工酶的研究和应用，后者则是酶学和以基因重组技术为主的现代分子生物学技术相结合的产物，主要包括3个方面：①用基因工程技术大量生产酶（克隆酶）；②修饰酶基因产生遗传修饰酶（突变酶）；③设计新的酶基因合成自然界不曾有的，性能稳定，催化效率更高的新酶。

习题

一、选择题

1. 下列关于酶特性的叙述，错误的是（　　）。

A. 催化效率高　　B. 专一性强　　C. 作用条件温和　　D. 都有辅因子参与

2. 酶催化的反应与无催化剂的反应相比，在于酶能够（　　）。

A. 提高反应所需活化能　　B. 降低反应所需活化能

C. 促使正向反应率度提高，但逆向反应速率不变或减小　　D. 以上都不正确

3. 下列关于酶活性中心的叙述正确的是（　　）。

A. 所有酶都有活性中心　　B. 所有酶的活性中心都含有辅酶

C. 酶的活性中心都含有金属离子　　D. 所有抑制剂都作用于酶活性中心

4. 酶促反应中决定酶专一性的部分是（　　）。

A. 酶蛋白　　B. 底物　　C. 辅酶或辅基　　D. 催化基团

5. 酶具有高度催化能力的原因是（　　）。

A. 酶能降低反应的活化能　　B. 酶能提高反应体系的温度

C. 酶能改变化学反应的平衡点　　D. 酶能提高反应的活化能

6. 目前公认的酶与底物结合的学说是（　　）。

A. 活性中心说　　B. 诱导契合学说　　C. 锁匙学说　　D. 中间产物学说

7. 米氏常数 K_m 是一个用来度量（　　）。

A. 酶和底物亲和力大小的常数　　B. 酶促反应速率大小的常数

C. 酶被底物饱和程度的常数　　D. 酶的稳定性的常数

8. 酶原是酶的（　　）前体。

A. 有活性　　B. 无活性　　C. 提高活性　　D. 降低活性

9. 酶的非竞争性抑制剂对酶促反应的影响是（　　）。

A. v_{max} 不变，K_m 增大　　B. v_{max} 不变，K_m 减小

C. v_{max} 增大，K_m 不变　　D. v_{max} 减小，K_m 不变

10. 已知某酶的 K_m 值为0.05mol/L，要使酶催化的反应速率达到最大反应速度的80%时底物浓度应为（　　）。

A. 0.2mol/L　　B. 0.4mol/L　　C. 0.1mol/L　　D. 0.05mol/L

11. 重金属 Hg、Ag 是一类（　　）。

A. 竞争性抑制剂　　B. 不可逆抑制剂　　C. 非竞争性抑制剂　　D. 反竞争性抑制剂

12. 辅酶与酶的结合比辅基与酶的结合更为（　　）。

A. 紧　　B. 松　　C. 专一　　D. 以上说法都不对

13. 下列关于辅基的叙述，正确的是（　　）。

A. 是一种结合蛋白质

B. 只决定酶的专一性，不参与化学基团的传递

C. 与酶蛋白的结合比较疏松

D. 以上说法都不对

14. 某酶今有 4 种底物（S），其 K_m 值如下，该酶的最适底物为（　　）。

A. S_1：$K_m=5\times10^{-5}$M　　B. S_2：$K_m=1\times10^{-5}$M

C. S_3：$K_m=10\times10^{-5}$M　　D. S_4：$K_m=0.1\times10^{-5}$M

15. 酶促反应速度为其最大反应速度的 80%时，K_m 等于（　　）。

A. [S]　　B. [S] /2　　C. [S] /4　　D. 0.4 [S]

16. 有关 β-淀粉酶的特性描述，下列哪种说法不对（　　）。

A. 它从淀粉分子内部水解 α-1,4-糖苷键

B. 它从淀粉分子的非还原性末端水解 α-1,4-糖苷键

C. 它的作用产物是麦芽糖

D. 它是端切酶

二、是非题

1. 米氏常数（K_m）是与反应系统的酶浓度无关的一个常数。（　　）
2. 酶是生物催化剂。（　　）
3. 辅酶与酶蛋白的结合不紧密，可以用透析的方法除去。（　　）
4. 一种酶作用于多种底物时，其最适底物的 K_m 值应该是最小。（　　）
5. 一般来说酶是具有催化作用的蛋白质，相应的蛋白质都是酶。（　　）
6. 酶反应的专一性和高效性取决于酶蛋白本身。（　　）
7. 酶活性中心是酶分子的一小部分。（　　）
8. 酶的最适温度是酶的一个特征性常数。（　　）
9. 竞争性抑制剂在结构上与酶的底物相类似。（　　）
10. 酶浓度不变时，酶反应速度与底物浓度成直线关系。（　　）
11. 酶的比活力可表示酶纯度，因此比活力可用每克酶制剂或每毫升酶制剂含有多少活力单位表示。（　　）
12. 提纯酶时，只需求其总活力，就可以知其纯度是否提高了。（　　）
13. 本质为蛋白质的酶是生物体内唯一的催化剂。（　　）
14. α-淀粉酶是一种内切酶，β-淀粉酶是一种端解酶。（　　）
15. 酶的竞争性抑制可用增加底物浓度解决。（　　）
16. 反应速度与酶浓度成正比。（　　）
17. 酶的米氏常数越小，对底物的亲合力越大。（　　）

18. 比活力越高，说明酶纯度也越高。 (　　)

三、填空题

1. 酶不同于一般催化剂的特性__________、__________、__________、__________。

2. 酶的命名有_______、_______两种。乳酸脱氢酶的编号是EC1.1.1.27，它属于_______命名法。其中，EC代表______________。

3. 结合蛋白酶由蛋白质与辅助因子组成，辅助因子有__________、__________，在催化反应中，酶蛋白决定反应底物的种类，即决定该酶的__________，而辅助因子决定底物的__________。

4. 由细胞内产生并在细胞内部起作用的酶称为__________，由细胞内产生后分泌到细胞外起作用的酶称为__________，水解酶类一般属__________酶。

5. 固定化酶是将分离纯化得到的水溶性酶，用物理或化学方法处理，使酶与__________连接起来或将酶包起来做成一种不溶于水的酶，这样的酶在_______状态下作用于底物，故称固定化酶或称__________酶。酶的固定化方法主要有__________、__________、__________和__________。

6. 酶催化反应遵守中间产物学说，其反应过程分两步进行，设E为酶，S为底物，P为产物，反应式分别是______________、______________，而每一步的能阈都_______，所需的活化能_______。

7. 使酶表现最大活力时的温度称_______。使酶表现最大活力时的pH称_______pH。

8. 由于酶蛋白变性而引起酶活力丧失称为_______作用；由于酶的活性中心的化学性质发生改变而引起酶活力降低或丧失称为_______作用。

四、问答题

1. 试阐明酶与蛋白质之间有何不同？

2. 简述酶作为生物催化剂与一般化学催化剂的共性及其个性？

3. 酶的化学本质是什么？如何证明？能否说明有催化能力的生物催化剂都是蛋白质？

4. 酶的活性部位与必需基团有何关系？

5. 什么是酶原、酶原激活？活性中心是怎样形成的？试述酶原激活的生物学意义。

6. 辅酶与辅基有何不同？它们与激活剂有何区别？

7. 如何谓酶的专一性？酶的专一性有哪几类？

8. 酶催化反应中，温度是如何影响酶的反应速度的？它和反应速率的关系怎样？

9. 酶促反应速率的因素有哪些？试用曲线说明它们各自对酶活力有何影响？

10. 米氏常数是什么？它有何意义及应用？

11. 什么测酶活力时以测初速率为宜，并且底物浓度应大大超过酶浓度？

12. 如何测定酶活力大小？在测定过程中应注意哪些问题？

13. 取25mg蛋白酶粉配制25mL酶溶液，从中吸取0.1mL酶液，以酪蛋白为底物，用Folin比色法测定酶活力，得知每小时产生1500μg酪氨酸；移取2mL酶液用凯氏定氮法测得蛋白氮为0.2mg。定义为每分钟产生1μg酪氨酸的酶量为1U。请计算：

（1）酶溶液的蛋白浓度及比活力。

（2）每克纯酶制剂的总蛋白含量及总活力。

14. 淀粉酶制剂 1g，用水溶解成 1000mL，从中取出 1mL 测定淀粉酶活力，测知每 5min 分解 0.25g 淀粉，计算每克酶制剂所含的淀粉酶活力单位数（淀粉酶活力单位规定为：在最适条件下，每小时分解 1g 淀粉的酶量为一个活力单位）。

15. 鲜采摘的玉米有甜味，这是由于玉米中含有大量糖，但贮存几天后因玉米中的游离糖转变为淀粉，使甜味减少。为了保持新鲜玉米的甜味，冷藏加工中可先把玉米在沸水中浸几分钟，取出后放入冷水中冷却，再进行冷藏。这样加工可保持其甜味，这种处理方法的生物化学基础是什么？

素质拓展阅读

食品酶制剂

酶技术的进步催生了酶制剂产业的繁荣。酶制剂，即酶的纯化与精加工产物，具备催化化学反应的能力，常应用于工业生产过程中，体现出高效、安全以及节能减排等特性，对于提升相关行业的技术水准，研发创新产品、提高品质、节省能源、保护生态环境都具有举足轻重的作用。如今，酶制剂产业已然成为了生物科技领域的先锋及 21 世纪最具潜力的新兴产业之一。据统计，全球已知的酶种类多达四千余种，申请专利的酶制剂亦超过百种，然而真正实现规模化生产的仅有六十余种。据预测，全球酶制剂市场将以每年 11%的速度持续增长，发展前景极为广阔。

我国食品酶制剂主要用于食品工业。伴随着我国食品工业稳定高速的发展，食品酶制剂市场规模以惊人速度扩大，涵盖了食品行业众多领域。全球食品工业酶制剂使用量占据总酶制剂的 60%，而国内的占比更是高达 85%以上。我国食品酶制剂种类繁多，主要包括酿造酶、乳品酶、淀粉酶、蛋白酶、油脂酶、风味酶、果品酶等。

我国现有酶制剂制造商约百家，其中大部分为中小企业，仅有少数大型合资企业实现大规模生产。截至目前，已规模化生产的酶品种类约为 30 种。我国已经构建起完善的食品酶制剂生产体系，可大规模生产包括碳水化合物、蛋白质和乳品深加工酶等多种类型的食品酶制剂。然而，随着我国食品工业飞速发展，现行酶制剂无法完全适应其需求。因此，酶制剂行业急需开发新型、复合型以及具有高活性和高纯度的特殊酶制剂。当前，逐渐完善的酶制剂研发与应用技术推动了我国酶制剂产业向“高端化、高效化、优质化、专业化、多元化”的方向迈进。

第七章 维生素

学习目标

1. 掌握维生素的概念与分类方法。
2. 了解各种维生素的结构，掌握其性质、生理功能及其食物来源。
3. 了解辅酶或辅基与维生素的联系。
4. 掌握维生素损失的原因及加工对维生素的影响。

第一节 概述

一、维生素的定义

人们对于维生素的真正认识和正式研究是在20世纪初。20世纪以前，生物学家只知道食品中主要有蛋白质、脂肪、糖类、矿物质和水五种营养成分。实验证明只用这五种成分配成的饲料长期喂养动物，最后会造成动物死亡，这说明生物体对营养的需求不仅仅限于以上五种成分。

1910年波兰学者冯克（Funk）从米糠中提取出一类胺类物质，可治疗脚气病，他把它命名为“活性胺”。美国的生物化学家门的尔（L. B. Mendel）和奥斯本（T. B. Osborni），麦科勒姆（E. V. McCollum）和戴维斯（M. Davis）于1913年发现脂溶性维生素A和水溶性维生素B。

1912年科学家霍普金斯（Hopkins）提出的定义是“维生素是生物生长和代谢所必需的微量有机物”，人和动物缺乏维生素都不能正常生长。

其后，在天然食物中陆续发现了许多为动物和微生物生长所必需的物质，并证明大多数并不是胺类物质，故把这类物质统称为维生素（vitamin），意即维持生命之要素。音译为维他命。

维生素是维持机体正常生命活动必不可少的一类微量小分子有机化合物。尽管机体对维生素的需要量很小，但由于这类物质在体内不能合成，或合成的量很少，必须从食物中摄取，才能满足机体需要。维生素在生物体内既不是构成各种组织的正常生理结构材料，也不是体内能量的来源，但在体内调节物质代谢和能量代谢中起着非常重要的作用。大多数维生素是通过辅酶或辅基的形式参与生物体内的酶反应系统，也有少数维生素还具有一些特殊的生理功能。机体缺少某种维生素时，会使物质代谢过程发生障碍，生物不能正常生长、发育，甚至发生疾病。这种因缺乏维生素而引发的疾病称为维生素缺乏症。

二、维生素的命名和分类

1. 维生素的分类

目前已发现的维生素有30多种，结构差异很大，它们都是小分子有机物，但在化学结构上无共同性，有胺类、醇类、酚类、醛类等，各种维生素的生理功能各异，通常根据其溶解性质分为脂溶性维生素、水溶性维生素两大类。

(1) 脂溶性维生素 不溶于水而溶于脂肪和脂肪溶剂的维生素称为脂溶性维生素。如维生素A、维生素D、维生素E、维生素K和硫辛酸等。由于在生物体内常与脂类共存，因此它们的消化与吸收都和脂类有关。

(2) 水溶性维生素 溶于水而不溶于有机溶剂的维生素称为水溶性维生素。水溶性维生素包括维生素B族、维生素C，属于维生素B族的主要有维生素B_1、维生素B_2、维生素PP、维生素B_6、泛酸、生物素、叶酸和维生素B_{12}等。水溶性维生素特别是维生素B族在生物体内通过构成辅酶而发挥对物质代谢的影响。这类辅酶在肝脏内含量最丰富。与脂溶性维生素不同，进入人体的多余的水溶性维生素及其代谢产物均自尿中排出，体内不能多贮存。

2. 维生素的命名

① 习惯上采用拉丁字母A、B、C、D…来命名，中文命名则相应的采用甲、乙、丙、丁……这些字母并不表示发现该种维生素的历史次序（维生素A除外），也不说明相邻维生素之间存在什么关系。有的维生素在发现时以为是一种，后来证明是多种维生素混合存在，便又在拉丁字母下方注1、2、3等数字加以区别，如B_1、B_2、B_3、B_6等。

② 根据维生素特有的生理和治疗作用来命名。如维生素B_1，有防止神经炎的功能，所以也称为神经炎维生素。

③ 根据其化学结构来命名如维生素B_1，因分子中含有硫和氨基（$-NH_2$），又称为硫胺素。

第二节　脂溶性维生素

一、维生素A

维生素A是所有具有视黄醇生物活性的β-紫罗宁衍生物的统称。它是具有脂环的不饱和一元醇类，有维生素A_1和维生素A_2两种。维生素A_1也称为视黄醇，存在于哺乳动物及咸水鱼的肝脏中；维生素A_2为3-脱氢视黄醇，存在于淡水鱼的肝脏中。二者的生理功能相同，但维生素A_2的生理活性只有维生素A_1的一半。维生素A的结构如图7-1所示。

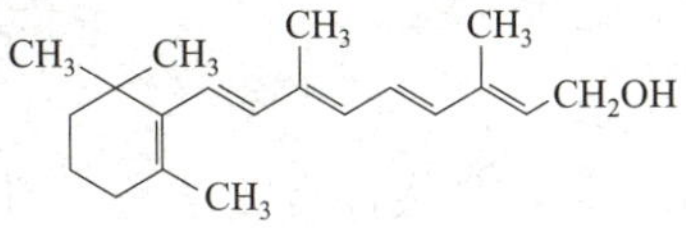

维生素 A_1(视黄醇)

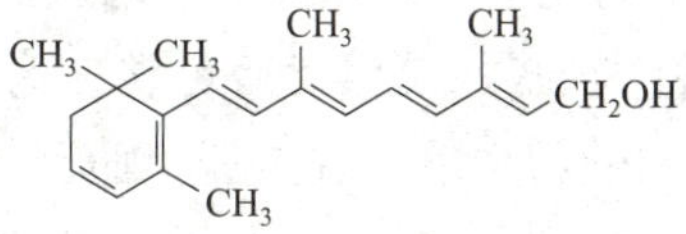

维生素 A_2(3-脱氢视黄醇)

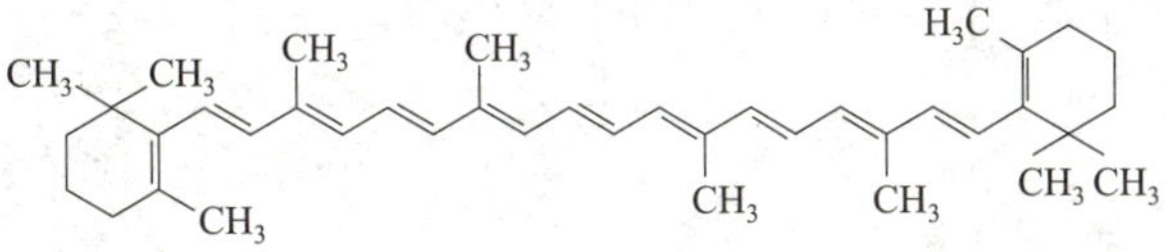

β-胡萝卜素

图 7-1 维生素 A 及 β-胡萝卜素的结构式

维生素 A 只存在于动物性食品（肝、蛋、肉）中，但是在很多植物性食品如胡萝卜、红辣椒、菠菜、芥菜等有色蔬菜中存在着类胡萝卜素，类胡萝卜素结构与维生素 A_1 相似，但不具有生物活性，它在人和动物的肠壁和肝脏中能转变成具有生物活性的维生素 A，因此类胡萝卜素也称为维生素 A 原。其中生物活性最高的是 β-胡萝卜素（见图 7-1），虽然理论上 1 分子 β-胡萝卜素可以生成 2 分子维生素 A，但由于胡萝卜素不能完全被吸收，转变有限，所以实际上 6μg β-胡萝卜素才具有 1μg 维生素 A 的生物活性。

维生素 A 纯品为黄色片状结晶，不纯品一般是无色或淡黄色油状物（加热至 60℃应成澄明溶液）。不溶于水，在乙醇中微溶，易溶于油及其他有机溶剂。易被氧化，光和热可促进氧化。在无氧条件下可耐热至 120～130℃，但在有氧条件下受热或受紫外线照射时，均可使其破坏失效。维生素 A 对热、酸、碱稳定，一般加工烹调方法不会引起破坏，但若与磷脂、维生素 E、维生素 C 及其他抗氧化剂并存则较为稳定。

维生素 A 参与视网膜视紫质的合成与再生，维持正常暗适应能力，维持正常视觉。当维生素 A 缺乏时，视紫红质合成受阻，使视网膜不能很好地感受弱光，在暗处不能辨别物体，暗适应能力降低，严重时可出现夜盲症。

维生素 A 除了与视觉功能有关外，还参与上皮细胞与黏膜细胞中糖蛋白的生物合成，维持上皮细胞的正常结构和功能；促进蛋白质的生物合成和骨细胞的分化，促进机体的生长和骨骼的发育；免疫球蛋白也是糖蛋白，其合成也与维生素 A 有关，故有增加机体抗感染的作用；维生素 A 可促进上皮细胞的正常分化并控制其恶变，从而有防癌作用。

当维生素 A 缺乏时，除了感受暗光发生障碍，导致夜盲、干眼、角膜软化、表皮细胞角化、失明等症状外，还会影响人的正常发育，上皮组织干燥以及抵抗病菌的能力降低，因而易于感染疾病。但摄入维生素 A 过多会引起中毒，主要症状为厌食、烦躁、皮肤干燥、瘙痒、毛发枯干易落、肝脏和脾脏肿大等。及时停止食用，症状可很快消失。

天然维生素 A 只存在于动物体内，动物的肝脏、鱼肝油、奶类、蛋类及鱼卵是维生素 A 的最好来源。类胡萝卜素广泛分布于红色、橙色、深绿色植物性食物中，如胡萝卜、玉米、番茄、红心甜薯、菠菜、苋菜、杏、芒果等。

二、维生素 D

维生素 D，又称抗佝偻病维生素，是类固醇衍生物。维生素 D 种类很多，其中以维生素 D_2（钙化醇），维生素 D_3（胆钙化醇）最重要。二者的区别仅在侧链上。植物性食物中所含的麦角固醇（又称麦角甾醇）经紫外线照射后可转变为维生素 D_2（又称麦角钙化醇），故麦角固醇是维生素 D_2 原。人和动物皮下含有 7-脱氢胆固醇，为维生素 D_3 原或维生素 D_3 前体，经日光或紫外线照射可转变为维生素 D_3，这是人体维生素 D 的主要来源。

类固醇和维生素 D 的结构与其转化如图 7-2 所示。

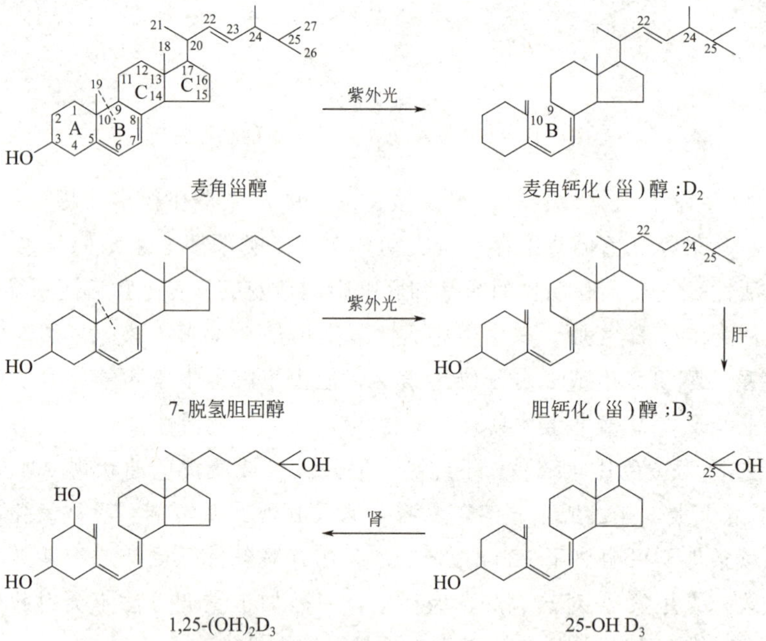

麦角甾醇 —紫外光→ 麦角钙化（甾）醇；D_2

7-脱氢胆固醇 —紫外光→ 胆钙化（甾）醇；D_3 —肝→ 25-OH D_3 —肾→ 1,25-$(OH)_2D_3$

图 7-2 类固醇、维生素 D 的结构及其转化

维生素 D 为无色针状结晶或白色结晶性粉末，溶于脂肪和脂肪溶剂；无臭，无味；在酸性溶液中会逐渐分解，在中性、碱性条件下能耐高温和氧化，故一般的加工、贮存中不会引起维生素 D 的损失。但脂肪酸败可引起维生素 D 的破坏。

维生素 D 的生理功能是促进钙、磷的吸收，维持正常血钙水平和磷酸盐水平；促进骨骼和牙齿的生长发育。维生素 D 缺乏时，临床表现为手足抽搐，儿童引起佝偻病，成人引起软骨病。

服用维生素 D 可防治手足抽搐，佝偻病，软骨病，但在使用维生素 D 时应先补充钙。大剂量久用维生素 D 会造成中毒，表现为血钙过高、骨破坏、异位钙化和动脉硬化等。

维生素 D 在食物中与维生素 A 并存，肉、牛奶中含量较少，而鱼、蛋黄、奶油中含量相当丰富，尤其是海产鱼肝油中特别丰富。

三、维生素 E

维生素 E 又称生育酚或抗不育维生素，是苯并二氢吡喃的衍生物，生育酚结构式如下：

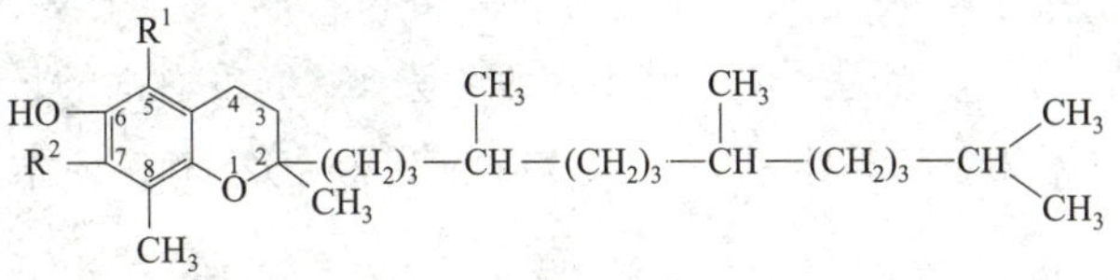

天然的维生素 E 有多种，其中有 4 种（α、β、γ、δ）较为重要。它们的活性分别为 100、40、8、20，可见 α-生育酚的活性最大。在结构上它们的侧链均相同，只是环状结构上的甲基的数目和位置不同（见表 7-1）。

表 7-1　生育酚的基团差异

维生素 E 组分	R^1	R^2
α-生育酚	$-CH_3$	$-CH_3$
β-生育酚	$-CH_3$	$-H$
γ-生育酚	$-H$	$-CH_3$
δ-生育酚	$-H$	$-H$

维生素 E 为橙黄色或淡黄色油状物质，不溶于水，易溶于脂肪和脂肪溶剂，对热与酸稳定，对碱敏感，可缓慢地被氧化破坏。在酸败的脂肪中维生素 E 容易破坏。维生素 E 极易氧化而保护其他物质不被氧化，故具有抗氧化作用。可用来保护脂肪或维生素 A 使其不被氧化，是食品工业中常用的抗氧化剂。

维生素 E 具有很强的抗氧化作用，能阻止不饱和脂肪酸受过氧化作用的损伤，从而维持不饱和脂肪酸较多的细胞膜的完整性和正常功能。由于预防了脂质过氧化，从而消除了体内其他成分受到脂质过氧化物的损害。因此，具有延缓衰老、防止红细胞因破裂引起的溶血。维生素 E 还可以保护巯基不被氧化，而保护某些酶的活性。维生素 E 与动物生殖功能有关，缺乏造成不育。

维生素 E 在自然界分布广泛，多存在于植物组织中，植物种子的胚芽，尤其是麦胚油、棉籽油、玉米油、大豆油中含量丰富。在许多绿色植物、肉、奶油、奶、蛋中均存在。

四、维生素 K

维生素 K 是一切具有叶绿醌生物活性的 2-甲基-1,4-萘醌衍生物的统称。维生素 K 是凝血酶原形成所必需的因子，故又称凝血维生素。

天然的维生素 K 有维生素 K_1、维生素 K_2 两种。维生素 K_1 在绿叶植物含量丰富，因此维生素 K_1 又称为叶绿 2-甲基萘醌。维生素 K_2 是人体肠道细菌的代谢产物。维生素 K_1 和维生素 K_2 都是 2-甲基-1,4-萘醌的衍生物，其结构式如下：

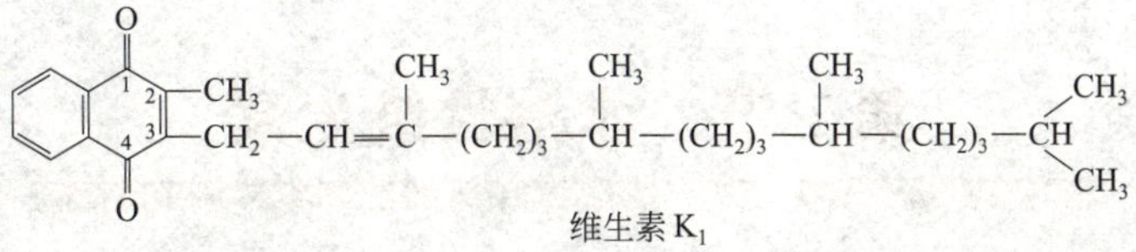

维生素 K_1

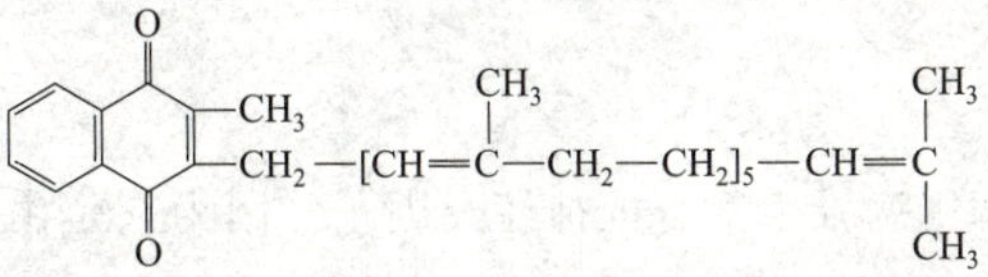

维生素 K_2

现在临床上所用的维生素 K 是人工合成的，有维生素 K_3、维生素 K_4、维生素 K_5、维生素 K_7 等，均以 2-甲基-1,4-萘醌为主体。其中，维生素 K_4 的凝血活性比 K_1 高 3～4 倍。通常维生素 K 是以维生素 K_1 为参考标准的。人工合成的维生素 K_3 和维生素 K_4 结构式如下：

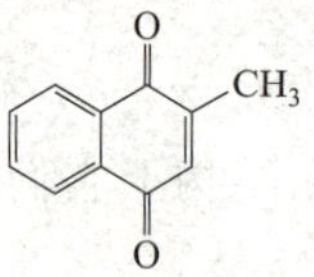

O, CH_3, O　　　HO, SO_3Na, CH_3, O

维生素 K_3 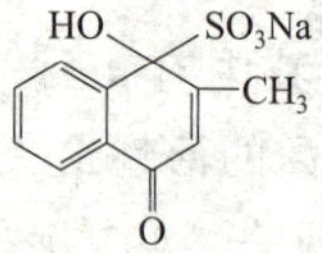　　　维生素 K_4

维生素 K_1 为黄色油状物，维生素 K_2 为黄色结晶，耐高温，但易被光和碱破坏。

维生素 K 参与凝血作用，可促进凝血因子的合成，并使凝血酶原转变为凝血酶，促进血液凝固。缺乏维生素 K，凝血酶原合成受阻，凝血时间延长，导致皮下、肌肉和肠道出血，或因受伤后血流不凝或难凝。维生素 K 还可能作为电子传递体系的一部分，参与氧化磷酸化过程。

维生素 K 在蛋黄、苜蓿、绿叶蔬菜、动物肝脏、鱼肉中含量丰富，人体肠道中的大肠杆菌也可以合成维生素 K，故人体一般不会缺乏维生素 K。

五、硫辛酸

硫辛酸是一种含硫的脂肪酸，学名 6,8-二硫辛酸，以氧化型和还原型两种形式存在，氧化型是脂溶性的，而还原型则是水溶性的。

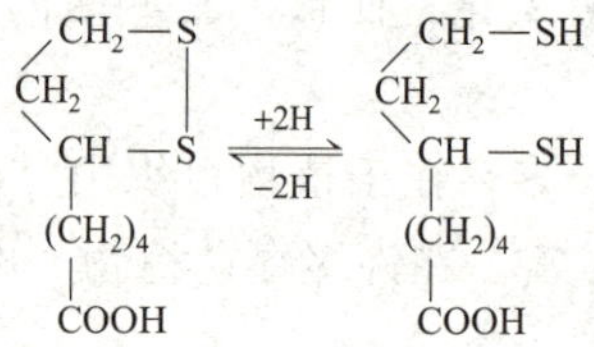

$CH_2—S$, CH_2, $CH—S$, $(CH_2)_4$, $COOH$ $\underset{-2H}{\overset{+2H}{\rightleftharpoons}}$ $CH_2—SH$, CH_2, $CH—SH$, $(CH_2)_4$, $COOH$

简式为：

$L\langle S—S\rangle$ $\underset{-2H}{\overset{+2H}{\rightleftharpoons}}$ $L\langle SH, SH\rangle$

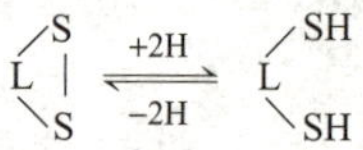

氧化型　　还原型

硫辛酸在代谢中作为 α-酮酸氧化脱羧酶和转羟乙醛基酶的辅酶，起转运酰基和氢的作用，与糖代谢关系密切。硫辛酸是某些微生物的必需维生素，但尚未发现人类有硫辛酸缺乏症。

硫辛酸在动物的肝脏和酵母中含量丰富，在食物中，硫辛酸常与维生素 B_1 同时存在。人体能自行合成。

第三节　水溶性维生素

一、维生素 B_1

维生素 B_1 又称为抗脚气病维生素、抗神经炎因子，因为它是由含硫的嘧啶环和含氨基的噻唑环组成，故又称硫胺素。在体内常以焦磷酸硫胺素（TPP）的形式存在，结构式如下：

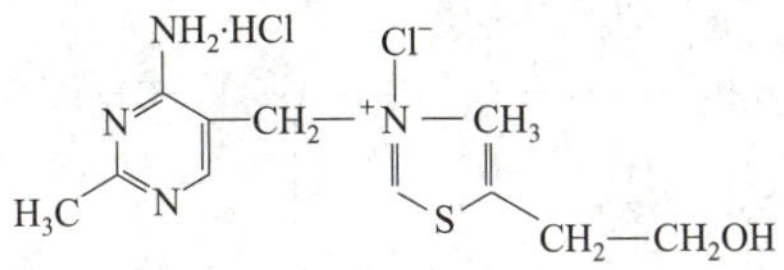

硫胺素

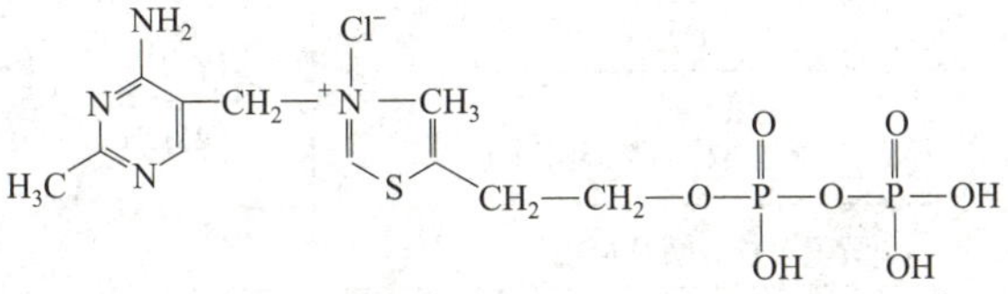

焦磷酸硫胺素（TPP）

因维生素 B_1 分子中含有氨基，又称为噻嘧胺，与盐酸可生成盐酸盐。一般使用的维生素 B_1 都是化学合成的硫胺素盐酸盐，呈白色针状结晶。

维生素 B_1 在酸性条件下较稳定，在 pH 为 3.5 时加热到 120℃仍可保持活性，在中性、碱性中易破坏。在烹调豆类、谷类食品时不宜加碱，以免维生素 B_1 水解破坏。维生素 B_1 极易溶于水，故米不宜淘洗太多，以免维生素 B_1 损失。维生素 B_1 也常因热烫、预煮而损失。

维生素 B_1 在植物中分布广泛，谷类、豆类的种皮、胚芽中含量很丰富。例如，米糠和麦麸中都含有丰富的维生素 B_1。酵母中维生素 B_1 含量最多。此外，瘦肉、白菜及芹菜中维生素 B_1 含量也比较丰富。

维生素 B_1 在体内经硫胺素激酶催化，可与 ATP 作用转变为焦磷酸硫胺素（TPP）：

$$\text{硫胺素} + \text{ATP} \xrightarrow{\text{硫胺素激酶}} \text{焦磷酸硫胺素} + \text{AMP}$$

TPP 是丙酮酸氧化脱羧酶，α-酮戊二酸氧化脱羧酶和转酮醇酶的辅酶，因此维生素 B_1 对维持正常糖代谢具有重要作用。若机体缺乏维生素 B_1，体内 TPP 含量减少，从而使丙酮酸氧化脱羧作用发生障碍，糖代谢作用受阻，丙酮酸、乳酸在组织中积累，影响心血管和神经组织的正常功能。表现为多发性神经炎、四肢麻木、肌肉萎缩、心力衰竭、心跳加快、下肢水肿等症状，临床上称为脚气病。

此外，TPP 能抑制胆碱酯酶的活性，减少乙酰胆碱的水解，维持正常的消化腺分泌和胃肠道蠕动，从而促进消化。轻度缺乏维生素 B_1，出现食欲不振、消化不良等症状，是因消化液分泌减少，胃肠道蠕动减慢造成的。

二、维生素 B_2

维生素 B_2 又称为核黄素，它是核糖醇与 6,7-二甲基异咯嗪的缩合物。在生物体内，核黄素主要以黄素单核苷酸（FMN）和黄素腺嘌呤二核苷酸（FAD）两种形式存在，它们的结构式如图 7-3 所示。

维生素 B_2 是橙黄色针状晶体，味苦，它溶于水，极易溶于碱性溶液，水溶液在紫外光照射下呈黄绿色荧光，荧光的强弱与维生素 B_2 含量成正比，利用此性质可定量分析。维生素 B_2 耐热和酸，对光和碱不稳定。烹调食物时加入碱易破坏维生素 B_2。

FMN、FAD 是多种氧化还原酶的辅酶，与酶蛋白紧密结合组成黄素蛋白。从结构上

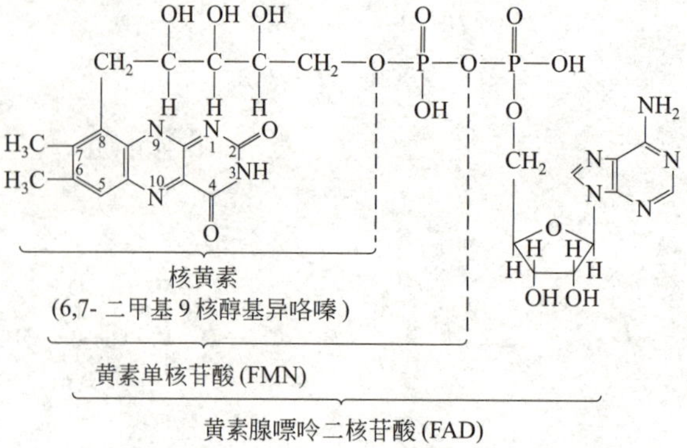

核黄素
(6,7- 二甲基 9 核醇基异咯嗪)

黄素单核苷酸 (FMN)

黄素腺嘌呤二核苷酸 (FAD)

图 7-3　维生素 B_2 结构式

看，这两种辅基在异咯嗪的 N_1 和 N_{10} 之间有一对活泼的共轭双键，容易发生可逆的加氢或脱氢反应，在细胞氧化反应中，FMN、FAD 通过氧化型和还原型的互变，起传递氢体的作用。在体内参与多种氧化还原反应，促进糖、脂肪和蛋白质代谢。缺乏时，组织呼吸减弱，代谢强度降低，主要症状是唇炎、舌炎、口角炎、角膜炎、多发性神经炎等。

核黄素广泛分布于自然界，在酵母中含量最高，动物的肝、心、肾含量也丰富，其次是奶、蛋类食品等。植物性食物以干豆类、花生和绿色蔬菜含量较多。

许多动物的肠道细菌能合成核黄素，但人的肠道合成量不足以满足机体的需要。

三、维生素 B_3

维生素 B_3 又称泛酸或遍多酸，是由 α,γ-二羟基-β,β-二甲基丁酸和 β-丙氨酸脱水缩合而成的一种有机酸。维生素 B_3 结构式如下。

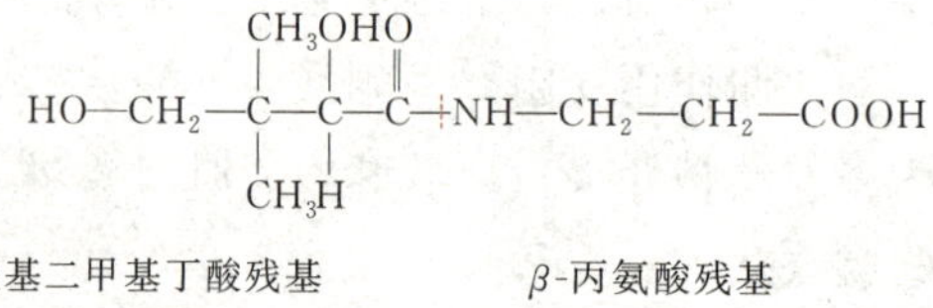

二羟基二甲基丁酸残基　　　　β-丙氨酸残基

维生素 B_3 为黄色油状物，无臭，味苦，具有酸性，易溶于水和乙醇，不溶于脂肪溶剂，在中性条件下稳定。

在体内，维生素 B_3 和巯乙胺、3-磷酸-AMP 缩合形成辅酶 A（简写为 CoA 或 CoASH）。辅酶 A 分子中所含的巯基可与酰基形成硫酯，其重要的生理功能是在代谢过程中作为酰基的载体，起传递酰基的作用。乙酰化作用中，辅酶 A 转运乙酰基，成为乙酰辅酶 A。乙酰辅酶 A 与糖代谢和脂代谢等有关。

维生素 B_3 广泛存在于生物界，在酵母、肝、肾、蛋、小麦、米糠、花生和豌豆中含量丰富，在蜂王浆中含量最多。人类肠道中细菌可以合成泛酸，因此极少发生缺乏症。

四、维生素 PP

维生素 PP（维生素 B_5）又称抗癞皮病维生素，包括烟酸（又称尼克酸）和烟酰胺（又称尼克酰胺）两种，二者均属于吡啶衍生物。其结构式如下：

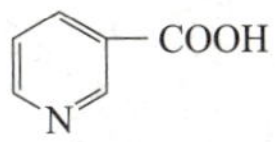

烟酸 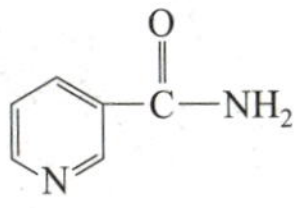　　烟酰胺

在体内维生素 PP 主要以烟酰胺的形式存在，烟酸是烟酰胺的前体，两者在体内可相互转化，具有同样的生物效价。

维生素 PP 是维生素中最稳定的一种，为白色针状结晶，化学性质稳定，不易被酸、碱、光、热、氧所破坏。烟酸和烟酰胺与碱均可成盐。

烟酰胺的主要生理功能是作为辅酶成分参加代谢。含有烟酰胺的辅酶有两种，一种是烟酰胺腺嘌呤二核苷酸（NAD^+），又称辅酶Ⅰ（CoⅠ）；另外一种是烟酰胺腺嘌呤二核苷酸磷酸酯（$NADP^+$），又称辅酶Ⅱ（CoⅡ）。辅酶Ⅰ和辅酶Ⅱ是脱氢酶的辅酶，在氧化还原反应中作为氢的受体或供体，起传递氢的作用。

维生素 PP 在自然界分布很广，在酵母、肝、鱼、绿叶蔬菜、肉类、谷物及花生中含量较丰富。人体可利用色氨酸合成少量维生素 PP，但不能满足需要，还需从食物中获取。由于玉米缺乏色氨酸和烟酸，故长期只食用玉米，有可能患缺乏症。缺乏维生素 PP 时表现为皮炎、腹泻及痴呆等，俗称癞皮病。

五、维生素 B_6

维生素 B_6 又称抗皮炎维生素，包括吡哆醇、吡哆醛和吡哆胺三种化合物，它们均为 2-甲基吡啶衍生物，在体内三种物质可互相转化。维生素 B_6 三种结构式如下：

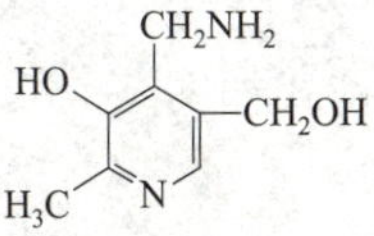

吡哆胺 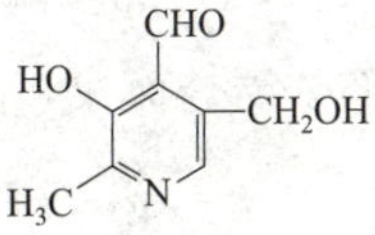　　吡哆醛 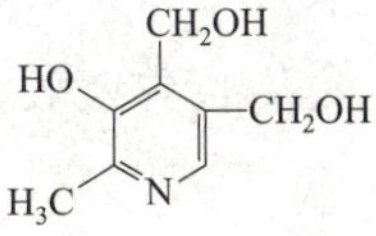　　吡哆醇

维生素 B_6 为无色晶体，对光和碱敏感，在酸性条件下稳定。吡哆醇耐热，吡哆醛和吡哆胺遇高温易被破坏。

在体内维生素 B_6 经磷酸化作用转变为相应的磷酸酯——磷酸吡哆醛、磷酸吡哆胺和磷酸吡哆醇，它们之间可以相互转变。参加代谢作用的主要是磷酸吡哆醛和磷酸吡哆胺，二者是维生素 B_6 的活性形式，在氨基酸代谢中是多种酶（如氨基酸转氨酶和氨基酸脱羧酶）的辅酶。磷酸吡哆醛还是氨基酸转氨、脱羧和消旋作用酶的辅酶。

维生素 B_6 在动植物体内分布很广，酵母、动物的肝脏、蛋黄、肉、鱼和谷类、花生中含量都很丰富。某些动植物和微生物能合成维生素 B_6，因维生素 B_6 在食物中含量丰富，肠道细菌又可合成，所以人类很少发生维生素 B_6 缺乏症。

六、生物素

生物素也称维生素 B_7，维生素 H，为含硫维生素，是由噻吩环和尿素结合而成的一个双环化合物，侧链上有一分子异戊酸，其结构式如下：

生物素（维生素H）

生物素为无色针状结晶，耐酸而不耐碱，氧化剂及高温可使其失活。

生物素是多种羧化酶如丙酮酸羧化酶、乙酰 CoA 羧化酶等的辅酶，参与体内 CO_2 羧化过程，起传递羧基功能。生物素与其专一的酶蛋白通过生物素的羧基与酶蛋白中的赖氨酸的 ε-氨基以酰胺键相连。在代谢过程中，首先 CO_2 与生物素的尿素环上的 1 个氮原子结合，然后再将生物素上结合的 CO_2 转给适当的受体，因此生物素在代谢过程中起 CO_2 载体的作用。

生物素来源广泛，如在肝、肾、蛋黄、酵母、蔬菜和谷类中都含有，人体肠道细菌也能合成生物素，因此，人类一般不会患生物素缺乏症。但是大量食入生鸡蛋清或长期口服抗生素药物，易引起生物素缺乏病，表现为疲劳、食欲不振、四肢皮炎、肌肉疼痛、感觉过敏、恶心等。这是由于生鸡蛋清中有一种抗生物素的碱性蛋白，能与生物素结合成一种无活性而又不易被吸收的抗生物素蛋白。但鸡蛋清经加热处理，这种抗生物素蛋白被破坏，便不能与生物素结合。

七、叶酸

叶酸又称维生素 B_9、蝶酰谷氨酸（PGA）和辅酶 F（CoF），由 2-氨基-4-羟基-6-甲基蝶呤啶与对氨基苯甲酸及 L-谷氨酸三个部分结合而成，其结构式如图 7-4 所示。

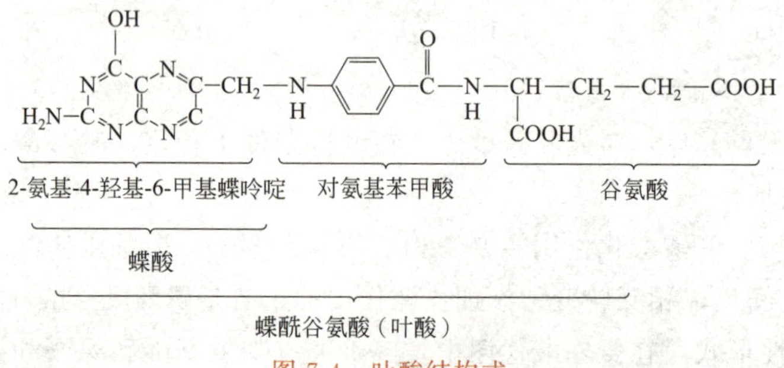

图 7-4　叶酸结构式

叶酸纯品为淡黄色结晶，微溶于水，不溶于有机溶剂，易分解。

叶酸在体内以四氢叶酸（THF，或写作 FH_4）的形式存在，四氢叶酸又称辅酶 F（CoF），是一碳基团（如甲基、亚甲基和甲酰基等）转移酶的辅酶，以一碳基团的载体参与一些生物活性物质的合成，如嘌呤、嘧啶、肌酸、胆碱、肾上腺素等。由于叶酸参与嘌呤和嘧啶的合成，同时也影响到蛋白质的生物合成，因此，叶酸对于正常红细胞的形成有促进作用。当叶酸缺乏时，血红细胞的发育和成熟受到影响，造成巨红细胞性贫血症。因此，叶酸在临床上可用于治疗巨红细胞性贫血症，故叶酸又称抗贫血维生素。叶酸是胎儿生长发育不可缺少的营养素，孕妇缺乏叶酸有可能导致胎儿出生时出现低体重、唇腭裂、神经管发育缺陷畸形、心脏缺陷等。

叶酸在自然界中广泛存在，因在植物叶中含量丰富而得名叶酸。在酵母、动物的肝脏、肾脏中含量也高。肠道细菌也能合成叶酸，故一般人类不易发生叶酸缺乏病。

八、维生素 B_{12}

维生素 B_{12} 又称抗恶性贫血维生素。因分子中含有钴和许多酰氨基，故又名氰钴胺素，是唯一含有金属元素的维生素。维生素 B_{12} 结构式如图 7-5 所示。

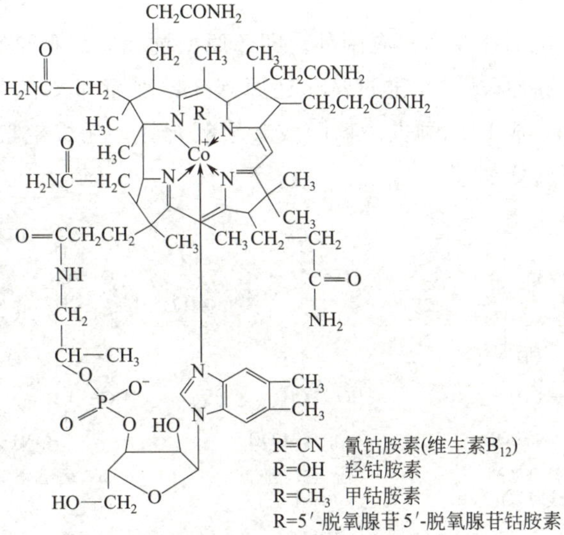

R=CN 氰钴胺素(维生素 B_{12})
R=OH 羟钴胺素
R=CH_3 甲钴胺素
R=5′-脱氧腺苷 5′-脱氧腺苷钴胺素

图 7-5 维生素 B_{12} 结构式

维生素 B_{12} 是深红色晶体，无臭无味，溶于水、酒精及丙酮，不溶于氯仿，左旋，易被酸、碱、日光等破坏。

维生素 B_{12} 在组织内以辅酶的形式参加代谢。维生素 B_{12} 辅酶有 5′-脱氧腺苷钴胺素、甲基钴胺素、羟钴胺素等。

5′-脱氧腺苷钴胺素，即分子中的氰基被 5′-脱氧腺苷取代。5′-脱氧腺苷钴胺素是维生素 B_{12} 在体内的主要存在形式，又称 B_{12} 辅酶。它是某些变位酶，如甲基丙二酸单酰辅酶 A 变位酶的辅酶，促进某些化合物的异构化作用。

甲基钴胺素（甲钴胺素），即氰基被甲基取代，是甲基转移酶的辅酶。在甲基化作用中与叶酸协同参加甲基转移作用。促进核酸和蛋白质的合成，促进红细胞的合成。

肝、鱼、肉、蛋、奶等富含维生素 B_{12}，植物中不含维生素 B_{12}；人体肠道细菌也可以合成。所以因摄入不足而致维生素 B_{12} 缺乏者在临床上比较少见。但是维生素 B_{12} 的吸收与胃黏膜分泌的一种糖蛋白（称为内源因子）有关，维生素 B_{12} 只有与这种糖蛋白结合后才能通过肠壁被吸收。内源因子缺乏，将导致维生素 B_{12} 吸收障碍。缺乏维生素 B_{12}，会引起恶性贫血、神经炎、神经萎缩、烟毒性弱视等病症。用维生素 B_{12} 治疗时应注射，口服无效。

九、维生素C

维生素C又称抗坏血酸，是一种含有6个碳原子的酸性多羟基化合物，分子中C_2及C_3位上两个相邻的烯醇式羟基，易解离而释放出H^+，故具有酸性，同时又易失去氢原子而具有强的还原性。

抗坏血酸有L-抗坏血酸、D-抗坏血酸、L-异抗坏血酸、D-异抗坏血酸四种异构体。天然存在的是L-抗坏血酸，它的生物活性高，其余的则无生物活性。通常所称的维生素C，即指L-抗坏血酸。由于抗坏血酸具有强的还原性，常被用作抗氧化剂，食品加工中使用的主要是D-抗坏血酸。

L-抗坏血酸在组织中的存在形式有两种，即还原型抗坏血酸和脱氢氧化型抗坏血酸（又称脱氢抗坏血酸）。这两种形式可以通过氧化还原互变，因而都具有生理活性，若脱氢抗坏血酸继续氧化或水解，生成L-二酮古洛糖酸或其他氧化物，无维生素C的活性，在体内不能逆转。其结构与相互转换如下：

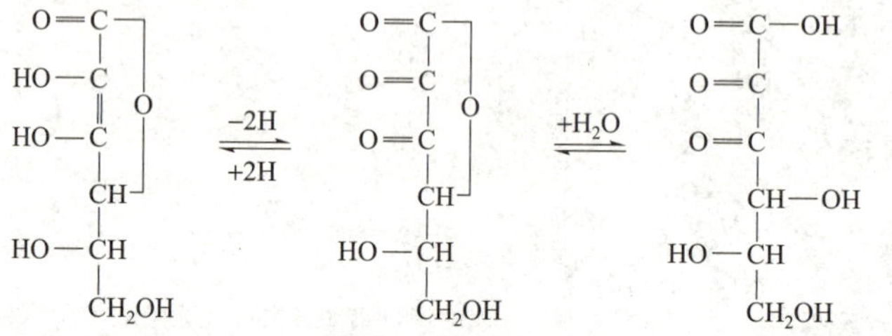

$$\text{L-抗坏血酸（还原型）} \underset{+2H}{\overset{-2H}{\rightleftharpoons}} \text{脱氢抗坏血酸（氧化型）} \xrightarrow{+H_2O} \text{L-二酮古洛糖酸}$$

L-抗坏血酸
（还原型）

脱氢抗坏血酸
（氧化型）

L-二酮古洛糖酸

维生素C为无色无臭的片状结晶，固体维生素C较稳定，有耐热性，加热到100℃也不分解。维生素C易溶于水，在水溶液中不稳定，易被氧化，加热易被破坏，在中性或碱性溶液中尤甚，在酸性条件下较为稳定。遇光、微量金属离子（如Cu^{2+}、Fe^{2+}等）都可促进维生素C的破坏。

由于维生素C在体内以氧化型、还原型两种形式存在，所以它既可作供氢体又可作受氢体，在氧化还原反应中起传递氢的作用。维生素C能保持巯基酶的活性和谷胱甘肽的还原态，起解毒作用。常用于防治职业中毒，如铅、汞、砷、苯等引起的慢性中毒。

此外，维生素C还参与体内多种羟化反应，代谢物的羟基化是生物氧化的一种方式，而维生素C在羟基化反应中起着必不可少的辅助因子的作用。

维生素C在体内能促进胶原蛋白和黏多糖的合成，故能促进伤口愈合、骨质钙化、增加微血管的致密性，降低其通透性及脆性。缺乏维生素C时，细胞间质中黏多糖合成受到障碍，正常胶原蛋白不能维持，导致毛细血管通透性增加，脆性增强，血管易破裂出血，即产生所谓的坏血病。坏血病最主要的特征是普遍出血，严重时，皮下组织、黏膜、肌肉、关节、骨膜下等处均有出血现象，甚至内脏出血而死亡。

维生素C还具有其他一些功能，如促进抗体生成和白细胞对细菌的吞噬能力，从而增强机体的抵抗力，促进机体对铁的吸收，促进胆固醇转变为胆酸排出体外，因此维生素C有降低血中胆固醇的作用。维生素C还可促进免疫球蛋白的合成与稳定，增强机体抵抗力。

维生素C广泛存在于新鲜水果和蔬菜中，柑橘、枣、山楂、番茄、辣椒、豆芽、猕猴桃、番石榴中尤其丰富。人体不能合成维生素C，必须从食物中摄取。

维生素的主要功能及用途见表7-2。

表7-2 维生素主要功能及用途

名称	别名	辅酶	主要生理功能和机制	来源	缺乏症
维生素B_1	硫胺素	TPP	参与α-酮酸氧化脱羧作用	酵母各类种子的外皮和胚芽	脚气病(多发性神经炎)
维生素B_2	核黄素	FMN FAD	氢载体	小麦、青菜、黄豆、蛋黄、胚等	口角炎、唇炎、舌炎、眼角膜炎等
维生素PP	尼克酸或尼克酰胺	NAD NADP	氢载体	肉类、谷物、花生等	癞皮病
维生素B_3	泛酸遍多酸	CoA-SH	酰基载体	动植物细胞中均含有	人类未发现缺乏症
维生素B_6	吡哆醇 吡哆醛 吡多胺	磷酸吡哆醛 磷酸吡哆胺	参与氨基酸转氨、脱羧和消旋作用	酵母、蛋黄、肝、谷类等，肠道细菌可合成	人类未发现典型缺乏症
维生素B_9	叶酸	FH_4(THF)	一碳基团载体	青菜、肝、酵母	巨红细胞性贫血症
维生素H	生物素		羧化辅酶，参与体内CO_2的固定	动植物组织均含有	人类未发现典型缺乏症
维生素B_{12}	钴胺素	5′-脱氧腺苷钴胺素	参与某些变位反应和甲基转移反应	肝、肉、鱼等	恶性贫血
维生素C	抗坏血酸		脯氨酸羟化酶辅酶，氧化还原作用	新鲜蔬菜、水果	坏血病
硫辛酸			酰基载体、氢载体	肝、酵母等	人类未发现缺乏症
维生素D	抗佝偻病维生素		促进钙、磷代谢	鱼肝油、蛋黄、肝、奶等	佝偻病、软骨病
维生素E	生育酚		维持生殖机能、抗氧化作用	麦胚油及其他植物油	人类未发现典型缺乏症
维生素K	凝血维生素		凝血酶原的生物合成	肝、菠菜等	凝血时间延长
维生素A	视黄醇		参与形成视紫红质	胡萝卜、肝脏、鱼肝油	眼干燥症、夜盲症

第四节 维生素在食品贮藏加工中的损失

不同食物中维生素的种类和含量不同。通常动物性食物和植物的种子、果仁中含有较丰富的脂溶性维生素；谷类、蔬菜及水果等植物性食物中则含有较多的水溶性维生素。同种食物中维生素的含量因食物的新鲜程度、加工方式、贮藏条件等情况的不同，变化范围很大。因大多数维生素含有不饱和双键与还原性基团，化学性质不稳定，是最易受食品加工和贮藏条件影响的一类营养素。

一、加工过程中维生素的损失

食品原料每经过一次加工，都会造成维生素的损失，所以成品中维生素的含量要比原料中减少很多。

1. 粮食精加工过程中维生素的损失

谷类粮食的维生素大部分分布在谷物的胚芽及皮层中，碾磨时去掉麸皮和胚芽，会造成谷物中烟酸、视黄醇、硫胺素等维生素的损失，而且碾磨越精细，维生素的损失越多。例如，大米中的硫胺素，在标准米中损失 41.6%，中白米 57.6%，上白米 62.8%。再如，小麦在出粉率为 70%时，各种维生素的损失量如下：硫胺素 80%、核黄素 67%、烟酰胺 77%、吡哆素 84%、叶酸 70%、泛酸 52%、生育酚 45%、生物素 77%。

目前，世界上发达国家已普遍使用维生素强化米面食品，以保证其一定的维生素含量。

2. 热加工过程中维生素的损失

热处理是各类食品普遍采用的加工工序，而许多维生素对热都很敏感，容易造成损失。

蔬菜、水果在装罐或冷冻等加工前常常要经过热处理（也称热烫），目的是使对贮存有害的酶类失活、减少微生物污染、排除空隙中的空气，有利于食品贮存时维生素的稳定。热烫使果蔬维生素的损失较多。维生素的损失量取决于热处理条件的控制。高温短时比低温长时间的损失要少。酸性条件和蛋白质的存在对维生素可起保护作用。

实验表明，蔬菜、水果装罐前经热处理后，抗坏血酸的损失为 13%～16%，硫胺素的损失为 2%～30%，核黄素损失为 5%～40%，胡萝卜素的损失在 1%以下。若热处理后迅速冷却，可使维生素的损失减少。用冷空气冷却效果更好，这样可减少维生素在冷水中溶解而造成的进一步损失。近年发展起来的最有效的食品加工方法之一是高温短时加热及无菌罐藏结合。

高温下熟制食品时，维生素的损失与加热介质、熟制方法、熟制时间、加工前原料的预处理及加工后食品的物理状态等很多因素有关。常用的熟制方法有湿热法、干热法、油炸法。湿热法是以水为加热介质在常压下进行煮制或蒸制。由于加热时间较长而温度较低，所以水溶性维生素损失较大，如硫胺素达 30%，维生素 C 达 50%以上。熟制时间越长，水溶性维生素损失越多，而脂溶性维生素则破坏较少。干热法是以热空气作为加热介质烤或熏制食品，由于温度在 140～200℃以上，所以对热敏感的抗坏血酸损失近 100%，硫胺素的损失为 20%～30%。油炸法是以食用油作加热介质，由于油的沸点高、传热快，所以熟制时间短，维生素的损失较前两种方法少。但在碱性条件下进行炸制，很多维生素被破坏，如生育酚损失为 32%～70%，硫胺素损失为 100%，烟酰胺和核黄素损失在 50%以上。

3. 脱水过程中维生素的损失

水果、蔬菜、肉类、鱼类、牛乳和蛋类等常采用脱水方法进行加工，食品的脱水加工会导致维生素的大量损失。如脱水可使牛肉、鸡肉中的生育酚损失 36%～45%，胡萝卜中的胡萝卜素损失 35%～47%。脱水时降低脱水温度可以减少维生素的损失。

4. 烹调过程中维生素的损失

烹调过程中若方法不当，也会造成食品中维生素特别是水溶性维生素的严重损失。例如，小白菜切段，旺火快炒 2min，抗坏血酸可保留 60%～70%，切丝则保留 49%；若炒后再熬煮 10min，则抗坏血酸仅保留 20%左右。又如猪肝炒 3min，硫胺素和核黄素的损失仅为 1%，而卤猪肝的损失增加到 37%。由此可见，烹调时间长，原料切得细小，维生素的损失就大。加水量多，溶于汤水中的水溶性维生素就越多，损失也越大。另外，原料先切后洗也会导致水溶性维生素的大量损失。

5. 食品添加剂导致的维生素损失

食品加工中常常应用食品添加剂，有的食品添加剂会引起维生素的损失。例如面粉加工中常用的漂白剂或改良剂，易使维生素A、抗坏血酸和生育酚等氧化，造成含量降低。肉制品中加入的发色剂亚硝酸盐不但能与抗坏血酸迅速反应，而且能破坏类胡萝卜素、硫胺素及叶酸。烹调、面点制作中使用的碱性发酵粉使pH近于9，在这种碱性环境下，硫胺素、抗坏血酸、泛酸等维生素被破坏的可能性大大增加。

二、贮藏过程中维生素的损失

食品的贮藏方法很多，不论采用何种方法贮藏，维生素的损失都是不可避免的。因为一些维生素，如维生素A、维生素B_2、维生素B_6、维生素E、维生素K对光不稳定，另一些维生素如维生素B_1、维生素C、叶酸、泛酸对热不稳定。在有氧存在的条件下，尤其是伴随氧化酶和微量金属存在时，易于氧化的维生素A、维生素E、维生素C会严重破坏或完全损失。贮存过程中的维生素随着时间的推移，损失也越来越多。尽可能地防止或减少食品中维生素的损失是一个很重要的课题。

采收的果蔬长时间存放会由于酶的分解作用，使维生素损失严重。维生素C是最易受破坏的一种。一般来说，苹果仅经2～3个月的贮存，维生素C的含量可能减少到原来的1/3。绿色蔬菜维生素C的损失则更大，若是室温贮存，只要几天几乎所有维生素C都损失殆尽。因此，低温保藏对保存维生素C具有重要意义。

习题

一、选择题

1. 大米在碾磨中维生素B_1损失随着碾磨精度的增加而（　　）。

A. 增加　　B. 减少　　C. 不变　　D. 不一定

2. FMN名称是（　　）。

A. 烟酰胺腺嘌呤二核苷酸　　B. 烟酰胺腺嘌呤二核苷酸磷酸

C. 黄素单核苷酸　　D. 黄素腺嘌呤二核苷酸

3. 被称为抗坏血酸的维生素是（　　）。

A. 维生素B_1　　B. 维生素A　　C. 维生素C　　D. 维生素D

4. 缺乏（　　）会导致脚气病。

A. 维生素B_1　　B. 维生素B_5　　C. 维生素B_2　　D. 维生素D

5. 7-脱氢胆固醇是（　　）的前提。

A. 维生素D_1　　B. 维生素B_5　　C. 维生素B_2　　D. 维生素D_3

6. 结构中含有金属元素的维生素是（　　）。

A. 维生素B_1　　B. 维生素E　　C. 维生素B_{12}　　D. 维生素D

7. 维生素 E 又称生育酚，在几种构型中生物活性最大的是（　　）。

A. α-生育酚　　B. β-生育酚　　C. γ-生育酚　　D. δ-生育酚

8. 不具维生素 C 生物活性的形式是（　　）。

A. L-抗坏血酸　　B. 脱氢抗坏血酸　　C. L-二酮古洛糖酸　D. 以上 3 者都不是

二、是非题

1. 维生素是维持机体正常生命活动必不可少的一类微量大分子有机化合物。（　　）

2. 多数维生素在体内不能合成，要由食物供给。（　　）

3. 缺维生素 A 会导致眼干燥症。（　　）

4. 磷酸吡哆醛又称维生素 B_2。（　　）

5. 维生素 K 的别名是凝血维生素。（　　）

6. 在食物中维生素 D 常与维生素 A 并存。（　　）

7. 维生素在高温短时条件下比低温长时间损失的要多。（　　）

8. 泛酸在生物体内用以构成辅酶 A，后者在物质代谢中参加酰基的转移作用。（　　）

9. 烟酸是最稳定的维生素，对光、热、酸、碱、氧均稳定。（　　）

10. 维生素 C 在结晶状态对热稳定，100℃不分解。其水溶液在 O_2、Cu^{2+} 下对热不稳定，易分解。（　　）

11. 胡萝卜、绿色蔬菜中含有丰富的维生素 A 元。（　　）

12. Cu^{2+}、Fe^{3+} 可促进维生素 C 的氧化。（　　）

13. 维生素 P 为一组与保持血管壁正常渗透性有关的黄酮类物质。（　　）

14. 人通过晒太阳可获得维生素 A 。（　　）

15. 维生素参与辅酶的构成。（　　）

16. 维生素不是构成生物组织的结构的材料。（　　）

三、填空题

1. 维生素是______生长和代谢所必需的微量有机物，脂溶性维生素是易溶于______和______溶剂的维生素，脂溶性维生素主要有______、______、______、______；水溶性维生素主要有______、______、______、______。

2. ______也称为维生素 A 原，其中生物活性最高的是______ 。

3. 人和动物皮下含有______，为维生素______的前体，经______或______ 照射可转变为维生素 D_3，这是人体维生素 D 的主要来源。

4. 维生素 D 可促进______、______的吸收，维持正常血钙水平和磷酸盐水平；促进骨骼和牙齿的生长发育。维生素 D 缺乏时，临床表现为手足抽搐，严重的儿童引起______，成人引起______。

5. 维生素 E 又称______，易溶于______溶剂，对______与______稳定，对______敏感，可缓慢地被氧化破坏。维生素 E 具有较强的______作用，能阻止不饱和脂肪酸受过氧化作用的损伤，从而维持不饱和脂肪酸较多的细胞膜的完整性和正常功能。

6. NAD 由维生素______参与构成，FAD 由维生素______参与构成。

7. 核黄素 B_2 为______颜色结晶，在中性及______性下加热较稳定，碱性条件下______，对光______。

8. 叶酸也称________，在人体内以________形式存在；对于______________的形成有促进作用，当叶酸缺乏时，血红细胞的发育和成熟受到影响，造成______________症。

四、问答题

1. 维生素有哪些特点?

2. 维生素与辅酶有什么联系?列举一些比较重要的辅酶与维生素联系的例子。

3. 当维生素A、维生素B_1、维生素B_2、维生素D或维生素C缺乏时会出现那些症状?如何防治?

4. 维生素D的活性形式是什么?为什么晒太阳对防治佝偻病有帮助?

5. 在食品热加工处理中，可采取什么措施减少维生素的损失?

6. 影响维生素C降解的因素有哪些?要减少维生素C损失应注意什么?

7. 在食品储藏过程中，维生素的损失与哪些因素有关?如何减少其损失?

8. 为什么说维生素C、维生素E可作抗氧化剂?

素质拓展阅读

维生素的相互作用

大部分人体所需维生素源于食物，只有小部分在人体内生成。每日人体所需维生素量极低，若膳食均衡，吸收功能无碍，且未出现特殊需求时，常规食谱中所含维生素足以维持生理机能。同时，各维生素在人体内具有协作与对抗双重影响，适度、适宜地摄入各类维生素对维护人体健康至关重要。具体维生素间相互作用可详见表7-3～表7-6。

表7-3 维生素A与其他维生素之间相互作用

其他维生素	相互作用
维生素D	具有协同作用。但口服维生素A过量，会干扰到维生素D_3的正常吸收，从而使血钙和无机磷水平下降
维生素E	能减少维生素A的氧化破坏，促进维生素A在体内的吸收、利用和贮存。但大剂量服用维生素E，会消耗维生素A在体内的储存
维生素C	对维生素A的毒性有拮抗作用，可减轻维生素A中毒，也可减轻维生素A中毒所引起的溶血及其他症状
维生素K	有相互拮抗作用。口服维生素A类制剂可减少维生素K在肠道的吸收。过量的维生素A能直接阻滞各种依赖维生素K的凝血因子在肝脏中的合成和抑制肠道细菌合成维生素K，导致低凝血酶原血症

表7-4 维生素E与其他维生素之间相互作用

其他维生素	相互作用
维生素B_2	维生素B_2可强化维生素E的效果，配伍用可协同降低血脂
维生素C	维生素C可使维生素E抗癌作用增加。二者都有抗氧化性能、合用能快速清除体内多余的自由基，防止衰老
维生素K	治疗肝脏疾病，二者有协同作用。但大剂量维生素E可减少肠道对维生素K的吸收，导致凝血酶原和各种血浆凝血因子减少而出血。即大剂量维生素E可减弱维生素K的止血作用，停用维生素E后即可恢复正常

表 7-5　维生素 C 与其他维生素之间相互作用

其他维生素	相互作用
维生素 B_1	二者同时吞服或静脉注射，维生素 B_1 易被维生素 C 破坏，作用减低
维生素 B_2	二者合用会产生氧化还原反应，维生素 C 使维生素 B_2 还原为二氢核黄素而失效
维生素 B_3	维生素 B_3 在溶液中可与维生素 C，维生素 B_2、维生素 B_9 等形成复合物，使其溶解度增加
维生素 B_5	二者合用可提高系统性红斑狼疮疗效。维生素 C 与维生素 B_5、B_6 合用，能消除过敏反应
维生素 B_6	维生素 C 与维生素 B_6 合用，可防结石的形成
维生素 B_{12}	维生素 C 可破坏血清及体内贮存的维生素 B_{12}，也可破坏食物中或同时内服的维生素 B_{12}，降低维生素 B_{12} 的生物利用度，引起维生素 B_{12} 缺乏症
维生素 P	可增加维生素 C 的吸收率，增加维生素 C 在体内蓄积。两者均可降低毛细血管的通透性，故对于出血性疾病有协同作用
维生素 K_3	二者易发生氧化还原反应，维生素 C 失去电子被氧化成去氢抗坏血酸，维生素 K_3 得到电子被还原成甲萘二酚，由于结构发生改变，二者的作用会降低或消失

表 7-6　维生素 B 族与其他维生素之间相互作用

序号	B 族维生素之间的相互作用
1	维生素 B_1、维生素 B_2、维生素 B_3、维生素 B_6 联合应用治疗维生素 B 缺乏症疗效增强。临床制成复合维生素 B 片，性质稳定、服用方便
2	维生素 B_6 与维生素 B_{12} 合用可改善胃肠道对药物的耐受性，促进维生素 B_{12} 的吸收，也可能与维生素 B 能促“内因子”分泌有关
3	在各项生理过程中，叶酸总是和维生素 B_{12} 同时发挥作用，只要缺少其中一种，另一种维生素只能勉强完成新陈代谢的任务
4	维生素 B_6 与维生素 B_3 合用治疗糙皮病有协同作用
5	维生素 B_{12} 与维生素 B_9 合用治疗巨血红细胞性贫血有协同作用

第八章　物质代谢

学习目标

1. 明确生物氧化的概念、特点和方式。
2. 了解生物氧化过程中 CO_2、H_2O 和 ATP 的生成过程。
3. 掌握糖的酵解（无氧氧化）、有氧氧化、磷酸己糖途径和糖醛酸途径的基本反应过程。
4. 了解糖原合成与分解的简单过程。
5. 掌握脂类消化、分解与吸收的简单过程，了解甘油和脂肪酸分解代谢过程。
6. 了解脂肪（甘油三酯）合成代谢的简单过程，了解磷脂合成代谢的简单过程。
7. 了解核苷酸分解与合成代谢的简单过程。
8. 掌握氨基酸的一般（合成与分解）代谢过程，了解蛋白质的生物合成过程。
9. 了解物质代谢途径之间的相互关系和代谢调节与控制的简单机制。
10. 了解动物屠宰后组织代谢特点，水果蔬菜采收后组织代谢特点及成熟过程。

生物体一方面不断从周围环境中摄取物质和能量，通过一系列生化反应，转变为机体的组成成分，同时贮存能量；另一方面，将原有的组成成分经过一系列的生化反应，分解为代谢产物排出体外，不断进行自我更新，在这些反应中同时伴随着能量的变化，这就是生物体新陈代谢的过程。新陈代谢是生物与外界环境进行物质交换与能量交换的过程，它包括生物体内所发生的一切合成和分解作用，前者是吸能反应，后者是放能反应。

生物体内绝大多数代谢反应是在温和的条件下由酶催化完成的。代谢反应虽然繁多，但有条不紊又彼此相互配合，而且生物体对内外环境条件有高度的适应性和灵敏的自动调节。

第一节　生物氧化

一、生物氧化的含义

物质在生物体内的氧化分解过程称生物氧化，即被生物体摄取到体内的糖、脂肪、蛋白质等食物中的营养成分进行氧化分解，最终转变成二氧化碳和水，并释放能量。这个过程因在生物体细胞内进行的，所以又叫细胞呼吸。

生物氧化过程中产生的二氧化碳和水绝大部分被排出体外，释放的能量有相当一部分转变成高能键形式贮存起来以供生命活动所需，另一部分用来维持生物体的体温或者排出体外。

在这里要指出的是生物氧化与体外燃烧有所不同，虽然终产物都是二氧化碳和水，但是生物氧化所产生的二氧化碳和水不是底物分子中的碳和氢直接与来自空气中的氧化合而成，而是在一系列酶的作用下经过复杂的生物化学反应所形成，所以生物氧化有它独特的方式。

二、生物氧化过程中二氧化碳的生成

生物氧化过程中所产生的二氧化碳，是体内代谢的中间产物有机酸脱羧的结果。脱羧反应形成二氧化碳的方式有下面两种。

1. 单纯脱羧

有些脱羧反应不伴有氧化而是直接由脱羧酶催化脱羧形成二氧化碳，称单纯脱羧。如：

$$\underset{\displaystyle NH_2}{R-\underset{|}{CH}-COOH} \xrightarrow[\text{维生素 } B_6]{\text{脱羧酶}} R-CH_2-NH_2+CO_2$$

此类型也称 α-脱羧。

2. 氧化脱羧

有些脱羧反应还伴有氧化，称氧化脱羧。如：

$$CH_3-\overset{\overset{\displaystyle O}{\|}}{C}-COOH+HSCoA \xrightarrow[NAD^+ \quad\quad NADH+H^+]{\text{丙酮酸氧化脱羧酶}} CH_3-\overset{\overset{\displaystyle O}{\|}}{C}\sim SCoA+CO_2$$

此类型也称 β-脱羧。

三、生物氧化过程中水的生成

不同生物体生物氧化过程中水的生成比二氧化碳的生成要复杂得多，它是通过脱氢酶、传递体、末端氧化酶等构成的呼吸链进行的。最主要的呼吸链有两条，即 NAD 呼吸链和 FAD 呼吸链。

在 NAD 呼吸链中，生物体内代谢底物在相应脱氢酶的催化下脱氢、脱电子（2H+2e）并交给 NAD^+ 生成 $NADH+H^+$。在 $NADH+H^+$ 脱氢酶作用下，NADH 中的 1 个 H 和 e 以及介质中的 H^+ 又传给黄素酶的辅基 FMN 生成 $FMNH_2$，再由 $FMNH_2$ 将 2 个 H 传递给 CoQ 生成 $CoQH_2$，此时的 $CoQH_2$ 中 2 个 H 不再往下传递而是分解成 2 个 H^+ 和 2 个 e，质子（H^+）游离于介质中，电子则通过一系列电子传递体传递给氧，使氧生成离子氧（O^{2-}）。这时存在于介质中的 2 个 H^+ 就会与 O^{2-} 结合生成 H_2O。

NAD 呼吸链中各组分的排列顺序如图 8-1 所示。

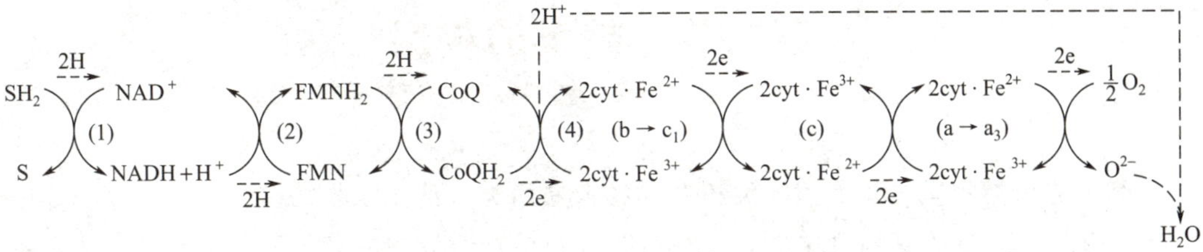

图 8-1　NAD 呼吸链传递反应历程图

另一条呼吸链是 FAD 呼吸链，与 NAD 链所不同的是底物脱下的氢和电子直接交 FAD 传递。如图 8-2 所示。

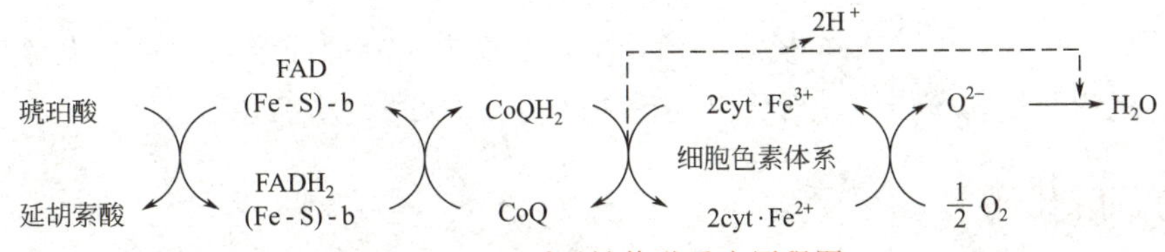

图 8-2　FAD 呼吸链传递反应历程图

四、 ATP 的生成

在生物氧化过程中，代谢底物释放的能量有可能发生磷酸化而形成高能化合物，即高能磷酸化合物，它是生命活动的直接能源。在生物体内有多种高能磷酸化合物，如三磷酸腺苷（ATP)、三磷酸鸟苷（GTP)、三磷酸胞苷（CTP)、三磷酸尿苷（UTP）以及 1,3-二磷酸甘油醛、磷酸肌酸、乙酰辅酶 A 等。其中生命活动应用最多的直接能源是 ATP。

ATP 在生物体内主要通过两种方式生成，即底物水平磷酸化和呼吸链磷酸化。

1. 底物水平磷酸化

生物体内的代谢底物，在氧化过程中分子内部能量重新分布而产生高能磷酸化合物的过程，称底物水平磷酸化。例如，葡萄糖在体内分解代谢过程中产生的 2-磷酸甘油酸脱水形成 2-磷酸烯醇式丙酮酸，从而使能量重新分布，当后者再与 ADP 作用时，就产生了 ATP。

但是，生命活动所需的高能化合物，通过底物水平磷酸化生成的量是很少的。

2. 呼吸链磷酸化

呼吸链磷酸化又称氧化磷酸化或电子传递磷酸化，是指代谢底物被氧化释放的电子通过呼吸链中的一系列传递体传到氧并伴有 ATP 产生的过程。这种方式是产生 ATP 的主要形式。经研究发现，代谢底物分子脱下的每 2 个 H 经 NAD 呼吸链生成 H_2O 的过程中，有能量的逐步释放，并且有 3 个部位释放的能量较多，足可以使 ADP 偶联磷酸化生成 ATP，所以代谢底物脱下的氢经 NAD 呼吸链生成 1 个 H_2O 就可产生 3 个 ATP。在 FAD 呼吸链中，由于底物脱下的氢直接交给 FAD，所以每生成 1 个 H_2O 只能产生 2 个 ATP。

参与生物氧化的酶类包括脱氢酶、氧化酶和传递体等。这些酶主要存在于线粒体中，所以生物氧化主要在线粒体中进行。

第二节　糖类的代谢

食品中的糖类物质主要是植物淀粉和动物糖原两类可消化吸收的多糖、少量蔗糖、麦芽糖、异麦芽糖和乳糖等寡糖或单糖，淀粉首先在口腔被唾液中的淀粉酶部分水解 α-1,4 糖苷键，进而在小肠被胰液中的淀粉酶进一步水解生成麦芽糖、异麦芽糖和含 4 个糖基的临界糊精，最终在小肠被麦芽糖酶、乳糖酶和蔗糖酶水解为葡萄糖、果糖、半乳糖，这些单糖可吸收入小肠细胞。此吸收过程是一个主动耗能的过程，由特定载体完成，同时伴有 Na^+ 转运，不受胰岛素的调控。

除上述糖类以外，由于人体内无 β-糖苷酶，食物中含有的纤维素无法被人体分解利用，但是其具有刺激肠蠕动等作用，对于身体健康也是必不可少的。

一、糖的分解代谢

糖的分解代谢主要途径有四条：无氧条件下进行的糖酵解途径；有氧条件下进行的有氧氧化；生成磷酸戊糖的磷酸己糖途径；生成葡萄糖醛酸的糖醛酸代谢。

1. 葡萄糖的酵解

糖的无氧分解代谢又称为无氧呼吸。在缺氧或无氧情况下，生物体内的葡萄糖在酶的催化下降解为乳酸的过程称为糖酵解过程，也称为糖酵解途径（Embden-Meyerhof-Parnas，EMP）或 EMP 途径。

糖酵解代谢反应过程可分为：葡萄糖先分解为丙酮酸的过程；丙酮酸再转变为乳酸的过程。糖酵解的全部反应在胞浆中进行。

（1）葡萄糖分解为丙酮酸

第一阶段：第一步，葡萄糖的磷酸化。进入细胞内的葡萄糖首先被磷酸化生成 6-磷酸葡萄糖（G-6-P）。这一过程不仅活化了葡萄糖，还能使进入细胞的葡萄糖不再逸出细胞。催化此反应的酶是己糖激酶（HK），反应需要消耗能量 ATP。

$$\text{葡萄糖（G）}\xrightarrow{\text{己糖激酶/葡萄糖（激酶）}}\text{6-磷酸葡萄糖（G-6-P）}$$

应当注意的是，此反应不可逆，是糖酵解的第一个限速反应。

所谓限速反应，是指在某一代谢过程中的一系列反应中，反应速率很慢，以至于影响整条代谢途径的总速率的反应。限速反应所代表的代谢步骤称为整个代谢过程的限速步骤，催化此限速步骤的酶称为限速酶。

第二步，6-磷酸葡萄糖的异构反应。这是由磷酸己糖异构酶催化 6-磷酸葡萄糖转变为 6-磷酸果糖（F-6-P）的过程。

$$\text{6-磷酸葡萄糖}\xrightleftharpoons{\text{磷酸己糖异构酶}}\text{6-磷酸果糖（F-6-P）}$$

第三步，6-磷酸果糖的磷酸化。此反应是 6-磷酸果糖进一步磷酸化生成 1,6-二磷酸果糖，磷酸根由 ATP 供给，催化此反应的酶是磷酸果糖激酶-1（PFK-1）。

此反应不可逆，是糖酵解的第二个限速反应。

$$6\text{-磷酸果糖} \xrightarrow[\text{ATP} \quad \text{ADP}]{\text{磷酸果糖激酶-1}} 1,6\text{-二磷酸果糖}$$

第四步，1,6-二磷酸果糖裂解反应。醛缩酶催化1,6-二磷酸果糖生成磷酸二羟丙酮和3-磷酸甘油醛。

$$1,6\text{-二磷酸果糖} \xrightleftharpoons{\text{醛缩酶}} \text{磷酸二羟丙酮} + 3\text{-磷酸甘油醛}$$

第五步，磷酸二羟丙酮的异构反应。磷酸丙糖异构酶催化磷酸二羟丙酮转变为3-磷酸甘油醛。

$$\text{磷酸二羟丙酮} \xrightleftharpoons{\text{磷酸丙糖异构酶}} 3\text{-磷酸甘油醛}$$

到此1分子葡萄糖生成2分子3-磷酸甘油醛，通过两次磷酸化作用消耗2分子ATP。

第二阶段：第一步，3-磷酸甘油醛氧化反应。此反应由3-磷酸甘油醛脱氢酶催化3-磷酸甘油醛氧化脱氢并磷酸化，生成含有1个高能磷酸键的1,3-二磷酸甘油酸，本反应脱下的氢和电子转给脱氢酶的辅酶NAD^+生成$NADH+H^+$，磷酸根来自无机磷酸。

$$3\text{-磷酸甘油醛} \xrightleftharpoons[\text{NAD+Pi} \quad \text{NADH}_2]{\text{3-磷酸甘油醛脱氢酶}} 1,3\text{-二磷酸甘油酸}$$

第二步，1,3-二磷酸甘油酸的高能磷酸键转移反应。在磷酸甘油酸激酶（PGK）催化下，1,3-二磷酸甘油酸生成3-磷酸甘油酸，同时其分子中的高能磷酸根转移给ADP生成ATP。

$$1,3\text{-二磷酸甘油酸} \xrightleftharpoons[\text{ADP} \quad \text{ATP}]{\text{磷酸甘油酸激酶}} 3\text{-磷酸甘油酸}$$

第三步，3-磷酸甘油酸的变位反应。在磷酸甘油酸变位酶催化下3-磷酸甘油酸生成2-磷酸甘油酸。

第四步，2-磷酸甘油酸的脱水反应。由烯醇化酶催化，2-磷酸甘油酸脱水的同时，能量重新分配，生成含高能磷酸键的磷酸烯醇式丙酮酸。

$$2\text{-磷酸甘油酸} \xrightleftharpoons[\text{H}_2\text{O}]{\text{烯醇化酶}} \text{磷酸烯醇式丙酮酸}$$

第五步，磷酸烯醇式丙酮酸的磷酸转移。在丙酮酸激酶（PK）催化下，磷酸烯醇式丙酮酸上的高能磷酸根转移至ADP生成ATP。

$$\text{磷酸烯醇式丙酮酸} \xrightarrow[\text{ADP+Pi} \quad \text{ATP}]{\text{丙酮酸激酶}} \text{丙酮酸}$$

此反应不可逆，是糖酵解的第三个限速反应。

经过以上五步反应，一分子葡萄糖可氧化分解产生2个分子丙酮酸。在此过程中，产生4分子ATP。

如与第一阶段葡萄糖磷酸化和磷酸果糖的磷酸化消耗二分子ATP相互抵消，每分子葡萄糖降解至丙酮酸净产生2分子ATP。

$$\text{葡萄糖} \longrightarrow 2\text{-丙酮酸} + 2\text{ATP}$$

将葡萄糖分解为丙酮酸的过程总结见图8-3。

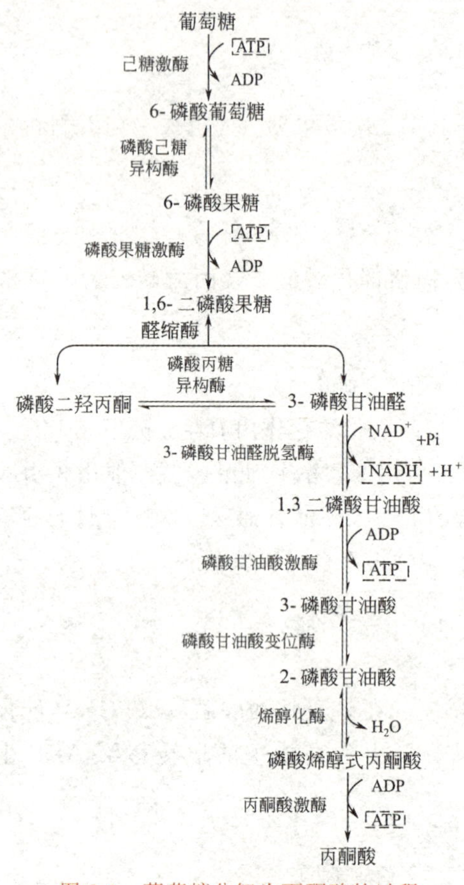

图 8-3 葡萄糖分解为丙酮酸的过程

(2) 丙酮酸在无氧条件下生成乳酸 氧供应不足时葡萄糖分解生成的丙酮酸转变为乳酸。丙酮酸转变成乳酸由乳酸脱氢酶催化。酵母菌将葡萄糖转化为乙醇和二氧化碳的过程称为酒精发酵作用。乳酸菌将葡萄糖转化为乳酸和二氧化碳的过程称为乳酸发酵作用。

(3) 糖酵解的调节 正常生理条件下，生物体内的各种代谢受到严格而精确的调节，以满足机体的需要，保持内环境的稳定。这种控制主要是通过调节酶的活性来实现的。在一个代谢过程中往往由催化不可逆反应的酶限制代谢反应速度，这种酶称为限速酶。通过上面讨论可以看出，糖酵解途径中有三个限速反应，主要限速酶是己糖激酶（HK）、磷酸果糖激酶-1（PFK-1）和丙酮酸激酶（PK）。

胰岛素能诱导体内葡萄糖激酶、磷酸果糖激酶、丙酮酸激酶的合成，因而促进这些酶的活性，从而促进糖的代谢。

(4) 糖酵解的意义 糖酵解是生物界普遍存在的供能途径，但其释放的能量不多，而且在一般生理情况下大多数组织有足够的氧以供有氧氧化之需，很少进行糖酵解，因此这一代谢途径供能意义不大。但在某些情况下，糖酵解有特殊的意义。例如，有的生物进行无氧呼吸时，可以把丙酮酸降解成乙醇同时释放出二氧化碳。利用酵母菌等微生物发酵酿酒和生产酒精就是这种原理。又如，无氧条件下，生物体内的乳酸脱氢酶能催化丙酮酸转变为乳酸，乳酸菌能分泌较多的乳酸脱氢酶把丙酮酸转变成乳酸，食品加工中常利用乳酸菌发酵生产酸奶、泡菜、酸菜等食品。再如，剧烈运动时，能量需求增加，糖分解加速，此时即使呼吸和循环加快以增加氧的供应量，仍不能满足体内糖完全氧化所需要的能量，这时肌肉处于相对缺氧状态，必须通过糖酵解过程，以补充所需的能量。在剧烈运动后，可见血中乳酸浓度成倍升高，这是糖酵解加强的结果。又如人们从平原地区进入高原的初期，由于缺氧，组织细胞也往往通过增强糖酵解获得能量。

2. 糖的有氧氧化

葡萄糖在有氧条件下，氧化分解生成二氧化碳和水的过程称为糖的有氧氧化。有氧氧化是糖分解代谢的主要方式，大多数组织中的葡萄糖均进行有氧氧化分解供给机体能量。

糖的有氧氧化分两个阶段进行。第一阶段是由葡萄糖生成丙酮酸，在细胞液中进行。由于这一过程与上面介绍的相同，所以下面主要讨论有氧氧化在线粒体中进行的第二阶段代谢过程。它包括丙酮酸的氧化脱羧和三羧酸循环。

(1) 丙酮酸的氧化脱羧 丙酮酸与辅酶 A（HS-CoA）转化为乙酰辅酶 A（乙酰 CoA），放出 CO_2。

$$丙酮酸 + CoASH + NAD^+ \xrightarrow{丙酮酸脱氢酶} 乙酰\ CoA + NADH + H^+ + CO_2$$

催化丙酮酸氧化脱羧的酶是丙酮酸脱氢酶系，此酶系包括丙酮酸脱羧酶，辅酶是 TPP；二氢硫辛酸乙酰转移酶，辅酶是二氢硫辛酸和辅酶 A；二氢硫辛酸脱氢酶，辅酶是 FAD 及存在于线粒体基质液中的 NAD^+。多酶复合体形成了紧密相连的连锁反应机构，提高了催化效率。

(2) 三羧酸循环 乙酰 CoA 进入由一连串反应构成的循环体系，被氧化生成 H_2O 和 CO_2，同时释放出能量 ATP。由于这个循环反应开始于乙酰 CoA 和草酰乙酸缩合生成的含有三个羧基的柠檬酸，因此称之为三羧酸循环或柠檬酸循环。

三羧酸循环的详细过程如下。

① 乙酰 CoA 进入三羧酸循环。乙酰 CoA 中的乙酰基在柠檬酸合成酶的催化下与草酰乙酸发生缩合反应，生成三羧酸循环中的第一个三羧酸——柠檬酸，并释放出 CoASH。

$$乙酰\ CoA + 草酰乙酸 \xrightarrow{柠檬酸合成酶} 柠檬酸 + CoASH$$

该步反应为不可逆反应，是三羧酸循环中的第一个限速步骤，柠檬酸合成酶为三羧酸循环的第一个关键酶。

② 异柠檬酸的形成。柠檬酸在顺乌头酸酶的催化下，经过脱水形成第二个三羧酸——顺乌头酸，后者再经加水形成第三个三羧酸——异柠檬酸。

$$柠檬酸 \underset{H_2O}{\rightleftharpoons} 顺乌头酸 \underset{H_2O}{\rightleftharpoons} 异柠檬酸$$

③ 第一次氧化脱酸。异柠檬酸在异柠檬酸脱氢酶的催化下生成草酰琥珀酸，后者迅速脱羧生成 α-酮戊二酸。反应中脱下的氢由 NAD^+ 接受形成 $NADH + H^+$ 进入呼吸链，氧化成 H_2O，释放出 ATP。

$$异柠檬酸 \xrightarrow[NAD^+ \quad NADH+H^+]{异柠檬酸脱氢酶} 草酰琥珀酸 \xrightarrow[CO_2]{} \alpha\text{-}酮戊二酸$$

此步反应是三羧酸循环中的第一次氧化脱羧反应，也是三羧酸循环中的第二步限速步骤，异柠檬酸脱氢酶是三羧酸循环中的第二个关键酶。

④ 第二次氧化脱羧。在 α-酮戊二酸脱氢酶系作用下，α-酮戊二酸氧化脱羧生成琥珀酰 CoA、$NADH + H^+$ 和 CO_2，反应过程完全类似于丙酮酸脱氢酶系催化的氧化脱羧，属于 α-氧化脱羧，氧化产生的能量中一部分贮存于琥珀酰 CoA 的高能硫酯键中。

$$\alpha\text{-}酮戊二酸 + CoASH + NAD^+ \xrightarrow{\alpha\text{-}酮戊二酸脱氢酶} 琥珀酰\ CoA + NADH + H^+ + CO_2$$

此步反应是三羧酸循环中的第二个氧化脱羧反应，也是三羧酸循环中的第三步限速步骤，α-酮戊二酸脱氢酶系是三羧酸循环中的第三个关键酶。该酶与丙酮酸氧化脱羧酶系相似，也是复合酶系，由三个酶（α-酮戊二酸脱羧酶、硫辛酸琥珀酰基转移酶、二氢硫辛酸脱氢酶）和五个辅酶（TPP、硫辛酸、HSCoA、NAD^+、FAD）组成。

⑤ 底物磷酸化生成 ATP。在琥珀酸合成酶的作用下，琥珀酰 CoA 水解，释放的自由能用于合成 GTP。在哺乳动物中，先生成 GTP，再生成 ATP；在细菌和高等生物中可直接生成 ATP。此时，琥珀酰 CoA 生成琥珀酸和辅酶 A。

$$\text{琥珀酰 CoA}+\text{GDP} \xrightleftharpoons{\text{琥珀酸合成酶}} \text{琥珀酸}+\text{HS-CoA}+\text{GTP}$$

⑥ 琥珀酸脱氢生成延胡索酸。琥珀酸在琥珀酸脱氢酶的催化下生成延胡索酸，反应中氢的受体是琥珀酸脱氢酶的辅酶 FAD。

$$\text{琥珀酸} \xrightleftharpoons[\text{琥珀酸脱氢酶}]{FAD \rightarrow FADH_2} \text{延胡索酸}$$

⑦ 延胡索酸加水生成苹果酸。延胡索酸在延胡索酸酶的催化下，加水生成苹果酸。此反应为可逆反应。

$$\text{延胡索酸} \xrightleftharpoons[H_2O]{\text{延胡索酸酶}} \text{苹果酸}$$

⑧ 草酰乙酸再生。在苹果酸脱氢酶作用下，苹果酸脱氢氧化生成草酰乙酸，NAD^+ 是脱氢酶的辅酶，接受氢成为 $NADH+H^+$。

$$\text{苹果酸} \xrightleftharpoons[\text{苹果酸脱氢酶}]{NAD^+ \rightarrow NADH+H^+} \text{草酰乙酸}$$

反应产物草酰乙酸又可与另一分子乙酰 CoA 缩合生成柠檬酸，开始新一轮的三羧酸循环。

每一次三羧酸循环，经历一次底物水平磷酸化，二次脱羧反应，三个关键酶促反应和四次氧化脱氢反应。

琥珀酰 CoA 生成琥珀酸的底物水平磷酸化形成 1 分子 GTP，可转化为 1 分子 ATP。

从量上来说，1 个二碳化合物被氧化成 2 分子 CO_2。因此，三羧酸循环一周，实质上使 1 分子乙酰 CoA 氧化成 CO_2 和 H_2O。

四次氧化脱氢反应共生成 3 分子的 $NADH+H^+$ 和 1 分子的 $FADH_2$。它们所携带的氢在线粒体中被传递给氧生成水，进而释放大量的能量，以满足生物体对能量的需求。1 分子 $NADH+H^+$ 经呼吸链可生成 3 分子 ATP，1 分子 $FADH_2$ 可生成 2 分子的 ATP，所以共生成 11 个 ATP，加上底物水平磷酸化形成的 1 分子的 ATP，1 分子乙酰 CoA 经三羧酸循环一周共可产生 12 分子的 ATP。

三羧酸循环的总反应式如下：

$$\text{乙酰 CoA}+2H_2O+3NAD^++FAD+ADP+Pi \longrightarrow 2CO_2+3NADH+3H^++FADH_2+CoASH+ATP$$

三羧酸循环的化学过程见图 8-4。

三羧酸循环的中间产物，从理论上讲可以循环不消耗，但是由于循环中的某些组成成分还可参与合成其他物质，而其他物质也可不断通过多种途径而生成中间产物，所以说三羧酸循环组成成分处于不断更新之中。

(3) 糖有氧氧化的生理意义

① 三羧酸循环是机体获取能量的主要方式。1 个分子葡萄糖经无氧酵解仅净生成 2 个分子 ATP，而有氧氧化可净生成 38 个 ATP（见表 8-1），其中三羧酸循环生成 24 个 ATP。在一般生理条件下，许多组织细胞皆从糖的有氧氧化获得能量。糖的有氧氧化不但释能效率高，而且逐步释能，并逐步贮存于 ATP 分子中，因此能量的利用率也很高。

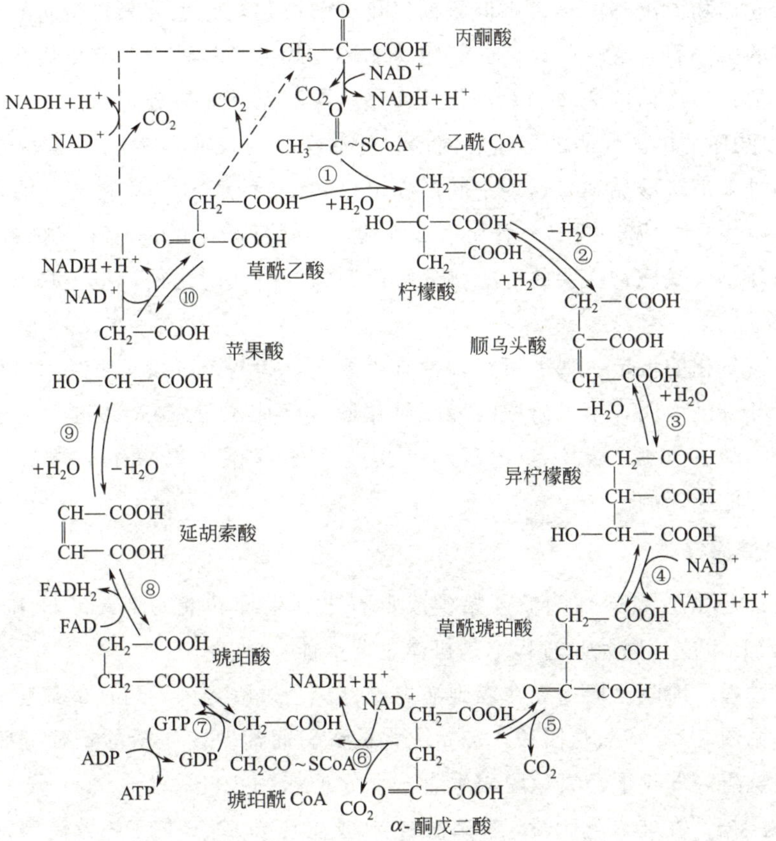

图 8-4　三羧酸循环的化学过程

①—柠檬酸合成酶；②，③—顺乌头酸酶；④，⑤—异柠檬酸脱氢酶；⑥—α-酮戊二酸脱羟酶系；⑦—琥珀酸合成酶；⑧—琥珀酸脱氢酶；⑨—延胡索酸酶；⑩—苹果酸脱氢酶

表 8-1　1mol 葡萄糖有氧氧化时 ATP 的生成

反应阶段	反应过程	ATP 的增减
酵解	葡萄糖⟶6-磷酸葡萄糖	−1
	6-磷酸葡萄糖⟶1,6-二磷酸葡萄糖	−1
	3-磷酸甘油醛⟶1,3-二磷酸甘油酸	2×3 或 2×4①
	1,3-二磷酸甘油酸⟶3-磷酸甘油酸	2×1
	磷酸烯醇式丙酮酸⟶烯醇式丙酮酸	2×1
丙酮酸氧化脱羧	丙酮酸⟶乙酰 CoA	2×3
三羧酸循环	异柠檬酸⟶α-酮戊二酸	2×3
	α-酮戊二酸⟶琥珀酰 CoA	2×3
	琥珀酰 CoA⟶琥珀酸	2×1
	琥珀酸⟶延胡索酸	2×2
	苹果酸⟶草酰乙酸	2×3
总　计		36 或 38

① 根据 $NADH+H^+$ 穿梭进入线粒体的方式不同，可产生 3mol ATP，也可产生 2mol ATP。

② 三羧酸循环是糖、脂肪和蛋白质三种主要有机物在体内彻底氧化的共同代谢途径。三羧酸循环的起始物乙酰辅酶A，不但是糖氧化分解产物，它也可来自脂肪的甘油、脂肪酸和来自蛋白质的某些氨基酸代谢，因此三羧酸循环实际上是三种主要有机物在体内氧化供能的共同通路，估计生物体内2/3的有机物是通过三羧酸循环而被分解的。

③ 三羧酸循环是机体代谢的枢纽。因糖和甘油在体内代谢可生成α-酮戊二酸及草酰乙酸等中间产物进入三羧酸循环，这些中间产物可以转变成为某些氨基酸，而有些氨基酸又可通过脱氨、转氨途径变成α-酮戊二酸和草酰乙酸，再经糖异生的途径生成糖或转变成甘油，因此三羧酸循环不仅是三种主要的有机物分解代谢的最终共同途径，也是联系体内各类物质代谢的枢纽。

(4) 糖有氧氧化的调节 如上所述，糖有氧氧化分为两个阶段。第一阶段糖酵解途径的调节在糖酵解部分已说明，第二阶段丙酸酸氧化脱羧生成乙酰CoA并进入三羧酸循环的一系列反应，丙酮酸脱氢酶复合体、柠檬酸合成酶、异柠檬酸脱氢酶和α-酮戊二酸脱氢酶复合体是这一过程的限速酶。

3. 磷酸己糖途径

磷酸己糖途径由6-磷酸葡萄糖开始生成具有重要生理功能的NADPH和5-磷酸核糖。全过程中无ATP生成，因此此过程不是机体主要产能方式。

(1) 反应过程 磷酸己糖途径在细胞液中进行，全过程分为不可逆的氧化阶段和可逆的非氧化阶段，见图8-5。在氧化阶段，3个分子6-磷酸葡萄糖在6-磷酸葡萄糖脱氢酶和6-磷酸葡萄糖酸脱氢酶等催化下经氧化脱羧生成6个分子$NADPH+H^+$，3个分子CO_2和3个分子5-磷酸核酮糖；在非氧化阶段，5-磷酸核酮糖在转酮基酶（TPP为辅酶）和转巯基酶催化下，最终生成2分子6-磷酸果糖和1分子3-磷酸甘油醛，它们可转变为6-磷酸葡萄糖继续进行磷酸戊糖途径，也可以进入糖有氧氧化或糖酵解途径。此反应途径中的限速酶是6-磷酸葡萄糖脱氢酶，此酶活性受NADPH浓度影响，NADPH浓度升高抑制酶的活性，因此磷酸己糖途径主要受体内NADPH的需求量调节。

(2) 生理意义 此途径是葡萄糖在体内生成5-磷酸核糖的唯一途径，故也命名为磷酸戊糖通路，体内需要的5-磷酸核糖可通过磷酸戊糖通路的氧化阶段不可逆反应过程生成，也可经非氧化阶段的可逆反应过程生成，而在人体内主要由氧化阶段生成。5-磷酸核糖是合成核苷酸辅酶及核酸的主要原料，故损伤后修复、再生的组织（如梗死的心肌、部分切除后的肝脏）中，此代谢途径都比较活跃。

4. 糖醛酸途径

糖醛酸途径主要在肝脏和红细胞中进行，它由尿嘧啶核苷二磷酸葡萄糖（UDPG）上联糖原合成途径，经过一系列反应后生成磷酸戊糖而进入磷酸戊糖通路，从而构成糖分解代谢的另一条通路。

1-磷酸葡萄糖和尿嘧啶核苷三磷酸（UTP）在尿二磷葡萄糖焦磷酸化酶（UDPG焦磷酸化酶）催化下生成尿二磷葡萄糖（UDPG），UDPG经尿二磷葡萄糖脱氢酶的作用，进一步氧化脱氢生成尿二磷葡萄糖醛酸，脱氢酶的辅酶是NAD^+，尿二磷葡萄糖醛酸（UDP-GA）脱去尿二磷生成葡萄糖醛酸。葡萄糖醛酸在一系列酶作用下，经NADPH+H供氢和

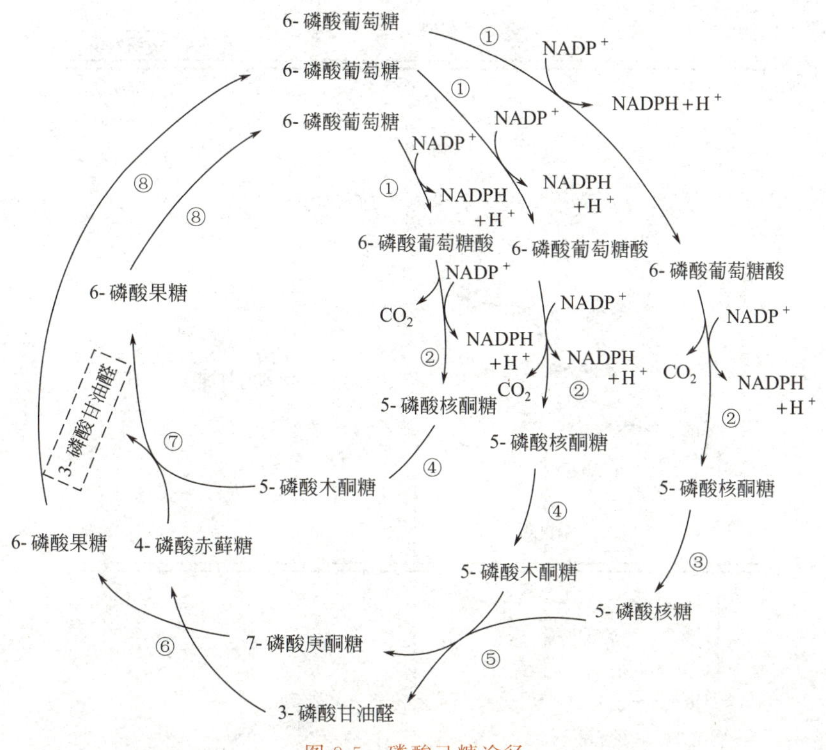

图 8-5　磷酸己糖途径

①—6-磷酸葡萄糖脱氢酶、6-磷酸葡萄糖酸内酯酶；②—6-磷酸葡萄糖酸脱氢酶；③—转酮基酶；④—转琉基酶；⑤—转酮基酶、转羟基乙醛基酶（转羟乙醛酶）；⑥—转醛基酶；⑦—转醛基酶；⑧—磷酸葡萄糖异构酶

NAD^+受氢的二次还原和氧化的过程，生成5-磷酸木酮糖进入磷酸戊糖通路。

糖醛酸代谢的主要生理功能，在于代谢过程中生成了尿二磷葡萄糖醛酸，它是体内重要的解毒物质之一，同时又是合成黏多糖的原料。此代谢过程要消耗NADPH＋H（同时生成$NADH+H^+$），而磷酸戊糖通路又生成NADPH＋H，因此两者关系密切，当磷酸戊糖通路发生障碍时，必然会影响糖醛酸代谢的顺利进行。

二、糖异生途径

非糖物质合成葡萄糖的过程称为糖异生途径。糖异生途径基本上是糖酵解或糖有氧氧化的逆过程。糖异生途径与糖氧化作用的相互关系见图 8-6。

由图 8-6 可以看出：第一，由丙酮酸激酶催化的逆反应是由两步反应来完成的。首先由丙酮酸羧化酶催化，将丙酮酸转变为草酰乙酸，然后再由磷酸烯醇式丙酮酸羧激酶催化，由草酰乙酸生成磷酸烯醇式丙酮酸。第二，由己糖激酶和磷酸果糖激酶催化的两个反应的逆行过程，由两个特异的磷酸酶水解己糖磷酸酯键完成，即葡萄糖-6-磷酸酶和果糖二磷酸酶。第三，糖异生作用的三种主要原料有乳酸、甘油和氨基酸等。乳酸在乳酸脱氢酶作用下转变为丙酮酸，然后羧化成糖；甘油被磷酸化生成磷酸甘油后，氧化成磷酸二羟丙酮，再循糖酵解逆行过程合成糖；氨基酸则通过多种渠道成为糖酵解或糖有氧氧化过程中的中间产物，然后生成糖；三羧酸循环中的各种羧酸则可转变为草酰乙酸，然后生成糖。

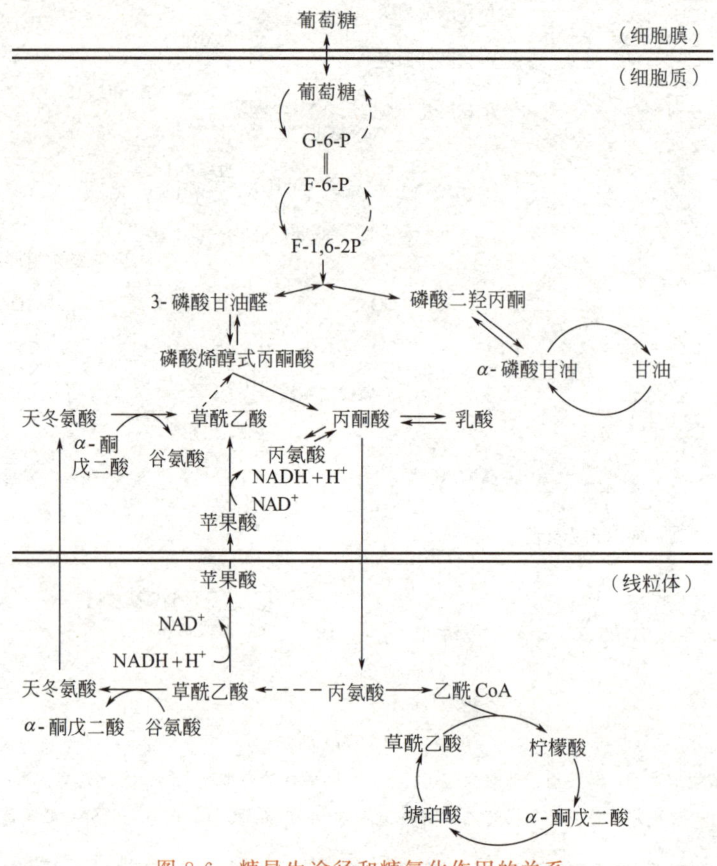

图 8-6　糖异生途径和糖氧化作用的关系

三、糖原的合成与分解

糖原是由多个葡萄糖组成的带分枝的大分子多糖，分子量一般在 10^6～10^7，可高达 10^8，是体内糖的贮存形式。分子中葡萄糖主要以 α-1,4-糖苷键相连形成直链，其中部分以 α-1,6-糖苷键相连构成支链。糖原主要贮存在肌肉和肝脏中。肌肉中糖原占肌肉总重量的 1%～2%，约为 400g。肝脏中糖原占总量 6%～8%，约为 100g。肌糖原分解为肌肉自身收缩供给能量，肝糖原分解主要维持血糖浓度。

1. 糖原的合成

由葡萄糖（包括少量果糖和半乳糖）合成糖原的过程称为糖原合成，反应在细胞质中进行，需要消耗 ATP 和 UTP，合成反应包括以下几个步骤：

$$\text{葡萄糖}+\text{ATP}\xrightarrow{\text{HK(GK)}}\text{6-磷酸葡萄糖}+\text{ADP}$$

$$\text{6-磷酸葡萄糖}\xrightarrow{\text{磷酸葡萄糖变位酶}}\text{1-磷酸葡萄糖}$$

$$\text{1-磷酸葡萄糖}+\text{UTP}\xrightarrow{\text{UDPG 焦磷酸化酶}}\text{UDPG}+\text{PPi(焦磷酸)}$$

$$\text{UDPG}+\text{糖原(Gn)}\xrightarrow{\text{糖原合成酶}}\text{UDP}+\text{糖原(Gn+1)}$$

其中，糖原（Gn）为细胞原有的较小的糖原分子，称为糖原引物，糖原(Gn+1）为新合成的糖原分子。

2. 糖原的分解

糖原分解不是糖原合成的逆反应，除磷酸葡萄糖变位酶外，其他酶均不一样，反应包括：

$$\text{Gn}+1(\text{糖原})+\text{Pi}\xrightarrow{\text{糖原磷酸化酶}}\text{G-1-P}+\text{Gn}$$

$$\text{G-1-P}\xrightarrow{\text{变位酶}}\text{G-6-P}$$

$$\text{G-6-P}+H_2O\xrightarrow{\text{6-磷酸葡萄糖磷酸化酶}}\text{G}+\text{Pi}$$

第三节　脂类的代谢

一、脂类的消化、分解与吸收

正常情况下每人每日从食物中消化 50～60g 的脂类，其中甘油三酯占到 90%以上，除此以外还有少量的磷脂、胆固醇及其酯和一些游离脂肪酸。

食物中的脂类在成人口腔和胃中不能被消化，这是由于口腔中没有消化脂类的酶，胃中虽有少量脂肪酶，但此酶只有在中性时才有活性，因此在正常胃液中此酶几乎没有活性。但是，婴儿时期胃酸浓度低，胃中 pH 接近中性，脂肪尤其是乳脂可被部分消化。

脂类的消化及吸收主要在小肠中进行，首先在小肠上段，通过小肠蠕动，由胆汁中的胆汁酸盐使食物脂类乳化，使不溶于水的脂类分散成水包油的小胶体颗粒，提高溶解度，增加了酶与脂类的接触面积，有利于脂类的消化及吸收。

在形成的水油界面上，分泌入小肠的胰液中包含的酶类，开始对食物中的脂类进行消化，这些酶包括胰脂肪酶、辅脂酶、胆固醇酯酶和磷脂酶。

食物中的脂肪乳化后，被胰脂肪酶催化，水解甘油三酯，生成 2-甘油一酯和脂肪酸。此反应需要辅脂酶协助，将脂肪酶吸附在水界面上，有利于胰脂肪酶发挥作用。

$$\text{甘油三酯}\xrightarrow{\text{胰脂肪酶}}\text{2-甘油一酯}+2\times\text{脂肪酸}$$

脂肪组织中的甘油三酯在一系列脂肪酶的作用下，最终会分解（水解）生成甘油和脂肪酸。

$$\text{甘油三酯}\xrightarrow{\text{脂肪酶}}\text{甘油}+3\times\text{脂肪酸}$$

磷脂的降解主要是体内磷酸甘油酯酶催化的水解过程。磷酸甘油酯酶分为 4 类，即磷酸甘油酯酶 A_1、A_2、C 和 D。食物中的磷脂如果被磷脂酶 A_2 催化，则水解生成溶血磷脂和脂肪酸。胰腺分泌的是磷脂酶 A_2 原，是一种无活性的酶原，在肠道被胰蛋白酶水解后成为有活性的磷脂酶 A_2 催化上述反应。

$$\text{磷脂}\xrightarrow{\text{磷脂酶 }A_2}\text{溶血磷脂}+\text{脂肪酸}$$

甘油磷脂分子完全水解后的产物为甘油、脂肪酸、磷酸和各种氨基醇。鞘氨磷脂的分解代谢由神经鞘磷脂酶（属磷脂酶 C 类）作用，使磷酸酯键水解产生磷酸胆碱及神经酰胺（*N*-脂酰鞘氨醇）。若体内缺乏此酶，可引起痴呆等鞘磷脂沉积病。

食物中的胆固醇酯被胆固醇酯酶水解，生成胆固醇及脂肪酸。

$$\text{胆固醇酯}\xrightarrow{\text{胆固醇酯酶}}\text{胆固醇}+\text{脂肪酸}$$

食物中的脂类经上述胰液中酶类消化后，生成甘油一酯、脂肪酸、胆固醇及溶血磷脂等，这些产物极性明显增强，与胆汁乳化成混合微团。这种微团体积很小（直径 20nm），极性较强，可被肠黏膜细胞吸收。

应当注意的是：上述一系列的水解过程中的脂肪酶是限速酶，其活性受许多激素的调节。

脂类的吸收主要在十二指肠下段和盲肠。甘油及中短链脂肪酸（$\leqslant$10C）无需混合微团协助，直接吸收入小肠黏膜细胞后，进而通过门静脉进入血液。长链脂肪酸及其他脂类消化产物随微团吸收入小肠黏膜细胞。长链脂肪酸在脂酰 CoA 合成酶催化下，生成脂酰 CoA，此反应消耗 ATP。

$$\text{脂肪酸}+HSC_{O}A+ATP\xrightarrow{\text{脂酰 CoA 合成酶}}\text{脂酰 CoA}+AMP$$

脂酰 CoA 可在转酰基酶作用下，将甘油一酯、溶血磷脂和胆固醇酯化生成相应的甘油三酯、磷脂和胆固醇酯。生成的甘油三酯、磷脂、胆固醇酯及少量胆固醇，与细胞内合成的载脂蛋白构成乳糜微粒，通过淋巴最终进入血液，被其他细胞所利用。

可见，食物中脂类的吸收与糖的吸收不同，大部分脂类通过淋巴直接进入体循环，而不通过肝脏。因此食物中脂类主要被肝外组织利用，肝脏利用外源的脂类是很少的。

二、脂肪的分解代谢

脂肪在脂肪酶的作用下，分解生成甘油和脂肪酸，甘油和脂肪酸在体内再进一步分解。

1. 甘油的氧化分解

甘油首先在甘油磷酸激酶和 ATP 的作用下生成甘油-α-磷酸，再经磷酸甘油脱氢酶及辅酶Ⅰ的作用，变成二羟丙酮磷酸，二羟丙酮磷酸在变构酶作用下转化为甘油醛-3-磷酸，然后再转化为丙酮酸，丙酮酸进入三羧酸循环彻底氧化，或经过糖异生途径合成糖原。因此甘油代谢和糖代谢的关系极为密切。甘油转化成磷酸二羟丙酮进而再转化为糖的过程如图 8-7 所示。

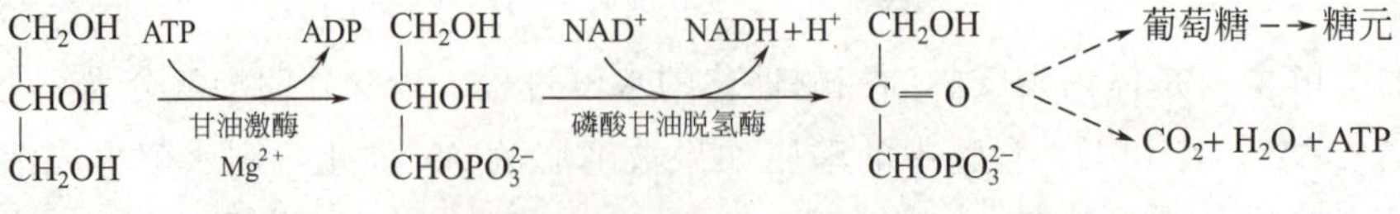

$$\begin{array}{c}CH_2OH\\|\\CHOH\\|\\CH_2OH\end{array}\xrightarrow[\text{甘油激酶},\ Mg^{2+}]{ATP\ \ \ ADP}\begin{array}{c}CH_2OH\\|\\CHOH\\|\\CHOPO_3^{2-}\end{array}\xrightarrow[\text{磷酸甘油脱氢酶}]{NAD^+\ \ \ NADH+H^+}\begin{array}{c}CH_2OH\\|\\C=O\\|\\CHOPO_3^{2-}\end{array}\begin{array}{l}\dashrightarrow \text{葡萄糖}\dashrightarrow\text{糖元}\\ \dashrightarrow CO_2+H_2O+ATP\end{array}$$

图 8-7 甘油转化为磷酸二羟丙酮进而再转化为糖的过程

2. 脂肪酸的氧化分解

脂肪酸在有充足氧供给的情况下，可氧化分解为 CO_2 和 H_2O，释放大量能量。因此脂肪酸是机体主要能量来源之一。肝和肌肉是进行脂肪酸氧化最活跃的组织，其最主要的氧化形式是β-氧化。

(1) 脂肪酸的β-氧化过程 脂肪酸通过酶催化α-与β-碳原子间的断裂、β-碳原子上的氧化，相继切下二碳单位降解的方式称为β-氧化。脂肪酸的β-氧化在细胞线粒体基质中进行，是分解代谢的主要途径。β-氧化可分为活化、转移、β-氧化三个阶段。

① 脂肪酸的活化。脂肪酸在β-氧化前必须活化，即生成脂酰CoA，才能进一步分解。在CoASH和ATP的参与下，脂肪酸由脂酰CoA合成酶催化，生成脂酰CoA。反应分两步，在胞浆中进行，反应式如下。

$$\underset{\text{脂肪酸}}{RCH_2CH_2CH_2COOH} + ATP \rightleftharpoons \underset{\text{脂酰一磷酸腺苷}}{RCH_2CH_2CH_2\overset{O}{\overset{\|}{C}}\sim AMP} + PPi$$

$$\underset{\text{脂酰一磷酸腺苷}}{RCH_2CH_2CH_2\overset{O}{\overset{\|}{C}}\sim AMP} + CoASH \rightleftharpoons \underset{\text{脂酰 CoA}}{RCH_2CH_2CH_2\overset{O}{\overset{\|}{C}}\sim SCoA} + AMP$$

活化后生成的脂酰CoA极性增强,易溶于水。分子中有高能键、性质活泼，它是酶的特异底物，与酶的亲和力大，因此更容易参加反应。

② 脂酰CoA进入线粒体。活化的脂肪酸在胞浆中，而β-氧化过程在线粒体内，脂酰CoA又不能自由通过线粒体膜，要进入线粒体基质就需要载体转运，这一载体就是肉毒碱，即3-羟基-4-三甲氨基丁酸。

长链脂酰CoA和肉毒碱反应，生成辅酶A和脂酰肉毒碱。催化此反应的酶为肉毒碱脂酰转移酶。

$$\underset{\text{脂酰 CoA}}{R-\overset{O}{\overset{\|}{C}}\sim SCoA} + \underset{\text{肉毒碱}}{H_3C-\overset{+}{N}(CH_3)_2-CH_2-\underset{OH}{\overset{H}{C}}-CH_2-COO^-} \rightleftharpoons HS-CoA + \underset{\text{脂酰肉毒碱}}{H_3C-\overset{+}{N}(CH_3)_2-CH_2-\underset{O-\overset{O}{\overset{\|}{C}}-R}{\overset{H}{C}}-CH_2-COO^-}$$

③ β-氧化的反应过程。脂酰CoA在线粒体基质中进入β氧化要经过四步反应，即脱氢、加水、再脱氢和硫解，生成一分子乙酰CoA和一个少两个碳的新的脂酰CoA。

第一步，脱氢反应。由脂酰CoA脱氢酶活化，辅基为FAD，脂酰CoA在α和β碳原子上各脱去一个氢原子生成具有反式双键的α,β-烯脂酰辅酶A。

$$\underset{\text{脂酰 CoA}}{R-CH_2-\overset{\beta}{C}H_2-\overset{\alpha}{C}H_2-\overset{O}{\overset{\|}{C}}\sim SCoA} \xrightarrow[FAD\ \ FADH_2]{\text{脂酰 CoA 脱氢酶}} \underset{\text{烯脂酰 CoA}}{R-CH_2-\underset{H}{C}=\overset{H}{C}-\overset{O}{\overset{\|}{C}}\sim SCoA}$$

第二步，加水反应。由烯脂酰CoA水合酶催化，生成具有L-构型的β-羟脂酰CoA。

$$R—CH_2—\overset{H}{C}=\underset{H}{C}—\overset{O}{\overset{\|}{C}}\sim SCoA \xrightleftharpoons[\pm H_2O]{烯脂酰CoA水合酶} R—CH_2—\underset{H}{\overset{OH}{C}}—\underset{H}{\overset{H}{C}}—\overset{O}{\overset{\|}{C}}\sim SCoA$$

烯脂酰 CoA　　　　L-(+)-β-羟脂酰 CoA

第三步，脱氢反应。在β-羟脂酰 CoA 脱氢酶（辅酶为 NAD^+）催化下，β-羟脂酰 CoA 脱氢生成β-酮脂酰 CoA。

$$R—CH_2—\underset{H}{\overset{OH}{C}}—CH_2—\overset{O}{\overset{\|}{C}}\sim SCoA \xrightleftharpoons[NAD^+ \quad NADH+H^+]{\beta\text{-羟脂酰CoA脱氢酶}} R—CH_2—\overset{O}{\overset{\|}{C}}—CH_2—\overset{O}{\overset{\|}{C}}\sim SCoA$$

L-β-羟脂酰 CoA　　　　β-酮脂酰 CoA

第四步，硫解反应。由β-酮脂酰 CoA 硫解酶催化，β-酮脂酰 CoA 在α和β碳原子之间断链，加上一分子辅酶 A 生成乙酰 CoA 和一个比原来少两个碳原子的脂酰 CoA。

$$R—CH_2—\overset{O}{\overset{\|}{C}}—CH_2—\overset{O}{\overset{\|}{C}}\sim SCoA \xrightarrow[CoASH]{硫解酶} R—CH_2—\overset{O}{\overset{\|}{C}}\sim SCoA+CH_3—\overset{O}{\overset{\|}{C}}\sim SCoA$$

β-酮脂酰 CoA　　　　脂酰 CoA（比原来少 2 个碳原子）　　乙酰 CoA

脂肪酸的β-氧化过程可用图 8-8 表示。从图中可见，脂肪酸每进行一轮β-氧化，产生 1 分子乙酰 CoA、$NADH+H^+$ 和 $FADH_2$。

(2) 脂肪酸β-氧化的生理意义　脂肪酸β-氧化是体内脂肪酸分解的主要途径，脂肪酸的完全氧化可为机体生命活动提供大量能量。以软脂酸为例，活化后生成的软脂酰 CoA 是 C_{16} 酸，需经 7 轮β-氧化，才能完全硫解为乙酰 CoA。因此，软脂酰 CoA 的β-氧化可用以下反应表示：

$$软脂酰CoA+7FAD+7NAD^++7CoASH+7H_2O \longrightarrow 8乙酰CoA+7FADH_2+7NADH+7H^+$$

1 分子 $FADH_2$ 进入呼吸链磷酸化产生 2 分子 ATP，1 分子 $NADH+H^+$ 进入呼吸链产生 3 分子 ATP，乙酰 CoA 进入 TCA 循环氧化产生 12 分子 ATP。软脂酸活化消耗 2 个高能磷酸键，按消耗 2 个 ATP 计，因此，软脂酸完全氧化的净产量为：

$$2\times7ATP+3\times7ATP+12\times8ATP-2ATP=129ATP$$

脂肪酸氧化时释放出来的能量约有 40%为机体利用合成高能化合物，其余 60%以热的形式释出，热效率为 40%，说明人体能很有效地利用脂肪酸氧化所提供的能量。

脂肪酸β-氧化过程中生成的乙酰 CoA 是一种十分重要的中间化合物，乙酰 CoA 除能进入三羧酸循环氧化供能外，还是许多重要化合物如酮体（医学上将乙酰乙酸、β-羟丁酸和丙酮三者统称为酮体）、胆固醇和类固醇等的合成原料。

三、甘油三酯的合成代谢

人体可利用甘油、糖、脂肪酸和甘油一酯为原料，经过甘油一酯途径和磷脂酸途径合成甘油三酯。

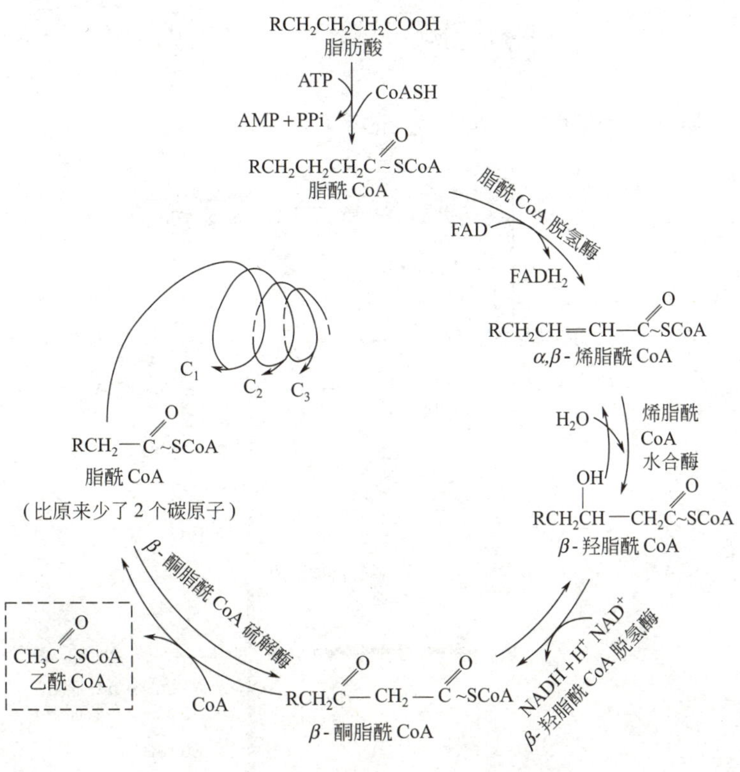

图 8-8　脂肪酸 β-氧化过程

1. 甘油一酯途径

以甘油一酯为起始物，与脂酰 CoA 共同在脂酰转移酶作用下酯化生成甘油三酯。

$$\text{甘油一酯}\xrightarrow[\text{脂酰转移酶}]{\text{脂酰 CoA}}\text{甘油二酯}\xrightarrow[\text{脂酰转移酶}]{\text{脂酰 CoA}}\text{甘油三酯}$$

2. 磷脂酸途径

游离的甘油可经甘油激酶催化，生成 α-磷酸甘油（因脂肪及肌肉组织缺乏甘油激酶，故不能利用激离的甘油）；糖酵解的中间产物类磷酸二羟丙酮在甘油磷酸脱氢酶作用下，也可以还原生成 α-磷酸甘油（或称 3-磷酸甘油）。α-磷酸甘油在甘油磷酸酰基转移酶作用下，转变为溶血磷脂酸，溶血磷脂酸在酰基转移酶作用下，生成 3-磷酸-1,2-甘油二酯即磷脂酸。

此外，磷酸二羟丙酮也可不转为 α-磷酸甘油，而是先酯化，后还原生成溶血磷脂酸，然后再经酯化合成磷脂酸（图 8-9）。

磷脂酸即 3-磷酸-1,2-甘油二酯，是合成甘油酯类的共同前体。磷脂酸在磷脂酸磷酸酶作用下，水解释放出无机磷酸，而转变为甘油二酯，它是甘油三酯的前体，只需酯化即可生成甘油三酯。

甘油三酯的合成速率可以受激素的影响而改变，如胰岛素可促进糖转变为甘油三酯。由于胰岛素分泌不足或作用失效所致的糖尿病患者，不仅不能很好利用葡萄糖，而且葡萄糖或某些氨基酸也不能用于合成脂肪酸，而表现为脂肪的氧化速度增加，酮体生成过多，其结果是患者体重下降。此外，胰高血糖素、肾上腺皮质激素等也影响甘油三酯的合成。

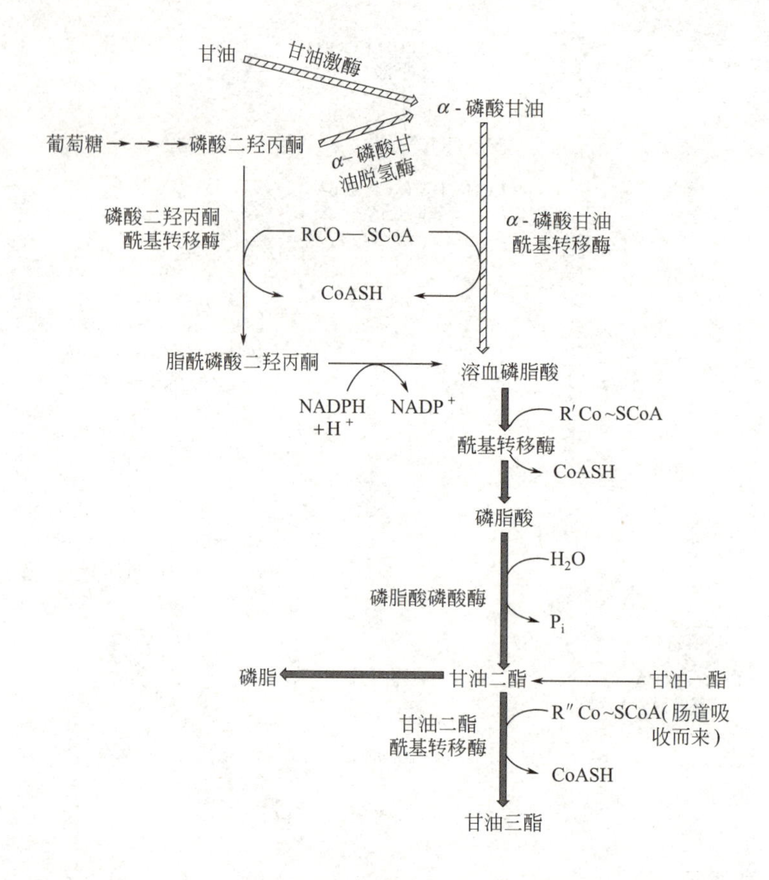

图 8-9 甘油三酯的合成（粗线表示生成磷脂酸的主要途径）

四、磷脂的合成代谢

1. 甘油磷脂的合成代谢

甘油磷脂由 1 分子甘油与 2 分子脂肪酸和 1 分子磷酸组成。由于与磷酸相连的取代基团不同，又可分为磷脂酰胆碱（卵磷脂）、磷脂酰乙醇胺（脑磷脂）、二磷脂酰甘油（心磷脂）等。

人的全身各组织均能合成甘油磷脂，以肝、肾等组织最活跃，在细胞的内质网上合成。合成所用的甘油、脂肪酸主要由糖代谢转化而来。甘油 C_2 上连接的多不饱和脂肪酸常需靠食物供给，合成还需 ATP、CTP。

磷脂酸也是各种甘油磷脂合成的前体，主要有两种合成途径。

（1）甘油二酯合成途径 脑磷脂、卵磷脂由此途径合成，以甘油二酯为中间产物，由胞苷二磷酸胆碱（简称 CDP 胆碱）等提供磷酸及取代基。

（2）CDP-甘油二酯途径 肌醇磷脂，心磷脂由此合成，以 CDP-甘油二酯为中间产物再加上肌醇等取代基即可合成。

2. 鞘磷脂的合成代谢

主要结构为鞘氨醇，1 分子鞘氨醇通常只连 1 分子脂肪酸，再加上 1 分子含磷酸的基团或糖基。含量最多的神经鞘磷脂即是以磷酸胆碱、脂肪酸与鞘氨醇结合而成。

鞘磷脂的合成代谢以脑组织最活跃，主要在内质网进行。反应过程需磷酸吡哆醛，$NADPH+H^+$ 等辅酶，基本原料为软脂酰 CoA 及丝氨酸。

第四节　核酸的代谢

一、核酸的分解代谢

食物中的核酸多与蛋白质结合为核蛋白，在胃中受胃酸的作用，或在小肠中受蛋白酶作用，分解为核酸和蛋白质。核酸主要在十二指肠由胰核酸酶和小肠磷酸二酯酶降解为单核苷酸（一般称为核苷酸）。

核苷酸由不同的碱基特异性核苷酸酶和非特异性磷酸酶催化，水解为核苷和磷酸。核苷可直接被小肠黏膜吸收，或在核苷酶和核苷磷酸化酶作用下，水解为碱基、戊糖或 1-磷酸核糖（1-磷酸戊糖）。

$$\text{核苷} + H_2O \xrightarrow{\text{核苷酶}} \text{碱基} + \text{戊糖}$$

$$\text{核苷} + Pi \xrightarrow{\text{核苷磷酸化酶}} \text{碱基} + \text{1-磷酸戊糖}$$

体内核苷酸的分解代谢与食物中核苷酸的消化过程类似，可降解生成相应的碱基，戊糖或 1-磷酸核糖。1-磷酸核糖在磷酸核糖变位酶催化下转变为 5-磷酸核糖，成为合成 5-磷酸-α-D-核糖-1-焦磷酸（PRPP）的原料。碱基可参加补救合成途径，亦可进一步分解。

1. 嘌呤核苷酸的分解代谢

嘌呤核苷酸可以在核苷酸酶的催化下，脱去磷酸成为嘌呤核苷，嘌呤核苷在嘌呤核苷磷酸化酶的催化下转变为嘌呤。嘌呤在嘌呤氧化酶作用下脱氨及氧化生成尿酸，并进一步转化为尿素和乙醛酸，其中尿素在尿酶作用下分解为氨和水（图 8-10）。

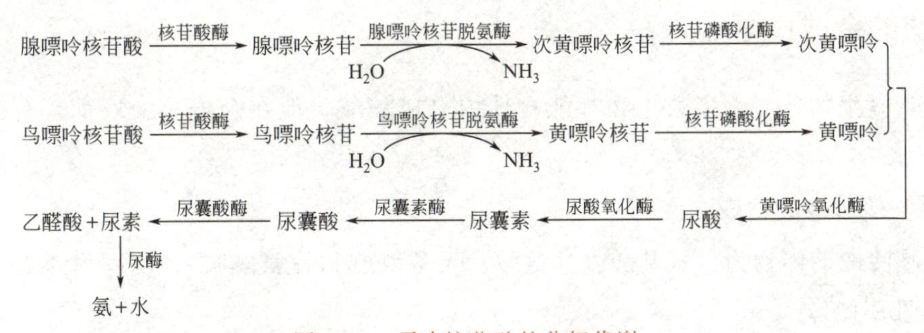

图 8-10　嘌呤核苷酸的分解代谢

2. 嘧啶核苷酸的分解代谢

嘧啶核苷酸的分解代谢途径与嘌呤核苷酸相似。首先通过核苷酸酶及核苷磷酸化酶的作用，分别除去磷酸和核糖，产生的嘧啶碱再进一步分解。嘧啶的分解代谢主要在肝脏中进行。分解代谢过程中有脱氨基、氧化、还原及脱羧基等反应。胞嘧啶脱氨基转变为尿嘧啶。尿嘧啶和胸腺嘧啶先在二氢嘧啶脱氢酶的催化下，转化为二氢尿嘧啶和二氢胸腺嘧啶。二氢嘧啶酶催化嘧啶环水解，分别生成β-丙氨酸和β-氨基异丁酸。β-丙氨酸和β-氨基异丁酸可继续分解代谢，β-氨基异丁酸亦可随尿排出体外。嘧啶核苷酸分解代谢见图 8-11。

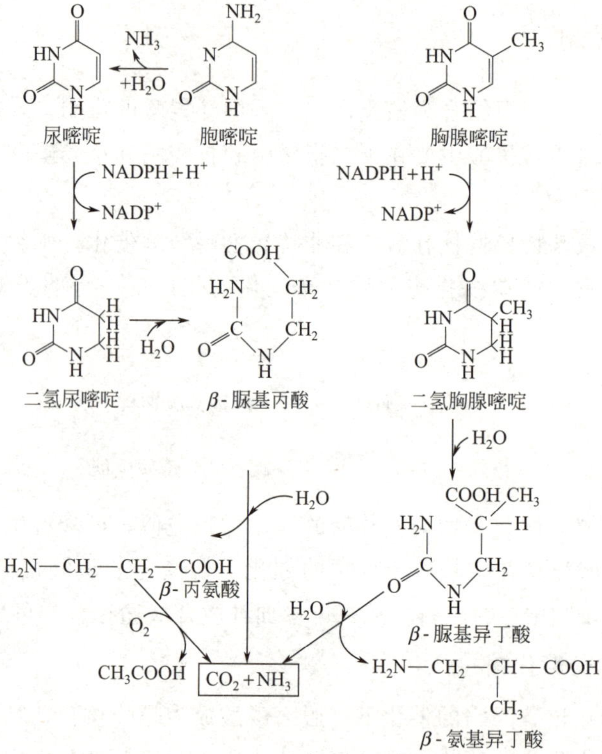

图 8-11　嘧啶核苷酸的分解代谢

二、核酸的合成代谢

除少量微生物外，大多数生物都能在体内合成核酸，但在合成核酸以前，首先合成核苷酸。

1. 嘌呤核苷酸的合成

合成嘌呤的前体物为：氨基酸（甘氨酸、天冬氨酸和谷氨酰胺）、CO_2 和某些一碳单位有机物（图 8-12）。

体内嘌呤核苷酸的合成有两条途径。

(1) 嘌呤核苷酸的从头合成　利用磷酸核糖、氨基酸、一碳单位有机物及 CO_2 等简单物质为原料合成嘌呤核苷酸的过程，称为从头合成途径，是体内的主要合成途径。

体内嘌呤核苷酸的合成过程很复杂，并非先合成嘌呤碱基，然后再与核糖及磷酸结合，而是在磷酸核糖的基础上逐步合成嘌呤核苷酸。嘌呤核苷酸的从头合成主要在胞液中进行，可分为两个阶段：首先合成次黄嘌呤核苷酸（IMP），然后通过不同途径分别生成腺苷酸

（AMP）和鸟苷酸（GMP）。

（2）补救合成途径 利用体内游离嘌呤或嘌呤核苷，经简单反应过程生成嘌呤核苷酸的过程，称补救合成（或重新利用）途径。

大多数细胞更新其核酸（尤其是 RNA）过程中，要分解核酸产生核苷和游离碱基。细胞利用游离碱基或核苷可以重新合成相应核苷酸。与从头合成不同，补救合成过程较简单，消耗能量亦较少。

嘌呤核苷酸补救合成是一种次要途径。其生理意义一方面在于可以节省能量及减少氨基酸的消耗。另一方面对某些缺乏主要合成途径的组织，如人的白细胞和血小板、脑、骨髓、脾等，具有重要的生理意义。在部分组织如脑、骨髓中只能通过此途径合成核苷酸。

2. 嘧啶核苷酸的合成代谢

嘧啶核苷酸合成也有两条途径，即从头合成和补救合成。主要论述其从头合成途径。

与嘌呤合成相比，嘧啶核苷酸的从头合成较简单，同位素示踪证明，构成嘧啶环的 N_1、C_4、C_5 及 C_6 均由天冬氨酸提供，C_2 来源于 CO_2，N_3 来源于谷氨酰胺（图 8-13）。

图 8-12 嘌呤环合成的原料来源

图 8-13 嘧啶环合成的原料来源

嘧啶核苷酸的合成是先合成嘧啶环，然后再与磷酸核糖相连而成嘧啶核苷酸。例如，尿嘧啶核苷酸（UMP）的合成由 6 步反应完成。

第五节 蛋白质的代谢

一、蛋白质的分解代谢

当人和动物的食物中缺少蛋白质或其处于饥饿状态时，体内组织蛋白质的分解显著增加，这说明人和动物要不断地从食物中摄取蛋白质。食物蛋白经过消化吸收后，以氨基酸的形式通过血液循环运输到全身的各组织，这种来源的氨基酸称为外源性氨基酸。此外，机体各组织的蛋白质在组织酶的作用下，也不断地分解成为氨基酸，这种来源的氨基酸称为内源性氨基酸。

由上述可见，不论是食物中的蛋白质还是体内组织中的蛋白质，都要先水解为氨基酸才能被组织利用。

体内组织利用氨基酸，一方面可以合成蛋白质，另一方面继续进行分解代谢。

从氨基酸的结构来看，除了侧链 R 基团不同外，均有 α-氨基和 α-羧基。所以，氨基酸在体内的分解代谢实际上就是氨基、羧基和R基团的代谢。氨基酸分解代谢的主要途径是脱氨基生成氨和相应的α-酮酸；氨基酸的另一条分解途径是脱羧基生成CO_2和胺，胺在体内可经胺氧化酶作用，进一步分解生成氨和相应的醛和酸。R基团部分生成的酮酸可进一步氧化分解生成CO_2和水，并提供能量，也可经一定的代谢反应转变生成糖或脂在体内贮存。

由于不同的氨基酸结构不同，因此它们的代谢也有各自的特点。

1. 氨基酸的脱氨基作用

脱氨基作用是指氨基酸在酶的催化下脱去氨基生成α-酮酸的过程。这是氨基酸在体内分解的主要方式。参与人体蛋白质合成的氨基酸共有20种，它们的结构不同，脱氨基的方式也不同，主要有氧化脱氨、转氨、联合脱氨等。

(1) 氧化脱氨基作用 氧化脱氨基作用是指在酶的催化下氨基酸在氧化脱氢的同时脱去氨基的过程。例如，谷氨酸在线粒体中由谷氨酸脱氢酶催化氧化脱氨，形成α-亚氨基戊二酸，再水解生成α-酮戊二酸和氨。

$$\underset{\text{L-谷氨酸}}{\begin{array}{c}COO^- \\ | \\ CH_2 \\ | \\ CH_2 \\ | \\ H_3\overset{+}{N}-CH \\ | \\ COO^-\end{array}} \underset{\text{NAD或NADP} \quad \text{NADH}+H^+\text{或NADPH}+H^+}{\overset{\text{L-谷氨酸脱氢酶}}{\rightleftharpoons}} \underset{\alpha\text{-亚氨基戊二酸}}{\begin{array}{c}COO^- \\ | \\ CH_2 \\ | \\ CH_2 \\ | \\ C=\overset{+}{N}H_2 \\ | \\ COO^-\end{array}} \xrightarrow{H_2O} \underset{\alpha\text{-酮戊二酸}}{\begin{array}{c}COO^- \\ | \\ CH_2 \\ | \\ CH_2 \\ | \\ C=O \\ | \\ COO^-\end{array}} + NH_3$$

(2) 转氨脱氨基作用 转氨脱氨基作用指在转氨酶催化下将α-氨基酸的氨基转给α-酮酸，生成相应的α-酮酸和一种新的α-氨基酸的过程。

体内绝大多数氨基酸通过转氨基作用脱氨。参与蛋白质合成的20种α-氨基酸中，除甘氨酸、赖氨酸、苏氨酸和脯氨酸不参加转氨基作用，其余均可由特异的转氨酶催化参加转氨基作用。转氨基作用最重要的氨基受体是α-酮戊二酸，产生谷氨酸作为新生成氨基酸：

$$\text{氨基酸}+\alpha\text{-酮戊二酸}\longrightarrow\text{谷氨酸}+\alpha\text{-酮酸}$$

谷氨酸在谷草转氨酶（GOT）的作用下进一步将氨基转移给草酰乙酸，生成α-酮戊二酸和天冬氨酸：

$$\text{谷氨酸}+\text{草酰乙酸}\xrightarrow{GOT}\alpha\text{-酮戊二酸}+\text{天冬氨酸}$$

谷氨酸也可在谷丙转氨酶（GPT）作用下将氨基转移给丙酮酸，生成α-酮戊二酸和丙氨酸。

$$\text{谷氨酸}+\text{丙酮酸}\xrightarrow{GPT}\alpha\text{-酮戊二酸}+\text{丙氨酸}$$

天冬氨酸和丙氨酸通过第二次转氨作用，再生成α-酮戊二酸。

(3) 联合脱氨基作用 联合脱氨基作用是体内重要的脱氨方式，主要有两种反应途径。

① 由L-谷氨酸脱氢酶和转氨酶联合催化的联合脱氨基作用。先在转氨酶催化下，将某种氨基酸的α-氨基转移到α-酮戊二酸上生成谷氨酸，然后，在L-谷氨酸脱氢酶作用下将谷氨酸氧化脱氨生成α-酮戊二酸，而α-酮戊二酸再继续参加转氨基作用。

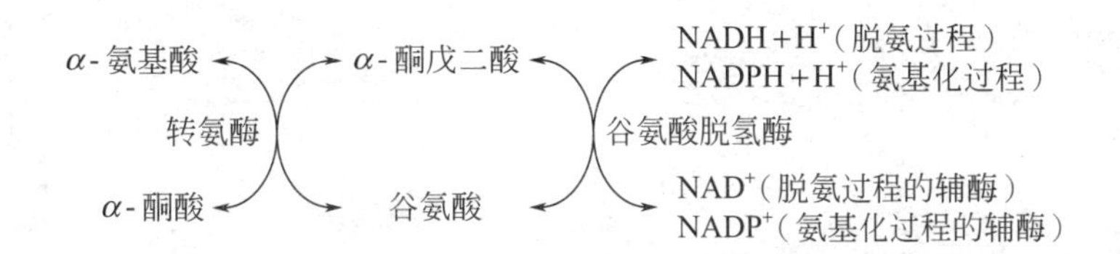

② 嘌呤核苷酸循环。骨骼肌和心肌组织中 L-谷氨酸脱氢酶的活性很低，因而不能通过上述形式的联合脱氨反应脱氨。但骨骼肌和心肌中含丰富的腺苷酸脱氨酶，能催化腺苷酸加水、脱氨生成次黄嘌呤核苷酸（IMP）。一种氨基酸经过两次转氨作用可将 α-氨基转移至草酰乙酸生成天冬氨酸。天冬氨酸又可将此氨基转移到次黄嘌呤核苷酸上生成腺嘌呤核苷酸。

(4) α-酮酸的代谢 氨基酸经联合脱氨或其他方式脱氨所生成的 α-酮酸有下述去路。

① 生成非必需氨基酸。α-酮酸经联合加氨反应可生成相应的氨基酸。八种必需氨基酸中，除赖氨酸和苏氨酸外其余六种亦可由相应的 α-酮酸加氨生成。但和必需氨基酸相对应的 α-酮酸不能在体内合成，所以必需氨基酸依赖于食物供应。

② 氧化生成 CO_2 和水。这是 α-酮酸的重要去路之一。α-酮酸通过一定的反应途径先转变成丙酮酸、乙酰 CoA 或三羧酸循环的中间产物，再经过三羧酸循环彻底氧化分解。

③ 转变生成糖和酮体。

2. 氨基酸的脱羧基作用

部分氨基酸可在氨基酸脱羧酶催化下进行脱羧基作用，生成相应的胺。脱羧基作用不是体内氨基酸分解的主要方式，但可生成有重要生理功能的胺。

下面列举几种氨基酸脱羧产生重要胺类物质的过程。

(1) γ-氨基丁酸 γ-氨基丁酸（GABA）由谷氨酸脱羧基生成，催化此反应的酶是谷氨酸脱羧酶。此酶在脑、肾组织中活性很高，所以脑中 GABA 含量较高。

$$\begin{array}{c} COOH \\ | \\ (CH_2)_2 \\ | \\ CH-NH_2 \\ | \\ COOH \end{array} \xrightarrow[\searrow CO_2]{\text{L-谷氨酸脱羧酶}} \begin{array}{c} COOH \\ | \\ (CH_2)_2 \\ | \\ CH_2NH_2 \end{array}$$

L-谷氨酸　　　　γ-氨基丁酸

GABA 是一种仅见于中枢神经系统的抑制性神经递质，对中枢神经元有普遍性抑制作用。

(2) 组胺 由组氨酸脱羧生成。

$$\begin{array}{l} HC=C-CH_2CHCOOH \\ \;|\quad\;\;|\qquad\quad\;| \\ HN\quad N\qquad\;\; NH_2 \\ \;\;\diagdown\;\diagup \\ \quad\; C \\ \quad\;| \\ \quad\; H \end{array} \xrightarrow[\searrow CO_2]{\text{组氨酸脱羧酶}} \begin{array}{l} HC=C-CH_2CH_2NH_2 \\ \;|\quad\;\;| \\ HN\quad N \\ \;\;\diagdown\;\diagup \\ \quad\; C \\ \quad\;| \\ \quad\; H \end{array}$$

L-组氨酸　　　　组胺

组胺主要由肥大细胞产生并贮存，在乳腺、肺、肝、肌肉及胃黏膜中含量较高。

组胺是一种强烈的血管舒张剂，并能增加毛细血管的通透性。组胺可刺激胃蛋白酶和胃酸的分泌，所以常用它作胃分泌功能的研究。

(3) 5-羟色胺 色氨酸在脑中首先由色氨酸羟化酶催化生成 5-羟色氨酸，再经脱羧酶作用生成 5-羟色胺。

$$\text{色氨酸} \xrightarrow[\text{羟化酶}]{\text{色氨酸}} \text{5-羟色氨酸} \xrightarrow[\text{酸脱羧酶}]{\text{5-羟色氨}} \text{5-羟色胺}$$

（色氨酸：吲哚环—CH_2—CH(NH_2)—COOH；5-羟色氨酸：HO—吲哚环—CH_2—CH(NH_2)—COOH；5-羟色胺：HO—吲哚环—CH_2—CH_2NH_2）

5-羟色胺在神经组织中有重要的功能。

(4) 牛磺酸 体内牛磺酸主要由半胱氨酸脱羧生成。半胱氨酸先氧化生成磺酸丙氨酸，再由磺酸丙氨酸脱羧酶催化脱去羧基，生成牛磺酸。

$$\underset{\text{L-半胱氨酸}}{HSCH_2-CH(NH_2)-COOH} \xrightarrow{3[O]} \underset{\text{磺酸丙氨酸}}{HO_3SCH_2-CH(NH_2)-COOH} \xrightarrow[-CO_2]{\text{磺酸丙氨酸脱羧酶}} \underset{\text{牛磺酸}}{HO_3SCH_2-CH_2NH_2}$$

牛磺酸是结合胆汁酸的重要组成成分。

3. 氨的去路

组织中的氨基酸经过脱氨作用脱氨，这是组织中氨的主要来源。组织中氨基酸经脱羧基反应生成胺，再经单胺氧化酶或二胺氧化酶作用生成游离氨和相应的醛，这是组织中氨的次要来源。组织中氨基酸分解生成的氨是体内氨的主要来源（图 8-14）。膳食中蛋白质过多时，这一部分氨的生成量也增多。氨是有毒的物质，人体必须及时将氨转变成无毒或毒性小的物质，然后排出体外。氨的主要去路是在肝脏合成尿素随尿排出；一部分氨可以合成谷氨酰胺和天冬酰胺，也可合成其他非必需氨基酸；少量的氨可直接经尿排出体外。尿中排氨有利于排酸。

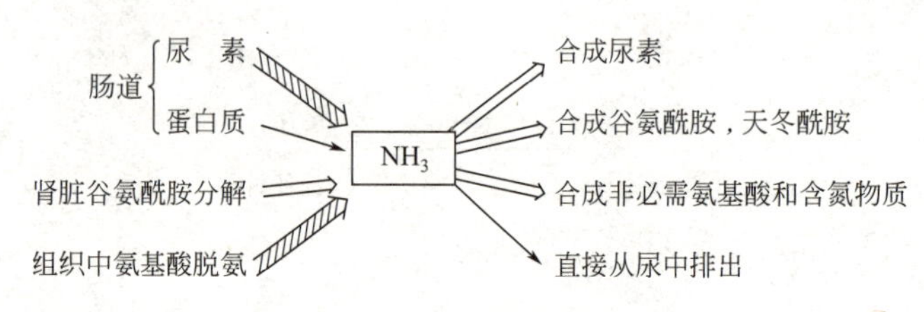

图 8-14　氨的来源和排出

二、蛋白质的合成代谢

1. 非必需氨基酸的合成代谢

合成蛋白质的原料是氨基酸。其中，必需氨基酸即外源性氨基酸，是由食物蛋白质分解得到的；非必需氨基酸必须由体内自身合成，它们也属于内源性氨基酸。

除酪氨酸外，体内非必需氨基酸由四种共同代谢中间产物（丙酮酸、草酰乙酸、α-酮戊二酸及 3-磷酸甘油）之一作其前体简单合成。

(1) 丙氨酸、天冬氨酸、谷氨酸 丙氨酸、天冬氨酸及天冬酰胺、谷氨酸及谷氨酰胺由丙酮酸、草酰乙酸和 α-酮戊二酸合成。三种 α-酮酸（丙酮酸、草酰乙酸和 α-酮戊二酸）分别为丙氨酸、天冬氨酸和谷氨酸的前体，经一步转氨反应可生成相应氨基酸。天冬酰胺和谷氨酰胺分别由天冬氨酸和谷氨酸加氨反应生成。

$H_3C-CO-COO^-$ 丙酮酸 $\xrightarrow[\text{转氨酶 1}]{\text{氨基酸} \rightarrow \alpha\text{-酮酸}}$ $H_3C-CH(NH_3^+)-COO^-$ 丙氨酸

$^-OOC-CH_2-CO-COO^-$ 草酰乙酸 $\xrightarrow[\text{转氨酶 2}]{\text{氨基酸} \rightarrow \alpha\text{-酮酸}}$ $^-OOC-CH_2-CH(NH_3^+)-COO^-$ 天冬氨酸 $\xrightarrow[\text{天冬酰胺合成酶 4}]{\text{谷氨酰胺, ATP} \rightarrow \text{AMP}+PP_i\text{, 谷氨酸}}$ $H_2N-CO-CH_2-CH(NH_3^+)-COO^-$ 天冬酰胺

$^-OOC-CH_2-CH_2-CO-COO^-$ α-酮戊二酸 $\xrightarrow[\text{转氨酶 3}]{\text{氨基酸} \rightarrow \alpha\text{-酮酸}}$ $^-OOC-CH_2-CH_2-CH(NH_3^+)-COO^-$ 谷氨酸 $\xrightarrow[\text{谷氨酰胺合成酶 5}]{\text{ATP} \rightarrow \text{ADP}}$ $[OPO_3^{2-}-CO-CH_2-CH_2-CH(NH_3^+)-COO^-]$ γ-谷氨酰磷酸中间体 $\xrightarrow[\text{6}]{NH_3 \rightarrow P_i}$ $H_2N-CO-CH_2-CH_2-CH(NH_3^+)-COO^-$ 谷氨酰胺

(2) 脯氨酸、鸟氨酸和精氨酸 谷氨酸是脯氨酸、鸟氨酸和精氨酸的前体。谷氨酸γ-羧基还原生成醛，继而形成中间希夫（Schiff）碱，进一步还原可生成脯氨酸。此过程的中间产物5-谷氨酸半醛在鸟氨酸-δ-氨基转移酶催化下直接转氨生成鸟氨酸。

(3) 丝氨酸、半胱氨酸和甘氨酸 丝氨酸、半胱氨酸和甘氨酸由三磷酸甘油生成。丝氨酸由糖代谢中间产物3-磷酸甘油经三步反应生成：3-磷酸甘油酸在3-磷酸甘油酸脱氢酶催化下生成了一磷酸羟基丙酮酸；由谷氨酸提供氨基经转氨作用生成3-磷酸丝氨酸；3-磷酸丝氨酸水解生成丝氨酸。

2. 蛋白质的生物合成

简单说来，蛋白质的合成过程，就是氨基酸分子相互结合形成肽链，并且在不断生长着的肽链上由氨基到羧基端逐个加上氨基酸分子的过程。

但是，在不同的蛋白质分子中，氨基酸有着特定的排列顺序。在细胞核中，以DNA分子的一条链为模板合成信使RNA（mRNA），此时mRNA就得到了从DNA传递来的遗传信息（这一过程叫做转录），这种遗传信息决定蛋白质分子中的氨基酸排列顺序。

mRNA携带着转录来的遗传信息进入细胞质中与核糖体RNA（rRNA）结合，形成对氨基酸分子来说具有指令性功能的“载体”。

转运RNA（tRNA）是氨基酸的运载工具。不同的tRNA搬运能与之匹配的不同的氨

基酸，按照 mRNA 携带的遗传信息（密码顺序）的要求放置在一定位置上，形成氨基酸分子，这一过程称为“翻译”。

在 mRNA 与核糖体形成的“载体”上按照一定顺序排列的氨基酸分子靠酶的催化作用形成多肽链，然后按照 mRNA 所携带的遗传信息的要求作进一步折叠、卷曲等，最后形成具有一定空间结构的蛋白质分子。

事实上，蛋白质的合成过程是氨基酸分子在 DNA 分子指导下，靠 mRNA、rRNA、tRNA、多种酶以及能量等因素的协同作用下的极其复杂的过程。

第六节　几类物质代谢之间的相互关系以及调节与控制

一、物质代谢途径之间的联系

氨基酸在代谢过程中，生成的某些中间产物也是糖和脂质代谢的中间产物。共同的中间产物是物质代谢之间发生联系和相互转变的枢纽。

1. 氨基酸与糖代谢之间的联系

生成糖的氨基酸和生成糖兼生成酮的氨基酸在体内分解代谢时，其碳链部分可全部或部分转变成糖异生的原料，例如丙酮酸、α-酮戊二酸、琥珀酸单酰 CoA 和草酰乙酸等，最后生成糖。在人体内，氨基酸能转变成糖具有重要的生理意义。当血糖浓度下降时，可以通过加快氨基酸的糖异生作用补充血糖，以维持大脑等器官的重要功能。

糖在体内也能转变成某些氨基酸。如糖代谢产生的丙酮酸、草酰乙酸和 α-酮戊二酸等都可经氨基化分别生成丙氨酸、天冬氨酸和谷氨酸，这是体内合成非必需氨基酸的途径。

2. 氨基酸与脂代谢之间的联系

某些氨基酸在体内分解代谢时，其碳链部分可以转变成脂肪代谢的中间产物，例如乙酰 CoA 和乙酰乙酸，然后合成脂肪酸进而合成脂肪。此外，脂肪的甘油部分也可由生糖氨基酸合成。脂肪的甘油部分可经糖异生途径转变成某些 α-酮酸，再与氨基化合成某些氨基酸，但脂肪酸部分合成氨基酸的可能性极小。

氨基酸与某些类脂的合成有密切关系。例如，丝氨酸是丝氨酸磷脂的成分；丝氨酸脱羧形成的胆胺是脑磷脂的成分；卵磷脂是脑磷脂甲基化而成，甲基化的供体是蛋氨酸。

3. 糖与脂代谢之间的联系

在体内，糖分解代谢产生的乙酰 CoA，既可以彻底氧化供能，也可以在供能充足时，大量转变成脂肪。这是摄取不含脂肪的高糖膳食也能使人肥胖，以及血甘油三酯升高的原因。此外，糖代谢产物还是磷脂和胆固醇等类脂合成的原料。如脂肪酸和甘油是磷脂合成的原料，前两者主要由糖代谢转化而来，胆固醇合成的原料都可来自糖代谢。相反，脂肪绝大部分不能在体内转变为糖，因为脂肪分解产生的乙酰 CoA 不能逆转成丙酮酸。脂肪的分解产物甘油可以最后转变成糖，但其量很少。总之，在一般生理条件下，糖可大量转变成脂质，而脂质大量转化成糖是困难的。

糖类、脂类和蛋白质之间除了能相互转化以外，还相互制约着代谢过程。在正常情况下，人和动物体所需要的能量主要是由糖类氧化分解供给的，只有当糖类代谢发生障碍时，才由脂类和蛋白质氧化分解供给。当糖类和脂类的摄入量都不足时，体内蛋白质的分解就会增加，而当大量摄入糖类和脂类时，体内蛋白质的分解就会减少。

二、物质代谢的调节与控制

生物体内的物质代谢虽然错综复杂、高效多变，但总是彼此配合、有条不紊的，在一定条件下保持相对稳定，在代谢过程中不会引起某些产物的不足或过剩，也不会造成某些原料的缺乏或积累。之所以能够保持这样的协调统一，是由于生物体内存在十分完善的自我调控机制。这种调控机制是生物在进化过程中逐渐形成的，并随进化发展而完善，它在三种不同的水平上进行，即细胞内的调控、体液激素的调控和神经系统的调控。

1. 细胞内的调控

细胞内的调控是一种最原始的调节机制，单细胞生物仅仅靠这种机制来调节各种物质代谢的平衡。多细胞生物，如复杂的高等生物，虽有更高层次的调控机制，但仍存在细胞内的调控，而且其他调控机制最终还是要通过细胞水平的调控来实现，所以它是最基础的调控机制。

细胞内的调控，主要是通过酶来实现的，所以又称酶水平的调控或分子水平的调控。酶的调节按下面几种模式进行。

(1) 区域定位的调节 不同的酶分布于细胞的不同部位，细胞内不同部位分布着不同的酶，称为酶的区域定位或酶分布的分隔性。这个特性就决定了细胞内的不同部位（细胞器）进行着不同的代谢。例如，脂肪酸的氧化酶系存在于线粒体内，而脂肪酸的合成酶系主要存在于线粒体外，它们的代谢是互相制约的。合成脂肪酸的原料乙酰 CoA 要由线粒体内转移到线粒体外，脂肪酸氧化的原料脂酰 CoA 要由线粒体外向线粒体内运转。所以酶分布的局限决定了代谢途径的区域化，这样的区域化分布为代谢调节创造了有利条件。某些调节因素可以较专一地影响某一细胞组分中的酶活性，并不影响其他组分中的酶活性。也就是说，当一些因素改变某种代谢速率时，并不影响其他代谢的进行。这样，当一些离子（如 Ca^{2+}）或代谢物在各细胞组分之间穿梭移动时，就可以改变不同细胞组分的某些代谢速率。

(2) 酶活性的调节 酶结构的变化改变酶活性，酶可以通过多种方式改变其结构，从而改变活性来控制代谢的速率。包括以下几种方式。

① 酶原的激活。许多水解酶类以无活性的酶原形式从细胞分泌出来，经过切断部分肽段后即变成有活性的酶。如胃蛋白酶原在胃酸和胃蛋白酶自身催化下，切除 42 肽后，即形成有活性的胃蛋白酶。又如胰蛋白酶原经肠激酶或胰蛋白酶的自身催化，切下 N-末端一个 6 肽后即变成有活性的胰蛋白酶。酶原的这种激活，除了切除一定片段，通常要引起其构象变化。

② 酶原的化学修饰。有些酶在它的某些氨基酸残基上连接一定化学基团或者去掉一定化学基团，从而实现酶的活性态与非活性态的互相转变，称为酶的化学修饰（或共价修饰）。例如，催化糖原代谢的糖原磷酸化酶和糖原合成酶，可以通过连接一个磷酸基（磷酸化）或

去除一个磷酸基（去磷酸化或脱磷酸化）来实现活性态与非活性态的相互转变。

③ 酶分子的聚合和解聚。有一些寡聚酶通过与一些分子调节因子结合，引起酶的聚合或解聚，从而使酶发生活性态与非活性态的互变，也是代谢调节的一种方式。有的酶聚合态时是活性态，有的酶解聚为单体后才是有活性的。

乙酰 CoA 羧化酶是脂肪酸合成中的关键酶，由 4 个不同的亚基组成，亚基的解聚和聚合，使酶存在三种形态。当与柠檬酸或异柠檬酸结合后，促使其聚合为多聚体，才具有催化活性。

④ 酶的构象变化。某些酶当与细胞内一定代谢物结合后可引起空间结构的变化，从而改变酶的活性，调节代谢速率，这种调节称为变构调节。

(3) 酶量的调节 细胞内有些酶可以通过酶量的变化来调节代谢的速率，这其实就是酶合成的调节。它有诱导和阻遏两种方式，前者导致酶的合成，后者停止酶的合成。从对代谢速率调节的效果来看，酶活性调节显得直接而快速，酶量调节则间接而缓慢，但是酶量的调节可以防止酶的过量合成，因而节省了生物合成的原料和能量。

绝大多数酶是蛋白质，酶的合成即酶蛋白的生物合成。每一种蛋白质（包括酶）的结构都是由相应的决定基因通过转录合成 mRNA，再由 mRNA 来合成蛋白质，这就是基因表达。一个基因什么时候表达，什么时候不表达，表达时生成多少蛋白质，这些都是在特定调节控制下进行的，称为基因表达的调节控制，通过这种调控，即可调节细胞内酶的量，从而调节代谢活动。

根据细胞内酶的合成对环境的影响反映不同，可将酶分为两大类：一类称为组成酶，如糖酵解和三羧酸循环的酶系，其酶蛋白的合成量十分稳定，通常不受代谢状态的影响。一般说来，保持机体基本能源供应的酶常常是组成酶。另一类酶，它的合成量受环境营养条件及细胞内有关因子的影响，分为诱导酶和阻遏酶。如 β-半乳糖苷酶，在以乳糖为唯一碳源时，大肠杆菌细胞受乳糖的诱导，可大量合成，其量可成千倍地增长，这类酶称为诱导酶。与组氨酸合成相关的酶系，在有组氨酸存在的条件下，其酶蛋白的合成量受到抑制，这类酶称为阻遏酶。诱导酶通常与分解代谢有关，阻遏酶与合成代谢有关。编码组成酶的基因，称为基本基因。基本基因不受诱导和阻遏，能恒定地表达，使细胞内保持一定数量的酶。

2. 体液激素的调控

无论氨基酸、肽和蛋白质激素还是类固醇激素，它们对代谢的调节作用有两个显著的特点。组织细胞特异性，是指一定的激素只作用于一定的靶细胞，激素与靶细胞的受体结合是特异的；效应特异性，是指一定的激素只调节一定的生化反应，产生一定的生理效应。

不少类固醇激素调节基因活性存在两级效应。初级效应，即激素对基因活性有直接诱导作用，产生蛋白质，这种效应的基因较少；次级效应，即初级效应的基因产物再激活其他基因，这种调节方式可以对激素的初级效应起放大作用，因而是重要的。

3. 神经系统的调控

人和高等动物的代谢活动极为复杂，但又是高度和谐统一的，这是由于人和高等动物除具备其他生物具有的细胞水平和激素水平调节外，还具有神经系统的调节控制。人和高等动物的新陈代谢处于中枢神经系统的控制下。神经调节与激素调节比较，神经系统的作用短而快，激素的作用缓慢而持久。激素的调节往往是局部性的，协调组织与组织间、器官与器官间的代谢，神经系统的调节则具有整体性，协调全部代谢。由于绝大多数激素的合成和分泌直接或间接地受到神经系统支配，因此激素调节也离不开神经系统的调节。

神经系统的调节既能直接影响代谢活动，又能影响内分泌腺分泌激素而间接控制新陈代谢的进行。

4. 反馈调节

(1) 前馈与反馈 前馈和反馈这两个都属于电子学中的概念，前者指输入对输出的影响，后者指输出对输入的影响，用于代谢的调控，则指代谢底物和代谢产物。

(2) 反馈——终产物的调节作用 反馈是一个代谢途径的终产物对代谢速率的影响，这种影响是通过对某种酶活性的影响来实现的。在大多数情况下，终产物（或某些中间产物）影响代谢途径中的第一个酶，这样就不会总积累中间产物，以便合理利用原料并节约能量。因此，受终产物调节的这个酶的活性决定了整个代谢途径的速率，这个酶称为限速酶或关键酶。

在整个代谢过程中，如果随终产物浓度的升高而关键酶的活性增强，这种现象称为正反馈；相反，终产物的积累，使关键酶的活性降低，代谢速率减慢，称为负反馈。

在细胞内的反馈调节中，广泛存在着负反馈，正反馈的例子却不多。例如在糖的有氧氧化三羧酸循环中，乙酰 CoA 必须先与草酰乙酸结合才能被氧化，而草酰乙酸又是乙酰 CoA 被氧化的最终产物。草酰乙酸的量若增多，则乙酰 CoA 被氧化的量亦被增多，草酰乙酸的量减少（如部分 α-酮戊二酸氨基化生成谷氨酸，导致草酰乙酸的量减少），则乙酰 CoA 的氧化量亦减少，这是草酰乙酸对乙酰 CoA 氧化正反馈控制的例子。

三、代谢紊乱与人体健康的关系

调节机制一旦失灵，导致营养物质代谢紊乱，人体将会出现相应的病症。

1. 糖代谢紊乱与高血糖症、低血糖症

正常人体内糖代谢的中心问题是维持血糖浓度的相对恒定。糖代谢紊乱将会引起血糖浓度过高（高血糖症）或血糖浓度过低（低血糖症）。

血糖是指血液中的葡萄糖。正常人空腹血糖浓度为 4.4～6.7mmol/L（80～120mg/100mL）。全身各组织都从血液中摄取葡萄糖以氧化供能。当血糖下降到一定程度时（低于 60mg/100mL），就会严重妨碍脑等组织的能量代谢，导致低血糖症状。当血糖浓度高于 160mg/100mL 时，不能完全被机体利用导致高血糖症，多余的糖随尿液排出，导致糖尿病。

2. 脂代谢紊乱

脂类代谢途径受阻，将导致高脂血症、高脂血蛋白症、高甘油三酯、高游离脂肪酸症、高血酮症、肥胖症以至动脉硬化等疾病。

长链脂肪酸在肝脏中经 β-氧化作用产生大量的乙酰 CoA。肝细胞中有两种活性很强的酶能催化乙酰 CoA 转变为乙酰乙酸。乙酰乙酸还可以还原生成丙酮。肝外组织氧化酮体的速度相当快，能及时除去血中的酮体。因此，在正常情况下血液中酮体含量很少，通常小于

1mg/100mL。但患有糖尿病时，糖利用受阻或长期不能进食，机体所需能量不能从糖的氧化取得，于是脂肪被大量动员，肝内脂肪酸大量氧化。肝内生成的酮体超过了肝外组织所能利用的限度，血中酮体堆积起来称为“酮血症”。患者随尿排出大量酮体即“酮尿症”。乙酰乙酸和 β-羟丁酸是酸性物质，体内积存过多，会影响血液酸碱度，造成“酸中毒”。

脂肪肝是当肝脏脂蛋白不能及时将肝细胞中的脂肪运出，造成脂肪在肝细胞中的堆积所致，脂肪肝患者的肝脏脂肪含量竟超过 10%。这时肝细胞中堆积的大量脂肪占据肝细胞的很大空间，影响了肝细胞的机能，甚至使许多肝细胞破坏，结缔组织增生，造成“肝硬变”。

虽然胆固醇是高等真核细胞膜的组成部分，在细胞生长发育中是必需的，但是血清中胆固醇水平增高常使动脉粥样硬化的发病率增高。动脉粥样硬化的形成和发展与脂类特别是胆固醇代谢紊乱有关。胆固醇进食过量、甲状腺机能衰退、肾病综合征、胆道阻塞和糖尿病等情况常出现高胆固醇血症。

3. 蛋白质代谢紊乱

蛋白质是机体组成的重要成分，蛋白质缺乏将导致营养不良，使成人消瘦疲乏、易感染，小儿生长发育迟缓，晚期病人可有低蛋白血症，抵抗力下降，细胞免疫与体液免疫力下降。

氨基酸代谢中缺乏某一种酶，都可能引起疾患，这种疾病称为代谢缺陷症。由于某种酶的缺乏致使该酶的作用物在血中或尿中大量出现。这种代谢缺陷属于分子疾病。其病因和DNA 分子突变有关，往往是先天性的，又称为先天性遗传代谢病。大部分发生在婴儿时期，常在幼年就导致死亡，发病的症状表现有智力迟钝、发育不良、周期性呕吐、沉睡、抽搐、昏迷等。

第七节　动植物食品原料中组织代谢活动的特点

上面几节，我们讨论了生物体系中新陈代谢的一般化学历程，本节将在此基础上讨论动植物食品原料组织中代谢活动的特点及其与食品加工和品质的关系。了解这些知识，对于食品原料的保鲜和保藏具有积极的意义。

宰杀或采摘后的动植物食品原料，在生物学上虽然都已经死亡或离开母体，但仍然具有活跃的生物化学活性，但这种生物活性的方向、途径、强度则与整体生物有所不同。

一、动物屠宰后组织中的代谢活动

1. 动物死亡后代谢的一般特征

动物在屠宰死亡后，机体组织在一定时间内仍具相当水平的代谢活性，但生活时的正常生化平衡已被打破，发生许多死亡后特有的生化过程，在物理特征方面出现所谓死后强直或称尸僵的现象，死亡动物组织中的生化活动一直延续到组织中的酶因自溶作用完全失活为止。动物死亡的生物化学与物理变化过程可以划分为三个阶段。

(1) 尸僵前期　在这个阶段中，肌肉组织柔软、松弛，生物化学特征是 ATP 及磷酸肌酸含量下降，无氧呼吸即酵解作用活跃。

(2) 尸僵期 哺乳动物死亡后，僵化开始于死亡后 8～12h，经 15～20h 后终止；鱼类死后僵化开始于死后 1～7h，持续时间 5～20h 不等。在此时期中的生物化学特征是磷酸肌酸消失，ATP 含量下降，肌肉中的肌动蛋白及肌球蛋白逐渐结合，形成没有延伸性的肌动球蛋白，结果形成僵硬强直的状态，即尸僵。

(3) 尸僵后期 此阶段由于组织蛋白酶的活性作用而使肌肉蛋白质发生部分水解，水溶性肽及氨基酸等非蛋白氮增加，肉的食用质量随着尸僵缓解达到最佳适口度。

2. 组织呼吸途径的转变

正常生活的动物体内，虽然并存着有氧和无氧呼吸两种方式，但主要的呼吸过程是有氧呼吸。动物宰杀后，血液循环停止而供氧也停止，组织呼吸转变为无氧的酵解途径，最终产物为乳酸。

死亡动物组织中糖原降解有两条途径：水解途径；磷酸解途径。在哺乳动物肌肉内，第二途径是主要过程，在鱼类体中，第一途径是主要过程。

3. 动物死亡后组织中 ATP 含量的变化及其重要性

(1) ATP 在死亡动物肌肉中的变化及其对肉的风味的重要性 动物宰杀死亡后，由于糖原不能再继续被氧化为 CO_2 和 H_2O，因而阻断了肌肉中 ATP 的主要来源。在正常的有氧条件下，糖原的每一个葡萄糖残基经生物氧化可净获 39 个 ATP 分子，但在无氧酵解中，每一个己糖残基只能净获 3 个 ATP 分子。此外，由于 ATP 酶的作用，也在不断分解 ATP 而使 ATP 不断减少。但在动物死后的一段时间里，肌肉中的 ATP 尚能保持一定的水平，这是一种暂时性的表面现象，其原因是在刚死后的动物肌肉中肌酸激酶与 ATP 酶的偶联作用而使一部分 ATP 得以再生，一旦磷酸肌酸消耗完毕，ATP 量就显著降低。ATP 的降解途径如下：

$$\text{ATP} \xrightarrow[\text{Pi}]{\text{ATP酶}} \text{ADP} \xrightarrow[\text{Pi}]{\text{肌激酶}} \text{AMP} \xrightarrow[\text{NH}_3]{\text{腺苷酸脱氨酶}} \text{IMP} \xrightarrow{\text{肌苷酸酶}} \text{肌苷}$$

肌苷酸是构成动物肉香味及鲜味的重要成分。肌苷是无味的，肌苷的进一步分解有两条途径：

$$\text{肌苷} \xrightarrow{\text{核苷水解酶}} \text{核糖}+\text{次黄嘌呤}$$

$$\text{肌苷} \xrightarrow{\text{核苷磷酸解酶}} \text{1-磷酸核糖}+\text{次黄嘌呤}$$

(2) ATP 减少与尸僵的关系 肌肉纤维由许多肌原纤维组成，是肌肉收缩运动的单元。在电子显微镜下可以看见，肌原纤维之间由小管状细网即肌质网所隔开，每条肌原纤维由两组纤丝状部分所组成，较粗的部分是肌球蛋白，较细的部分是肌动蛋白。

肌球蛋白有高度的 ATP 酶活性，作用时需有钙及镁离子存在。ATP 与钙结合时为活性态，与镁结合时为惰性态。当肌肉纤维接受中枢神经传来的信息冲动后，肌质网就放出钙离子，与 ATP-镁复合物作用，生成 ATP-钙复合物，并刺激肌球蛋白 ATP 酶，于是释放出能量而使肌动蛋白纤丝在肌球蛋白纤丝之间滑动，形成收缩态的肌动球蛋白。刺激停止时，钙离子又被收回肌质网，ATP-镁复合物重新形成，ATP 酶活性受抑制，肌纤维中的肌动蛋白纤丝与肌球蛋白纤丝又成为分开而又重叠的松弛状态。肌质网的作用好像是一个钙“泵”。动物死亡后，中枢神经冲动完全消失，肌肉立即出现松弛状态，所以肌肉柔软并具弹性，但随着ATP浓度的逐渐下降，肌动蛋白与肌球蛋白逐渐结合成没有弹性的肌动球蛋白，结果形成僵硬强直状态，即尸僵现象。

4. 死后动物组织pH的变化

由于刚屠宰死亡的动物组织的呼吸途径由有氧呼吸转变为无氧酵解，组织中乳酸逐渐积累，所以组织pH下降，温血动物宰杀后24h内肌肉组织的pH由正常生活时的7.2～7.4降至5.3～5.5，但一般也很少低于5.3。鱼类死后肌肉组织的pH大多比温血动物高，在完全尸僵时甚至可达6.2～6.6。

屠宰后pH受屠宰前动物体内糖原贮藏量的影响，若屠宰前动物曾强烈挣扎或运动，则体内糖原含量减少，宰后pH也因此较高，在牲畜中可达6.0～6.6，在鱼类达7.0，被称为碱性尸僵。宰后动物肌肉保持较低的pH，有利于抑制腐败细菌的生长和保持肌肉色泽。

5. 屠宰后动物肌肉中蛋白质的变化

蛋白质对于温度和pH都很敏感，由于动物肌肉组织中的酵解作用，在一段时间内，肉尸组织中的温度升高（牛胴体的温度可由生活时的37.6℃上升到39.4℃），pH降低，肌肉蛋白质很容易因此而变性，对于一些肉糜制品如午餐肉等的品质将带来不良的影响。因此大型屠宰场中要将肉胴体清洗干净后立即放在冷却室中冷却。

(1) 肌肉蛋白质的变性 肌动蛋白及肌球蛋白是动物肌肉中主要的两种蛋白质，在尸僵前期两者是分离的，随着ATP浓度降低，肌动蛋白及肌球蛋白逐渐结合成没有弹性的肌动球蛋白，这是尸僵发生的一个主要标志，肉的口感特别粗糙。

肌肉纤维里还存在一种液态基质，称为肌浆。肌浆中的蛋白质最不稳定，在屠宰后就很容易变性，牢牢贴在肌原纤维上，因而肌肉上呈现一种浅淡的色泽。

(2) 肌肉蛋白质持水力的变化 肌肉蛋白质在尸僵前具有高度的持水力，随着尸僵的发生，在组织pH降到最低点（pH为5.3～5.5）时，持水力也降至最低点。尸僵以后，肌肉的持水力又有所回升，其原因是尸僵缓解过程中，肌肉中的钠、钾、钙、镁等阳离子的移动造成蛋白质分子电荷增加，从而有助于水合离子的形成。

(3) 尸僵的缓解与肌肉蛋白质的自溶 尸僵缓解后，肉的持水力及pH较尸僵期有所回升，触感柔软，煮食时风味好，嫩度提高。这些变化与组织蛋白酶的作用有关。宰后动物随着pH的降低和组织破坏，原处于非活化状态的组织蛋白酶被释放出来，对肌肉蛋白质起分解作用，组织蛋白质的分解对象以肌浆蛋白质为主。在组织蛋白酶的作用下，肌浆蛋白质部分分解成肽和氨基酸游离出来，这些肽和氨基酸是构成肉浸出物的成分，它与加工中肉的香气形成和肉的鲜味有关，因而使肉的风味得以改善。

二、新鲜水果、蔬菜组织中的代谢活动

在生长发育中的植株中，主要的生理过程有光合作用、吸收作用（水分及矿物盐的吸收）和呼吸作用，在强度上以前两者为主。采收后的新鲜水果、蔬菜仍然具有活跃的生理活动，并且很大程度上是在母株上发生过程的继续，但是，采收后的水果蔬菜与整株植物的新

陈代谢具有显著不同的特点。这首先表现在生长中的整株植物中同时存在着两种过程：一方面是同化（合成）作用，另一方面是异化（分解）作用。而在采收后的水果、蔬菜中，由于切断了养料供应的来源，组织细胞只能利用内部贮存的营养来进行生命活动，也就是主要表现为异化（分解）作用。

1. 采收后水果、蔬菜组织的呼吸

(1) 水果、蔬菜组织呼吸的化学历程 在植物组织中，已知呼吸作用的基本途径包括酵解、三羧酸循环及磷酸己糖支路等历程。在未发育成熟的植物组织中，几乎整个呼吸作用都通过酵解-三羧酸循环这一代谢主流途径进行，在组织器官发育成熟以后，则整个呼吸作用中有相当大的部分，有时可达50%为磷酸己糖支路所代替，例如在辣椒中为28%～36%，番茄中为16%。

(2) 新鲜水果、蔬菜组织的呼吸强度 不同种类植物的呼吸强度不同，同一植物不同器官的呼吸强度也不同。各器官具有的构造特征，也在它们的呼吸特征中反映出来。

叶片组织的特征表现在其结构有很发达的细胞间隙，气孔极多，表面积巨大，因而叶片随时受到大量空气的洗刷，表现在呼吸上有两个重要的特征：呼吸强度大；叶片内部组织间隙中的气体按其组成很近似于大气。正因为叶片的呼吸强度大，所以叶菜类不易在普通条件下保存。

肉质的植物组织，由于不易透过气体，所以呼吸强度比叶片组织低，组织间隙气体组成中 CO_2 比大气中多，而 O_2 则稀少得多。组织间隙中的 CO_2 是呼吸作用产生的，由于气体交换不畅而滞留在组织中。

组织间隙气体的存在，给水果、蔬菜的罐藏加工至少带来以下三个问题：由于组织间隙中 O_2 的存在，使水果、蔬菜在加工过程中发生氧化作用，常使产品变褐色；在罐头杀菌时因气体受高温而发生物理性的膨胀；影响罐头内容物的沥干重。生产实践中排除水果、蔬菜组织间隙气体的方法有两种：热烫法，其作用之一就是排除组织间隙气体；用真空掺入法把糖（盐）水强行渗入组织，排出气体。

(3) 影响水果、蔬菜组织呼吸的因素

① 温度的影响。水果、蔬菜组织呼吸作用的温度系数在2～4之间，依类别、品种、生理时期、环境温度不同而异。一般来说，水果、蔬菜在10℃时的呼吸强度与产生的热量为0℃时的3倍。

环境中温度愈高，蔬菜组织呼吸愈旺盛，在室温下放置24h可损失其所含糖分的1/3～1/2之多。降温冷藏可以降低呼吸强度，减少水果、蔬菜的贮藏损失。但并非呼吸强度都随温度降低而降低，例如马铃薯的最低呼吸率在3～5℃之间而不是在0℃。各种水果、蔬菜保持正常生理状态的最低适宜温度不同，因为不同植物的代谢体系建立的温度是不同的，所以对温度降低的反应自然也不同。例如香蕉不能贮存于低于12℃的温度下，否则就会发黑腐烂；柠檬在3～5℃为宜；苹果、梨、葡萄等只要细胞不结冰，仍能维持正常的生理活动。

了解水果、蔬菜组织的冰点与结冰现象对贮藏有重要的意义。细胞结冰时，由于水变成冰体积膨胀，使细胞原生质受损害，酶与原生质的关系由结合态变为游离态，根据奥巴林的学说，游离态的酶以分解活性为主，因此反而有刺激呼吸作用的效果。一般水果、蔬菜汁液的冰点在－2.5～－4℃之间，因此大多数水果、蔬菜可在0℃附近的温度下贮藏。水果、蔬菜一旦受冻，细胞原生质遭到损伤，正常的呼吸系统的功能便不能维持，使一些中间产物积累而造成异味。氧化产物特别是醌类的累积使冻害组织发生黑褐色，但某些种类的果实如柿子和一些品种的梨、苹果和海棠等，经受冰冻后在缓慢地解冻的条件下仍可恢复正常。

温度的波动也影响呼吸强度。温度不同，植物组织呼吸对不同底物的利用程度也不同。对柑橘类水果的研究表明：在3℃下经5个月的贮藏，含酸量降低2/3，而在6℃下仅降低1/2，在甜菜中也发现类似情况。

维持正常生理状态的最低适宜温度因类别和品种而异。

② 湿度的影响。生长中的植株一方面不断由其表面蒸发水分，另一方面由根部吸收水分而得到补充。收获后的水果、蔬菜已经离开了母株，水分蒸发后组织干枯、凋萎，破坏了细胞原生质的正常状态，游离态的酶比例增大，细胞内分解过程加强，呼吸作用大大增强，少量失水可使呼吸底物的消耗几乎增加一倍。

为了防止水果、蔬菜组织水分蒸发，保存水果、蔬菜的环境中的相对湿度以保持在80％～90％为宜。湿度过大以至饱和时，水蒸气及呼吸产生的水分会凝结在水果、蔬菜的表面，形成“发汗”现象，为微生物的滋生准备了条件，因此必须避免。

③ 大气组成的影响。改变环境大气的组成可以有效地控制植物组织的呼吸强度。空气中含氧过多会刺激呼吸作用，降低大气中的含氧量可降低呼吸强度，苹果在3.3℃下贮存在含氧1.5％～3％的空气中，其呼吸强度仅为同温度下正常大气中的39％～63％。CO_2一般有强化减氧对降低呼吸强度的效应的作用，在含氧1.5％～1.6％、含$CO_2$5％的空气中于3.3℃下贮存的苹果的呼吸强度仅为对照组的50％～64％。减氧与增二氧化碳对植物组织呼吸的抑制效应是可叠加的。根据这一原理制定的以控制大气中氧和二氧化碳浓度为基础的贮藏方法称为气调贮藏法或调变大气贮藏法。每一种水果、蔬菜都有其特有的“临界需氧量”，低于临界量，组织就会因缺氧呼吸而受到损害。几种水果、蔬菜的临界需氧量如下：菠菜和菜豆约1％；豌豆和胡萝卜约4％；苹果约2.5％；柠檬约5％（温度20℃）。

④ 机械损伤及微生物感染的影响。植物组织受到机械损伤（压、碰、刺伤）和虫咬，以及受微生物感染后都可刺激呼吸强度增高，即使一些看来并不明显的损伤都会引起很强的呼吸增高现象。

⑤ 植物组织龄期的影响。水果、蔬菜的呼吸强度不仅依种类而异，而且因龄期而不同。较幼的正在旺盛生长的组织和器官具有较高的呼吸能力，趋向成熟的水果、蔬菜的呼吸强度则逐渐降低。

2. 水果、蔬菜成熟的过程

(1) 成熟的概念 成熟是指植物种子的胚发育完全，具有萌发成新植株能力时的状态。种子由成熟开始（初熟）到完全成熟（晚熟）是一个过程，在此过程中，干物质迅速增加，水分迅速减少。多汁果实（水果）的果肉的成熟和种子的成熟一样，也伴随着营养物质的积累，但这些物质并不用作种胚的营养。种子的成熟与果肉的成熟是一致的，当种子尚未成熟时，果肉有不可口的涩味或酸味，组织生硬。种子成熟以后，水果果肉的食用质量（风味、质构）都达到了最佳点。

(2) 成熟过程中的生物化学变化

① 色素物质及鞣质的变化。成熟过程伴随着一系列的生物化学变化，最明显的是绿色

由于叶绿素降解而消失，类胡萝卜素和花青素逐渐形成而显红色或橙色。例如，苹果由于形成花青素而呈红色，番茄则由于番茄红素的形成而呈红色。幼嫩果实常因含多量鞣质而呈强烈涩味，在成熟过程中涩味逐渐消失。

② 果胶物质的变化。多汁果实的果肉在成熟过程中变软，是由于果胶酶活性增大，将果肉组织细胞间的不溶性果胶物质分解，果肉细胞失去相互间的联系所致。

③ 芳香物质形成。水果、蔬菜的芳香物质的形成是极其复杂的化学变化过程，其机制多数不甚清楚。芳香物质是一些醛、酮、醇、酸、酯类物质，其形成过程常与大量氧的吸收有关，可以认为是成熟过程中呼吸作用的产物。

④ 维生素C积累。果实通常在成熟期间大量积累维生素C。维生素C是己糖的氧化衍生物，它的形成也与成熟过程中的呼吸作用有关。

⑤ 糖酸比的变化。多汁果实在发育初期，从叶子流入果实的糖分在果肉组织细胞内转化为淀粉而贮存，因而缺乏甜味，而有机酸的含量则相对较高。随后随着温度的降低，淀粉又转变为糖，而有机酸则优先作为呼吸底物被消耗掉，因此，糖分与有机酸的比例即上升。糖酸比是衡量水果风味的一个重要指标。

(3) 水果、蔬菜成熟过程中的呼吸作用特征

① 呼吸跃变现象。许多水果在成熟过程中其呼吸强度有一急剧陡然上升的现象，称为呼吸跃变或呼吸高峰。呼吸高峰是果实完全成熟的标志，此时果实的色、香、味都达到最佳状态。呼吸高峰后，果实进入衰老阶段。有呼吸跃变现象的水果如苹果、梨、香蕉、杏、李、柿子、芒果、草莓、番茄等一般都在呼吸跃变之前收获，在受控条件下贮存，到食用前再令其成熟。无呼吸跃变现象的水果如柑橘类、葡萄、菠萝、枇杷、樱桃等采摘后呼吸持续缓慢下降而不表现有暂时上升，由于没有呼吸跃变现象，这类水果应在成熟后采摘。

绿叶蔬菜没有明显的呼吸跃变现象，因此在成熟与衰老之间没有明显的区别。

② 呼吸方向的变化。果实在成熟过程中，呼吸方向发生明显的质的变化，由有氧呼吸转向无氧呼吸，因此在果肉中积累乙醇等二碳化合物。在果实成熟前，乙烯的生成量最大，现在已知乙烯是加速果实成熟的调节物质，是一种植物激素。乙烯的产生是水果成熟的开始，催熟所需的乙烯的临界体积分数为 $0.1 \sim 1.0 \mu L/L$。

(4) 水果成熟的机制 乙烯对水果的催熟机制是由于它能提高果实组织原生质对氧的渗透性，促进果实的呼吸作用和有氧参与的其他生化过程。同时乙烯能改变果实酶的活动方向，使水解酶类从吸附状态转变为游离状态，从而增强了果实成熟过程的水解作用。

CO_2 对乙烯的催熟作用有竞争性抑制作用。乙烯生物合成的机制经多年研究现已确定，在活细胞内的唯一前体是蛋氨酸。

(5) 水果的人工催熟 果实成熟机制的研究为人工催熟水果奠定了理论基础。目前运用乙烯利催熟水果，已经是一项很成熟的技术。乙烯利几乎对所有水果都有不同程度的催熟作用。乙烯利的化学名称是2-氯乙基膦酸，在中性或碱性溶液中易分解，产生乙烯。反应式如下：

$$Cl—CH_2—CH_2—H_2PO_3 + OH^- \longrightarrow CH_2=CH_2 + H_3PO_4 + Cl^-$$

商品乙烯利为其40%的溶液，通常配成0.05%～0.1%的溶液使用，3～5天即可使柿子、西瓜、杏、苹果、柑橘、梨、桃等催熟，目前用乙烯利催熟香蕉已成为一项很普遍的技术。

另外，乙烯的同系物丙烯、乙炔以及CO也有催熟作用，但乙烯效价最高。

习题

一、选择题

1. 关于新陈代谢，下列说法错误的是（　　）。

A. 新陈代谢是生物体与外界环境进行物质交换与能量交换的过程

B. 合成反应吸收能量，分解反应放出能量

C. 生物体内绝大多数代谢反应是在温和的条件下由酶催化完成的

D. 氧化分解的最终产物是二氧化碳和水，并释放出能量，与自然界中的普通氧化反应类同

2. 下列属于糖的分解代谢的途径的是（　　），（　　）是糖的分解代谢主要方式。

A. 无氧酵解　　B. 有氧氧化　　C. 磷酸己糖途径　　D. 糖醛酸代谢

3. 关于糖无氧酵解生成乳酸的过程，叙述正确的是（　　）。

A. 葡萄糖直接转变成乳酸

B. 葡萄糖先分解生成丙酮酸，丙酮酸再转变为乳酸

C. 葡萄糖分解生成丙酮酸的过程吸收能量

D. 胰岛素能直接促进糖无氧酵解的过程

4. 糖酵解途径有（　　）个限速反应。

A. 1　　B. 2　　C. 3　　D. 4

5. 食物中的甘油三酯、磷脂、胆固醇酯分别在胰脂肪酶、脂肪酶、磷脂酶的催化下分解，三者分解产生的共同产物为（　　）。

A. 甘油　　B. 溶血磷脂　　C. 胆固醇　　D. 脂肪酸

6. 关于体内组织利用氨基酸，下列说法正确的是（　　）。

A. 合成蛋白质

B. 继续分解代谢

C. 既可以合成蛋白质，也可以继续分解代谢

D. 体内组织利用的氨基酸既有外源性氨基酸也有内源性氨基酸

7. 体内代谢产生的氨的去路是（　　）。

A. 在肝脏合成尿素随尿排出

B. 合成谷氨酰胺和天冬酰胺及其他非必需氨基酸

C. 直接随尿排出

D. 以上都是体内代谢产生的氨的去路

8. 共同的（　　）是物质代谢之间发生联系和相互转变的枢纽。

A. 代谢途径　　B. 催化剂　　C. 中间产物　　D. 酶

9. 一般地，激素对代谢的调节作用有两个显著的特点，即（　　）。

A. 细胞组织的特异性和效应特异性　　B. 初级效应和次级效应

C. 细胞组织的特异性和初级效应　　　　D. 效应特异性和次级效应

10. 所谓限速酶是指（　　）。

A. 多步代谢过程所发生的第一个反应的酶

B. 多步代谢过程所发生的最后一个反应的酶

C. 多步代谢过程所发生的中间反应的酶

D. 活性受最终产物调节的酶

11. 动物死亡后，组织中原有的生化活动（　　）。

A. 立即停止

B. 直到动物腐烂掉以后停止

C. 由原来的生化变化变为动物的腐烂过程

D. 一直延续到组织中的酶因自溶作用完全失活为止

12. 动物肉的最佳适口度是在（　　）。

A. 尸僵前期　　B. 尸僵期　　C. 尸僵后期　　D. 宰杀后立即烹调

13. 动物屠宰后 pH（　　）。

A. 不变　　B. 升高　　C. 下降　　D. 先下降再升高

14. 采收后的果蔬其代谢过程（　　）。

A. 主要是同化作用　　　　B. 主要是异化作用

C. 既有同化作用也有异化作用　　　　D. 以上说法都不对

15. 肉质的植物组织比叶片植物组织呼吸强度（　　）。

A. 高　　B. 低　　C. 相同

二、是非题

1. 生物体内的新陈代谢产生多种高能磷酸化合物，其中最重要的是三磷酸腺苷。（　　）

2. 糖、脂肪、蛋白质完全氧化生成二氧化碳、水一定需要氧的参与。（　　）

3. 糖的无氧酵解过程中把丙酮酸转变成乳酸的酶是乳酸脱氢酶。（　　）

4. 糖的有氧氧化和无氧酵解过程中都经历的共同的途径是葡萄糖降解为丙酮酸。（　　）

5. 糖异生途径就是葡萄糖四种分解代谢途径以外的分解代谢途径。（　　）

6. 脂肪酸经 β-氧化的最终产物是二氧化碳、水和三磷酸腺苷。（　　）

7. 糖类物质和脂类物质都是肌体获得能量的重要来源。（　　）

8. 合成体内甘油磷脂所需要的甘油和脂肪酸主要由糖代谢转化而来。（　　）

9. 部分氨基酸可在氨基酸脱羧酶作用下进行脱羧基作用，生成相应的氨。（　　）

10. 脂肪转化为氨基酸主要是脂肪分解的脂肪酸部分的转化。（　　）

11. 在一般生理条件下，糖与脂肪都能较容易地相互转化。（　　）

12. 死亡动物组织中糖原降解有两种途径，其中哺乳动物肌肉以水解途径为主。（　　）

13. 无呼吸跃变现象的水果应该在成熟以前采摘。（　　）

14. 糖原的分解是糖原合成的逆反应。（　　）

三、填空题

1. 生物氧化过程中产生二氧化碳的方式有____________、__________，水的生成过程中最重要的呼吸链有两条，即____________、____________。

2. 生物体内生成ATP的方式主要有________、________。

3. 糖无氧酵解的过程，首先是________降解为丙酮酸，然后是丙酮酸在乳酸脱氢酶催化下转化为________或者是丙酮酸在酵母菌作用下转化为________。

4. 丙酮酸转化为乙酰辅酶A是在________的催化下进行的。

5. 磷酸己糖途径生成的5-磷酸核糖是生物体内合成核苷酸辅酶和________的主要原料。糖醛酸途径生成的________是体内重要的解毒物质。

6. 1分子软脂酸（C_{16} 脂肪酸）经______轮β-氧化，产生______分子乙酰CoA，最后彻底氧化共产生______分子ATP。

7. 甘油三酯分解为甘油和脂肪酸以后，甘油进一步转化为丙酮酸，丙酮酸进入______彻底氧化，或者经过________途径合成糖原；脂肪酸在有充足氧供给的情况下氧化为二氧化碳和水，同时释放出大量能量。

8. 食物中的核酸一般与蛋白质结合形成______，在代谢过程中，______首先要分解为核酸和蛋白质，核酸再分解为核苷酸，核苷酸水解为______和______，核苷水解为________、________或者________，然后进一步分解代谢。

9. 当体内血糖浓度下降时，可以通过加快体内氨基酸的糖异生作用补充________，以维持大脑等器官的生理功能。

10. 生物体内物质代谢的调节与控制主要在三种不同的水平上进行，即________、________、________。

11. 动物宰杀后，其呼吸途径由有氧呼吸变为________，最终有乳酸生成。

12. 果蔬成熟过程中发生的生物化学变化主要是包括________、________、________、________、________。

13. 二氧化碳对乙烯的催熟作用具有________。

四、问答题

1. 简答糖的无氧酵解的意义和糖有氧氧化的生理意义。

2. 给出三羧酸循环的基本定义，写出三羧酸循环的8个基本过程反应式。

3. 简述脂肪酸β-氧化的基本过程。

4. 乳酸发酵与酒精发酵有何异同？

5. 什么是嘌呤核苷酸的从头合成途径？其合成过程是怎样的？

6. 什么是氨基酸的脱氨基作用？氨基酸的脱氨基作用有几种方式？分别叙述这几种方式的基本过程。

7. 指出各种非必需氨基酸合成的前体物质。

8. 简单讲，蛋白质的合成主要包括“转录”和“翻译”两个过程，请分别叙述这两个过程。

9. 物质代谢的细胞内的调节与控制有哪些模式？各种模式的基本原理如何？

10. 指出神经调节和激素调节的不同。

11. 动物死亡后组织生理、生化分为哪三个阶段？各有何特点？

12. 简述动物死亡后组织中ATP含量的变化过程及其重要性。

13. 屠宰后动物肌肉中蛋白质是如何变化的？有何意义？

14. 影响采收后水果蔬菜组织呼吸的因素有哪些？它们是如何影响呼吸的？

素质拓展阅读

我国生物工程的发展

生物工程是一门涉及生命科学、化学、工程学等学科的综合性应用学科，研究内容包括基因工程、细胞工程、酶工程、发酵工程和蛋白质工程等多个方面。其中，基因工程是生物工程的核心，通过对基因的精细操作，实现改良或创造生物体的目的；细胞工程和酶工程分别通过操纵细胞和酶的活性来实现特定生理功能的增强或抑制；发酵工程利用微生物的代谢过程来生产有用物质，如酒精、抗生素等；蛋白质工程是通过蛋白质的合成和修饰来达到优化生物体性能的目的，它是基因工程的延伸，也称为第二代基因工程。

生物工程的应用范围非常广泛。随着我国科学技术的不断进步，我国生物工程技术的发展进入了崭新的阶段，在有些领域取得了辉煌成绩。

在农业方面，我国科研人员绘制完成了我国水稻基因组工程框架图；发明了两系以及三系水稻杂交技术；研制出豇豆胰蛋白酶抗虫基因，并对该基因进行了相应的改造，培育出了新型的抗病虫品种；改良种子的蛋白质储量、快速无性繁殖、提高果蔬耐储存能力；从经过太空射线照射以后发生基因突变的植物基因中，选择优良变异基因进行培养，并将其应用于农业生产当中。此外，在食品安全检测方面，我国已经拥有生物传感器技术、免疫方法、分子生物学技术、生物芯片等多种生物工程技术。

在生物医学方面，无论是制药还是疾病的诊断与防治方面，我国都取得了诸多重要成果。我国已经利用生物工程技术成功研制出了20多种抗体类药物；通过基因工程表达基因片段，降低了制药成本，同时提高了药物纯度，提高了药物疗效；通过细胞工程技术培养细胞、组织，进而生产相关药品，缩短制药周期；通过干细胞移植进行肿瘤和自身免疫系统疾病的治疗；通过克隆技术对自身器官进行克隆，减少机体排异反应；在人体肾脏替代以及移植方面也取得了不小的成就；通过基因工程技术开发的乙肝疫苗已经大规模投放市场，而且正在通过生物工程技术开发多种疫苗。

第九章　食品的色香味

学习目标

1. 了解色素的分类及其化学结构。
2. 掌握色素的性质及在实践中的应用。
3. 掌握食品加工贮藏中褐变的机理及应用。
4. 了解各种味感及产生的机制。
5. 掌握甜味物质、酸味物质及苦味物质的应用。
6. 掌握食物中主要香气成分，了解香气成分的产生过程。

食物的色香味不仅能使人们在感官上有愉快的享受，并促进食物的消化吸收。而且通过食品色香味的状态和变化，可直接用感官鉴定食品的新鲜度、成熟度、加工精度、品种特征及其发生变化的情况等。因此食品的生产者必须掌握食品色香味方面的基本知识，了解食品的化学组成及在加工、贮藏过程中可能出现的变化，以及如何进行有利的变化和防止或减轻有害的变化等。

第一节　食品中的色素

食品具有各种色彩，这是由于色素成分的存在所致。而颜色是对食品感官质量最有影响的因素之一，也是鉴别食品质量优劣的一项重要指标。食品中的色素，可分为天然色素和人工合成色素两种。

一、食品中的天然色素

食品中的天然色素是指在新鲜原料中能被识别的有色物质或本来无色，但经加工发生化学反应而呈现颜色的物质。

食品中的天然色素按来源可分为动物色素、植物色素和微生物色素三大类，按其化学结构分为吡咯色素、多烯色素、多酚色素、醌酮色素，以及其他类别的色素。

1. 吡咯色素

这类化合物是由 4 个吡咯环的 α-碳原子通过次甲基（—CH═）相连而成的共轭体系。

生物组织中的天然吡咯色素有两大类，即动物组织中的血红素和植物组织中的叶绿素。它们都与蛋白质相结合，不同的是血红素的卟啉环与铁原子结合，叶绿素的卟啉环与镁原子结合，另外卟啉环的 β-位上连接的取代基不同。

（1）血红素 血红素是动物血液和肌肉中的色素，它是呼吸过程中氧气和二氧化碳的载体、血红蛋白的辅基。肉的颜色是由于存在两种色素，即肌红蛋白和血红蛋白所致。它们都是珠蛋白，由蛋白质和血红素构成。血液中的血红蛋白由四分子亚铁血红素和一分子四条肽链组成的球蛋白结合而成。肌肉中的肌红蛋白由一分子亚铁血红素和一分子一条肽链组成的球蛋白结合而成，所以肌红蛋白的分子量是血红蛋白的四分之一。亚铁血红素的结构式如图 9-1 所示。

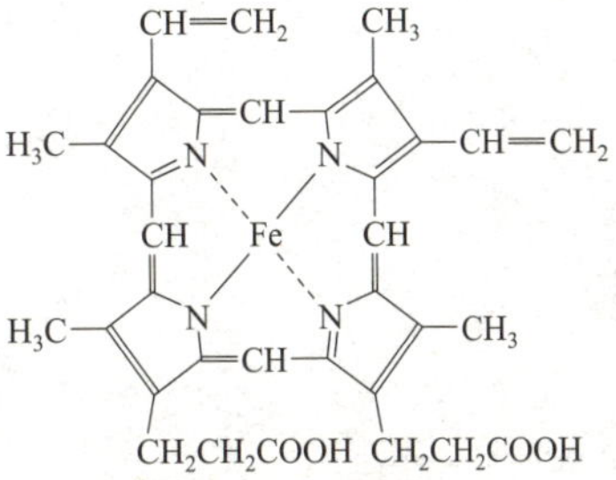

图 9-1 亚铁血红素结构式

肌红蛋白和血红蛋白分子中的铁原子上有结合水，它跟分子状态氧相遇时，水分子被氧置换形成氧合肌红蛋白和氧合血红蛋白，反应是可逆的。氧合肌红蛋白和氧合血红蛋白为鲜红色，血红素铁原子仍为二价。

当氧合肌红蛋白或血红蛋白在有氧的条件下加热时，因珠蛋白发生热变性，血红素中的 Fe^{2+} 被氧化为 Fe^{3+}，生成黄褐色的变肌红蛋白（肌色质）。但在缺氧条件下贮存，变肌红蛋白中 Fe^{3+} 又还原成 Fe^{2+}，因而又变成粉红色的血色质。煮肉或肉类贮存过程中均可见到这种现象。

在一定 pH 和温度条件下，向肌肉中加入还原剂——抗坏血酸，可使变肌红蛋白重新生成肌红蛋白，这是保持肉制品色泽的重要手段，血红素与 NO 作用，生成鲜桃红色的亚硝基亚铁血红素，亚硝基肌红蛋白或亚硝基血红蛋白在受热后发生变性，生成亚硝基血色原，色泽仍保持鲜红。故肉类食品加工常添加一些发色剂和还原剂，如硝酸盐、亚硝酸盐、抗坏血酸等。但过量的亚硝酸盐能与食物中的胺类化合物反应，生成亚硝胺类物质，具有致癌作用。所以肉制品的发色不得使用过多的硝酸盐和亚硝酸盐。

（2）叶绿素 叶绿素是存在于植物体内的一种绿色色素，它使蔬菜和未成熟果实呈现绿色。叶绿素是由叶绿酸、叶绿醇及甲醇所形成的二醇酯，绿色来自叶绿酸残基部分。高等植物叶绿素有 a、b 两种，当 C_3 处连接的是甲基时为叶绿素 a，连接的是醛基时为叶绿素 b，通常叶绿素 a 与叶绿素 b 数量比为 3∶1。叶绿素在植物细胞中与蛋白质结合成叶绿体。其结构式见图 9-2。

在室温下，叶绿素在弱碱中比较稳定。如果加热，叶绿素被水解为叶绿素盐，其分子上的卟啉环中的镁被铜、铁所替代，生成的盐更稳定。所以在一些果蔬的加工中采用铜叶绿酸钠（或称叶绿素铜钠盐）作护色剂。

叶绿素在稀酸条件下，中心的镁离子可被氢原子取代，生成暗绿色或绿褐色的脱镁叶绿素，加热可使反应加速，食品加工中经常出现黄褐色就是这个原因，可以加入叶绿素铜钠盐护色，以保持蔬菜的绿色。

任何加工或贮藏过程都会破坏叶绿素。例如，透明容器中的脱水食品会因光氧化而失色，脱水食品叶绿素的脱镁反应速率与脱水前的热烫程度有直接的关系。绿色蔬菜在冷冻或冷藏时颜色会改变，其变化也受冷冻前热烫温度与时间的影响。热加工对叶绿素的破坏最为

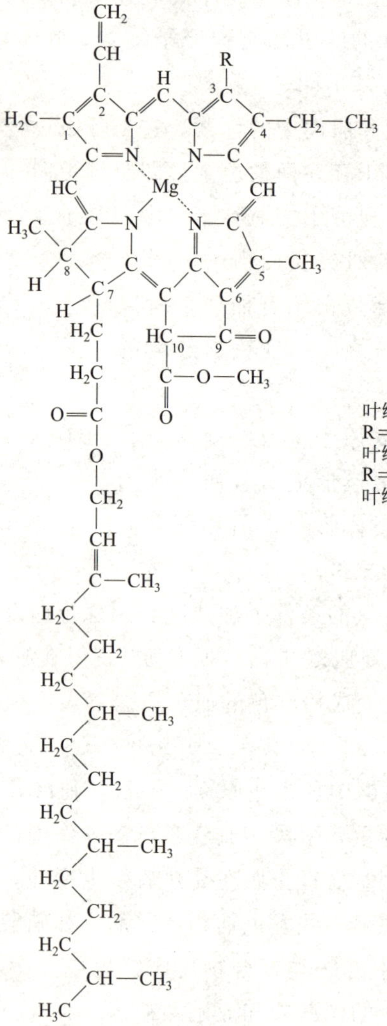

叶绿素的分子结构：
R= —CH_3，
叶绿素a；
R= —CHO，
叶绿素 b

图 9-2　叶绿素的结构式

严重，可在蔬菜加工前使用钙、镁的氢氧化物或氧化物以提高 pH 防止生成脱镁叶绿素，保持鲜绿色。但碱化剂处理会破坏食物的质地、风味和维生素 C。热加工中也可以使用叶绿素铜钠盐护色。

2. 多烯色素

多烯色素是由异戊二烯残基为单元组成的共轭双键长链为基础的一类色素，总称为类胡萝卜素。类胡萝卜素广泛分布于生物界，颜色从黄、橙、红以至紫色都有，不溶于水而溶于脂类溶剂。按类胡萝卜素的结构与溶解性质分为两大类：胡萝卜素类和叶黄素类。

大多数天然类胡萝卜素都可看作是番茄红素的衍生物，其化学结构式如下：

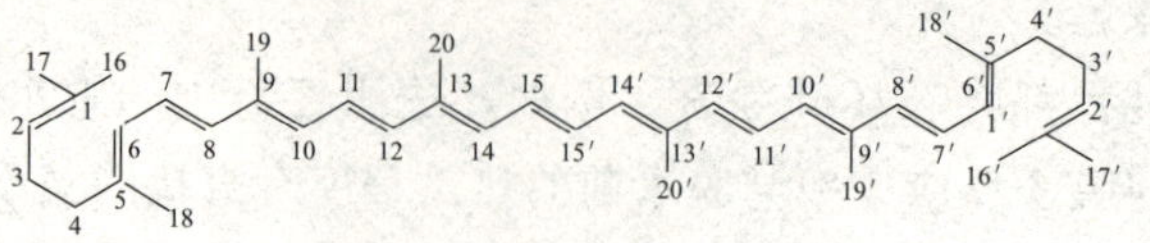

(1) 胡萝卜素类 结构特征为共轭多烯烃，溶于石油醚，但仅微溶于甲醇、乙醇。主要有α-胡萝卜素、β-胡萝卜素、γ-胡萝卜素、δ-胡萝卜素4种，其中以β-胡萝卜素应用较广，它既是天然的食品色素，又是人体营养物质维生素A的主要来源。

(2) 叶黄素类 系胡萝卜素的衍生物，可以醇、醛、酮、酸形态存在。溶于甲醇、乙醇和石油醚。主要有叶黄素、玉米黄素、隐黄素、辣椒红素等。叶黄素主要有橙黄色和红色，性质与胡萝卜类色素相似，也是应用较广泛的天然色素。

类胡萝卜素对pH的变化和热比较稳定，只有强氧化剂才使其破坏褪色。食品类胡萝卜素被破坏主要由于光敏氧化作用，双键发生裂解，使颜色失去，尤其在pH和水分含量比较低时更容易被氧化。提取后的类胡萝卜素对光、热、氧比较敏感，而在细胞中与蛋白质成结合态时却相当稳定。

3. 酚类色素

酚类色素是植物中水溶性色素的主要成分，可分为花青素、花黄素和鞣质三大类，它们是多元酚的衍生物，并能溶于水。

(1) 花青素类 花青素存在于植物细胞液中，使植物的花、叶、茎、果实等呈现美丽的色彩，常见的花青素有天竺葵色素、矢车菊色素、飞燕草色素、牡丹色素、紫丁香色素等。

自然状态的花青素都以糖苷形式存在，称花青苷。很少有游离的花青素存在，花青素通常与一个或几个单糖结合成苷，糖基部分一般是葡萄糖、鼠李糖、半乳糖、木糖和阿拉伯糖。非糖部分的基本结构为带有许多羟基或甲基的苯并吡喃环的多酚化合物，或称花色基原。大部分花青苷是由3,5,7-三羟基花色基原盐酸盐衍生而来的。而糖分子常与其C_3处的羟基连接。现在统称花青苷类为花青素。3,5,7-三羟基花色基原盐酸盐花青苷基本结构式如下：

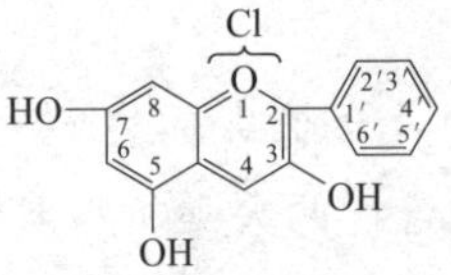

花青素的颜色还会随pH而变化，这是因花青素分子中的氧原子是四价的，所以使它具有伪碱基性质，能与酸形成盐；又由于花青素是花色基原的羟基取代物，所以具有酸的性质，能与碱生成盐，从而使这类色素在不同pH下发生结构上的变化，因而使颜色发生变化。

水果加工过程中，光、高温、高浓度的糖、pH及抗坏血酸都能破坏花青素。含花青素的食品在光照或稍高温度下会很快变成褐色。二氧化硫、亚硫酸盐也能使其褪色。

花青素能与金属形成紫色或暗灰色色素，称为色淀，因此，含花青素的水果最好用涂料罐或玻璃罐包装。

花青素苷在糖苷酶或酚酶作用下分解成糖和花青素而褪色，花青素与盐酸共热生成无色物质，称为无色花青素。无色花青素也以苷的形式存在于植物组织中，在一定条件下可转化为有色花青素，是罐藏水果果肉变红变褐的原因之一。

(2) 花黄素类 花黄素称为黄酮类色素物质，广泛分布于植物的花、果实、茎叶中，是一类水溶性黄色物质。主要有黄酮、黄酮醇、查尔酮、金酮和双黄酮等。

黄酮类的结构母核是2-苯基苯并吡喃酮，结构式如下：

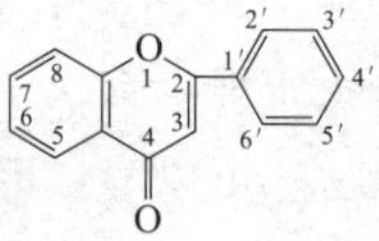

黄酮色素与葡萄糖、鼠李糖，云香糖等结合成配糖苷形式而存在。自然情况下，黄酮类的颜色自浅黄以至无色，但在碱性溶液中呈现明显黄色，这主要是因黄酮类物质在碱性条件下其苯并吡喃酮的 O_1 和 C_2 间的C—O键打开，形成查尔酮结构所致，各种查尔酮的颜色自浅黄以至深黄不等。这就是在硬水（pH8）中马铃薯、芦笋、荸荠等食物变成黄褐色的原因。在水果蔬菜加工中用柠檬酸调整预煮水的pH的目的之一就在于控制黄酮色素的变化。

花黄素能与金属反应，生成颜色较深的配合物，所以果蔬类食品，在加工时要用不锈钢容器及管道，用塑料罐或玻璃瓶包装贮存。

（3）鞣质 果蔬中一切有涩味，能与金属离子反应或因氧化产生黑色的酚类物质统称为鞣质（又称单宁）。除了真正的鞣质外，还包括儿茶酚素和一些羟基酚酸（绿原酸）。

植物鞣质主要由下列单体构成：

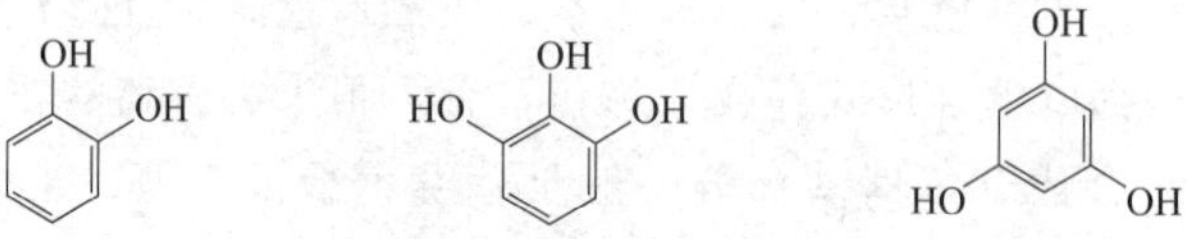

儿茶酚　　焦棓酚，即焦性没食子酸　　根皮酚

有些鞣质分子中还有下列两种成分：

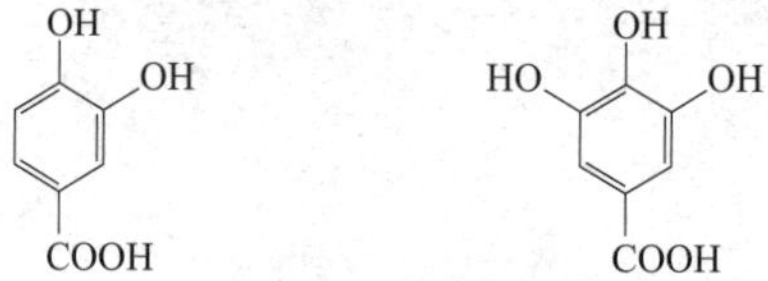

原儿茶酸　　棓酸（鞣酸、没食子酸、五倍子酸）

植物体内的鞣质分为水溶性和聚合性两大类。水溶性鞣质是由鞣质单体分子之间通过酯键形成的大分子物质，它们在温和的条件下，用稀酸、酶或煮沸即可水解为鞣质单体物质。聚合性鞣质是其单体分子之间以C—C键相连而成的大分子物质，在温和的条件下处理不会分解为单体物质，而是进一步缩合成高分子物质。例如，葡萄、苹果、桃、李及茶叶中的儿茶素是二苯型的聚合型鞣质，受热后聚合为二聚体、四聚体、八聚体等高分子物质。

所有的鞣质都具有潮解性，鞣质与金属反应生成不溶性的盐类，尤其与铁反应生成蓝黑色物质，所以，加工这类食物不能使用铁质器皿。鞣质在空气中能被氧化生成暗黑色的氧化物，在碱性溶液中氧化更快。

果汁中的鞣质能与明胶作用生成浑浊液，并产生沉淀，因此可用明胶除去果蔬汁液中的鞣质。未成熟的果实或果实中有涩味的鞣质存在时，有多种除涩的方法。例如，涩柿子可采用温水浸泡、酒精浸泡、二氧化碳气调、乙烯催熟等。

4. 其他天然色素

（1）红曲色素 红曲色素是由红曲霉菌所分泌的色素，该霉菌在培养初期无色，以后逐渐变为鲜红色，是我国民间常用的食品着色剂。如酿造红曲黄酒、制酱、腐乳、香肠、酱油、粉蒸肉和各种糕点的着色。红曲色素不溶于水，溶于乙醇、乙醚等有机溶剂。耐热性、耐光性强，不受金属离子影响，不易被氧化剂、还原剂作用。红曲色素有 6 种不同成分，其化学结构式如图 9-3 所示。

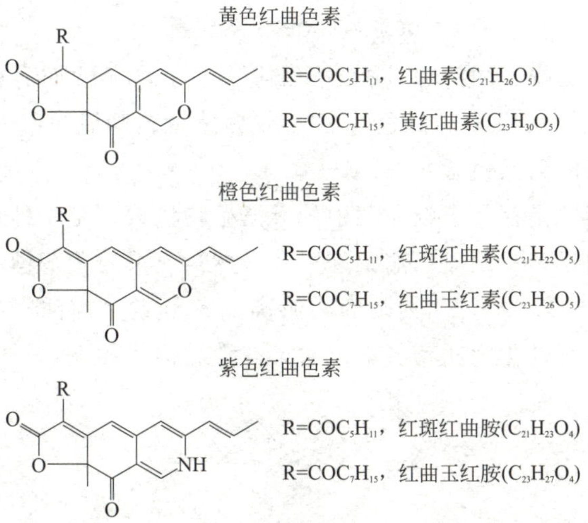

黄色红曲色素

R=COC_5H_{11}，红曲素($C_{21}H_{26}O_5$)

R=COC_7H_{15}，黄红曲素($C_{23}H_{30}O_5$)

橙色红曲色素

R=COC_5H_{11}，红斑红曲素($C_{21}H_{22}O_5$)

R=COC_7H_{15}，红曲玉红素($C_{23}H_{26}O_5$)

紫色红曲色素

R=COC_5H_{11}，红斑红曲胺($C_{21}H_{23}O_4$)

R=COC_7H_{15}，红曲玉红胺($C_{23}H_{27}O_4$)

图 9-3　红曲色素化学结构式

(2) 姜黄色素　姜黄色素是由植物的根茎中提取的黄色色素，具有二酮结构，结构式如下：

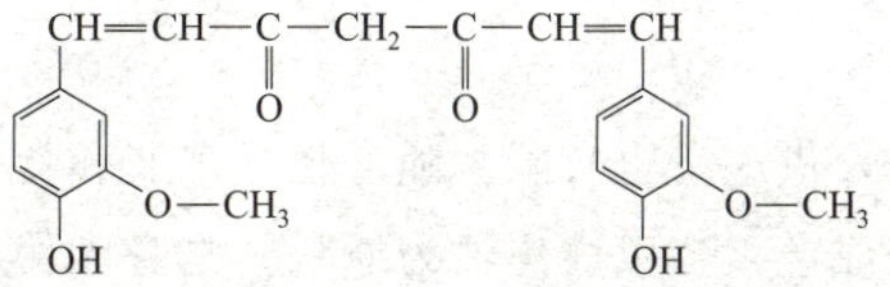

姜黄色素不溶于水，溶于乙醇、丙二醇，在碱性溶液中呈红褐色，在中性或酸性溶液中呈黄色。不易被还原，易与铁离子结合而变色，对光、热稳定性较差。姜黄色素着色性好，特别是对蛋白质的着色力强，常用于萝卜条、咖喱粉等食品的调色和增香。

(3) 虫胶色素　虫胶色素又称紫草茸色素，是寄生在豆科和梧桐科植物上的紫胶虫分泌的紫胶，是一种中药称紫草茸。目前已分离出紫草茸有紫胶红酸 A、B、C、D、E 五种成分，紫胶红酸结构式如下：

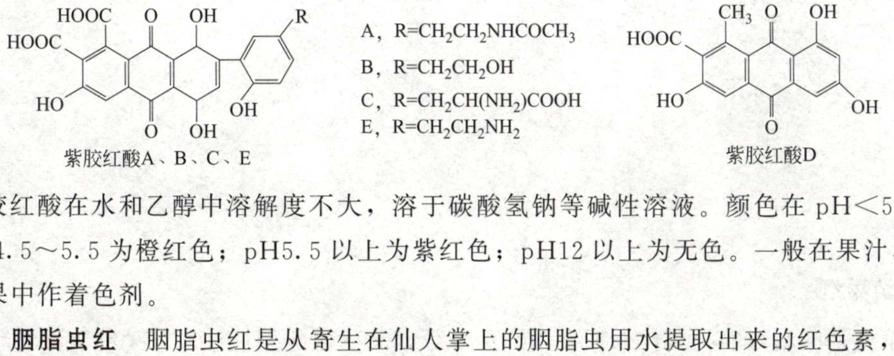

A，R=$CH_2CH_2NHCOCH_3$

B，R=CH_2CH_2OH

C，R=$CH_2CH(NH_2)COOH$

E，R=$CH_2CH_2NH_2$

紫胶红酸A、B、C、E　　紫胶红酸D

紫胶红酸在水和乙醇中溶解度不大，溶于碳酸氢钠等碱性溶液。颜色在 pH＜5 为橙黄色；pH4.5～5.5 为橙红色；pH5.5 以上为紫红色；pH12 以上为无色。一般在果汁、饮料、酒及糖果中作着色剂。

(4) 胭脂虫红　胭脂虫红是从寄生在仙人掌上的胭脂虫用水提取出来的红色素，主要成分是胭脂红酸，其结构式如下：

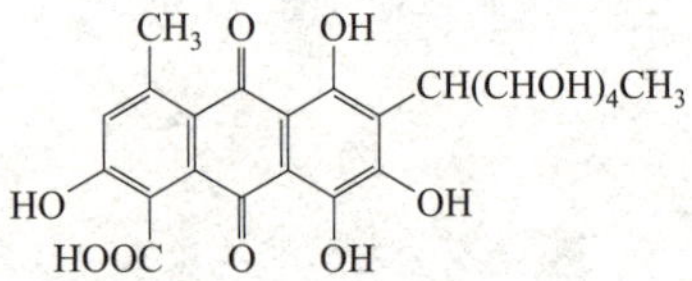

胭脂虫红溶于水、乙醇、丙二醇，不溶于油脂。颜色因 pH 而有相当大的变化，pH＜4 为黄色，pH＝4 为橙色，pH＝6 为红色，pH＝8 为紫色。胭脂虫红对热和光稳定，是目前用于饮料、果酱等食品的天然色素之一。

(5) 甜菜红 甜菜红是存在于红甜菜中的天然植物色素，是一种吡啶衍生物。分为红色的甜菜红素和黄色的甜菜黄素两类。甜菜红素在自然情况下与葡萄糖结合成糖苷，称甜菜红苷，占全部甜菜红素 75%～95%。其余的为游离甜菜红素、前甜菜红苷及它们的异构体。甜菜红素在碱性条件下可转化为甜菜黄素。甜菜红素结构式如下：

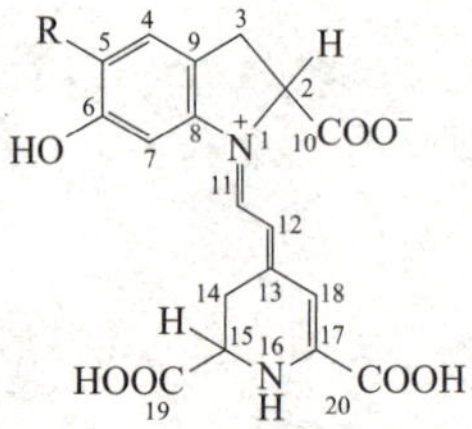

甜菜红苷 R= 葡萄糖
甜菜红素 R=OH
前甜菜红苷 R=6- 硫酸葡萄糖

二、人工合成色素

天然色素一般稳定性差，供应量也有限。随着化学工业和食品工业的发展，人工合成色素也得到广泛应用。然而合成色素多以煤焦油为原料，本身无营养价值，而有些物质对人体有害，因此，使用时必须注意其安全性，我国现允许使用的人工合成色素有：苋菜红、胭脂红、赤藓红、新红、诱惑红、日落黄、柠檬黄、靛蓝、亮蓝和它们各自的铝色淀，以及酸性红、叶绿素铜钠和二氧化钛等，以下介绍几种常用合成色素。

1. 胭脂红

即食用红色 1 号，为红或暗红色的颗粒或粉末，溶于水和甘油，难溶于乙醇，不溶于油脂，对光和酸稳定，但抗热性、还原性弱，遇碱变褐色，易被细菌分解。胭脂红结构式如下：

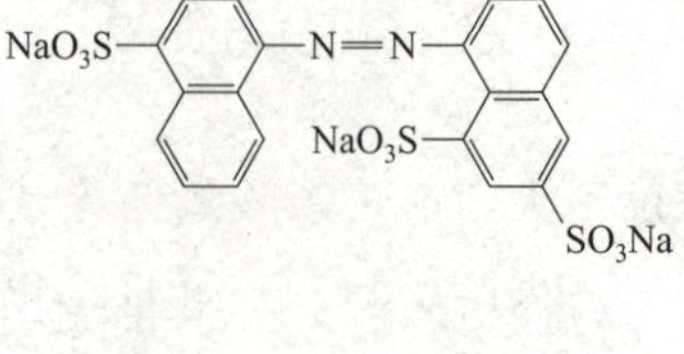

2. 苋菜红

苋菜红是胭脂红的异构体，即食用红色 2 号，又称蓝光酸性红。苋菜红为红色粉末，水溶液为红紫色。溶于甘油和丙醇，稍溶于乙醇，不溶于油脂，易为细菌分解，对光、热、盐类均较稳定，对柠檬酸、酒石酸也比较稳定，碱性溶液中成暗红色，对氧化还原剂敏感，不能用于发酵食品的着色。苋菜红结构式如下：

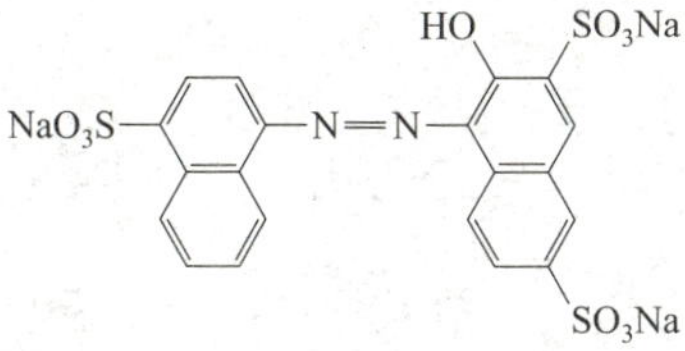

HO　SO_3Na
NaO_3S—⟨萘环⟩—N=N—⟨萘环⟩
SO_3Na

3. 柠檬黄

柠檬黄又称肼黄或酒石黄，为橙色或橙黄色的颗粒或粉末。溶于水、甘油、丙二醇，稍溶于乙醇，不溶于油脂，对热、酸、光和盐都稳定。遇碱变红，氧化性差，还原时呈褐色。柠檬黄的结构式如下：

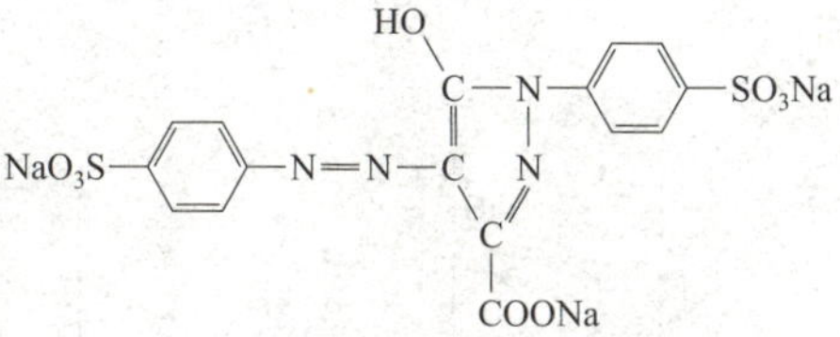

HO
C—N—⟨苯环⟩—SO_3Na
NaO_3S—⟨苯环⟩—N=N—C　N
C
COONa

4. 靛蓝

靛蓝又称酸性靛蓝或磺化靛蓝。为暗红至暗紫色的颗粒或粉末，不溶于水，溶于甘油、丙二醇，稍溶于乙醇，不溶于乙醚、油脂。对光、热、酸、碱和氧化剂都很敏感。耐热性较弱，易为细菌分解，还原后褪色，对食品的着色好。靛蓝结构式如下：

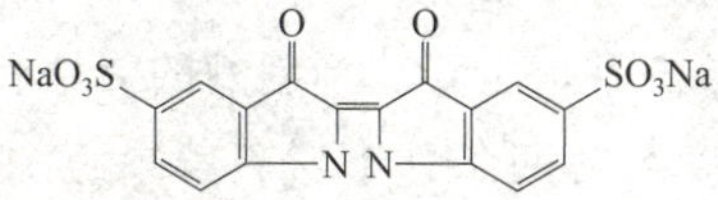

O　O
NaO_3S　SO_3Na
N　N

三、食品加工和贮藏中的褐变现象

褐变是指食品加工、贮藏过程中食品发生褐色变化而比原来的色泽加深的现象。褐变是食品加工中普遍存在的一种变色现象，尤其以新鲜果蔬为原料进行加工或经贮藏后，易发生褐变现象。在一些食品加工中，褐变是有利的，如面包、糕点、咖啡等。而对另一些食品，特别是水果和蔬菜，褐变是不利的，它使食品的营养价值、颜色和风味受到影响。褐变作用按其反应机制可分为两大类：酶促褐变和非酶褐变。

1. 酶促褐变

酶促褐变是酚酶催化酚类物质形成醌及其聚合物的结果，多数发生在新鲜的水果和蔬菜中。

通常酶促褐变必须同时满足三个条件：组织中存在有多酚类底物、多酚氧化酶和接触氧气。苹果、梨、马铃薯等易发生酶促褐变，而橘子、柠檬等因缺乏多酚氧化酶而不会发生酶促褐变。

(1) 反应机制 酚酶是一种以分子氧为受氢体的末端氧化酶，它是两种酶的复合体，一种是酚羟化酶，又称甲酚酶；另一种是多酚氧化酶，又称儿茶酚酶。食物中的酚类物质在多酚氧化酶催化下氧化生成邻醌，然后在酚羟化酶催化下生成三羟基化合物，再进一步氧化成羟基醌，然后进一步聚合生成黑色素。

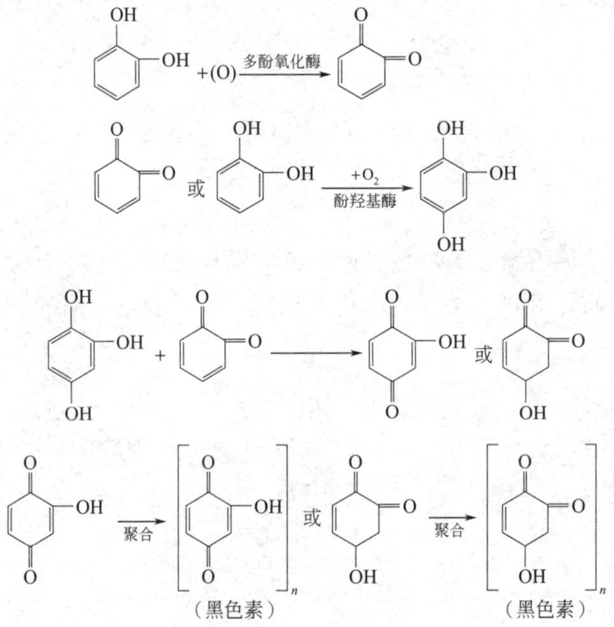

切开的马铃薯在空气中暴露，切面变黑褐色及酱油在发酵中变褐色，都是所含的丰富的酚类物质——酪氨酸在酚酶作用下形成黑色素之故。

(2) 酶促褐变的控制 为防止酶促褐变，可消除多酚类底物、多酚氧化酶和氧气三者中任何一个，但除去酚类物质比较困难，主要从抑制酶的活性和隔绝氧气两方面着手。

① 加热处理。在适当的温度和时间条件下对新鲜果蔬加热，使酚酶失活，这是普遍使用的控制酶促褐变的方法，热烫与巴氏消毒处理都属于这一类方法。70～95℃加热约 7s 可使大部分酚氧化酶失活，加热处理必须严格控制时间，要求在最短的时间内达到既能抑制酶的活性，又不影响食品原有风味的效果。

② 调节 pH。酚酶最适 pH 在 6～7 之间，低于 3.0 已无活性，故加酸处理来控制酶促褐变也是水果加工中常用的方法。常用的酸有柠檬酸、苹果酸、磷酸、抗坏血酸等以及它们的混合物，通常需与抗坏血酸或亚硫酸联用。如 0.5%柠檬酸和 0.3%抗坏血酸合用效果较好。

③ 加抑制剂处理。二氧化硫、亚硫酸氢钠等都是酚酶的抑制剂，被广泛应用于食品加工中。它们不仅能控制褐变，还有一定的防腐作用，并可避免维生素 C 的氧化。缺点是对色素有漂白作用，对罐壁有腐蚀作用，并破坏硫胺素。残留物有异味且有碍食品卫生，因此，应严格控制其残留量。

④ 驱氧法。最简单的驱氧法是将果蔬浸在清水、糖水或盐水中以隔绝氧气。对于组织含氧较多的水果，如苹果、梨等，需把水果浸在糖水或盐水中进行真空抽气处理，将汤汁强

行渗入组织内部，驱除细胞间隙中的氧气。还可用抗坏血酸溶液浸涂果蔬表面，生成氧化态抗坏血酸隔离层，以达到隔绝氧气的目的。

2. 非酶褐变

在食品加工和贮藏过程中还常发生一类与酶无关的褐变，称为非酶褐变。主要有羰氨反应、焦糖化反应和抗坏血酸的氧化等褐变作用。

(1) 羰氨反应 羰氨反应又称美拉德反应，是氨基化合物和羰基化合物共存时产生“类黑色素”物质的反应。凡氨基与羰基共存时，都能引起这类反应。氨基包括游离氨基酸（尤其赖氨酸）、肽链、蛋白质、胺类等。羰基包括醛、酮、单糖以及因多糖分解或脂质氧化生成的羰基化合物。几乎所有的食品中都含有以上成分，因此都有可能发生美拉德反应。美拉德反应是食品在加热和长期存放后发生褐变的主要原因。

(2) 焦糖化反应 糖类在没有氨基酸存在的情况下，加热到熔点以上时，也会变成黑褐色的色素物质，这种作用称为焦糖化反应。焦糖化作用的结果生成两类物质，一类是糖的脱水产物，俗称焦糖或酱色；另一类是糖的裂解产物，是一些挥发性的醛酮类物质。

① 焦糖的形成——糖的脱水产物的形成。蔗糖在无水条件下加热至200℃，即发生焦糖化作用，若再继续加热，则生成高分子量的难溶性深色物质，称为焦糖素。铁的存在能强化焦糖的色泽。

② 活性醛的形成——糖的裂解产物的形成。糖在强热条件下会使碳碳键断裂，产生一些性质活泼的醛类物质，即活性醛。

a. 酸性条件下活性醛的形成。在酸性条件下，己糖受热分解，产生羟甲基糠醛，戊糖则形成糠醛，进一步发生裂解和缩合或与胺类反应则形成黑色素，其缩合过程尚不清楚。

b. 在碱性条件下单糖易发生互变异构作用，形成中间产物1,2-烯醇式糖，该糖在强热条件下裂解而生成较小的分子，如甲醛、五碳糖、乙醇醛等，各种醛酮经过一系列的聚合作用而生成黑褐色的焦糖。

(3) 抗坏血酸褐变作用 抗坏血酸对果汁，特别是柑橘汁、柠檬汁的褐变影响较大。通常认为反应机理是抗坏血酸自动氧化分解为糠醛和二氧化碳的结果。但这不能完全解释果汁褐变的机制，所放出的二氧化碳也并非是抗坏血酸氧化的唯一来源。

抗坏血酸褐变程度与pH有关。在pH小于5.0的酸性溶液中氧化生成脱氢抗坏血酸速度缓慢，并且反应是可逆的。但在pH为2.0～3.5之间，褐变与pH成反比，所以柠檬汁（pH2.15）比橘子汁（pH3.4）容易发生褐变。碱性溶液中，抗坏血酸不稳定，易发生氧化和褐变作用。金属离子也可促进抗坏血酸氧化褐变。

(4) 非酶褐变的控制

① 降温。美拉德反应受温度影响较大，温度相差10℃，褐变速度可相差3～5倍。如美拉德反应一般在30℃以上发生比较快，而在10℃以下则能防止褐变。

② 亚硫酸盐处理。二氧化硫和亚硫酸盐能与羰基化合物起加成反应，故可用于抑制褐变。

③ 改变pH。在pH大于3.0时，美拉德反应速率随pH增大而加快，抗坏血酸褐变在pH3左右也较为稳定，接近碱性时，则不稳定，易褐变。所以降低体系的pH可控制这类褐变。

④ 降低成品浓度。一般情况下，褐变速度与基质浓度成正比，适当降低产品浓度可降低褐变速率。如柠檬汁比橘子汁易褐变，故柠檬汁的浓缩比通常为 4∶1，而橘子汁可高达 6∶1。

⑤ 使用不易褐变的糖类。用蔗糖代替还原糖，或用果糖代替葡萄糖，相对来讲较难与氨基化合物结合，从而降低褐变速度。

⑥ 生化方法。在含糖很少的食品中，加酵母，令其发酵除去糖分可防止羰氨反应褐变。如在蛋粉和脱水肉类生产中采用此法；或加葡萄糖氧化酶使葡萄糖氧化为葡萄糖酸，使其不能与氨基化合物发生羰氨反应褐变。

⑦ 钙盐。钙可同氨基酸结合成为不溶性化合物，因此钙盐有协同二氧化硫控制褐变的作用。

第二节　味觉及味觉物质

一、味觉的概念和生理基础

呈味物质作用于舌面和口腔黏膜上的味觉细胞，产生兴奋，再传入大脑皮层，引起味觉。是整个味分析器统一活动的结果。

口腔内的味觉受体主要是舌头上的味蕾，其次是自由神经末梢。

味蕾分布在口腔黏膜，味蕾数目随着年龄的增长而减少，因而对味的敏感性也随之降低。婴儿约有 10000 个味蕾，成人一般则只有数千个。味蕾大部分分布在舌头表面的乳状突起中，尤其是舌黏膜皱褶处的乳状突起中最密集。味蕾一般有 40～150 个味觉细胞构成，10～14 天更换一次。味觉细胞表面有许多味觉感受分子，不同物质能与不同的味觉感受分子结合而呈现不同的味道。

在生理上有酸、甜、苦、咸四种基本味觉，除此之外，还有辣味、涩味、鲜味、碱味、金属味等。但有的研究者认为这些不是真正的味觉，而是触觉、痛觉或是味觉与触觉、嗅觉融合在一起的综合反应。如辣味是刺激口腔黏膜引起的痛觉，也伴有鼻腔黏膜的痛觉，同时皮肤其他部位也可感到痛觉。涩味是舌头黏膜的收敛作用。

从刺激味觉感受器到出现味觉，一般需 0.15～0.4ms。其中咸味的感觉最快，苦味的感觉最慢。所以一般苦味总是在最后才有感觉。人们对苦味物质的敏感性常常比甜味物质的敏感性要大。

衡量味觉的敏感性的标准是阈值，即感受出某种物质的最低浓度。表 9-1 列出部分呈味物质的呈味阈值。阈值越低，说明其感受性越高。在酸、甜、苦、咸 4 种味觉中，苦味的敏感性最高，甜味最低，因为甜味的阈值最大。

表 9-1　部分物质的呈味阈值

呈味物质	味感	阈值 /(mol/L)	呈味物质	味感	阈值 /(mol/L)
蔗糖	甜	0.03	盐酸	酸	0.009
食盐	咸	0.01	奎宁	苦	0.00008

舌头的不同部位对味觉的灵敏度不同。一般味觉在舌尖部、舌两边敏感，中间和舌根部较迟钝。舌头的不同部位对不同味觉的敏感度也不同，舌尖对甜味最敏感，舌尖和舌前侧边缘对咸味最敏感，舌后侧靠腮的两边对酸味最敏感，舌根部对苦味最敏感，舌的不同部位对味觉的敏感性如图 9-4 所示。

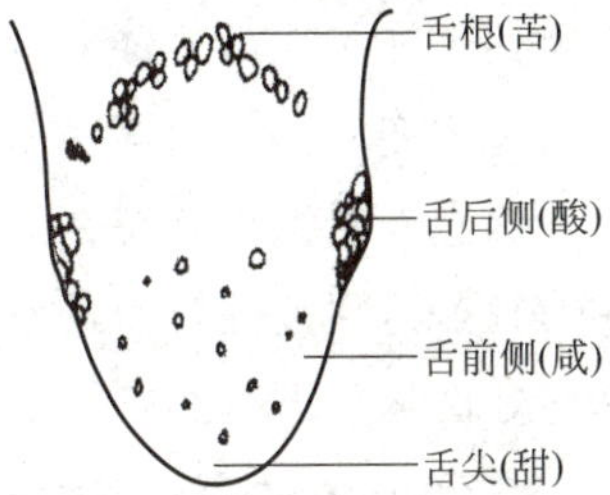

图 9-4　舌表面味觉敏感区域分布图

二、影响味觉的主要因素

1. 呈味物质的化学结构

味觉化合物的化学结构与其味觉之间有内在的联系，一般化学上的酸性物质具有酸味；化学上的盐类具有咸味；化学上的糖类是甜味的；生物碱及重金属盐则是苦味的。但也有很多例外，如草酸是涩的；盐类组成的原子变大时，就会发生苦味；溴化钾兼具咸味和苦味，而碘化钾主要呈苦味；有些盐如醋酸铅和醋酸铍及一些非糖有机物是甜味的。

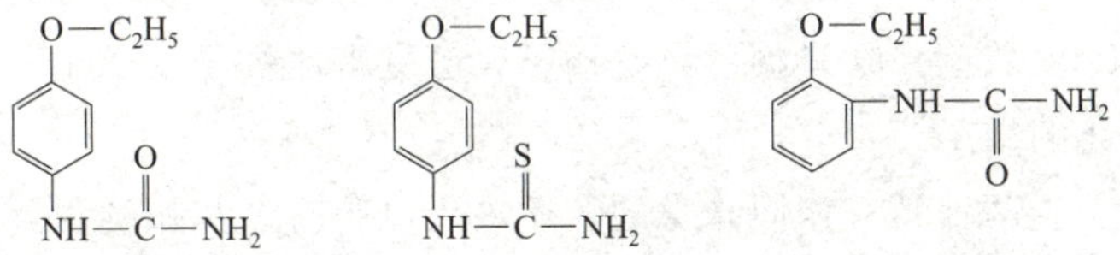

物质分子结构上的微小改变，例如引入取代基，取代基的位置、立体位置不同，都可使味感发生极大的变化。

2. 呈味物质的水溶性

完全不溶于水的物质实际上是无味的，只有溶解在水中的物质才能刺激味觉神经，产生味觉。水溶性好的物质，味觉产生快，消失也快；水溶性较差的物质，味觉产生慢，但维持时间较长。蔗糖和糖精就属于这不同的二类。

3. 温度

味觉与温度的关系很大。最能刺激味觉的温度在 10～40℃，其中以 30℃时味觉最敏感，即接近舌温对味的敏感性最大，高于或低于此温度，味觉都稍有减弱，如甜味在 50℃以上时，感觉明显迟钝。温度对味觉的影响表现在阈值的变化上。感觉不同味道的最适温度有明显差别。甜味和酸味的最佳感觉温度在 35～50℃，咸味的最适感觉温度为 18～35℃，而苦味则是 10℃。

4. 人体生理机能状态

(1) 年龄　不同年龄的人对呈味物质的敏感性不同。在青壮年时期，生理器官发育成熟，并且也积累了相当的经验，处于感觉敏感期。随着年龄的增长，味觉逐渐衰退，对味觉的敏感度降低，但是相对而言对酸味的敏感性的降低程度是最小的。

(2) 性别　性别对不同味觉的敏感性有差别，如女性在甜味和咸味方面比男性更加敏感，而男性对酸味比女性敏感，在苦味方面基本不存在性别上的差别。

(3) 健康状况 人的身体健康状况对味觉影响很大，当身体患某些疾病或发生异常时，会导致失味、味觉迟钝或变味。另外人体内某些营养物质的缺乏也会造成对某些味道的喜好性发生改变。如维生素A缺乏会拒受苦味。

(4) 人的饥饿状态 人处于饥饿状态下味觉敏感性会明显提高。四种基本味的敏感性，在午餐前达到最高，而进食1h内敏感性明显下降，下降程度与食物热量有关。但饥饿对味觉喜好性几乎没有影响，而缺乏睡眠则会明显提高酸味阈值。

5. 呈味物质间的相互作用

几种不同味觉相互作用、相互融合而形成一种新的味觉，这种新的味觉绝非几种其他味觉的简单叠加，而是有机地融合，自成一体，在相互作用中会出现味的对比、相乘、变调等现象。

(1) 适应现象 适应现象是指一种味觉在持续刺激下会变得迟钝的现象。比如吃第二块糖总觉得不如第一块糖甜，这是味觉适应。

(2) 对比现象 指两种或两种以上的呈味物质，适当调配，可使某种呈味物质的味觉更加突出的现象。如在15%的砂糖溶液中，加入0.017%的食盐后，会感到其甜味比不加食盐时要甜。这是同时对比效应。吃过糖后再吃橘子，会觉得甜橘子变酸了。这是味觉的先后对比使敏感性发生变化的结果。

(3) 协同现象 当两种具有相同味觉的物质进入口腔时，其味觉强度超过两者单独使用的味觉强度之和的现象，称为协同现象或相乘现象。如谷氨酸与氯化钠共存时，使谷氨酸的鲜味加强；0.02%谷氨酸与0.02%肌苷酸共存时，鲜味显著增强，且超过两者鲜味的加合。又如麦芽酚添加到饮料或糖果这能增强这些产品的甜味。

(4) 拮抗现象 指一种呈味物质能够减弱另外一种呈味物质味觉强度的现象，称为味的拮抗现象或称消杀现象。如蔗糖与硫酸奎宁之间的相互作用。如甜味会降低酸的感觉。

(5) 变调现象 指两种呈味物质相互影响而 导致其味觉发生改变的现象。如刚吃过苦味的东西，喝一口水就觉得水是甜的；尝过食盐之后，即刻饮无味的清水也会感到有些甜味。

(6) 掩蔽现象 当两个味觉相差较大的呈味物质同时进入口腔时，往往只能感觉出其中的一种味觉，这种现象称掩蔽现象。如鲜味、甜味可以掩盖苦味。

食品味之间的相互作用十分微妙和复杂，既有物理和化学的作用，也有心理因素，其机理也很复杂，至今尚未研究清楚。

三、甜味与甜味物质

甜味是人们最喜欢的基本味觉，甜味物质常常作为饮料、糕点和饼干等食品的原料，用于改进食品的可口性和风味。现代甜味理论认为甜味呈味单元由一个能形成氢键的质子和电负性轨道组成。

食品中的甜味剂很多，一般分为天然甜味剂和合成甜味剂两大类。天然甜味剂除在第二章糖类中介绍的葡萄糖、果糖、麦芽糖、蔗糖及糖醇等外，还有一些非糖甜味剂，如甘草苷、甜味菊苷、奇异果素、罗汉果素、索马甜等。

1. 糖醇类甜味剂

常用的糖醇类甜味剂有四种：木糖醇、山梨醇、甘露醇、麦芽糖醇。

(1) 木糖醇　木糖醇存在于许多植物中，如香蕉、杨梅、胡萝卜、洋葱、花椰菜、莴苣、菠菜等。工业上由还原木糖的方法制造。木糖醇在体内代谢很完全，可以作为人体能源物质，含热量为17000kJ/kg，与蔗糖相似，甜度略高于蔗糖。在水中的溶解度为64.2%(25℃，质量分数)，略低于蔗糖，化学性质稳定，吸湿性小，掺和在食用糖中有清凉的甜味，酵母菌和细菌不能发酵，是一种防龋齿的含能量甜味剂，在食品生产中广为应用，尤其是口香糖的生产。

木糖醇是糖尿病人疗效食品中的理想甜味剂。糖尿病人由于胰岛素障碍，葡萄糖不能正常代谢。木糖醇的代谢与胰岛素无关，又不影响糖原的合成，不会使糖尿病人血糖值增加。

(2) 山梨醇　山梨醇是一种六元醇，与甘露醇同时以游离态存在于梨、苹果、葡萄、红藻等植物中。工业上用葡萄糖经催化还原制得。含热量为16570kJ/kg。山梨醇有清凉甜味，甜度约为蔗糖的一半，在血液中不转化为葡萄糖，而且不受胰岛素的控制，适合于作糖尿病、肝病、胆囊炎患者的甜味剂。

山梨醇可维持一定的水分，有保湿性，所以能防止食品干燥，防止糖、盐从食品中析出结晶，同时还有改善风味的作用。

(3) 甘露醇　甘露醇是由甘露糖还原后制得，植物中也天然存在。现在仅用于胶姆糖及饴糖类食品防止粘牙，其他很少应用。

(4) 麦芽糖醇　是麦芽糖经氢化还原制得的糖醇，易溶于水，常配制成质量分数75%～80%的溶液使用，甜度与蔗糖接近。人体摄入后不会使血糖升高，不会增加脂肪与胆固醇，对心血管病、糖尿病、动脉硬化、高血压患者是理想的医疗食品甜味剂，已经实际应用于果冻、果酱、糖果、糕点等医疗食品的制造。本品是非发酵性糖，所以是防龋齿甜味剂。

糖醇类有一共同特点，就是在摄食过多时会引起腹泻，因此摄入适量有通便的功能。

2. 非糖天然甜味剂

(1) 甘草苷　作为甜味剂的甘草是多年生豆科植物甘草的根，产于欧亚各地。甘草中的甜味成分是由甘草酸和二分子葡萄糖结合成的甘草苷。纯甘草苷的甜度为蔗糖的250倍，其甜味缓慢而长存，蔗糖可有助于甘草苷甜味的发挥，因此使用蔗糖时加入甘草可节省蔗糖。作为商品使用的一般是甘草苷二钠盐或三钠盐，通常用做酱油、豆酱腌渍物的调味剂。甘草还有很强的增香效果，可用作食品香味的增强剂。

(2) 甜叶菊苷　甜叶菊是一种多年生草本植物，其叶含有较多甜度很高的物质甜叶菊苷，其甜度为蔗糖的300倍，是一种低热值的甜味物质，可作甜味代用品应用于食品工业，而且能制成各种保健食品和保健药品，对有些疾病能起治疗和缓解作用。对忌食糖的病人是一种可口佳品。目前甜叶菊已被日本、美国、西欧一些国家普遍应用于饮料、糕点、罐头、果脯蜜饯、保健食品及儿童食品中，我国也生产甜叶菊。

3. 合成甜味剂

(1) 糖精钠　糖精的学名是邻苯甲酰磺亚胺，其结构式如下：

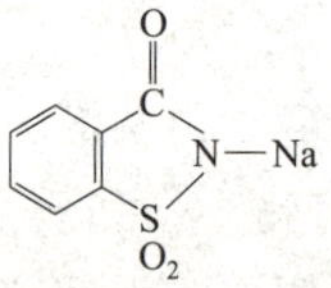

O
C
N—Na
S
O_2

一般商品糖精是它的钠盐，所以俗称糖精钠，糖精钠本身并无甜味，而具有苦味，但其在水中离解生成的阳离子有较强甜味，浓度超过0.5%就会显出苦味，糖精钠溶液煮沸分解生成环一磺酸氨苯甲酸而有苦味，尤其在酸性（pH3.8以下）条件下可促进其分解。

糖精钠不被人体消化吸收，食用后大部分以原状从尿中排出，少量从粪便排出，故无营养价值。关于糖精钠是否参与或干预人体的代谢及安全性问题，目前世界各国还有争议。

（2）甜蜜素　甜蜜素学名环己基氨基磺酸钠，结构式如下：

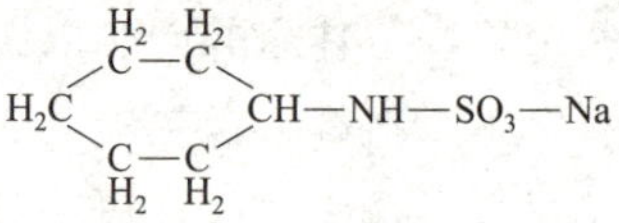

H_2 H_2
C—C
H_2C　　CH—NH—SO_3—Na
C—C
H_2 H_2

甜蜜素为白色结晶或白色晶体粉末，无臭，味甜，易溶于水，难溶于乙醇。对热、光、空气稳定，加热后微有苦味，分解温度为280℃。在酸性条件下略有分解，在碱性条件下稳定。甜度为蔗糖的40～50倍，为无营养甜味剂。人摄入甜蜜素无蓄积现象，40%由尿排出，60%由粪便排出。现已证实甜蜜素无致癌作用，目前已有40多个国家承认它是安全的。

（3）阿斯巴甜　化学名为天门冬酰苯丙氨酸甲酯。阿斯巴甜为白色结晶粉末，无臭，常温下，在水中的溶解度为1%，在等电点pH5.2溶解度最低。阿斯巴甜的甜度是蔗糖的200倍，其甜味较柔和，比较接近蔗糖。阿斯巴甜含热量低，其热量为16.75kJ/kg。

四、酸味与酸味物质

酸味是由于酸味物质中的氢离子刺激舌黏膜产生的，因此在溶液中能解离出 H^+ 的化合物都具有酸味。不同的酸具有不同的味觉，有机酸与无机酸相比，相同的pH下它的味觉要大些。酸的味觉与酸的特性、pH、滴定酸度、缓冲效应及其他化合物尤其糖的存在与否有关。例如相同pH条件下，几种常见酸味物质的酸味强度顺序是醋酸＞甲酸＞乳酸＞草酸＞盐酸。

无机酸一般伴有苦味、涩味；有机酸因阴离子部分的基团结构不同，而有不同的风味，如柠檬酸、L-抗坏血酸具有令人愉快的酸味；苹果酸伴有苦味，乳酸有涩味等。

由于酸味具有促进消化、防止腐败、增进食欲、改良风味的作用，因此，在食品工业中有着广泛的应用。在食品工业中经常作为调味料。常用的酸味物质有醋酸、柠檬酸、苹果酸、酒石酸、乳酸、抗坏血酸、磷酸等。

1. 醋酸

醋酸学名乙酸，是无色有刺激性气味的液体。浓度在98%以上的醋酸能冻结成冰状固体，通常称无水醋酸为冰醋酸。它可与水、酒精、醚、甘油任意混合，能侵蚀皮肤，有杀菌作用。冰醋酸可用来调配成合成醋，应用于食品的防腐或调味。日常生活中的食醋是由粮食发酵而得，除含3%～5%的醋酸外，还含有其他的有机酸、氨基酸、糖分、醇类、酯类等。

2. 柠檬酸

又称枸橼酸，在柠檬、枸橼、柑橘等果实中含量较高。柠檬酸系无色透明结晶，粒状或白色粉末，无臭而有强酸味，可溶于水、酒精及醚中。柠檬酸酸味爽快可口，广泛用于清凉饮料，水果罐头、糖果等，还可在油脂中作抗氧化剂的增效剂。

3. 乳酸

乳酸为无色至淡黄色的透明糖浆状液体，无臭或略带异臭，具有强酸味，酸味较醋酸温和。可溶于水、酒精、醚等，可用作清凉饮料、合成酒、合成醋、辣酱油、酱菜等的酸味剂。

4. 酒石酸

从自然界中得到的酒石酸为 D 型。纯酒石酸为无色透明的三棱状结晶粉末，有较强的酸味。它一般与柠檬酸、苹果酸等共同作为饮料、糕点、冰激凌等食品的酸味料或膨松剂。

5. 苹果酸

天然存在的苹果酸都是 L 型，几乎存在于一切水果中。苹果酸为无色结晶或粉末，略带刺激性的爽快酸味，微有涩苦感，易溶于水，微溶于酒精及醚中。多与柠檬酸并用，用于饮料，水果罐头及其他食品的酸味料中。

6. 抗坏血酸

又称维生素 C，广泛存在于果蔬中，它既是很好的酸味剂又是营养素，常用于果汁饮料，水果罐头，果酱及一些面制品中。

7. 磷酸

磷酸是唯一的无机酸味物质，酸味强，有较强的涩味，主要用于可乐饮料中。

五、咸味及咸味物质

咸味以 NaCl 最为显著。食盐是人体所不可缺少的物质，在味觉性质上，食盐的主要作用是起风味增强或调味作用。其他化学盐类一般都有咸味，随着阴、阳离子或两者的分子量增大，盐的味觉有越来越苦的趋势，见表 9-2。

表 9-2　盐的味感

味　感	盐的种类
咸味	LiCl、LiBr、LiI、$NaNO_3$、NaCl
咸苦味	NaBr、NaI、KNO_3、KCl、NH_4Cl
苦味	C_SBr、KI、$MgSO_4$

食品调味用的咸味剂是食盐，主要含有氯化钠，还含有微量 KCl、$MgCl_2$、$MgSO_4$ 等其他盐类。

其他的咸味物质还有葡萄糖酸钠、苹果酸钠等几种有机酸钠盐，可以用于作无盐酱油和肾脏病人食品，据报道，氨基酸的内盐也都带有咸味，有可能成为潜在的食品咸味物质。

六、苦味及苦味物质

苦味本身并不是令人愉快的味感，单纯的苦味不可口，但当与甜、酸或其他调味品恰当组合时却形成了一些食物的特殊风味。如苦瓜、莲子、白果等都有一定苦味，但均被视为美味食品。苦味物质就其化学结构来看，一般都有下列几个基团：$—NO_3$、$═N$、$—S$、$—S—$、$═C═S$、$—SO_3H$等，Ca^{2+}、Mg^{2+}等离子也含有苦味。

苦味物质广泛存在于生物界，植物来源主要有各种生物碱和糖苷，动物来源主要是胆汁。苦味的基准物质是奎宁。

1. 生物碱类苦味物质

存在于茶叶、咖啡等植物中的咖啡碱、茶碱，是食品中主要的生物碱类苦味物质，具有兴奋中枢神经的作用，所以茶叶、咖啡是人类重要的提神饮料。

2. 啤酒中的苦味物质

啤酒中的苦味物质主要来自啤酒酒花中一些异戊二烯衍生物，一般为葎草酮的衍生物和蛇麻酮的衍生物，分别称为α-酸，β-酸，它们构成啤酒独特的苦味，并具有防腐能力。

新鲜酒花含5%～11%的α-酸，它具有苦味和防腐能力。啤酒中的苦味物质有85%来自α-酸，α-酸是多种结构类似的化合物的混合体。α-酸在热、碱、光的作用下异构化变成异α-酸，异α-酸的苦味比α-酸强，在啤酒与麦汁煮沸过程中α-酸异构率为40%～60%。

新鲜酒花约含11%的β-酸，β-酸的苦味不如α-酸强，它难溶于水，防腐能力较α-酸弱，但易氧化成苦味较大的软树脂。啤酒中的苦味物质，β-酸约占15%。

3. 糖苷类物质

存在于柑橘、桃、杏仁、李子、樱桃等水果中的苦味物质是黄酮类、鼠李糖、葡萄糖等构成的糖苷苦味物质。如新橙皮和柚苷这类物质可在酶作用下分解，则苦味消失。但杏仁苷被酶水解时，产生极毒的氢氰酸，所以杏仁不能生食，必须煮沸漂洗之后，方可食用。

4. 胆汁

胆汁是由动物肝脏分泌并贮存于胆囊中的一种液体，味极苦，其主要成分是胆酸、鹅胆酸及脱氧胆酸。

七、其他味觉及呈味物质

1. 鲜味

鲜味是食物的一种复杂美味感，呈味成分有核苷酸、氨基酸、酰胺、三甲基胺、有机酸等物质。各类食物中的主要鲜味物质如表9-3所示。

主要的鲜味成分是谷氨酸钠、5′-肌苷酸及5′-鸟苷酸。

(1) 鲜味氨基酸 在天然的氨基酸中，L-谷氨酸和L-天冬氨酸的钠盐及其酰胺都具有鲜味。谷氨酸一钠盐俗称味精，有强烈肉鲜味。L-谷氨酸存在于植物蛋白质中，尤其是麦谷的谷蛋白、谷麦蛋白中含量最高。所以面筋在过去一直是制取谷氨酸的主要原料，现在基本用发酵法制造。味精与食盐共存时，鲜味显著增强，因此食盐是味精的助味剂。

表 9-3　食物的主要鲜味成分

食　　物	谷氨酸钠(MSG)	氨基酸酰胺肽	5′-肌苷酸(IMP)	5′-鸟苷酸(GMP)	琥珀酸钠
畜肉	+	++	++++	−	
鱼肉	+	++	++++	−	
虾、蟹	+	+	++	−	
章鱼、乌贼	++	+++	−	−	
蔬菜	−	++	−		
海带	++++	++	−	−	
酱油	+++	++	−	−	
贝类	++	+++	−	−	+++

注：“+”代表含量等级，“−”代表含量甚微。

味精的鲜味还与其在溶液中的离解度有关，当 pH 为谷氨酸等电点 3.2 时，呈味最低。在 pH6 以上分子全部离解鲜味最强。当 pH7 以上时，形成二钠盐，鲜味减弱。味精的水溶液经 120℃以上的长时间加热，发生分子内失水生成羧基吡啶酮（又称焦性谷氨酸），不仅鲜味消失，而且此物质对人体有害，因此，应在烹调之后再放味精。

L-天冬氨酸的钠盐及其酰胺也具有鲜味。天冬氨酸是竹笋等植物性鲜味食物的主要鲜味物质。

L-谷氨酸的二肽，如谷氨酰天冬氨酸二肽、谷氨酰谷氨酸二肽和谷氨酰丝氨酸二肽等都有类似谷氨酸的鲜味。

(2) 鲜味核苷酸　具有鲜味的核苷酸有 5′-次黄嘌呤核苷酸（5′-IMP），5′-鸟嘌呤核苷酸（5′-GMP）和 5′-黄嘌呤核苷酸（5′-XMP）。在供食用的动物肉中，鲜味核苷酸主要是由肌肉中的 ATP 降解产生的，植物体内含量较少，所以肉类味道鲜美。次黄嘌呤核苷酸是核酸中鲜味较强的物质，与酸共热煮沸时，水解生成磷酸和黄嘌呤核苷酸，就不呈鲜味，与食盐、味精共存时鲜味增强。

次黄嘌呤核苷酸钠的鲜味是味精的 40 倍，鸟嘌呤核苷酸钠的鲜味是味精的 160 倍。核苷酸单独存在时鲜味并不太强，当在味精掺入少量核苷酸（如 10%）时，鲜味倍增，效能胜过单独使用任何一种。因此，核苷酸还是一种很好的助鲜剂，与味精以不同比例混合制成具有特殊风味的强力味精、特鲜味精。

2. 涩味

涩味是口腔黏膜受到化学物质作用，使黏膜蛋白质紧缩而形成的一种味感。涩味的主要成分是多酚类化合物，其次是铁盐、明矾、醛类物质，一些水果和蔬菜中由于存在草酸香豆素和奎宁酸等也会引起涩味。奎宁酸、伞酮结构式如下：

奎宁酸　　伞酮（7-羟基香豆素）

3. 辣味

辣味是辛香料中一些成分所引起的味觉，是一种尖厉的刺痛感和特殊的灼烧感的总和。辣味同时也对鼻腔和皮肤产生刺激。适当的辣味可以增进食欲，促进消化液的分泌，辣味物质是食品中常用的调味品。

辣味是一种强烈刺激性味感，可分为两类。

(1) 热辣味或火辣味 红辣椒和胡椒就属于此种辣味。红辣椒中的辣味成分主要是辣椒素及二氢辣椒素。

红辣椒的辣味成分结构式如下：

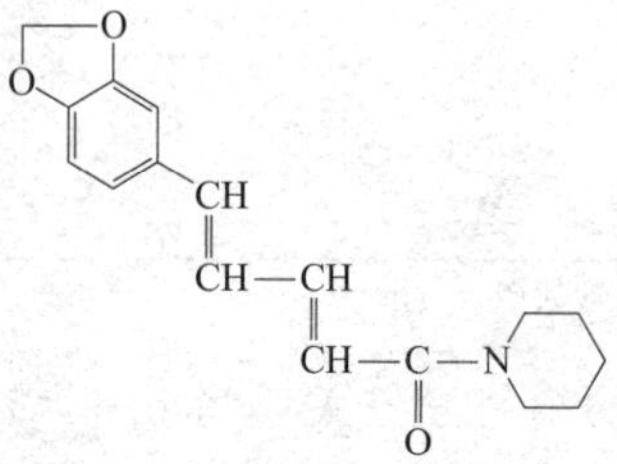

(2) 辛辣味 辛辣味是有冲鼻刺激感的辣味，即除作用于口腔黏膜外，还有一定的挥发性，刺激嗅觉器官。例如姜、葱、蒜、芥子等的辛辣味。

姜的辛辣成分是“黄酮”及“姜脑”。姜的辛辣成分结构式如下：

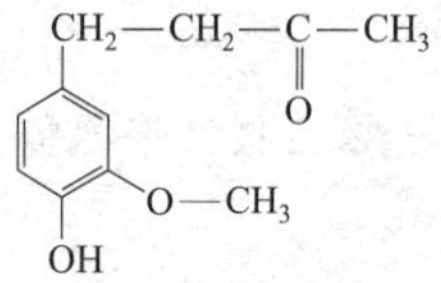

姜酮

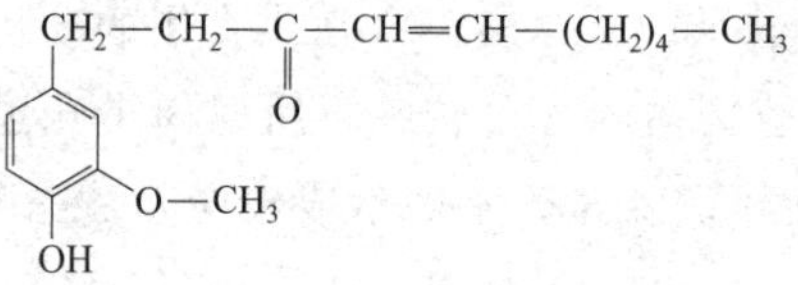

姜脑

蒜的辛辣成分是硫醚类化合物，主要成分是二烯丙基硫化物、丙基烯丙基二硫化物、二丙基二硫化物等，来源于蒜氨酸的分解。当蒜的组织细胞破坏以后，其中的蒜酶即将蒜氨酸分解产生具强烈刺激臭味的油状物蒜素，蒜素还原生成二烯丙基二硫化物。

$$2CH_2{=}CH{-}CH_2{-}\underset{\underset{O}{\|}}{S}{-}CH_2{-}\underset{\underset{NH_2}{\|}}{CH}{-}COOH+H_2O\longrightarrow$$

蒜氨酸

$$CH_2{=}CH{-}CH_2{-}\underset{\underset{O}{\|}}{S}{-}S{-}CH_2{-}CH{=}CH_2+2CH_3\underset{\underset{O}{\|}}{C}COOH+2NH_3$$

蒜素

$$CH_2{=}CH{-}CH_2{-}\underset{\underset{O}{\|}}{S}{-}S{-}CH_2{-}CH{=}CH_2\xrightarrow{+2H,\ -H_2O}$$

蒜素

$$CH_2{=}CH{-}CH_2{-}S{-}S{-}CH_2{-}CH{=}CH_2$$

二烯丙基二硫化物

葱头的辛味成分与蒜相似，主要成分是二正丙基二硫化物及甲基正丙基二硫化物。葱、蒜类在煮熟后失去辛辣味而发生甜味是由于二硫化物被还原生成甜味很强的硫醇类。

4. 清凉味

清凉味的典型代表物有薄荷醇、樟脑等，它是由于其中一些化合物对鼻腔、口腔中的特殊味觉感受器刺激而产生的。薄荷醇结构式如下：

OH

薄荷醇

5. 碱味

碱味是羟离子的呈味属性，溶液中只要有0.01%即可感知。

6. 金属味

金属味的感知阈值在20～30μg/g离子浓度范围内。容器、工具、机器等与食物接触的金属部分与食物之间可能存在着离子交换型的关系。存放时间稍长的罐头食品常有这种令人不快的金属味。金属味的阈值因食物中某些成分的存在而有所升降，食盐、糖、柠檬酸的存在能使铜的呈味阈值提高；鞣质则降低阈值使铜味显著。

八、风味物在食品加工中的变化

在食品加工过程中，风味物会因加工条件的影响而发生变化，这种变化可能造成食品的风味变劣，也可以使食品的风味得到改善。如富含蔗糖的食物在加工中若遇较高的加热温度，会生成褐色的焦糖，使产品的甜度降低，产生不适的苦味；在烘烤食品中适当添加一些还原糖，则会因产生美拉德反应而使产品产生诱人的香气和色泽；动物在宰杀以后，尸体内的三磷酸腺苷会在酶的作用下降解为一磷酸腺苷，然后继续降解为肉香及鲜味物质——肌苷酸，这种降解过程需要一定的时间，称为肉类的“后熟”过程。但是肉类原料的贮存期过长，最终可使三磷酸腺苷分解为苦味的肌苷和次黄嘌呤；葡萄酒生产过程中如与氧气接触，则会因氧化作用而使酒中出现苦味和涩味。

第三节　嗅觉及嗅觉物质

一、 嗅觉的概念和生理基础

嗅觉是挥发性物质气流刺激鼻腔内嗅觉神经所发生的刺激感，令人喜爱的称为香气，令人生厌的称为臭气。引起嗅觉的刺激物，必须具有挥发性及可溶性，否则不能刺激鼻黏膜，无法引起嗅觉。

一般地说，无机化合物中除SO_2、NO_2、NH_3、H_2S等气体有强烈的刺激性气味外，大部分均无气味。有机化合物具有气味者甚多，它们的气味与该化合物的化学结构有密切关系，含有羟基、羧基、酮基和醛基的挥发性物质以及氯仿等挥发性取代烃等都有臭味。

嗅觉比味觉更复杂，更灵敏。嗅觉有以下特性。

1. 敏锐性

人的嗅觉有一定的敏锐性，有些气味即使存在几个 ppm，也能被人觉察到。某些动物比人的嗅觉更灵敏，例如犬类比人类嗅觉要敏感 100 万倍。

2. 疲劳性、适应性和习惯性

香水虽然气味芬芳，但洒在室内久闻却不觉其香，这说明嗅觉是比容易疲劳的，这是嗅觉的特征之一。由于嗅觉疲劳造成的结果，使我们对某些气味产生适应性，例如长时间在恶臭环境下工作的人并不觉其臭，这说明他们的嗅觉已经适应了环境气味。另外，当人的注意力分散到其他方面时，也会感觉不到气味，这是对气味习惯的原因。

3. 个人差异性

人的嗅觉的个体差异很大，有嗅觉敏锐者和嗅觉迟钝者。即使嗅觉敏锐者也并非对所有的气味都敏锐，因不同气味而异。如长期从事评酒工作的人，其嗅觉对酒香的变化非常敏感，但对其他气味就不一定敏感。

4. 嗅盲和遗传

某些人对某种或者某些气味无嗅觉。据推测人类有 14% 的人有嗅盲，它是一种先天性症状，似乎是一种单纯的劣伴性遗传所造成的。

二、影响嗅觉的因素

影响嗅觉的因素很多，主要有以下几种。

1. 流速

气味物质以阵阵有间隔的方式给鼻腔提供气流时，速度越快则气味强度越强。原因是增大流速会相应增强单位时间内气味物质通过嗅上皮的量，也就相应增加了浓度，所以气味强度加强。

2. 温度

气味物质的温度升高会使气味强度加强，温度降低使强度降低。原因是气味物质的挥发性随温度升高而升高，随温度降低而降低，其结果改变了到达嗅上皮的气味物质浓度而改变气味强度。

3. 嗅觉疲劳

嗅觉疲劳也称嗅觉适应现象，这是香味学中的一个重要现象。长期接触某种气味，无论该气味是令人愉快的香味还是令人憎恶的气味，都会引起人们对所感受气味强度的不断减弱，一旦脱离该气味，使其暴露于新鲜空气中，则对所感受气味的敏感性会得以相应地恢复。甚至一次吸入为阈值 64 倍浓度的某气味物质，将会使鼻子在 15s 内失去嗅觉。试验气味与适应气味如果近似，那么鼻子对试验气味的敏感性也会降低一些，而对实验无关的气味则一般不受影响，利用这种效应，人们可以鉴别香精中众多成分中的次要成分或异香。

4. 双鼻孔刺激

人们发现，一次用一个鼻孔感觉气味比用双鼻孔感觉气味的强度稍有减少，这说明两鼻孔的嗅觉有某种加合性。

5. 身体状况

人的身体状况也会影响嗅觉的感觉。当身体疲倦、营养不良或患有各种疾病时，会使嗅觉对气味的敏感程度下降，造成阈值发生变动。如人在感冒时，会使嗅觉功能降低。

三、植物性食物的香气

1. 蔬菜类的香气

蔬菜香气成分主要是一些含硫化合物。这种物质在多数情况下按下列机制产生挥发性香气。

$$\text{香味前体}\xrightarrow{\text{风味酶}}\text{挥发性香气物质}$$

式中的风味酶是酶复合体，不是单一酶，风味酶可用来再生和强化食品加工中损失的香气。从某种原料中提取的风味酶就可以产生该原料特有的香气。例如，用洋葱中的风味酶处理干制的甘蓝，得到的是洋葱的气味而不是甘蓝气味。

2. 水果的香气

水果的香味以有机酸酯和萜类为主，其次是醛类、醇类、酮类和挥发酸，它们是植物代谢过程中产生的。表 9-4 列出了常见水果的香味物质。一般水果的香气随果实成熟而增强。人工催熟的果实，因为果实采摘后离开母体，代谢能力下降等因素的影响，其香气成分含量显著减少，因此人工催熟的果实不及树上成熟的果实香。

表 9-4　水果的香味物质

水果品种	主体成分	其　他
苹果	乙酸异戊酯、甲酸异戊酯	挥发性酸、乙醇、天竺葵醇、醇、挥发酸
香蕉	乙酸戊酯、异戊酸异戊酯	己醇、己烯醛
香瓜	二酸二乙酯	
桃	醋酸乙酯、沉香醇酯内酯	挥发酸、乙醛、高级醛
杏	丁酸戊酯	
葡萄	邻-氨基苯甲酸甲酯	$C_2 \sim C_{12}$ 脂肪酸酯、挥发酸

四、动物性食物的香气与臭气

1. 肉制品的香气

肉类加工中，能产生鲜美的香气，主要是肉中丙氨酸、蛋氨酸、半胱氨酸等与一些羰基化合物反应生成乙醛、甲硫醇、硫化氢等，这些化合物在加热条件下可进一步反应生成 1-甲硫基乙硫醇，同时，肉类中的糖经热解还能生成 4-羟基-5-甲基-3-(2H)-呋喃酮，脂肪热解也可以产生一些香气物质，上述这些生成物构成了肉香的主体成分。但由于不同的肉所含脂肪、羰基化合物成分不一样，香气则有所区别。

2. 鱼臭味

鱼的气味较强，随着新鲜度的降低，鱼体氧化三甲胺还原成三甲胺，产生鱼腥臭气。鱼类死后，在细菌的作用下，体内的赖氨酸逐步分解产生尸胺、氮杂环己烷、δ-氨基戊醛、δ-氨基戊酸，使鱼具有浓烈的腥臭味。

$$\underset{\text{赖氨酸}}{H_2NCH_2(CH_2)_3\underset{\displaystyle NH_2}{\underset{|}{C}}HCOOH} \xrightarrow{CO_2} \underset{\text{尸胺}}{H_2N(CH_2)_4CH_2NH_2} \longrightarrow \underset{\text{氮杂环己烷}}{\text{(piperidine)}}$$

$$\underset{\delta\text{-氨基戊醛}}{H_2N(CH_2)_4CHO} \longrightarrow \underset{\delta\text{-氨基戊酸}}{H_2N(CH_2)_4COOH}$$

3. 乳与乳制品的香气

新鲜优质的牛乳具有鲜美可口的香味，其主要成分是2-己酮、2-戊酮、丁酮、丙酮、乙醛以及低级脂肪酸等。其中甲硫醚是构成牛乳风味的主体成分。新鲜奶酪的香气是正丁酸、异丁酸、正戊酸、异戊酸、正辛酸等化合物，此外还有微量的丁二酮、异戊醛等，所以具有发酵乳制品的特殊香气。

牛乳及乳制品放置时间过长或加工不及时会产生异味的原因是：牛乳中的脂肪酸吸收外界异味的能力较强，特别是在温度为35℃时吸收能力最强，而刚挤出的牛乳恰好为此温度，所以挤奶房要求干净清洁，无异味；牛乳中存在的脂酶水解乳脂生成低级脂肪酸，其中丁酸具有强烈的酸败臭味，所以挤出后的牛乳应立即降温，抑制酶的活力；牛乳及其制品长时间暴露于空气中，脂肪自动氧化产生辛二烯醛和壬二烯醛，含量在1μg/g以下就使人嗅到一股氧化臭气。蛋白质降解产生的蛋氨酸在日光下分解，产生的β-甲硫基丙醛含量在0.5μg/g以下，也使人闻到一股奶臭气。另外，牛乳在微生物作用下，分解产生许多带臭气的物质，所以牛乳及其制品一定要妥善放置贮存。

五、发酵食品的香气

发酵食品的香气主要是由微生物作用于蛋白质、糖、脂肪及其他物质产生的，香气主要成分是醇、醛、酮、酸、酯类物质。由于微生物种类繁多，各种成分比例各异，从而使发酵食品的风味各有特色。

1. 酒类的香气

酒类的香气成分经测定有200多种化合物。其中以羧酸的酯类最多，其次是羰基化合物。一般将酿造酒中的香气物质的来源分为以下几种：原料中原来含有的香气物质在发酵过程中转入酒中；原料中的挥发性化合物，经发酵作用变成另一些挥发性的化合物；原料中的物质经发酵作用生成香气物质；酒在贮藏老熟过程中形成香气物质。

由此可见酒类的芳香成分与酿酒的原料种类和生产工艺有密切的关系。如白酒可分为酱香型、浓香型、清香型和米香型等。

醇类是酒的主要芳香性物质，除乙醇外，其中含量较多的是正丙醇、异丁醇、异戊醇、活性戊醇等，统称为杂醇油或高级醇。在酒类中杂醇油的含量不允许超标。

酯类是酒中最重要的一类香气物质，它在酒的香气成分中起着极为重要的作用。白酒中以醋酸乙酯、醋酸戊酯、乙酸乙酯、乳酸乙酯为主；果酒中以 C_2、C_6～C_8 脂肪酸乙酯的含量较高。

酒中除酯类羰基化合物外，还有醛、酸等化合物，它们都是微生物发酵过程中产生的。主要的酸有丙酸、异丁酸、丁酸等。醛有乙醛，另外还有双乙酰、2，3-戊二酮等羰基化合物，它们对酒的香气也有一定的影响。

2. 酱及酱油的香气

酱及酱油多是以大豆、小麦等为原料经霉菌、酵母等的综合作用所形成的调味料。酱及酱油的香气物质是制醪后期发酵产生的，其主要成分是醇类、醛类、酚类和有机酸等。醇类以发酵原料中的糖类物质在酵母菌作用下产生的乙醇为主，其次是戊醇和异戊醇，它们是经氨基酸分解而成的。醛类物质有乙醛、丙醛、异戊醛等，它们是由发酵过程中相应的醇氧化而得。酯类物质有丁酯、乙酯和戊酯等，它们是由相应的酸、醇在微生物酯酶作用下形成的。酚类物质主要由麸皮中的木质素降解而得，如甲氨基苯酚。

六、食物焙烤香气的形成

许多食物在烧烤时都发出美好的香气，香气成分形成于加热过程中发生的羰氨反应，还有油脂分解，含硫化合物（维生素 B_1、含硫氨基酸）分解的产物，综合而成各种食品特有的焙烤香气。羰氨反应的生成物随温度而异，其中间产物之一 3-脱氧-D-葡糖酮醛与氨基酸反应，依斯特勒克尔反应机制生成醛和烯胺醇，环化而成为吡嗪。食物在焙烤过程中产生的香气很大程度上与吡嗪有关。

$$
\underset{\text{氨基酸}}{\begin{array}{c}NH_2-CH-COOH\\ |\\ R\end{array}} + \underset{\text{葡糖酮醛}}{\begin{array}{c}CHO\\ |\\ C=O\\ |\\ CH_2\\ |\\ HCOH\\ |\\ HCOH\\ |\\ CH_2OH\end{array}} \longrightarrow \begin{array}{l}CH=N-CH-COOH\\ |\qquad\qquad |\\ C=O\qquad R\\ |\\ CH_2\\ |\\ HCOH\\ |\\ HCOH\\ |\\ CH_2OH\end{array} \xrightarrow{-CO_2}
$$

$$
\begin{array}{l}CH=N-CH_2-R\\ |\\ C=O\\ |\\ CH_2\\ |\\ HCOH\\ |\\ HCOH\\ |\\ CH_2OH\end{array} \longrightarrow \begin{array}{l}CH-N=CH-R\\ \|\\ C-OH\\ |\\ CH_2\\ |\\ HCOH\\ |\\ HCOH\\ |\\ CH_2OH\end{array} \xrightarrow{+H_2O} \underset{\text{烯胺醇}}{\begin{array}{l}CH-NH_2\\ \|\\ C-OH\\ |\\ CH_2\\ |\\ HCOH\\ |\\ HCOH\\ |\\ CH_2OH\end{array}} + R\cdot CHO
$$

烯胺醇环构化为吡嗪：

$$
\underset{\text{烯胺醇}}{\begin{array}{c}|\\ C-NH_2\\ \|\\ C-OH\\ |\end{array}} \longrightarrow \begin{array}{c}|\\ H-C-NH_2\\ |\\ C=O\\ |\end{array} \longrightarrow \text{(二氢吡嗪)} \xrightarrow{-2H} \underset{\text{吡嗪}}{\text{(吡嗪)}}
$$

氨基酸与葡萄糖共热可产生各种香气和臭气，并且依温度和两者的比例而异。缬氨酸与葡萄糖共热可产生多达10种左右的羰基化合物，亮氨酸、缬氨酸、赖氨酸、脯氨酸与葡萄糖一起加热适度时都可产生美好的气味，而胱氨酸及色氨酸则发生臭气。但缬氨酸在热至200℃以上则产生异臭的亚异丁基异丁胺：

$$(CH_3)_2CHCH(NH_2)COOH + \text{葡萄糖} \longrightarrow\longrightarrow (CH_3)_2CH-CH{=}N-CH_2-CH(CH_3)_2$$

亚异丁基异丁胺

面包烘烤的香气主要来自发酵时产生的醇类和烘烤时氨基酸与糖发生羰氨反应生成的许多羰基化合物。若把亮氨酸、缬氨酸、赖氨酸等加入到面粉中，做成的面包香气增强；二羟丙酮和脯氨酸在一起加热可产生饼干香气。

糕点烘烤产生的香气，主要是氨基酸与糖反应产生的吡嗪类化合物。因此，实际生产中，可在原料里适当加入缬氨酸、苯丙氨酸、酪氨酸、精氨酸等来增强香味。

花生和芝麻经焙烤后都有很强的香气。在花生的加热香气中，除了羰基化合物以外，特殊的香气成分有五种吡嗪化合物和*N*-甲基吡咯。芝麻香气的特征成分是含硫化合物。

习题

一、选择题

1. 下列色素不属于水溶性色素的是（　　）。

A. 花青素　　B. 叶绿素　　C. 黄酮类化合物　　D. 类胡萝卜素

2. 食品中的天然色素不是按其化学结构分类的是（　　）。

A. 植物色素　　B. 吡咯色素　　C. 多烯色素　　D. 多酚色素

3. 下列物质中（　　）不是人工合成色素。

A. 苋菜红　　B. 红曲色素　　C. 诱惑红　　D. 柠檬黄

4. 下列物质中（　　）不是天然甜味剂。

A. 蔗糖　　B. 葡萄糖　　C. 糖精钠　　D. 蜂蜜

5. 下列物质中（　　）不是常用的食品酸味剂。

A. 山梨酸　　B. 苹果酸　　C. 柠檬酸　　D. 酒石酸

6. （　　）是动物血液和肌肉中的色素。

A. 血红素　　B. 叶绿素　　C. 胡萝卜素　　D. 肌红蛋白

7. 叶绿素在植物细胞中与（　　）结合成叶绿体。

A. 脂肪　　B. 蛋白质　　C. 糖　　D. 维生素

8. 类胡萝卜素对pH的变化和热比较稳定，只有（　　）才使其破坏褪色。

A. 还原剂　　B. 酸味剂　　C. 强氧化剂　　D. 护色剂

9. 水果蔬菜加工中用（　　）调整预煮水的pH的目的之一，就在于控制黄酮色素的变化。

A. 碱　　B. 柠檬酸　　C. 苹果酸　　D. 小苏打

10. 果蔬中一切有涩味，能与金属离子反应或因氧化产生黑色的酚类物质统称为（　　）。

A. 碱　　B. 维生素　　C. 矿物质　　D. 鞣质

11. 在甜、酸、苦、咸 4 种味觉中，（　　）味的敏感性最高。

A. 甜　　B. 咸　　C. 苦　　D. 酸

12. （　　）是糖尿病人疗效食品中的理想甜味剂。

A. 木糖醇　　B. 蔗糖　　C. 果糖　　D. 麦芽糖

13. （　　）主要用于可乐饮料中。

A. 醋酸　　B. 磷酸　　C. 酒石酸　　D. 抗坏血酸

14. 引起嗅觉的刺激物，必须具有（　　）及可溶性。

A. 刺激性　　B. 挥发性　　C. 溶解性　　D. 可调性

15. 蔬菜香气成分主要是一些（　　）。

A. 含硫化合物　　B. 含铁化合物　　C. 酸性化合物　　D. 醛类化合物

16. 酒类的香气成分以（　　）的酯类最多。

A. 碱　　B. 酮　　C. 醛　　D. 羧酸

17. 对甜味最敏感的部位是（　　）。

A. 舌尖　　B. 舌根　　C. 舌前侧　　D. 舌后侧

18. 当尝了食盐后，再饮清水，会感觉到有些甜味，是味觉的（　　）。

A. 适应现象　　B. 变调现象　　C. 对比现象　　D. 掩蔽现象

19. 俗语“要想甜，加点盐”是利用了味觉的（　　）。

A. 拮抗现象　　B. 变调现象　　C. 对比现象　　D. 协同现象

二、是非题

1. 在一定 pH 和温度条件下，向肌肉中加入还原剂—抗坏血酸是保持肉制品色泽的重要手段。（　　）

2. 绿色蔬菜在冷冻或冷藏时颜色不会发生变化。（　　）

3. 糕点烘烤产生的香气，主要是氨基酸与糖反应产生的吡嗪类化合物。（　　）

4. 酶促褐变是酚酶催化酚类物质形成酮及其聚合物的结果。（　　）

5. 气味物质的温度降低会使气味强度加强。（　　）

6. 人在感冒时，会使嗅觉功能降低。（　　）

7. 蒜的辛辣成分是硫醚类化合物。（　　）

8. 酸味是由于酸味物质中的氯离子刺激舌黏膜产生的。（　　）

9. 糖精钠有一定的营养价值。（　　）

10. 接近舌温味的敏感性最大，高于或低于此温度，味觉都稍有减弱。（　　）

三、填空题

1. 鞣质也称为______，它属于______类色素，与铁反应生成______色物质，在空气中易氧化生成______色氧化物。

2. 食品中的天然色素按来源可分为________、________、________色素三大类。

3. 生物组织中的天然吡咯色素有两大类，即动物组织中的________和植物组织中的________。

4. 酚类色素是植物中水溶性色素的主要成分，可分为______、______、______三大类。

5. 酶促褐变必须同时满足三个条件：组织中存在有________、________、__________。

6. 非酶褐变主要有__________、________、__________等褐变作用。

7. _______、_______、_______、_______是四种基本味感。

8. 美拉德反应也称为______反应，是______和______共存时产生______物质的反应。

9. _______俗称味精，有强烈肉鲜味。

10. 红辣椒中的辣味成分主要是__________和__________。

11. 叶绿素与血红素属于_______色素，分子结构中都有__________环，叶绿素是与金属元素_______结合，血红素是与金属元素_______结合。

四、问答题

1. 酶促褐变反应机制是怎样的？
2. 食品加工中绿色护色的机理是怎样的？
3. 肉制品中加入发色剂和还原剂的原理是什么？
4. 哪些食品加工方式容易破坏叶绿素？
5. 果蔬加工中哪些因素会破坏花青素？
6. 硬水中马铃薯、芦笋等食物变成黄褐色的原因是什么？
7. 为什么加工果蔬时要使用不锈钢器具？
8. 影响味觉的主要因素是什么？
9. 要减轻酶促褐变的发生可采取什么措施？
10. 非酶褐变如何控制？

素质拓展阅读

我国生产核苷酸类助鲜剂的创始人——王德宝

王德宝（1918 年 5 月 7 日—2002 年 11 月 1 日），出生于江苏泰兴，生物化学家，中国科学院院士，中国科学院生物化学与细胞生物学研究所研究员。

1940 年王德宝从原国立中央大学毕业后留校任助教。1947 年初进入美国路易斯安那州立大学制糖专业学习。1948 年转入华盛顿大学医学院生化系，并获得硕士学位。1951 年获得西部保留地大学博士学位后，在美国约翰·霍普金斯大学从事博士后研究。1980 年当选为中国科学院学部委员（院士）。2002 年 11 月 1 日在上海逝世，享年 84 岁。

王德宝在中国最早开展了核酸生化的研究工作，是中国生产核苷酸类助鲜剂的创始人，领导了世界首次人工合成酵母丙氨酸转移核糖核酸（tRNA）的研究工作，人工合成了具有生物活性的酵母丙氨酸 tRNA，在这项研究中从方案设计到具体路线的制定以及许多技术难关的解决，王德宝都发挥了重要作用。王德宝先后在复旦大学和上海科技大学兼课教授核酸专题课，还为中国科学院生理生化研究所的研究生和新分配到生化所的大学生讲解核酸知识。1961 年中国科学院生理生化研究所举办了第一次全国性的生化训练班，他编写了中国第一本核酸讲义《核酸——结构功能与合成》。

王德宝先生一生淡泊名利、严谨治学，为祖国的科研事业作出了杰出贡献。

第十章　实验实训

实验实训须知

1. 实验实训课之前，必须仔细阅读实验指导，充分了解实验实训的目的、原理、操作要点及注意事项。并备好记录本等必需的用品。

2. 为确保良好的实验秩序，禁止在实验室打闹、喧哗及做与实验无关的事情。

3. 实验实训时，要听从指导教师的指导，严格按照要求操作，认真观察实验现象，记录实验结果。课后按教师要求写出实验报告。

4. 爱护仪器与药品。应做到试剂不乱放，瓶塞不乱盖，不浪费药品；玻璃仪器要轻拿轻放，用毕及时清洗；对精密仪器应严格遵照操作规程使用，不得任意拆卸或乱拧乱动。所用仪器若有损坏，应报告指导教师并登记。实验室一切物品，未经指导教师批准，严禁携出室外。

5. 注意安全。使用乙醇、乙醚等易燃试剂时，应远离火源操作；使用电器时，应注意绝缘情况。实验中万一发生意外，应迅速报告指导教师处理。

6. 每次实验完毕，应将试剂、仪器清理放回原处，并整理好实验台面。注意关好水、电、煤气开关。经指导教师同意后方能离开实验室。

实验实训一　水分活度的测定

一、实验目的要求

1. 进一步了解水分活度的概念及测定原理。

2. 学习测定水分活度的基本方法。

二、实验原理

水分活度反映了食品中水分的存在状态，它可以作为衡量微生物对食品中所含水分的可利用性指标。控制水分活度对食品的保藏具有重要意义。无论已经过干燥或新鲜食品中的水分，都会随环境条件的变动和贮存时间的长短而变化。如果环境空气干燥，湿度低，食品中的水分会蒸发，食品质量减轻；反之空气潮湿，食品因吸收空气水分而受潮，质量增加。但不管是蒸发还是吸收水分，最终是食品中水分与环境平衡为止。根据这一原理，食物在康威氏微量扩散皿的密封和恒温条件下，分别向 A_w 较高或较低的标准饱和溶液中扩散，当达到平衡后，依据样品在高 A_w 标准饱和溶液中质量的增加和在低 A_w 标准饱和溶液中质量的减少，则可计算出样品的 A_w。

三、原料与器材

面粉、康威尔微量扩散皿（图 10-1）、方格坐标纸、恒温箱、分析天平。

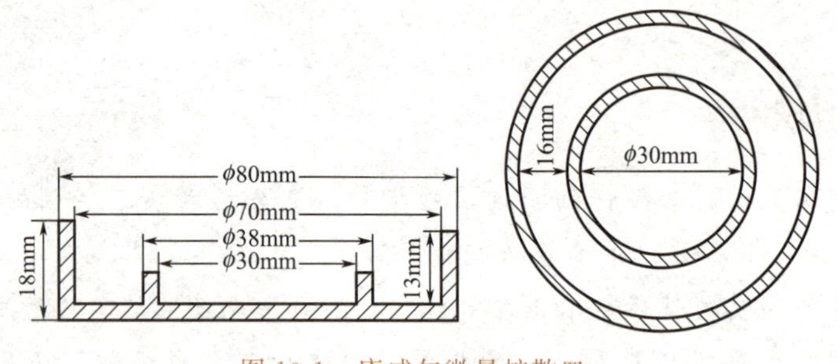

图 10-1　康威尔微量扩散皿

四、试剂

标准饱和溶液（NaCl 及 $K_2CO_3 \cdot 2H_2O$ 的标准饱和溶液各 10mL）。

五、操作步骤

1. 康威尔微量扩散皿 2 个，分别盛 NaCl、K_2CO_3 饱和溶液各 5mL，并在扩散皿磨口处涂一层凡士林。

2. 将 2 个直径 25mm 的玻璃皿准确称重，然后分别精确称取面粉约 1g（尽量做到每皿样品质量接近）于皿内，并迅速放入上述康威尔扩散皿内室中，马上加盖密封。

3. 在 25℃温度下放置 2h±0.5h，然后依次取出玻璃皿准确称重，并计算每克被测样品的增减重量。

4. 以饱和溶液的 A_w 为横坐标，样品质量增减数为纵坐标，在方格坐标纸上作图，将各点连接成直线，直线与横轴之交点则为该样品的 A_w。

六、说明

1. 康威尔皿密封一定要严。

2. 在测样品的 A_w 前，应先估计一下样品的 A_w，然后选择高于和低于样品 A_w 的饱和溶液各两种，也可只取高于和低于样品 A_w 的饱和溶液各一种。如本实验，估计面粉 A_w 值在 0.6 左右，所以选氯化钠和碳酸钠两种标准饱和溶液。25℃时部分饱和溶液的 A_w 值见表 10-1。

3. 多数样品在 2h 后可测得 A_w，但油脂类食品测得时间要长得多，有的达 100h，因此实验取材不宜选鱼、肉等含油脂较多的食品及其他油炸食品。

表 10-1　25℃时部分饱和溶液的 A_w 值

试剂名称	A_w	试剂名称	A_w	试剂名称	A_w
KNO_3	0.924	$NaNO_3$	0.737	$K_2CO_3 \cdot 2H_2O$	0.427
$BaCl_2 \cdot H_2O$	0.901	$SrCl \cdot 6H_2O$	0.708	$MgCl_2 \cdot 6H_2O$	0.330
KCl	0.842	$NaBr \cdot 2H_2O$	0.577	$KAc \cdot H_2O$	0.224
KBr	0.807	$Mg(NO_3)_2 \cdot 6H_2O$	0.528	$LiCl \cdot H_2O$	0.110
NaCl	0.752	$LiNO_3 \cdot 3H_2O$	0.476	NaOH	0.070

七、思考题

1. 本实验为什么能测出样品的水分活度？

2. 本实验是在25℃条件下测定 A_w，做此实验时，环境温度高于或低于此温度时，饱和溶液的水分活度值是否仍然与表10-1中一样，为什么？

实验实训二　淀粉的提取和性质实验

一、实验目的要求

1. 熟悉淀粉与碘的呈色反应。
2. 进一步了解淀粉的水解过程。

二、实验原理

淀粉广泛分布于植物界，谷类、果实、种子、块茎中含量丰富。工业用的淀粉主要从玉米、甘薯、马铃薯中制取。本实验以马铃薯、甘薯为原料，利用淀粉不溶于或难溶于水的性质，提取淀粉。

淀粉遇碘呈蓝色，是由于碘被吸附在淀粉上形成一复合物，该复合物不稳定，易被乙醇、氢氧化钠和热等作用，使颜色褪去，其他多糖大多能与碘呈特异的颜色，这些呈色物质亦不稳定。

淀粉在酸催化下加热，逐步水解成分子量较小的低聚糖，最后水解成葡萄糖。淀粉完全水解后，失去与碘的呈色能力，同时出现单糖的还原性，与班氏试剂（Benedict 试剂，含 Cu^{2+} 的碱性溶液）反应，使 Cu^{2+} 还原为红色或黄色的 Cu_2O。

三、器材

生马铃薯、组织捣碎机、纱布、布氏漏斗、抽滤瓶、表面皿、白瓷板、胶头滴管、水浴锅。

四、试剂

1. 乙醇
2. 0.1%淀粉液

称取淀粉 1g，加少量水，调匀，倾入沸水，边加边搅，并以热水稀释至 1000mL，可加数滴甲苯防腐。

3. 稀碘液

配制 2%碘化钾溶液，加入适量碘，使溶液呈淡棕黄色即可。

4. 10% NaOH 溶液

称取 NaOH 10g，溶于蒸馏水中并稀释至 100mL。

5. 班氏试剂

溶解 85g 柠檬酸钠（$Na_3C_6H_3O_7 \cdot 11\ H_2O$）及 50g 无水碳酸钠于 400mL 水中，另溶 8.5g 硫酸铜于 50mL 热水中。将冷却后的硫酸铜溶液缓缓倾入柠檬酸钠-碳酸钠溶液中，该试剂可以长期使用，如果放置过久，出现沉淀，可以取用其上层清液使用。

6. 20%硫酸

量取蒸馏水 78mL 置于 150mL 烧杯中，加入浓硫酸 20mL，混匀，冷却后贮于试剂瓶中。

7. 10%碳酸钠溶液

称取无水碳酸钠 10g 溶于水并稀释至 100mL。

五、操作步骤

1. 淀粉的提取

生马铃薯（或甘薯）去皮，切碎，称 50g，放入捣碎机中，加适量水，捣碎之，用四层纱布过滤，除去粗颗粒，滤液中的淀粉很快沉到底部，多次用水洗涤淀粉，然后抽滤，滤饼放在表面皿上，在空气中干燥即得淀粉。

2. 淀粉与碘的反应

取少量自制淀粉于白瓷板上，加 1～3 滴稀碘液，观察淀粉与碘液反应的颜色。

取试管一支，加入 0.1%淀粉 5mL，再加 2 滴稀碘液，摇匀后，观察颜色是否变化。将管内液体均分成三份于三支试管中，并编号。

1 号管在酒精灯上加热，观察颜色是否褪去，冷却后，再观察颜色变化。

2 号管加入乙醇几滴，观察颜色变化，如无变化可多加几滴。

3 号管加入 10% NaOH 溶液几滴，观察颜色变化。

3. 淀粉的水解

在一个小烧杯内加自制的 1%淀粉溶液 50mL 及 20%硫酸 1mL，于水浴锅中加热煮沸，每隔 3min 取出反应液 2 滴，置于白瓷板上做碘试验，待反应液不与碘起呈色反应后，取 1mL 此液置试管内，用 10%碳酸钠溶液中和后，加入 2mL 班氏试剂，加热，观察并记录反应现象。解释原因。

实验实训三　果胶的制备和特性测定

一、实验目的要求

1. 了解果胶提取原理和果胶凝胶形成机理。

2. 掌握果胶提取方法和果酱的制备方法。

二、实验原理

果胶物质可分为三类，即原果胶、果胶及果胶酸，其基本结构是多聚半乳糖醛酸，通常以部分甲酯化状态存在，分子量高达20000左右。原果胶不溶于水，主要存在细胞壁中，在稀酸条件下加热，果皮中的原果胶发生水解，甲酯化程度降低及苷键断裂而转变成果胶。果胶溶于水，但不溶于乙醇，利用此性质可用乙醇沉淀提取果胶。

果胶是亲水性多糖，在pH为3～3.5、蔗糖含量为65%～70%、0.7%～1%的果胶水溶液经煮沸冷却后，可形成具有一定强度的三维网状结构凝胶。凝胶形成机理是高度水合的果胶束因脱水和电性中和而形成凝胶体，其中糖在果胶凝胶形成中起脱水剂的作用；酸起中和果胶所带的负电荷的作用。果酱、果冻等食品就是利用这些特性生产的。

三、原料与器材

柑橘皮或柚子皮、白糖、尼龙布（100目）或纱布、烧杯（600mL）、电炉、pH试纸。

四、试剂

1. 0.5%HCl溶液
2. 1mol/L NaOH溶液
3. 95%乙醇
4. 柠檬酸钠
5. 柠檬酸

五、操作步骤

1. 果胶的提取

（1）原料预处理　称取新鲜柑橘皮50～100g（干品为20～40g），分切成3～5mm大小的颗粒，把果皮放入沸水中煮沸3min，使酶失活。而后用50℃左右的热水漂洗，直至水为无色、果皮无异味为止。每次漂洗必须把果皮用尼龙布挤干，再进行下一次漂洗。

（2）酸水解提取　将预处理过的果皮粒放入600mL烧杯中，加入0.5%HCl 200～300mL，一般以浸没果皮为度，在搅拌条件下保持微沸提取20min。趁热用尼龙布或四层纱布过滤。

（3）沉淀、过滤　用1mol/L NaOH调整滤液的pH为3～4，缓缓向提取液加入95%乙醇约300mL（加入量使溶液中乙醇浓度控制在55%～60%为宜），并略加搅拌，待果胶呈棉絮状沉淀后，用尼龙布或四层纱布过滤，压干除去大量水分，滤渣则为粗制的果胶。

2. 果酱的制备

（1）配方　白糖70g、柠檬酸0.5g、柠檬酸钠0.4g、水20g、自制果胶适量。

（2）溶解　将柠檬酸、柠檬酸钠溶解于20g水中，用蔗糖把果胶充分拌匀，加入柠檬酸水溶液。

（3）凝胶的形成　在不断搅拌下，小火加热至沸，保温熬煮10～15min，待水分含量为一定时，以溶胶糖液挂珠为度，冷却、观察、描述形成凝胶的体态。

六、说明

1. 柑橘类果皮是提取果胶的优良原料，新鲜果皮含果胶1.5%～3%，干果皮则含9%～18%，柠檬皮果胶含量更多，新鲜果皮内含2.5%～5.5%，干果皮内含量高达30%～40%。

2. 用乙醇沉淀提取果胶，控制酒精浓度极为关键，浓度太高或太低都是不利的，浓度过高等于水分减少，水溶性的非胶物质没有机会溶解在水中，会随果胶一起沉淀出来，使果胶纯度降低；反之如果乙醇浓度太低，水分含量过高，果胶沉淀不完全，因此用乙醇沉淀提取果胶，乙醇用量最好控制在55%～60%。

七、思考题

1. 提取果胶前，用沸水处理果皮的目的是什么？
2. 沉淀提取果胶前，为何需调整果胶溶液pH？
3. 若提取的果胶溶液含水量过大，采用何种方法浓缩果胶提取液，以减少乙醇用量？
4. 果胶形成凝胶所需的条件是什么？

实验实训四　动植物油脂中不饱和脂肪酸的比较实验

一、实验目的要求

1. 了解动物脂肪和植物油中不饱和脂肪酸含量的差异。
2. 学习一种检查脂肪不饱和程度的简便方法。

二、实验原理

脂肪酸包括饱和脂肪酸和不饱和脂肪酸两类。不饱和脂肪酸可以与卤族元素起加成反应。

不饱和脂肪酸的含量越高，消耗卤素越多。通常以“碘值”（或“碘价”）来表示。“碘值”是指100g脂肪所能吸收的碘的克数。碘值越高，不饱和脂肪酸的含量越高。

本实验通过比较猪油和豆油吸收碘溶液数值量的不同，来了解动物脂肪和植物油中不饱和脂肪酸含量的差异。这是检查脂肪不饱和性的一种简便方法。

三、原料与器材

豆油、猪油、水浴锅、试管。

四、试剂

1. 氯仿
2. 碘溶液

称取碘 2.6g 溶解在 50mL 95%的乙醇中，另称取氯化汞 3g 溶于 50mL 95%的乙醇中。将两溶液混合，若有沉淀可过滤除去。使用前用 95%乙醇稀释 10 倍。(注意：该试剂剧毒)

3. 95%乙醇

五、操作步骤

1. 取 2 支试管，编号，各加入 2mL 氯仿，再向甲管中加入 1 滴豆油，向乙管中加一滴熔化的猪油（注意：应与豆油的量基本相同），摇匀，使其完全溶解。

2. 分别向两支试管中各加入 30 滴碘液，边加边摇匀，放入约 50℃的恒温水浴中保温，不断摇动，观察两管内溶液的变化。

3. 待两管内溶液的颜色呈现明显的差别后，再向甲管中继续加入碘液，边滴加边摇动边保温，直至 2 支试管内溶液的颜色相同为止，记下向甲管中补加碘液的滴数。为了便于比较两管内溶液颜色变化的深浅，应该同时向乙管中加入同样滴数 95%乙醇，使它们的体积相等。

4. 比较甲、乙两管达到相同颜色时加入碘液的数量，并解释实验差异。

六、思考

根据实验结果，说明在低温条件下猪油比豆油容易凝固的原因。

实验实训五　油脂酸价的测定

一、实验目的要求

1. 了解测定油脂酸价的意义。

2. 初步掌握测定油脂酸价的原理和方法。

二、实验原理

酸价是指中和 1g 油脂中的游离脂肪酸所需的氢氧化钾的毫克数。同一种油脂的酸价高，说明油脂因水解产生的游离脂肪酸就多。

采用 GB 5009.229—2016 第一法，即冷溶剂指示剂滴定法，用有机溶剂将油脂试样溶解成样品溶液，再用氢氧化钾标准滴定溶液滴定，油脂中游离脂肪酸与氢氧化钾发生中和反应，反应式如下：

$$RCOOH+KOH \longrightarrow RCOOK+H_2O$$

从氢氧化钾标准溶液的消耗量可计算出游离脂肪酸的含量。

三、原料与器材

油脂（豆油、猪油均可）、锥形瓶（150mL）、量筒（50mL）、碱式滴定管（25mL）、分析天平。

四、试剂

1. 乙醇-异丙醇混合液

乙醚+异丙醇=1+1，500mL 的乙醚与 500mL 的异丙醇充分互溶混合，用时现配。

2. 0.05mol/L KOH 标准溶液

3. 1%酚酞指示剂

称取 1g 酚酞溶于 100mL 95%乙醇中。

五、操作步骤

准确称取适量油脂（取样量见“本实验说明 1”）于 150mL 锥形瓶中，加入乙醚-异丙醇混合液 50～100mL 和 3～4 滴的酚酞指示剂，充分振摇溶解试样。用 0.05mol/LKOH 标准溶液滴定，当试样溶液初现微红色，且 15s 内无明显褪色时，为滴定的终点。立刻停止滴定，记录下此滴定所消耗的标准滴定溶液的毫升数。

六、计算

$$酸价=\frac{cV\times 56.1}{m}$$

式中 c——KOH 标准溶液的浓度，mol/L；

V——KOH 标准溶液的耗用量，mL；

m——油脂样品质量，g；

56.1——与 1.0mL1.000mol/L 氢氧化钾标准溶液相当的氢氧化钾毫克数。

酸价≤1mg/g，计算结果保留 2 位小数；1mg/g＜酸价≤100mg/g，计算结果保留 1 位小数；酸价＞100mg/g，计算结果保留至整数位。

七、说明

1. 试样称样量与酸价有关，见表 10-2，试样称样量和滴定液浓度应使滴定液用量在 0.2～10mL 之间（扣除空白后）。若检测后，发现样品的实际称样量与该样品酸价所对应的应有称样量不符，应按照表 10-2 要求，调整称样量后重新检测。

表 10-2 样品称取质量和酸价的关系

估计的酸价 /(mg/g)	试样的最小称样量 /g	使用滴定液的浓度 /(mol/L)	试样称重的精确度 /g
0～1	20	0.1	0.05
1～4	10	0.1	0.02
4～15	2.5	0.1	0.01
15～75	0.5～3.0	0.1 或 0.5	0.001
＞75	0.2～1.0	0.5	0.001

2. 对于深色泽的油脂样品，可用百里香酚酞指示剂或碱性蓝 6B 指示剂取代酚酞指示剂，滴定时，当颜色变为蓝色时为百里香酚酞的滴定终点，碱性蓝 6B 指示剂的滴定终点为

由蓝色变红色。米糠油（稻米油）的冷溶剂指示剂法测定酸价只能用碱性蓝 6B 指示剂。

八、思考题

1. 为什么测定油脂酸价时，装油脂的锥形瓶和油样中均不得混有酸性物质？
2. 为什么酸价的高低可作为衡量油脂好坏的一个重要指标？

实验实训六　油脂碘值的测定

一、实验目的要求

1. 学习碘值测定的方法。
2. 掌握碘值测定操作。

二、 实验原理

不饱和脂肪酸碳链上含有不饱和键，可与卤素（Cl_2，Br_2，I_2）进行加成反应。不饱和键数目越多，加成的卤素量也越多，通常以“碘值”表示。在一定条件下，每 100g 脂肪所吸收碘的克数称为该脂肪的“碘值”。碘值越高，表明不饱和脂肪酸的含量越高，它是鉴定和鉴别油脂的一个重要常数。

将试样用溶剂溶解后，加入韦氏试剂，一氯化碘（ICl）的一部分与油脂的不饱和脂肪酸起加成作用，剩余部分与碘化钾作用释放出碘，释放出的碘用硫代硫酸钠滴定，根据试样消耗硫代硫酸钠的量计算碘值。

加成反应：

$$-HC{=}CH- + IBr \longrightarrow -\underset{I}{\overset{H}{C}}-\underset{Br}{\overset{H}{C}}-$$

释放碘：　$IBr + KI \longrightarrow KBr + I_2$

滴定：　$I_2 + 2Na_2S_2O_3 \longrightarrow 2NaI + Na_2S_4O_6$

三、原料与器材

油脂（花生油或猪油）、玻璃称量皿（与试样量配套并可置入锥形瓶中）、具塞锥形瓶（500mL）、滴定管、吸量管、量筒 、分析天平。

四、试剂

1. 溶剂

环己烷和冰醋酸等体积混合。

2. 韦氏（Wijs）试剂

一氯化碘 25g 溶于 1500 mL 冰乙酸中。

注意：所用冰醋酸不得含有还原性物质。

检查方法：取 2mL 冰醋酸，加水 10mL 稀释，加入 1mol/L 高锰酸钾 1mL，所呈现颜色应在 2h 内保持不变。如红色褪去，说明有还原性物质存在。

3. 10%碘化钾溶液

4. 0.1mol/L 硫代硫酸钠标准溶液

称取 25g 硫代硫酸钠加入 300mL 煮沸后冷却的水溶解，加入 0.1g 碳酸钠，用新煮沸冷却的水稀释至 1000mL，贮藏于棕色瓶中，在暗处放 7～14d 后标定。

标定：精确称取烘干的重铬酸钾 0.15g 两份，分别放于两个碘量瓶中，用水 25mL 溶解，加碘化钾 2g，6mol/L 盐酸 5mL，摇匀、盖盖，于暗处反应 10min，加水 150mL，立即用硫代硫酸钠溶液滴定至浅黄色，加入 1%淀粉指示剂 1mL，缓缓滴定至蓝色消失，溶液呈亮绿色为终点。按下式计算硫代硫酸钠溶液的浓度：

$$c_{Na_2S_2O_3}=\frac{6m\times1000}{MV}$$

式中 m——重铬酸钾的称取量，g；

V——滴定消耗硫代硫酸钠溶液的体积，mL；

M——重铬酸钾的摩尔质量，g/mol。

5. 0.5%淀粉溶液

将 5g 可溶性淀粉在 30mL 水中混合，加此混合液于 1000mL 沸水中煮沸 3min 并冷却。

五、 实验步骤

1. 称取适量的样品于玻璃称量皿中，精确到 0.001g（推荐的称样量见表 10-3 样品称取质量和碘值、加入溶剂量的关系）。

将盛有试样的称量皿放入 500mL 锥形瓶中，根据称样量加入适量溶剂（见表 10-3），将试样溶解，用移液管准确加入 25mL 韦氏（Wijs）试剂，盖好塞子，摇匀后将锥形瓶在暗处放置 1h。

2. 放置到达规定时间后，加 20mL 碘化钾溶液和 150mL 水。用硫代硫酸钠标准溶液滴定至碘的黄色接近消失。加几滴淀粉溶液继续滴定，一边滴定一边用力摇动锥形瓶，直到蓝色刚好消失。也可以采用电位滴定法确定终点。

3. 另做空白实验 2 份，除不加油样品外，其余操作同上。

六、结果计算

$$碘值=\frac{c\times(V_2-V_1)\times0.1269\times100}{m}$$

式中 V_1——滴定空白消耗 $Na_2S_2O_3$ 溶液的体积，mL；

V_2——滴定碘化后样品消耗 $Na_2S_2O_3$ 溶液的体积，mL；

m——样品的质量，g；

0.1269——1mL 0.1mol/L 硫代硫酸钠溶液相当于碘的质量，g。

七、说明

1. 实验时取样多少决定于油脂样品的碘值。可参考表 10-3 与表 10-4。

表 10-3　样品称取质量和碘值、加入溶剂量的关系

预估碘值/(g/100g)	试样质量/g	溶剂体积/mL
<1.5	15.00	25
1.5～2.5	10.00	25
2.5～5	3.00	20
5～20	1.00	20
20～50	0.40	20
50～100	0.20	20
100～150	0.13	20
150～200	0.10	20

注：试样的质量必须能保证所加入的韦氏（WijS）试剂过量50%～60%，即吸收量的100%～150%。

表 10-4　几种油脂的碘值

名　称	亚麻子油	鱼肝油	棉籽油	花生油	猪　油	牛　油
碘值/g	175～210	154～170	104～110	85～100	48～64	25～41

2. 锥形瓶必须洁净干燥，因水分会使油脂溶解受影响，造成反应不完全。

3. 加韦氏（Wijs）试剂后，加成反应的放置时间，碘值低于150的样品，放置1h；碘值高于150的、已聚合的、含有共轭脂肪酸的（如桐油、脱水蓖麻油）、含有任何一种酮类脂肪酸（如不同程度的氢化蓖麻油）的，以及氧化到相当程度的样品，放置2h。

4. 滴定近终点时，用力摇动，使溶于溶剂的碘析出。

八、思考与讨论

1. 何谓碘值？测定碘值有何意义？

2. 滴定过程中，淀粉指示剂为什么不能过早加入？

实验实训七　脂质的提取及薄层色谱

一、实验目的要求

学习脂质的提取及薄层色谱的方法。

二、实验原理

生物组织含有多种脂质成分，包括三酰甘油、胆固醇、脑磷脂和卵磷脂等，它们大多与蛋白质结合成疏松的复合物。要将这类脂质提取出来并与蛋白质分离，所用提取剂必须包含亲水性成分和形成氢键的能力，氯仿-甲醇（2∶1，体积比）混合液就是符合要求的生物组织提取剂之一。

生物组织脂质提取液，经过多次水洗，弃去含蛋白质的水层，留下溶有脂质的氯仿层。通过硅胶G薄层色谱，氯仿层中的脂质成分可被一一分开、检出。

三、原料与器材

鸡蛋、带刻度试管、玻璃板（5cm×15cm）、研钵烘箱、干燥器、点样器、电吹风、展开槽等。

四、试剂

1. 脂质提取剂

氯仿∶甲醇＝2∶1(体积比)。

2. 200 目的硅胶 G 粉

3. 无水硫酸钠

4. 碘

5. 展开剂

氯仿∶甲醇∶乙酸∶水＝170∶30∶20∶7（体积比）。

五、操作步骤

1. 脑组织（或蛋黄）脂质的提取

称取脑组织（或煮熟的蛋黄）2g，放于研钵中磨细。另取 5 倍量氯仿-甲醇混合溶剂，一边研磨，一边慢慢加入混合溶剂，在保持均匀的状态下提取 10min。然后经滤纸过滤到带刻度试管中，于滤液中加入 1/2 体积的水振摇后静置，于是逐渐分为两层，上层为水层，下层为氯仿层，弃去水层，留下氯仿层，继续水洗三、四次，同样弃去水层。再加足够量的无水硫酸钠，吸去残留水分，直至溶液澄清透明，此澄清液即可供脂质薄层色谱点样用。

2. 铺板

称取 2g 200 目的硅胶 G 粉，放在研钵内，加水 6mL，磨匀，用玻璃棒将胶浆引流到一块 5cm×15cm 的洁净玻璃板上，用玻璃棒将其分开，移放到水平台上，轻轻敲振、抖动玻璃板，使胶浆均匀分布开来。然后令其自然干燥，再放入烘箱内，在 110℃活化 30min，储放干燥器内备用。

3. 点样

在烘干活化的硅胶薄板上，于距底边 2cm、侧边 1.5cm 的两个位点处，用点样器吸取上述氯仿层脂质提取液 10μL，进行点样。可以一处点蛋黄提取液，另一处点脑组织提取液。点样直径不要大于 3mm。液样分几次点完，点样最好在带余热的电热板上进行或点完一次用电吹风吹干，再点下一次以便随点随干。

4. 展开

展开在展开槽中进行。展开槽中装有展开剂约 5mm 深，在展开槽内壁中部贴有预先用展开剂浸湿的滤纸 1 张，其大小约为槽高和槽周的 1/2。

展开前，必须将已点了样的硅胶薄板先放在展开剂的蒸气中饱和 1h。为此将展开槽底的一边稍稍垫高，把点了样的硅液薄板的下端斜搁在槽底无展开剂的一边（这样硅胶薄板只与展开剂的蒸气接触），盖上展开槽盖，让硅胶薄板在展开剂蒸气中保持 1h，使充分饱和。然后把展开槽放平，进行展开，至展开剂前沿到达离起点线 10cm 处，即可取出硅胶板，记下展开剂前沿线，用热风吹干，将展开剂完全驱尽。

5. 显色

将热风吹干、驱尽展开剂的硅胶薄板，立即放入预先置有碘片数粒的干燥洁净的展开槽中，密闭几分钟，已经展开分开的脂质成分将分别吸附碘蒸气而显现黄色斑点。蛋黄中几种脂质成分按 R_f 值大小排列顺序是：三酰甘油（0.93）、胆固醇（0.75～0.76）、脑磷脂（0.65）和卵磷脂（0.35）。脑组织脂质成分显出的色斑还要多些。

实验实训八　卵磷脂提取、鉴定及乳化特性试验

一、实验目的要求

1. 学习卵磷脂的提取及鉴定方法。
2. 了解卵磷脂的乳化特性性质。

二、实验原理

在卵黄中约含有10%的卵磷脂。纯卵磷脂是白色块状物，不溶于水，易溶于乙醇、氯仿、乙醚和二硫化碳中，不溶于丙酮，利用这一性质可以与中性脂肪分离。

纯卵磷脂与空气接触后，因所含不饱和脂肪酸被氧化而呈黄褐色。卵磷脂中的胆碱基在碱性溶液中可分解成三甲胺，三甲胺有特异的鱼腥味，利用此反应可鉴别卵磷脂。

卵磷脂的胆碱基是亲脂基团，具有能使互不相溶的两相（油相与水相）中的一相分散在另一相中的作用，使之成稳定的乳浊液，因此，卵磷脂是一种天然的乳化剂。

三、原料与器材

鸡蛋、花生油、烧杯（50mL）、瓷蒸发皿、水浴锅、试管。

四、试剂

1. 95%乙醇
2. 10%NaOH 溶液
3. 丙酮

五、操作步骤

1. 卵磷脂的提取

选新鲜鸡蛋一个，轻轻在鸡蛋小头击破一个小孔，让蛋清从小孔流出，取出蛋黄置小烧杯内，搅碎。在搅拌下加入50℃ 95%乙醇60mL，保温提取3～5min，冷却过滤，将滤液置于瓷蒸发皿内，水浴蒸干，残留物即为卵磷脂。

2. 鉴定卵磷脂

（1）三甲胺试验　取少量本实验提取的卵磷脂于试管内，加入2mL 10%NaOH，混匀，水浴加热，嗅之是否产生鱼腥味（三甲胺）。

（2）丙酮溶解试验　加入约5mL丙酮于装有卵磷脂提取物的瓷蒸发皿，不断用玻璃棒

搅拌卵磷脂观察其在丙酮中的溶解情况。同时也是提纯卵磷脂的过程。

3. 乳化试验

取两支试管各加入10mL蒸馏水。一支加入卵磷脂，并使之均匀分散在水中，再加入5滴花生油；另一支仅滴入5滴花生油，强烈摇动两支试管，静置后观察比较两支试管内容物的乳化状态，记录结果。

实验实训九　血清蛋白的醋酸纤维薄膜电泳

一、实验目的要求

学习电泳技术的原理和醋酸纤维薄膜电泳的操作方法。

二、实验原理

带电颗粒在电场作用下，向着与其电性相反的电极移动，称为电泳。

蛋白质是两性电解质，在pH小于等电点的溶液中，蛋白质带正电荷，为阳离子，在电场中向负极移动；在pH大于等电点的溶液中，蛋白质带负电荷，为阴离子，在电场中向正极移动；蛋白质在其等电点时，呈电中性，在电场中不移动。在同一pH条件下，由于蛋白质所带的电荷种类、数量不同，在电场中移动的速度和方向不同，从而达到分离的目的。

血清中各种蛋白质在电场中按其移动快慢可分出清蛋白、α_1、α_2、β、γ球蛋白等五条区带。

在电泳过程中，带电颗粒的移动速度除与带电数量和分子量有关外，还受电场强度、溶液的离子强度、介质的黏度等因素影响。

醋酸纤维（二乙酸纤维素）薄膜具有均一的泡沫状结构，厚约120μm，渗透性强，对分子移动无阻力，用它作电泳的支持物，具有用样量少，分离清晰，无吸附作用，应用范围广和快速简便等优点。目前已广泛用于血清蛋白、脂蛋白、血红蛋白、糖蛋白、酶的分离和免疫电泳等方面。

三、原料与器材

新鲜血清（无溶血现象）、醋酸纤维薄膜（2cm×8cm）、常压电泳仪、点样器、培养皿（染色及漂洗用）、滤纸、玻璃板、竹镊、分光光度计。

四、试剂

1. 巴比妥缓冲液（pH8.6，离子强度0.07）

巴比妥2.76g，巴比妥钠15.45g，加水至1000mL。

2. 染色液

氨基黑10B 0.25g，甲醇50mL，冰醋酸10mL，水40mL（可重复使用）。

3. 漂洗液

含甲醇或乙醇45mL，冰醋酸5mL，水50mL。

4. 透明液

无水乙醇∶冰醋酸=7∶3。

5. 0.4mol/L 氢氧化钠溶液

五、操作步骤

1. 浸泡

用镊子取醋酸纤维薄膜 1 张（识别出光泽面与无光泽面，并在角上用铅笔做上记号）放在缓冲液中浸泡 20min。

2. 点样

把醋酸纤维薄膜条从缓冲液中取出，夹在两层粗滤纸内吸干多余的液体，然后平铺在玻璃板上（无光泽面朝上），将点样器先在放置在小培养皿的血清中沾一下，再在膜条一端 2～3cm 处轻轻地水平地落下并随即提起，这样即在膜条上点上了细条状的血清样品。如图 10-2 所示。

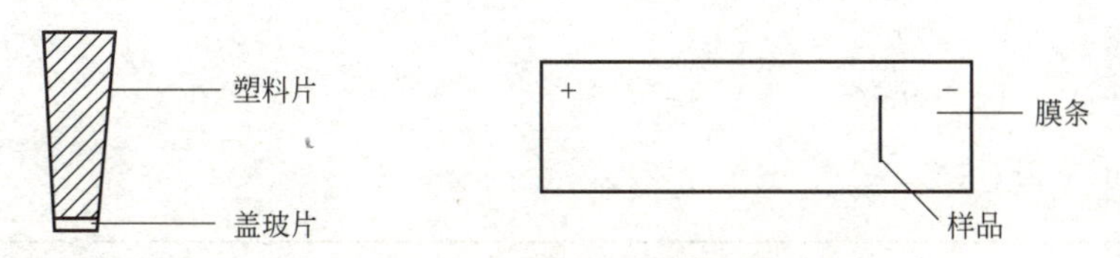

图 10-2　血清样品点样示意图

3. 电泳

在电泳槽内加入缓冲液，使两个电极槽内的液面等高，将膜条平悬于电泳槽支架的滤纸桥上（先剪裁尺寸合适的滤纸条，取双层滤纸条附着在电泳槽的支架上，使它的一端与支架的前沿对齐，而另一端浸入电极槽的缓冲液内）。用缓冲液将滤纸全部润湿并驱除气泡，使滤纸紧贴在支架上，即为滤纸桥（它是联系醋酸纤维薄膜和两极缓冲液之间的“桥梁”）。膜条上点样的一端靠近负极。盖好电泳室槽盖。通电。调节电压至 160V，电流强度 0.4～0.7mA/cm，电泳时间约 50min。如图 10-3 所示。

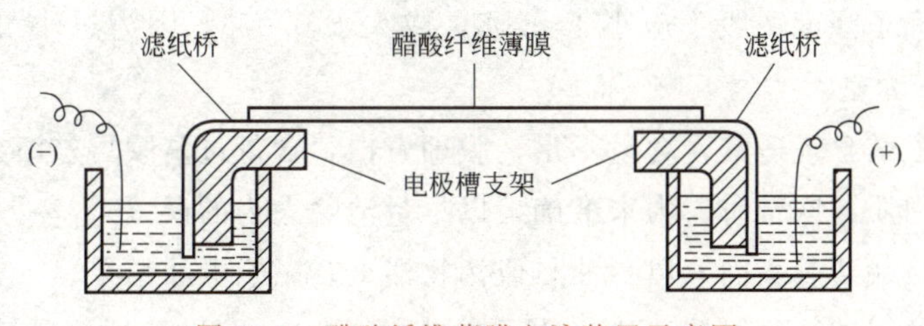

图 10-3　醋酸纤维薄膜电泳装置示意图

4. 染色

电泳完毕后将膜条取下并放在染色液中浸泡 10min。

5. 漂洗

将膜条从染色液中取出后移至漂洗液中漂洗数次，至无蛋白区底色脱净为止，可得色带清晰的电泳图谱（见图 10-4）。定量测定时可将膜条用滤纸压平吸干，按区带分段剪开，分别在 0.4mol/L 氢氧化钠溶液 4mL 中浸泡 30min，并剪取相同大小的无色带膜条作空白对照，在 650nm 波长进行比色，测定各管吸光度。

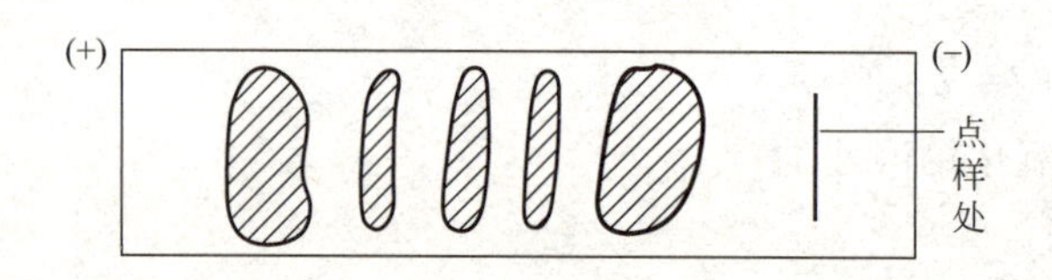

图 10-4　醋酸纤维薄膜电泳图谱

六、计算

吸光度总和 $A=A_A+A_{\alpha1}+A_{\alpha2}+A_\beta+A_\gamma$

清蛋白 $=A_A/A\times100\%$

α_1 球蛋白 $=A_{\alpha1}/A\times100\%$

α_2 球蛋白 $=A_{\alpha2}/A\times100\%$

β 球蛋白 $=A_\beta/A\times100\%$

γ 球蛋白 $=A_\gamma/A\times100\%$

血清蛋白正常值：

名　　称	清蛋白	α_1-球蛋白	α_2-球蛋白	β-球蛋白	γ-球蛋白
正常值/%	57～72	2～5	4～9	6.5～12	12～20

七、说明

1. 点样时一定按操作步骤进行，否则常因血清滴加不匀或滴加过多，导致电泳图谱不齐或分离不良。

2. 醋酸纤维素薄膜一定要充分浸透后才能点样。点样后电泳槽一定密闭；电泳时电流不宜过大，防止薄膜干燥，电泳图谱出现条痕。

3. 缓冲液的离子强度一般不应小于 0.05，或大于 0.075，因为过小可使区带拖尾，而过大则使区带过于紧密。

4. 透明液中乙酸含量适宜，含量不足，膜即发白，含量过高膜可被溶。

5. 在剪开蛋白质各区带时，力求准确，以尽量清除人为的误差。

6. 切勿用手接触薄膜表面，以免油腻或污物沾上，影响电泳结果。

7. 电泳槽内的缓冲液要保持清洁（数天要过滤一次），两极溶液要交替使用。最好将连接正极，负极的电流调换使用。

8. 电泳结束时要先断开电源，再取薄膜，以防触电。

八、思考题

1. 如果血清样品溶血，在电泳时会出现怎样的结果？

2. 电泳图谱清晰的关键是什么？如何正确操作？

3. 为什么不允许电泳仪空载？

实验实训十　氨基酸的纸色谱

一、实验目的要求

1. 了解纸色谱法的基本原理。

2. 初步学会纸色谱法对氨基酸混合溶液进行分离和鉴定的技术。

二、实验原理

纸色谱法是以滤纸作为惰性支持物的一种分配色谱法。滤纸纤维上分布大量的亲水性羟基，因此与水亲和力强，与有机溶剂亲和力弱。所以在展层时，水是固定相，有机溶剂是流动相。由于溶质在两相中的分配系数不同，不同的氨基酸随流动相移动的速率就不同，于是将这些氨基酸分离开来，形成距原点距离不同的色谱点。

样品被分离后在纸色谱图谱上的位置，常用比移值 R_f 来表示：

$$R_f=\frac{\text{原点到色谱点中心的距离}}{\text{原点到溶剂前沿的距离}}$$

在一定条件下（如温度、展层剂的组成、色谱纸质量等不变），某物质的 R_f 值是一个常数，借此可作定性分析依据。

三、器材

展开槽、色谱滤纸（新华一号滤纸）、裁纸刀、针线、微量注射器或毛细管、喷雾器、电吹风、三角板、铅笔、培养皿（9～10cm）、镊子。

四、试剂

1. 氨基酸溶液

0.5%的甘氨酸、赖氨酸、色氨酸、缬氨酸、脯氨酸以及它们的混合液（各组分浓度均为 0.5%）。

2. 展开剂

4 份正丁醇和 1 份冰醋酸的水饱和混合液：取 20mL 正丁醇和 5mL 冰醋酸置分液漏斗中，与 15mL 水混合，充分振荡，静置分层后，放出下层水层。取漏斗中的展开剂约 5mL 置小烧杯中作平衡溶剂，其余的倒入培养皿中备用。

3. 显色剂

0.1%水合茚三酮正丁醇溶液。

五、操作步骤

1. 充汽

将盛有平衡溶剂的小烧杯置密闭的展开槽中，让展开剂挥发后使展开槽充满饱和蒸汽。

2. 标记

用镊子夹取色谱滤纸一张（22cm×14cm），在纸的一端距边缘2～3cm处用铅笔画一直线，在此直线上每隔2cm做一记号，共做出6处记号。如图10-5所示。

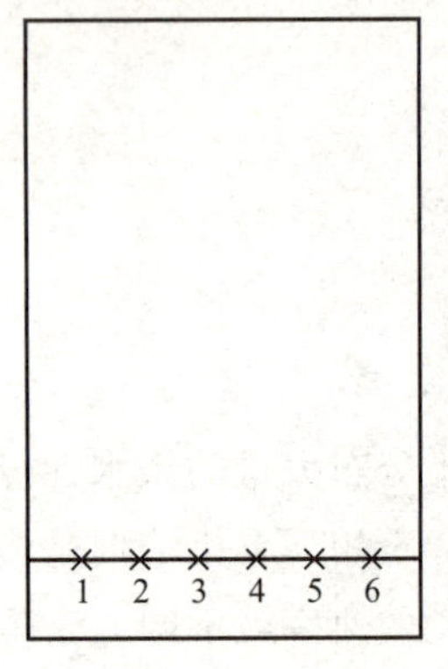

图10-5　纸色谱点样标准图

3. 点样

用微量注射器或毛细管将各氨基酸样品分别点在标记号的6个位置上，并记录各样点所点氨基酸名称。氨基酸的点样量以每个点5～20μg为宜。点样时一定要注意：第一，样点直径控制在5mm以内。第二，每样点需重复点三次，但前一次样品点干燥后方可再点下一次，且每次的样品点应完全重合。为了快速干燥，可用电吹风在低档温度下吹干。

将点好样的滤纸卷成筒状，用白线缝好（见图10-6），要注意在卷纸筒时两纸不能搭接，避免由于毛细现象溶剂沿边缘快速移动而造成溶剂前沿不齐，影响R_f。

4. 展开

将盛有20mL展开剂的培养皿迅速置于密闭的展开槽中，并将事先缝成筒状的滤纸直立于培养皿中（点样端在下，展开剂的液面需低于点样线1cm，要特别注意不要使样点浸入展开剂）。盖好展开槽。当看到展开剂上升15～20cm时，取出滤纸，用铅笔描出的溶剂前沿界线。剪断缝线，用低挡温度电吹风吹干。

5. 显色

将吹干的滤纸用喷雾器均匀喷上茚三酮溶液（不要喷得太多，否则显色剂流动影响显色），然后置65℃烘箱显色数分钟（或用电吹风热风吹干），即可显出各色谱斑点。图10-7为各点显色后的纸色谱图谱。

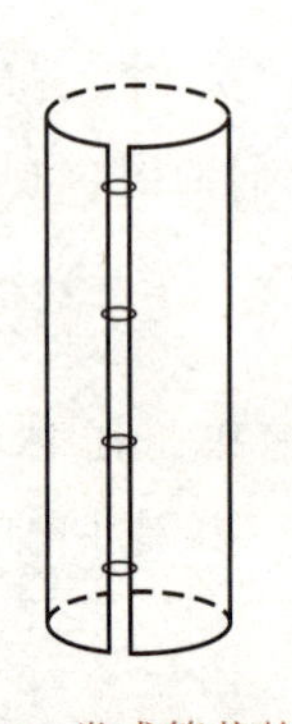
图10-6　卷成筒状的滤纸

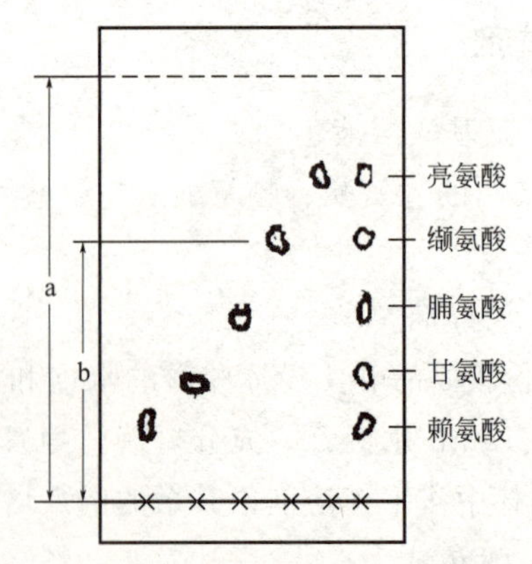

图10-7　氨基酸显色后的图谱

6. 用铅笔将各色谱的轮廓和中心点描绘出来，然后量出由原点到色谱中心点和溶剂前沿的距离，计算出各色谱的R_f值并进行比较和鉴定。

六、思考题

1. 整个实验过程为什么不能用手直接接触滤纸？

2. 在缝滤纸筒时为什么要避免纸的两端完全接触?

实验实训十一　从牛奶中制取酪蛋白

一、实验目的要求

1. 学习从牛乳中制备酪蛋白的方法。
2. 了解从牛奶中制取酪蛋白的原理。

二、实验原理

牛乳中主要的蛋白质是酪蛋白，含量约为 3.5g/100mL。酪蛋白是含磷蛋白质的混合物，相对密度 1.25～1.31，不溶于水、醇、有机溶剂，等电点为 4.7。利用等电点时溶解度最低的原理，将牛乳的 pH 调至 4.7 时，酪蛋白就沉淀出来。用乙醇洗涤沉淀物，除去脂质杂质后便可得到纯的酪蛋白。

三、原料与器材

鲜牛奶、恒温水浴锅、台式离心机、抽滤装置。

四、试剂

1. 95%乙醇
2. 无水乙醚
3. 0.2mol/L 的醋酸-醋酸钠缓冲液

A 液（0.2mol/L 的醋酸钠溶液）：称取 $NaAc \cdot 3H_2O$ 54.44g，定容至 2000mL。

B 液（0.2mol/L 的醋酸溶液）：称取优级纯醋酸（含量大于 99.8%）12.0g，定容至 1000mL。

取 A 液 1770mL 与 B 液 1230mL 混合即得 pH4.7 的醋酸-醋酸钠缓冲液 3000mL。

4. 乙醇-乙醚混合液

乙醇∶乙醚=1∶1（体积比）。

五、操作步骤

1. 将 50mL 牛奶置 150mL 烧杯中，在水浴中加热至 40℃，在搅拌下慢慢加入预热至 40℃、pH 为 4.7 的醋酸缓冲溶液 50mL，用精密 pH 试纸或者酸度计调 pH 至 4.7（用 1% NaOH 或 10%醋酸溶液进行调整）。观察牛奶开始有蛋白质絮状沉淀出现后，保温一定时间。

将上述悬浮液冷却至室温。离心分离 15min（2000r/min），弃去上清液，得到酪蛋白粗制品。

2. 用蒸馏水洗沉淀 3 次，离心 10min（3000r/min），弃去上清液。

3. 在沉淀中加入 30mL 95%的乙醇，搅拌片刻，将全部悬浊液转移至布氏漏斗中抽滤。

用乙醇-乙醚混合液洗涤沉淀2次。最后用乙醚洗沉淀2次，抽干。

4. 将沉淀摊开在表面皿上，风干，得酪蛋白精制品。

5. 称取酪蛋白的质量（g）。

六、计算含量和得率

$$酪蛋白(g/100mL)=\frac{酪蛋白(g)}{50mL}\times 100$$

$$得率=\frac{测得含量}{理论含量}\times 100\%$$

七、思考题

为什么调整溶液的pH可将酪蛋白沉淀出来？

实验实训十二　动物肝脏DNA的提取与检测

一、实验目的要求

了解从动物组织中提取DNA的原理与操作方法。

二、实验原理

生物体组织细胞中的脱氧核糖核酸（DNA）和核糖核酸（RNA）大部分与蛋白质结合，以核蛋白——脱氧核糖核蛋白（DNP）和核糖核蛋白（RNP）的形式存在。这两种复合物在不同的电解质溶液中的溶解度有较大差异。在浓NaCl溶液（1～2mol/L）中，脱氧核糖核蛋白的溶解度很大，核糖核蛋白的溶解度很小。在稀NaCl溶液（0.14mol/L）中，脱氧核糖核蛋白的溶解度很小，核糖核蛋白的溶解度很大。因此，可以利用不同浓度的NaCl溶液将脱氧核糖核蛋白和核糖核蛋白分别抽提出来。

将抽提得到的核蛋白用十二烷基磺酸钠（SDS）处理，DNA（或RNA）即与蛋白质分开，可用氯仿-异丙醇将蛋白质沉淀除去，而DNA溶于溶液中，加入适量的乙醇，DNA即析出，进一步脱水干燥，即得白色纤维状的DNA粗制品。

为了防止DNA（或RNA）酶解，提取时加入乙二胺四乙酸（EDTA）。大部分多糖在用乙醇或异丙醇分级沉淀时即可除去。

DNA中的2-脱氧核糖在酸性环境中与二苯胺试剂一起加热产生蓝色反应。

三、原料与器材

研钵、离心机、手术剪、离心管、刻度吸管、烧杯（100mL）、玻璃棒、新鲜动物肝脏。

四、试剂

1. 95%乙醇

2. 5mol/L NaCl溶液

称取 NaCl 292.3g 溶于蒸馏水，并稀释到 1000mL。

3. 0.14mol/L NaCl-0.15mol/L EDTA 溶液

称取 8.18g NaCl 及 37.2g EDTA 溶于蒸馏水，并稀释到 1000mL。

4. 25%十二烷基磺酸钠溶液

十二烷基磺酸钠 25g 溶于 100mL 45%乙醇中。

5. 氯仿-异丙醇混合液

氯仿：异丙醇=24：1（体积比）。

6. 0.5mol/L 过氯酸溶液

将过氯酸（70%）10mL 用蒸馏水稀释至 110mL，得 1mol/L 过氯酸。将 1mol/L 过氯酸 50mL 用蒸馏水稀释至 100mL，即得 0.5mol/L 过氯酸溶液。

7. 二苯胺试剂

二苯胺 1.5g 溶于 100mL 冰乙酸，再加浓 H_2SO_4 1.5mL，贮于棕色瓶（临用时配制）。

五、操作步骤

1. 称取新鲜动物的肝（猪肝、兔肝等）约 10g 于研钵中，在冰浴中剪碎，加 2 倍组织重的冷的 0.14mol/L NaCl-0.15mol/L EDTA 溶液（约 20mL），研磨成浆状，得匀浆液。

2. 将匀浆液（除去组织碎片）于 3000r/min 离心 10min，弃去上清液，收集沉淀（内含 DNP）。沉淀中加两倍体积的冷的 0.14mol/L NaCl-0.15mol/L EDTA 溶液，搅匀，离心，重复洗涤 2～3 次，所得沉淀为 DNP 粗制品，移至烧杯中。

3. 向沉淀中加入冷的 0.14mol/L NaCl-0.15mol/L EDTA 溶液，使总体积达到 20mL，在缓慢搅拌的同时滴加 25%的 SDS 溶液 1.5mL，边加边搅拌，此步骤系使核酸与蛋白质分离。

4. 加入 5mol/L NaCl 溶液 5mL，使 NaCl 最终浓度约为 1mol/L，搅拌 10min（速度要慢）。溶液变得黏稠并略带透明。

5. 加入等体积的冷的氯仿-异丙醇混合液，于冰浴中搅拌 20min，3000r/min 离心 10min。分层：上层为水相（含 DNA 钠盐），中层为变性的蛋白质沉淀，下层为氯仿混合液。

6. 用吸管小心地吸取上层水相，弃去沉淀，再在相同条件下重复抽提 2～3 次。上清液用于做以下实验。

7. 取上清液 5mL 放入干燥小烧杯中，加入 2 倍体积预冷的 95%乙醇。加入时，用滴管吸取乙醇，边加边用玻璃棒慢慢顺一个方向在烧杯内转动，随着乙醇的不断加入可见溶液出现黏稠状物质，并能逐步缠绕于玻璃棒上，此时玻璃棒搅动的目的在于把黏稠丝状物缠在玻璃棒上，直至再无黏稠丝状物出现为止。黏稠丝状物即是 DNA。

8. 用二苯胺法鉴定 DNA。取上清液 2mL，加 0.5mol/L 过氯酸溶液 5mL，室温放置 5min，加入二苯胺试剂 2mL，于 60℃水浴保温 1h，生成蓝色化合物。

六、说明

1. DNA 主要集中在细胞核中，因此，通常选用细胞核含量比例大的生物组织作为提取制备 DNA 的材料。小牛胸腺组织中细胞核比例较大，因而 DNA 含量丰富，同时其脱氧核糖核酸酶活性较低，制备过程中 DNA 被降解的可能性相对较低，所以是制备 DNA 的良好材料。但其来源较困难，脾脏或肝脏较易获得，也是实验室制备 DNA 常用的材料，本实验用新鲜肝脏作为实验材料。

2. 为了防止大分子核酸在提取过程中被降解，需采取以下措施：整个过程需在低温下进行；可加入某些物质抑制核酸酶的活性，如柠檬酸钠、EDTA、SDS 等，EDTA 是抑制核酸酶的活性最好的抑制剂；避免剧烈振荡，如研磨过程、搅拌过程。

3. 从核蛋白中脱去蛋白质的方法很多，经常采用的有：氯仿-异丙醇法、苯酚法、去垢剂法等，它们均能使蛋白质变性和核蛋白解聚，并释放出核酸。

4. 使用离心机时，相对的离心管必须用天平调平衡。

七、思考题

1. 在提取过程中应如何避免大分子 DNA 的降解？

2. 核酸提取中，除去杂蛋白的方法主要有哪几种？

实验实训十三　酵母 RNA 的提取与检测

一、实验目的要求

1. 掌握测定 RNA 含量的方法。

2. 了解 RNA 提取的原理。

二、实验原理

提取和制备 RNA 的首要问题是选 RNA 含量高的材料。微生物是工业上大量生产核酸的原料，其中 RNA 的提制以酵母最为理想，因为酵母核酸中主要是 RNA（2.67%～10.0%），DNA 很少（0.03%～0.516%），而且菌体容易收集，RNA 也易于分离。此外，抽提后的菌体蛋白质（占干菌体的 50%）仍具有很高的应用价值。

RNA 提制过程首先要使 RNA 从细胞中释放，并使它和蛋白质分离，然后将菌体除去。再根据核酸在等电点时溶解度最小的性质，将 pH 调至 2.0～2.5，使 RNA 沉淀，进行离心收集。然后运用 RNA 不溶于有机溶剂乙醇的特性，以乙醇洗涤 RNA 沉淀。

提取 RNA 的方法很多，在工业生产上常用的是稀碱法和浓盐法。稀碱法利用细胞壁在稀碱条件下溶解，使 RNA 释放出来，这种方法提取时间短，但 RNA 在稀碱条件下不稳定，容易被碱分解；浓盐法是在加热的条件下，利用高浓度的盐改变细胞膜的透性，使 RNA 释放出来，此法易掌握，产品颜色较好。使用浓盐法提出 RNA 时应注意掌握温度，避免在 20～70℃之间停留时间过长，因为这是磷酸二酯酶和磷酸单酯酶作用的温度范围，会使 RNA 因降解而降低提取率。在 90～100℃条件下加热可使蛋白质变性，破坏磷酸二酯酶和磷酸单酯酶，有利于 RNA 的提取。

三、原料与器材

活性干酵母、pH0.5～5.0 的精密试纸、冰块、药物天平、锥形瓶（100mL）、量筒

(50mL)、水浴锅、电炉、离心管、离心机、烧杯(250mL，50mL，10mL)、滴管、吸滤瓶(500mL)、布氏漏斗(60mm)表面皿(8cm)、烘箱、干燥器、紫外分光光度计。

四、试剂

1. NaCl(化学纯)

2. 6mol/L HCl

3. 95%乙醇(化学纯)

五、操作步骤

1. 提取

称取活性干酵母粉5g，倒入100mL锥形瓶中，加NaCl 5g，水50mL，搅拌均匀，置于沸水浴中提取1h。

2. 分离

将上述提取液取出，立即用自来水冷却，装入大离心管内，以3500r/min离心10min，使提取液与菌体残渣等分离。

3. 沉淀RNA

将离心得到的上清液倾于50mL烧杯中，并置于放有冰块的250mL烧杯中冷却，待冷至10℃以下时，用6mol/L HCl小心地调节pH为2.0～2.5。随着pH下降，溶液中白色沉淀逐渐增加，到等电点时沉淀量最多(注意严格控制pH)。调好后继续于冰水中静置10min，使沉淀充分，颗粒变大。

4. 抽滤和洗涤

上述悬浮液以3000r/min离心10min，得到RNA沉淀。将沉淀物放在10mL小烧杯内，用95%的乙醇5～10mL充分搅拌洗涤，然后在铺有已称重滤纸的布氏漏斗上用真空泵抽气过滤，再用95%乙醇5～10mL淋洗3次。由于RNA不溶于乙醇，洗涤不仅可脱水，使沉淀物疏松，便于过滤、干燥，而且可除去可溶性的脂类及色素等杂质，提高了制品的纯度。

5. 干燥

从布氏漏斗上取下有沉淀物的滤纸，放在8cm表面皿上，置于80℃烘箱内干燥。将干燥后的RNA制品称重。

6. 含量测定

称取一定量干燥后的RNA产品配制成浓度为10～50μg/mL的溶液，用1cm石英比色皿，在260nm波长处测其吸光度。

六、结果计算

按下式计算RNA含量：

$$\text{RNA含量}=\frac{A}{0.024}\times\frac{\text{RNA溶液总体积(mL)}}{\text{RNA称取量}(\mu g)}\times 100\%$$

式中 A——260nm处的吸光度；

0.024——1mL溶液含有1μg RNA的吸光度值。

根据含量测定的结果按下式计算提取率：

$$\text{RNA 提取率} = \frac{\text{RNA 含量} \times \text{RNA 称取量}(\mu g)}{\text{酵母质量}(g)} \times 100\%$$

实验实训十四　酶的底物专一性实验

一、实验目的要求

1. 了解酶的专一性。

2. 学习鉴定酶的专一性的方法并理解其原理。

二、实验原理

酶的专一性是指一种酶只能对一种底物或一类底物（此类底物在结构上通常具有相同的化学键）起催化作用，对其他底物无催化反应。本实验以唾液淀粉酶（内含淀粉酶及少量麦芽糖酶）和蔗糖酶对淀粉及蔗糖的催化作用，观察酶的专一性。

淀粉和蔗糖均无还原性，它们与班氏试剂无呈色反应。唾液淀粉酶水解淀粉生成有还原性的葡萄糖，但不能催化蔗糖水解。蔗糖酶能催化蔗糖水解产生有还原性的葡萄糖和果糖，但不能催化淀粉水解。淀粉的水解产物葡萄糖、蔗糖的水解产物果糖及葡萄糖，这两种己糖可与班氏试剂反应，生成 Cu_2O 的砖红色沉淀。本实验以班氏试剂检查糖的还原性。

三、器材

试管架、试管 10 支、烧杯（100mL×2200mL×1）、水浴锅、恒温水浴箱、量筒（100mL×1，10mL×1）、玻璃漏斗、试管夹。

四、试剂

1. 稀释新鲜唾液

每位学生进实验室后自己制备。取唾液 1mL（不包括泡沫），用蒸馏水稀释至 100mL，棉花过滤备用。唾液稀释倍数，因人而异。可稀释 100～400 倍甚至更高。

2. 蔗糖酶溶液

称取活性干酵母 100g 置乳钵中，加入少许蒸馏水及石英砂，研磨提取 1h，加蒸馏水使总容积为 500mL。

3. 班氏试剂

溶解 85g 柠檬酸钠（$Na_3C_6H_3O_7 \cdot 11H_2O$）及 50g 无水碳酸钠于 400mL 水中，另溶 8.5g 硫酸铜于 50mL 热水中。将冷却后的硫酸铜溶液缓缓倾入柠檬酸钠-碳酸钠溶液中，该试剂可以长期使用，如果放置过久，出现沉淀，可以取用其上层清液。

4. 2%蔗糖

5. 溶于 0.3%氯化钠的 0.5%淀粉溶液（新鲜配制）

五、操作步骤

1. 检查试剂

取 3 支试管，按下表操作：

试剂处理	试管编号		
	1	2	3
0.5%淀粉(0.3%氯化钠)溶液/mL	—	3	—
2%蔗糖溶液/mL	—	—	3
蒸馏水/mL	3	—	—
班氏试剂/mL	2	2	2
沸水浴 2～3min			
现象			

2. 淀粉酶的专一性

取 3 支试管，按下表操作：

试剂处理	试管编号		
	1	2	3
稀释 100 倍唾液/mL	1	1	1
0.5%淀粉(0.3% NaCl)溶液/mL	3	—	—
2%蔗糖溶液/mL	—	3	—
蒸馏水/mL	—	—	3
摇匀，置 37℃水浴保温 15min			
班氏试剂/mL	2	2	2
沸水浴 2～3min			
现象			

3. 蔗糖酶的专一性

取三支试管，按下表操作：

试剂处理	试管编号		
	1	2	3
蔗糖酶溶液/mL	1	1	1
0.5%淀粉(0.3%NaCl)溶液/mL	3	—	—
2%蔗糖溶液/mL	—	3	—
蒸馏水/mL	—	—	3
摇匀，置 37℃水浴保温 15min			
班氏试剂/mL	2	2	2
沸水浴 2～3min			
现象			

解释实验结果。

六、思考题

1. 观察酶专一性实验为什么要设计这 3 组实验？每组各有何意义？

2. 若将酶液煮沸 10min 后，重做 2、3 的操作，会有何结果？

3. 在此实验中，为什么要用 0.5%淀粉（0.3% NaCl）溶液？0.3%NaCl 的作用是什么？

实验实训十五 α-淀粉酶活力的测定

一、实验目的要求

1. 进一步熟悉 α-淀粉酶的特性。

2. 掌握测定 α-淀粉酶活力的方法。

二、实验原理

α-淀粉酶（液化型淀粉酶）能催化淀粉水解，生成分子较小的糊精和少量的麦芽糖及葡萄糖。本实验利用碘的呈色反应来测定液化型淀粉酶水解淀粉作用的速度，从而测定淀粉酶活力的大小。

三、器材

多孔白瓷板、50mL 锥形瓶或大试管（25×200）、恒温水浴箱、烧杯、容量瓶、漏斗、吸管。

四、试剂

1. 原碘液

称取 I_2 11g、KI 22g，加少量水完全溶解后，再定容至 500mL，贮于棕色瓶中。

2. 碘液

吸取原碘液 2mL，加 KI 20g，用蒸馏水溶解，定容至 500mL，贮于棕色瓶中。

3. 标准“终点色”溶液

① 准确称取氯化钴 40.2439g，重铬酸钾 0.4878g，加水溶解并定容至 500mL。

② 0.04%铬黑 T 溶液：准确称取铬黑 T 40mg，加水溶解并定容至 100mL。

取①液 80mL 与②液 10mL 混合，即为终点色。冰箱保存。

4. 2%可溶性淀粉

称取烘干可溶性淀粉 2.00g，先以少许蒸馏水混匀，倾入 80mL 沸水中，继续煮沸至透明，冷却后用水定容成 100mL。(此溶液需要新鲜配制)

5. 0.02mol/L、pH6.0 磷酸氢二钠-柠檬酸缓冲溶液称取磷酸氢二钠（$Na_2HPO_4 \cdot 12H_2O$）45.23g 和柠檬酸（$C_6H_8O_7H_2O$）8.07g，用蒸馏水溶解定容至 1000mL，配好后以酸度计或精密试纸校正 pH。

6. α-淀粉酶粉或酶液。

五、操作步骤

1. 待测酶液的制备

精密称取α-淀粉酶粉 1～2g，放入小烧杯中，先用少量的 40℃、0.02mol/L、pH6.0 的磷酸氢二钠-柠檬酸缓冲液溶解，并用玻璃棒捣研，将上清液小心倾入 100mL 容量瓶中，沉渣部分再加入少量上述缓冲溶液，如此反复捣研 3～4 次，最后全部转入容量瓶中，用缓冲溶液定容至刻度，摇匀，通过 4 层纱布过滤，滤液供测定用。如为液体样品，可直接过滤，取一定量滤液入容量瓶中，加上述缓冲溶液稀释至刻度，摇匀，备用。

2. 测定

（1）将“标准色”溶液滴于白瓷板的左上角空穴内，作为比较终点色的标准。

（2）在 50mL 的锥形瓶中（或大试管中），加入 2%可溶性淀粉液 20mL，加缓冲液 5mL，在 60℃水浴中平衡约 4～5min，加入上述制备好的酶液 0.5mL，立即记录时间，不断搅拌。定时用滴管取出反应液约 0.25mL，滴于预先盛有稀碘液（约 0.75mL）的调色板孔穴内，当孔穴颜色由紫色变为棕红色，与标准色相同时，即为反应终点，记录时间 T。

六、计算

1g 酶粉或 1mL 酶液于 60℃、pH6.0 的条件下，1h 液化可溶性淀粉的质量（g），称为液化型淀粉酶的活力单位数。

$$\text{酶活力单位}=\left(\frac{60}{T}\times 20\times 2\%\times n\right)\times\frac{1}{0.5}\times\frac{1}{m}$$

式中 n——酶粉稀释倍数；

60——1h（60min）；

0.5——吸取待测酶液的量，mL；

20×2%——可溶性淀粉的量，g；

T——反应时间，min；

m——酶粉质量（或酶液体积），g（mL）。

七、说明

1. 酶反应时间应控制在 2～2.5min，否则应改变稀释倍数重新测定。

2. 实验中，吸取 2%可溶性淀粉及酶液的量必须准确，否则误差较大。

八、思考题

在测定酶活力过程中，应注意什么问题？

实验实训十六　维生素 C 的性质实验

一、实验目的要求

1. 了解维生素 C 的主要性质。

2. 通过比较得出不同条件对维生素 C 稳定性的影响。

二、实验原理

维生素 C 易溶于水、呈酸性、有还原性及不稳定性，易被碱、高温、金属离子（如 Cu^{2+}、Fe^{2+} 等）、氧及 L-抗坏血酸氧化酶等因素破坏。

自然界中的维生素 C 有还原型和氧化型两种，还原型抗坏血酸可以还原染料 2,6-二氯酚靛酚。2,6-二氯酚靛酚在酸性溶液中呈粉红色，在中性或碱性溶液中呈蓝色，被还原后颜色消失。还原型抗坏血酸还原染料后，本身被氧化成脱氢型抗坏血酸。在酸性环境下用氧化型 2,6-二氯酚靛酚滴定还原型维生素 C，以微红色作为滴定终点，根据 2,6-二氯酚靛酚的消耗量，可以计算出抗坏血酸的含量。

三、原料与器材

黄瓜或南瓜、玻璃片、乳钵、石英砂、纱布、滴定管、容量瓶、50mL 锥形瓶。

四、试剂

1. 0.1%的维生素 C 溶液

2. 2mol/L Na_2CO_3 溶液

3. 2%草酸溶液

4. 5%$CuSO_4$ 溶液

5. 2,6-二氯酚靛酚溶液

称取 2,6-二氯靛酚 50mg，溶于 200 mL 含有 52mg 碳酸氢钠的热水中，冷却，冰箱中过夜。次日过滤于 250mL 棕色容量瓶中，定容，在冰箱中保存。

五、操作步骤

1. 抗坏血酸氧化酶的制备

用玻璃片刮取黄瓜皮（或南瓜皮）2g 于乳钵中，加石英砂少许，充分研磨到泥状，然后加 2 倍体积蒸馏水研磨均匀，用纱布过滤备用。

2. 酸、碱、铜、加热及抗坏血酸氧化酶等条件对维生素 C 的影响

取 10 个 50mL 锥形瓶，逐次按下表进行操作，每一条件做平行实验 2 次，最后用 2,6-二氯酚靛酚滴定，并按下式计算在不同条件下维生素 C 被破坏的百分率：

$$维生素\ C\ 被破坏的百分率=\frac{V_1-V_2}{V_1}\times 100\%$$

式中　V_1——酸性条件下滴定消耗2,6-二氯酚靛酚的体积，mL；

　　V_2——其他条件下滴定消耗2,6-二氯酚靛酚的体积，mL。

根据计算结果得出不同条件对维生素C稳定性的影响。

试剂＼条件	酸	碱	加热	加 Cu^{2+}、加热	加抗坏血酸氧化酶
0.1%的维生素C溶液体积/mL	0.5	0.5	0.5	0.5	0.5
蒸馏水体积/mL	2.0	1.0	2.0	2.0	2.0
2%的草酸溶液的体积/mL	3.5	—	—	—	—
2mol/L Na_2CO_3 溶液的体积/mL	—	3	—	—	—
5%的 $CuSO_4$ 溶液的体积/mL	—	—	—	5	—
抗坏血酸氧化酶液/滴	—	—	—	—	10
放置时间/min	10	10	10(沸水中)	10(沸水中)	10
2%的草酸溶液的体积/mL	—	4.5	3.5	3.5	3.5
2,6-二氯靛酚消耗的体积/mL	第一次 第二次 平均值				
维生素C被破坏的百分率					

实验实训十七　脂肪转化为糖的定性实验

一、实验目的要求

学习和了解生物体内脂肪转化为糖的过程和检验方法。

二、实验原理

糖和脂肪的代谢是相互联系的，它们可以相互转化。例如种子发芽时脂肪即转化为糖，然后进一步转化为一些中间物或放出能量，供生命活动之需。本实验以休眠的蓖麻种子和蓖麻的黄化幼苗为材料，定性地了解蓖麻种子内贮存的大量脂肪转化为黄化幼苗中还原糖的现象。

三、原料与器材

实验材料：蓖麻籽、蓖麻的黄化幼苗（在20℃暗室中培养8天）。

仪器：试管及试管架、试管夹、研钵、白瓷板、烧杯（100mL）、小漏斗、吸量管、吸量管架、量筒、水浴锅、铁三脚架、石棉网。

四、试剂

1. 费林试剂

试剂A（硫酸铜溶液）：将34.5g结晶硫酸铜($CuSO_4 \cdot 5H_2O$）溶于500mL蒸馏水中，

加 0.5mL 浓硫酸，混匀。

试剂 B（酒石酸钾钠碱性溶液）：将 125g 氢氧化钠和 137g 酒石酸钾钠溶于 500mL 蒸馏水中，贮于带橡胶塞的瓶内。

用时将试剂 A 与试剂 B 等量混合。

2. 碘化钾-碘溶液（碘试剂）

将碘化钾 20g 及碘 10g 溶于 100mL 水中。使用前需稀释 10 倍。

五、操作步骤

取 5 粒蓖麻子，剥去外壳，放在研钵中碾碎成匀浆。取少量种糊放在白瓷板上，加 1 滴碘化钾-碘溶液，观察有无蓝色产生。

将剩下的种糊放在小烧杯中，加入 50mL 蒸馏水，直接加热煮至沸腾，过滤。取 1 支试管，加入 1mL 滤液和 2mL 费林试剂，混匀，在沸水中煮 2～3min，观察是否出现红色沉淀。

另取 5 棵黄化幼苗，按上述方法碾碎，少许用于碘化钾-碘溶液检查，余下的用蒸馏水进行热提取，滤液与费林试剂反应（操作同上），观察有无红色沉淀生成。

解释各现象产生的原因。

实验实训十八　叶绿体中色素的提取、分离及性质验证

一、实验目的要求

1. 学习叶绿体色素提取、分离的原理和方法。

2. 了解叶绿体色素的理化性质。

二、实验原理

叶绿体色素主要有叶绿素 a、叶绿素 b、胡萝卜素和叶黄素四种。这四种物质都能溶于乙醇、乙醚、丙酮等有机溶剂，因此可利用这一特性用有机溶剂来提取叶绿体色素。

叶绿体色素的分离方法有多种，其中纸色谱法是最简便的一种。进行纸色谱时，将叶绿体色素提取液滴于色谱滤纸上，然后应用适当的展开剂来展开其在滤纸上移动，当展开剂不断地从色谱滤纸上流过时，由于提取液中混合物的各成分在滤纸和展开剂间具有不同的分配系数，所以它们的移动速度不同，因而可以使提取液中的混合物得到分离。

叶绿素是一种二羧酸酯，与碱可发生皂化作用，产生的盐能溶于水，利用此法可将叶绿素与类胡萝卜素分开。

叶绿素吸收光量子后转变为高能的激发态，而这种状态的叶绿素分子很不稳定，很快就会回到稳定的基态，当它由激发态回到基态时多余的能量会以红光量子的形式发射出来，因而会产生荧光现象。

叶绿素性质不稳定，受强光的破坏会由绿色变为褐色；叶绿素中的镁离子可被 H^+ 所取代而形成褐色去镁叶绿素；适当条件下，叶绿素分子中的镁离子可以被二价铜离子取代而生

成叶绿素铜钠盐，绿色更稳定，在绿色果蔬的加工和贮藏中常利用此性质进行护色。

三、原料与器材

菠菜叶（或其他绿色蔬菜叶）、研钵、漏斗、过滤用滤纸、色谱滤纸、小烧杯、试管、量筒、培养皿、剪刀、小铝盒、毛细管。

四、试剂

1. 无水乙醇
2. 浓盐酸
3. 30%KOH 溶液
4. 醋酸铜
5. 30%甲醇
6. $CaCO_3$（无水）粉末
7. 展开剂（汽油∶苯∶蒸馏水＝2∶2∶1 的体积比配制）
8. 苯

五、实验步骤

1. 叶绿素的提取

称取新鲜菠菜叶 2g，洗净擦干放入研钵中，加少量碳酸钙粉和 5mL 无水乙醇（用量筒量取 5mL 乙醇，先往研钵中加入少量，过滤时再加入剩余的部分）。加 $CaCO_3$ 为除去提取液中的水分。研磨成匀浆，过滤。再用 10mL 乙醇分次清洗研钵和滤纸。滤液即为色素提取液。

2. 叶绿素的分离

(1) 取两个口径相同的培养皿，再取一个口径小于培养皿的小铝盒放于其中一个培养皿中，进行色谱时盛放展开剂。

(2) 剪一长约 4cm，宽为小铝盒底部到培养皿上沿高度的滤纸条，用毛细管吸取叶绿素提取液沿滤纸条长度方向一侧点样。

点样时注意：一次所点溶液量不可过多。如果色素过淡，可风干后再点几次。点完样后将滤纸条风干，卷成纸捻。再取一张圆形色谱滤纸在其中心打一小孔，直径小于纸捻的直径，将纸捻沿没有点样的一端插入小孔，继续向下插，使点样的一端与色谱滤纸面相平，放好待用。

(3) 迅速在小铝盒中加入适量汽油、苯、蒸馏水，将小铝盒放回到培养皿中，将纸捻向下把色谱滤纸放在培养皿上，注意使纸捻浸入展开剂中，然后将另一培养皿盖在色谱滤纸上进行色谱。

(4) 过一段时间后，当汽油快到达滤纸边缘时，取出滤纸，停止色谱将滤纸风干，即得到分离后的叶绿体色素。这是一组同心圆，其中最外侧的为橙黄色的胡萝卜素，向内依次为黄色的叶黄素、蓝绿色的叶绿素 a、黄绿色的叶绿素 b。

要求将所得结果附于实验报告中，并注明各种颜色的名称。

3. 叶绿体色素的性质验证

（1）叶绿素的荧光现象　取约 1mL 色素提取液于试管中，在反射光和透射光下观察提取液的颜色有何不同。在反射光下观察到的溶液的颜色即为叶绿素的荧光现象（血红色）。

（2）光对叶绿素的破坏作用　取色素提取液 2mL 分别于 2 支试管中，其中 1 支试管放在强太阳光下，另 1 支放在暗处，过一段时间后观察两支试管中溶液的颜色有何不同（被光破坏的变为褐色）。

（3）酸对叶绿体的破坏作用　取色素提取液 1mL 于试管中，然后逐滴加入浓盐酸，直至溶液变为褐色，此时叶绿素分子被破坏，形成去镁叶绿素。接着向试管中加入醋酸铜晶体少许，观察并记录颜色变化。

（4）皂化反应　在试管中加入 2mL 提取液，放入一滴 30%甲醇溶液，摇匀，再放入 2mL 苯，再放入少量蒸馏水，即出现层状：上层为苯溶液，其中溶有胡萝卜素和叶黄素，所以呈黄色；下层是稀的乙醇溶液，其中溶有皂化的叶绿素 a 和叶绿素 b。

记录实验现象，解释原因。

习题参考答案

第一章

一、选择题

1. A　2. B　3. A　4. A　5. B　6. A　7. A　8. A　9. C　10. D

二、是非题

1. √　2. √　3. √　4. ×　5. ×　6. √　7. √　8. ×　9. ×　10. ×　11. √　12. √　13. √　14. ×　15. ×

三、填空题

1. 氢键、游离、毛细管凝聚

2. 高、低、−40、生命力

3. 游离态、水合态、凝胶态、表面吸附态

4. 水蒸气分压、纯水的蒸气压

5. 汞、镉、铅、砷

6. 必需元素

7. 谷类、蛋类、肉类、蔬菜、水果、豆类

8. 可被利用、摄入

四、问答题（略）

第二章

一、选择题

1. B　2. D　3. C　4. C　5. B　6. D　7. A　8. D　9. D　10. C　11. A　12. A　13. C　14. B　15. C　16. B

二、是非题

1. √　2. ×　3. √　4. ×　5. ×　6. √　7. √　8. ×　9. ×　10. √

三、填空题

1. 单糖、低聚糖、多糖

2. 碳水化合物、C、H、O、多羟基醛、多羟基酮

3. 葡萄糖、果糖

4. α-1,4、α-1,6

5. 直链淀粉、支链淀粉

6. α-CD、β-CD、γ-CD

7. 果糖

8. 葡萄糖、低聚糖、糊精

9. 温度、链的长短

10. 甜度

四、问答题（略）

第三章

一、选择题

1. C　2. B　3. A　4. C　5. B　6. A　7. B　8. B　9. C　10. D　11. A　12. C　13. D　14. C　15. B

二、是非题

1. √　2. ×　3. √　4. ×　5. √　6. √　7. √　8. ×　9. √　10. √

三、填空题

1. 脂肪、蜡、磷脂

2. 单脂质、复合脂类、衍生脂类

3. 氢化油、硬化油

4. 亲水、憎水、醇类、脂肪酸、磷酸、含氮碱、甘油磷脂、非甘油磷脂

5. 酸价

6. 不饱和烃链

7. 黏度增高、酸价增加、产生刺激性气味、营养价值

8. 亲水

9. 不饱和脂肪酸、低级脂肪酸、高温、光照、自动氧化、β 型氧化酸败、醛、酮、酸

10. 平均分子量

四、问答题（略）

第四章

一、选择题

1. C　2. C　3. B　4. B　5. B　6. C　7. D　8. C　9. D　10. B　11. D　12. B　13. C　14. D　15. A

二、是非题

1. ×　2. √　3. ×　4. ×　5. ×　6. √　7. √　8. ×　9. ×　10. √　11. ×　12. ×　13. √

三、填空题

1. 氢键

2. 色氨酸、酪氨酸

3. 次级键、离子键、硫键、配位键

4. 一级

四、简答题（略）

第五章

一、选择题

1.B 2.D 3.C 4.A 5.D 6.A 7.C 8.C 9.A 10.B 11.A 12.A 13.C 14.C 15.D 16.B 17.A

二、是非题

1.× 2.× 3.√ 4.× 5.√ 6.√ 7.√ 8.× 9.× 10.√

三、填空题

1. 碱基、戊糖、磷酸、共轭双键

2. 5′-磷酸基团、3′-羟基

3. 脱氧核糖、磷酸、碱基、氢

4. 高

5. 氢键、碱基堆积力、离子键

6. 倒“L”、三叶草、CCA、结合特异氨基酸

7. 2、3

8. 核糖、磷酸、碱基

9. 在260nm处的吸光度值

10. cAMP、cGMP

四、问答题（略）

第六章

一、选择题

1.D 2.B 3.A 4.B 5.A 6.B 7.A 8.B 9.D 10.A 11.C 12.B 13.D 14.D 15.C 16.A

二、是非题

1.√ 2.√ 3.√ 4.√ 5.× 6.√ 7.√ 8.√ 9.√ 10.√ 11.√ 12.× 13.× 14.√ 15.√ 16.√ 17.√ 18.√

三、填空题

1. 专一性、高效性、反应条件温和、酶活性的可调控性

2. 系统命名法、习惯命名法、系统命名法、酶学委员会

3. 辅酶、辅基、专一性、反应类型

4. 胞内酶、胞外酶、胞外酶

5. 惰性载体、固相、水不溶性、吸附法、包埋法、共价键法、交联法

6. $E+S \rightleftharpoons ES$、$ES \rightarrow E+P$、较低、较少

7. 最适温度、最适

8. 失活、抑制

四、问答题

1～12.（略）

13.（1）0.625mg/mL、250U （2）0.625g、2.5×10^5U

14. 3000U

15.（略）

第七章

一、选择题

1. A　2. C　3. C　4. A　5. D　6. C　7. A　8. C

二、是非题

1. ×　2. √　3. √　4. ×　5. √　6. √　7. ×　8. √　9. √　10. √　11. ×　12. √　13. √　14. ×　15. √　16. √

三、填空题

1. 生物、脂肪、脂肪、V_A、V_D、V_E、V_K、V_C、V_{B1}、V_{B2}、硫辛酸（或泛酸、叶酸、生物素）

2. 类胡萝卜素、β-胡萝卜素

3. 7-脱氢胆固醇、D_3、日光、紫外线

4. 磷、钙、佝偻病、软骨病

5. 生育酚、脂肪、热、酸、碱、抗氧化

6. PP（或 B_5）、B_2

7. 橙黄、酸、不稳定、不稳定

8. 维生素 B_9、四氢叶酸、血红细胞、巨血红细胞性贫血

四、问答题（略）

第八章

一、选择题

1. D　2. A、B　3. B　4. C　5. D　6. C　7. A　8. C　9. A　10. A　11. D　12. C　13. C　14. B　15. B

二、是非题

1. √　2. ×　3. √　4. √　5. ×　6. ×　7. √　8. √　9. ×　10. ×　11. ×　12. ×　13. ×　14. ×

三、填空题

1. 直接脱酸、氧化脱酸、NAD 呼吸链、FAD 呼吸链

2. 底物水平磷酸化、氧化磷酸化

3. 葡萄糖、乳酸、乙醇

4. 丙酮酸脱氢酶

5. 核酸、尿二磷葡萄糖醛酸

6. 7、8、129

7. 三羧酸循环、糖异生

8. 核蛋白、核蛋白、核苷、磷酸、碱基、戊糖、1-磷酸核糖

9. 血糖浓度

10. 细胞内调节、激素调节、神经调节

11. 无氧呼吸

12. 色素物质及鞣质的变化、果胶物质的变化、芳香物质的形成、维生素 C 的积累、糖

酸比的变化

13. 抑制作用

四、问答题（略）

第九章

一、选择题

1.D 2.A 3.B 4.C 5.A 6.A 7.B 8.C 9.B 10.D 11.B 12.A 13.B 14.B 15.A 16.D 17.A 18.B 19.C

二、是非题

1.√ 2.× 3.√ 4.√ 5.× 6.√ 7.√ 8.√ 9.× 10.√

三、填空题

1. 单宁、酚类色素、蓝黑、暗黑

2. 动物、植物、微生物

3. 血红素、叶绿素

4. 花青素、花黄素、鞣质

5. 多酚类底物、多酚氧化酶、接触氧气

6. 羰氨反应、焦糖化反应、抗坏血酸的氧化

7. 酸、甜、苦、咸

8. 羰氨、氨基化合物、羰基化合物、类黑色素

9. 谷氨酸钠

10. 辣椒素、二氢辣椒素

11. 吡咯、吡咯、镁、铁

四、问答题（略）

参 考 文 献

[1] 李丽娅．食品生物化学．北京：高等教育出版社，2005.

[2] 杜克生．食品生物化学．北京：化学工业出版社，2002.

[3] 王允祥．生物化学．上海：上海交通大学出版社，2001.

[4] 曹正明．生物化学．武汉：湖北科学技术出版社，2008.

[5] 王镜岩，等．生物化学．4 版．北京：高等教育出版社，2016.

[6] 刘用成．食品生物化学．北京：中国轻工业出版社，2002.

[7] 天津轻工业学院，无锡轻工业学院合编．食品生物化学．北京：中国轻工业出版社，2002.

[8] R. K. 默里·哈珀．生物化学．宋惠萍等译．北京：科学出版社，2003.

[9] 王希成．生物化学．3 版．北京：清华大学出版社，2010.

[10] 江波，等．食品化学．北京：化学工业出版社，2005.

[11] 夏延斌，等．食品化学．北京：中国轻工业出版社，2004.

[12] 马长伟，等．食品工艺学导论．北京：中国农业大学出版社，2002.

[13] 陈阅增，等．普通生物学．北京：高等教育出版社，2004.

[14] 金凤燮，等．生物化学．北京：中国轻工业出版社，2004.

[15] 李晓华．生物化学．3 版．北京：化学工业出版社，2015.

[16] 蒋凌楠．"改良膳食乃复兴民族之一策"——近代中国生物化学家吴宪的营养科学救国论 [J]．福建师范大学学报（哲学社会科学版），2012，(01)：104-109＋124.

[17] 郭书好．有机化学 [M]．广州：广东科技出版社，2004.

[18] 张家超．肠道微生物组与人类健康．广州：广东科技出版社，2004.

[19] 吴玮，韩海棠．基础生物化学．3 版．北京：中国农业大学出版社，2022.

[20] 高向阳．食品酶学．北京：中国轻工业出版社，2016.

[21] 蒋峰，等．系统营养论．2 版．北京：中国医药科技出版社，2012.